Der **Onlineservice InfoClick**
bietet unter www.vogel-buchverlag.de
nach Codeeingabe zusätzliche
Informationen und Aktualisierungen
zu diesem Buch.

InfoClick

In 3 Schritten zum Onlineservice

1. Einfach www.vogel-buchverlag.de aufrufen.
2. Auf das Logo **InfoClick** klicken.
3. Den unten stehenden Zugangscode und eine E-Mail-Adresse eingeben.

Ihr persönlicher Zugang
zum Onlineservice

316110890004

Kamprath-Reihe

Dipl.-Ing. Walter Wagner

Wärmeaustauscher

Grundlagen, Aufbau und Funktion
thermischer Apparate

4., überarbeitete und erweiterte Auflage

Vogel Buchverlag

Dipl.-Ing. **Walter Wagner**

Jahrgang 1941, absolvierte nach einer Lehre als Technischer Zeichner ein Maschinenbaustudium und war 1964 bis 1968 Anlagenplaner im Atomreaktorbau; nach einer Ausbildung zum Schweiß-Fachingenieur war er ab 1968 Technischer Leiter im Apparatebau, Kesselbau und in der Wärmetechnik. 1974 bis 1997 bekam Walter Wagner einen Lehrauftrag an der Fachhochschule Heilbronn, von 1982 bis 1984 zusätzlich an der Fachhochschule Mannheim und von 1987 bis 1989 an der Berufsakademie Mosbach. Im Zeitraum 1988 bis 1995 war er Geschäftsführer der Hoch-Temperatur-Technik Vertriebsbüro Süd GmbH. Seit 1992 ist er Leiter der Beratung und Seminare für Anlagentechnik: WTS Wagner-Technik-Service. Walter Wagner ist außerdem Obmann verschiedener DIN-Normen und öffentlich bestellter und vereidigter Sachverständiger für Wärmeträgertechnik, Thermischer Apparatebau und Rohrleitungstechnik.

Dipl.-Ing. Walter Wagner ist Autor folgender Fachbücher der Kamprath-Reihe:

Festigkeitsberechnungen im Apparate- und Rohrleitungsbau
Kreiselpumpen und Kreiselpumpenanlagen
Lufttechnische Anlagen
Planung im Anlagenbau
Regel- und Sicherheitsarmaturen
Rohrleitungstechnik
Strömung und Druckverlust
Wärmeaustauscher
Wärmeträgertechnik
Wärmeübertragung
Wasser und Wasserdampf im Anlagenbau
Dietzel/Wagner: Technische Wärmelehre
Hemming/Wagner: Verfahrenstechnik

Zur Themenreihe gehören ebenfalls aus dem Vogel Buchverlag:

H. J. Bullack: (CD-ROM)
Berechnung von Druckbehälter-Bauteilen
Berechnung von Sicherheitseinrichtungen
Berechnung von Kunststoffbehältern
Flanschberechnungen nach EN 1591
Berechnung metallischer Rohrleitungsbauteile 1
Berechnung metallischer Rohrleitungsbauteile 2
Pipe Elements/Rohrleitungsbauteile

Weitere Informationen:
www.vogel-buchverlag.de

ISBN 978-3-8343-3161-8
4. Auflage. 2009

Printed in Germany

Vorwort

Wärmeaustauscher und thermische Apparate werden in allen Industriebereichen eingesetzt – vom Büro bis zum Kraftwerk – und verdienen aufgrund ständig steigender Energiekosten bei der wirtschaftlichen Wärmeverwertung besondere Beachtung.

Das Buch führt entgegen der physikalischen Bezeichnung «Wärmeübertrager» den Titel «Wärmeaustauscher ». Der gewählte Ausdruck ist eine allgemeine Bezeichnung gewohnter Art, die auch in EN-Normen verwendet wird und der englischsprachigen Kennzeichnung «Heat-Exchanger» entspricht. Die Ausführungen dienen in der Praxis tätigen Fachleuten im Anlagen-, Apparate- und Wärmeaustauscherbau ebenso wie Studierenden an Technikerschulen, Universitäten und Fachhochschulen der Fachrichtungen Maschinenbau, Verfahrenstechnik, Elektrotechnik und Kraftwerkstechnik.

Der Inhalt vermittelt die Anwendung von Gesetzmäßigkeiten der Wärmeübertragung für die Auslegung von Wärmeaustauschern und deren Konstruktion. Neben Grundkenntnissen der Mathematik, Strömungs- und Wärmelehre sind keine besonderen Grundlagen für das Verständnis der aufgeführten Themen erforderlich. Mit den angebotenen Gleichungen kann der Anwender die in Studium und Beruf auftretenden Probleme bei der Auslegung von Wärmeaustauschern lösen.

Mein Dank gilt den Herren Prof. Dr. H. Martin (Universität Karlsruhe) und Prof. Dr. E. Obermeier (Universität Siegen) für die Vorträge bei WTS-Seminaren vor Praktikern aus dem Anlagen-, Apparate- und Wärmeaustauscherbau. Ihre Ausführungen wurden im Buch berücksichtigt.

Resonanz zum Buch ist stets willkommen, weil eine lebendige Wissensvermittlung Praxis und Lehrbetrieb immer wieder neu motivieren und inspirieren kann. Den schnellsten Kontakt erfüllt eine E-Mail an: wagner@wts-online.de.

Die im Anhang aus drucktechnischen Gründen veröffentlichten Schwarzweißbilder erscheinen im Onlineservice InfoClick in Farbe.

Dem Vogel Buchverlag danke ich für die gewohnt hervorragende Zusammenarbeit.

St. Leon-Rot — Walter Wagner

Inhaltsverzeichnis

1 Einführung

Grundbegriffe

1.1 Wärmeaustauscher

Wärmeaustauscher sind Einrichtungen, wo wärmere Stoffe einen Teil ihrer Wärme abgeben, die von kälteren Stoffen aufgenommen wird.

Zur Übertragung von Wärme zwischen verschiedenen Medien existieren eine enorme Anzahl von Prinzipien und Apparaten. Zur ersten Grobunterteilung unterscheidet man:

- Apparate mit zeitlich versetzter Durchströmung, sog. Regeneratoren,
- Apparate, stationär betrieben, Fluide physikalisch/mechanisch getrennt, Rekuperatoren,
- Apparate mit direktem Wärmeaustausch zwischen den beteiligten Fluiden. Diese Apparate sind relativ selten im technischen Einsatz und werden hier nicht weiter behandelt.

Einteilung der Wärmeaustauscher s. a. DIN EN 247.

1.2 Trennwand-Wärmeaustauscher (Rekuperator)

Die strömenden Stoffe werden in räumlich getrennten Bahnen geführt; dabei wird die Wärme durch Trennwände übertragen. Wesentliche Teile eines Trennwand-Wärmeaustauschers sind:

- Trennwände mit Wärmeaustauschflächen z.B. von Rohren, Rippenrohren, Platten, Rippenplatten usw.,
- Ein- und Austrittsöffnungen für die Stoffströme, erforderlichenfalls Gehäuse, Umlenk-, Entlüftungs-, Entleerungs- und Reinigungseinrichtungen.

1.3 Speicher-Wärmeaustauscher (Regenerator)

Der wärmere Stoff gibt Wärme an eine Speichermasse ab; von dieser wird später der kältere Stoff erwärmt. Die Wärme wird also zeitlich getrennt und mittelbar übertragen. Dabei kann die Speichermasse feststehen, und die Stoffströme werden abwechselnd durch sie hindurchgeleitet, oder die Stoffströme werden in getrennten Bahnen geführt und die Speichermasse durch die Massenströme bewegt.

Wesentliche Teile sind:

- Speichermasse z. B. keramische Füllkörper, metallische Platten, Drahtgewebe, Schraubenfedern usw.,
- Ein- und Austrittsöffnungen für die Stoffströme,
- erforderlichenfalls Gehäuse, Strömungskanäle, Umschalteinrichtungen, Antriebe, Schleusen, Reinigungseinrichtungen.

1.4 Stromführung

Die Stromführung bezeichnet den gegenseitigen Lauf der Massenströme im Wärmeaustauscher; man unterscheidet die Hauptstromarten Gleichstrom, Kreuzstrom und Gegenstrom. Durch Kombinationen oder Kopplungen können Zwischenformen auftreten, (z. B. Kreuzgegenstrom).

1.5 Größen zur Kennzeichnung von Wärmeaustauschern

Dies sind:

- Die Massenströme $\dot{M}$ als die durchgesetzten Massen je Zeiteinheit,
- Wärmekapazitätsstrom $\dot{W}$ eines Massenstromes als Produkt des Massenstromes $\dot{M}$ und seiner spezifischen Wärmekapazität c_p,

- die Eintrittstemperaturen ϑ_1' und ϑ_2' sowie die Austrittstemperatur ϑ_1'' und ϑ_2'' des wärmeren (Primärseite) bzw. kälteren (Sekundärseite) Massenstromes,
- die Abkühlung ($\vartheta_1' - \vartheta_1''$) des wärmeren Massenstromes sowie die Aufwärmung ($\vartheta_2'' - \vartheta_2'$) des kälteren Massenstromes,
- der Eintritts-Temperaturabstand ($\vartheta_1' - \vartheta_2'$) als größter Temperaturabstand zwischen den Massenströmen,
- die Mitteltemperatur ϑ_m als arithmetisches Mittel der Ein- und Austrittstemperaturen der Massenströme zur Bestimmung der Stoffkenngrößen wie Dichte, spezifische Wärmekapazität, Wärmeleitfähigkeit, Viskosität,
- die Betriebsdrücke p der Massenströme zur Bestimmung der Stoffkenngrößen,
- der Druckabfall Δp eines Massenstromes als Unterschied der statischen Drücke zwischen Ein- und Austritt des Wärmeaustauschers.

1.6 Wärmeübertragung

Im Wärmeaustauscher wird Wärme durch Konvektion, Leitung und Strahlung zwischen Massenströmen übertragen. Im Speicher-Wärmeaustauscher (Regenerator) wird im Gegensatz zum Trennwand-Wärmeaustauscher (Rekuperator) übertragene Wärme zusätzlich durch Umschaltzeiten bei feststehender Speichermasse oder durch ihre Wärmekapazität bei bewegter Speichermasse beeinflusst.

Im Allgemeinen besteht die Aufgabe darin, ein Fluid 1, dessen Massenstrom $\dot{M}_1$ beträgt, von der Temperatur ϑ_1' auf die Temperatur ϑ_1'' abzukühlen, wobei sich gleichzeitig das Fluid 2, dessen Massenstrom $\dot{M}_2$ beträgt, von der Temperatur ϑ_2' auf die Temperatur ϑ_2'' erwärmt (Bild 1.1).

$$\dot{Q}_1 = \dot{M}_1 \cdot c_1 \cdot (\vartheta_1' - \vartheta_1'') + \dot{Q}_{verl} \quad \text{(Gl. 1.1)}$$

Die Verlustleistung wird in dieser Übersichtsdarstellung vernachlässigt, und man erhält dann:

$$\dot{Q}_2 = \dot{M}_2 \cdot c_1 \cdot (\vartheta_2'' - \vartheta_2') \quad \text{(Gl. 1.2)}$$

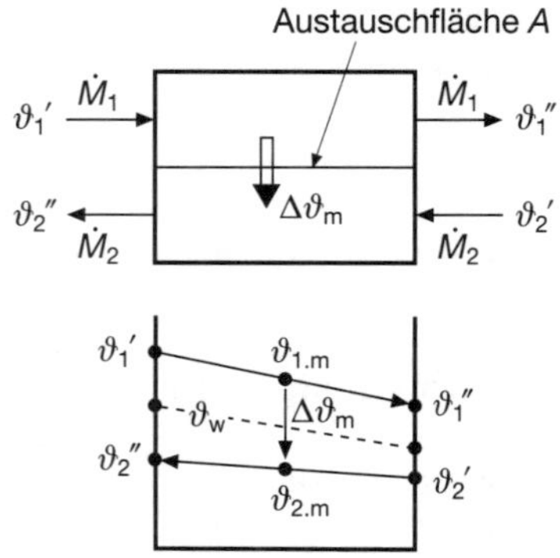

Bild 1.1 Grunddaten eines Wärmeaustauschers (Schaltung: Gegenstrom)

$$\dot{Q}_1 = \dot{Q}_2 = \dot{Q} \quad \text{(Gl. 1.3)}$$

Die Aufgabenstellung fordert, den Wärmeaustauscher so zu dimensionieren, dass die Wärmeleistung übertragen wird.

Die Wärmeleistung $\dot{Q}$ lässt sich i. Allg. vereinfachend darstellen durch das Produkt aus Wärmedurchgangskoeffizient k, dazugehörige Wärmeaustauschfläche A und einem wirksamen Temperaturabstand $\Delta\vartheta_m$ als

$$\dot{Q} = k \cdot A \cdot \Delta\vartheta_m \quad \text{(Gl. 1.4)}$$

Rechnerisch und konstruktiv kann man aus der Grundgleichung für Wärmeaustauscher die Austauschfläche bestimmen:

$$A = \frac{\dot{Q}}{k \cdot \Delta\vartheta_m} \quad \text{(Gl. 1.5)}$$

Als Temperaturdifferenz $\Delta\vartheta_m$ zwischen den beiden Fluiden kann man in 1. Näherung die Temperaturdifferenz der Mitteltemperatur der beiden Fluide annehmen:

$$\Delta\vartheta_m \approx \Delta\vartheta_{1.m} - \Delta\vartheta_{2.m} \quad \text{(Gl. 1.6)}$$

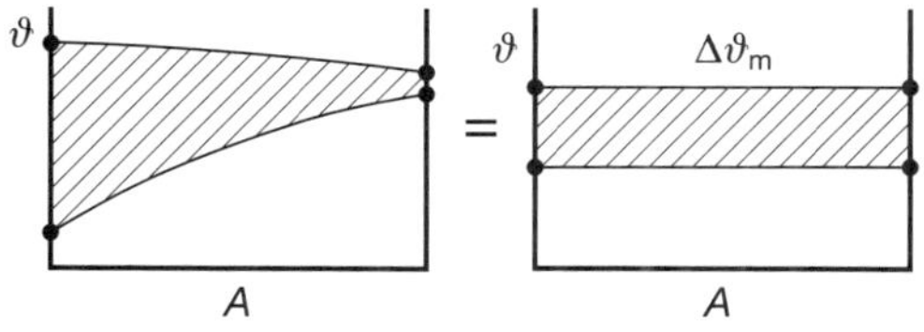

Bild 1.2 Mittlere Temperaturdifferenz zwischen den Fluiden 1 und 2

Die mittlere Temperaturdifferenz kann auch anschaulich über die Flächen in Bild 1.2 dargestellt werden. Die beiden schraffierten Flächen müssen gleich groß sein. Die verbleibende Größe ist der Wärmedurchgangskoeffizient k. Dieser ist abhängig von den Stoffdaten der Fluide, den Strömungsgeschwindigkeiten und der Bauweise des Wärmeaustauschers. Die Bauweise muss so beschaffen sein, dass die Fluidströme bei vorgegebenem Druckabfall die gewünschten Temperaturen erreichen. Zusätzlich sind zu beachten:

- Verschmutzung (Fouling),
- Festigkeit,
- Korrosion / Werkstoffe,
- Schwingungen,
- Wärme- und Kälteschutz,
- Aufstellung.

Die Wärmeaustauscherfläche A ist die von den Massenströmen berührte Oberfläche. Der Wärmedurchgangskoeffizient k gibt die in der Zeiteinheit übertragbare Wärme eines Quadratmeters dieser Wärmeaustauschfläche je Grad wirksamen Temperaturabstandes zwischen beiden Massenströmen an; sie fasst die Einflüsse von Konvektion, Leitung und Strahlung auf beiden Massenstromseiten und in der Wärmeaustauschfläche zusammen; beim Speicher-Wärmeaustauscher gilt sie für bestimmte Umschaltzeiten oder für eine bestimmte Wärmekapazität der bewegten Speichermasse. Der wirksame Temperaturabstand $\Delta\vartheta_m$ ist von der Anordnung der Wärmeaustauschflächen und der Zuordnung der Massenströme (Stromart) abhängig. Er erreicht seinen Größtwert bei reinem Gegenstrom, konstanten Wärmedurchgangskoeffizienten und Wärmekapazitäten der Massenströme.

$$\Delta\vartheta_m = \frac{(\vartheta_1' - \vartheta_2'') - (\vartheta_1'' - \vartheta_2')}{\ln \dfrac{\vartheta_1' - \vartheta_2''}{\vartheta_1'' - \vartheta_2'}} = LMTD \qquad \text{(Gl. 1.7)}$$

Diese Gleichung gilt auch für den mittleren wirksamen Temperaturabstand bei Gleichstrom.

Bei von Gegen- oder Gleichstrom abweichender Stromart muss ein Korrekturfaktor F berücksichtigt werden:

$$\Delta\vartheta_m = LMTD \cdot F \qquad \text{(Gl. 1.8)}$$

Bei gleichen Temperaturdifferenzen zwischen den Fluiden 1 und 2 gilt bei Gleich- und Gegenstrom:

$$\vartheta_1' - \vartheta_2'' = \vartheta_1'' - \vartheta_2' = \Delta\vartheta_m \qquad \text{(Gl. 1.9)}$$

Ein Wärmeaustauscher besteht i.Allg. aus vielen gleichartigen Elementen. Die Frage ist nun: Wie viele derartige ΔA muss man hintereinander schalten, um z.B. eine vorgegebene Temperaturabsenkung zu erreichen?

Mit der Grundgleichung Gl. 1.5 ergibt sich das erforderliche Wärmeaustauscher-Flächenelement:

$$\Delta A_x = \frac{\dot{M}_1 \cdot c_1 \cdot \Delta\vartheta_{1.m}}{k \cdot \Delta\vartheta_{m.x}} = \frac{\dot{M}_1 \cdot c_1}{k} \cdot \left(\frac{\Delta\vartheta_1}{\Delta\vartheta_m}\right)_x \qquad \text{(Gl. 1.10)}$$

Die Fluidgröße $\dot{M}_1$ und c_1 sowie die Konstruktions- und Fluidgröße k können üblicherweise als konstant angenommen werden. Die an einem Element ΔA_x des Wärmeaustauschers erzielte bezogene Temperaturänderung ist dann:

$$\left(\frac{\Delta\vartheta_1}{\Delta\vartheta_m}\right)_x = \frac{\Delta A_x \cdot k}{\dot{M}_1 \cdot c_1} \qquad \text{(Gl. 1.11)}$$

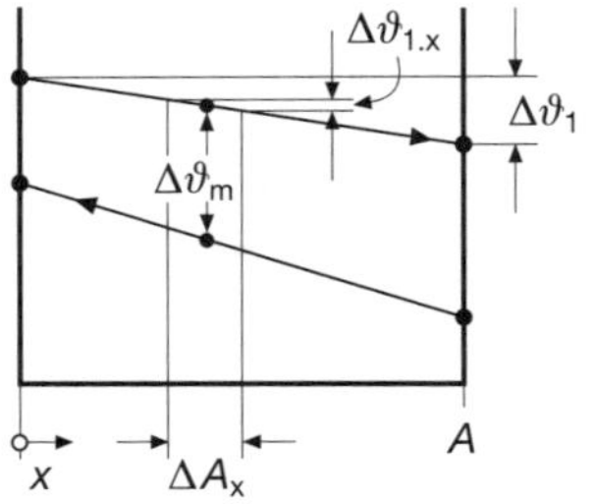

Bild 1.3 Darstellung der Übertragungseinheiten

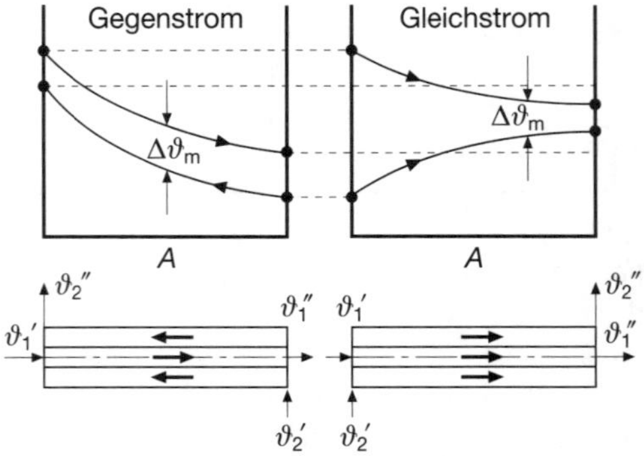

Bild 1.4 Temperaturverläufe bei Gegenstrom und Gleichstrom

Diese Größe bestimmt, wie viele Elemente man hintereinander schalten muss (Bild 1.3). Man bezeichnet daher die «Anzahl» der bezogenen Temperaturdifferenzen, die notwendig sind, um das Fluid 1 um den Betrag $\Delta\vartheta_1$ abzukühlen, auch als «Anzahl» der Übertragungseinheiten NTU_1.

Nach DIN EN 305 wird diese Übertragungszahl auch als thermisch wirksame Länge bezeichnet:

$$NTU_1 \equiv \frac{A \cdot k}{\dot{M}_1 \cdot c_1} = \frac{\Delta\vartheta_1}{\Delta\vartheta_m} \qquad \text{(Gl. 1.12)}$$

Ist die mittlere Temperaturdifferenz $\Delta\vartheta_m$ zwischen den Fluiden 1 und 2 klein gegenüber der Temperaturdifferenz des Fluids, erhält man eine große *NTU*-Zahl. Bei *NTU*-Zahlen bis ca. $NTU \leq 0{,}5$ hat die Strömungsführung – Gegenstrom, Kreuzstrom und Gleichstrom – keinen wesentlichen Einfluss auf die Größe der Wärmeaustauscherfläche *A*. Bei *NTU*-Zahlen über 0,5, ist die Strömungsführung zu beachten.

Eine Strömungsführung im Gegenstrom gestattet es, den Temperaturunterschied ϑ_1' und ϑ_2' der in den Wärmeaustauscher eintretenden Fluide am besten «auszunutzen».

Das kalte Fluid 2 kann dabei auf eine Temperatur ϑ_2'' erwärmt werden, die über der Austrittstemperatur ϑ_1'' des heißen Fluids 1 liegt (Bild 1.4). Bei Gleichstrom ist dies nicht möglich.

Von wesentlicher Bedeutung für die erforderliche Größe der Fläche *A*, ist der Wärmedurchgangskoeffizient *k* als weitere Größe zu beachten.

1.7 Druckabfall

Der Druckabfall ist die Differenz der Gesamtdrücke.

Jeder Massenstrom in einem Wärmeaustauscher verliert mechanische Energie durch Reibung an den Wärmeaustausch- oder Begrenzungsflächen und durch innere Reibung infolge Geschwindigkeitsänderungen der Größe und Richtung nach.

Dieser Energieverlust lässt sich aus den energetischen Zustandsgrößen (statischer Druck, Temperatur, Dichte und Geschwindigkeit) des betreffenden Massenstromes am Eintritt und Austritt des Wärmeaustauschers bestimmen. Er wird allgemein dargestellt als Unterschied der statischen Drücke, Δp (Druckabfall) in Abhängigkeit vom Massenstrom $\dot{M}$ mit Ein- und Austrittstemperaturen (oder einer mittleren repräsentativen Temperatur und den Dichten) als Parameter; ein statischer Druck des Massenstromes sowie das Verhältnis der als Druckmessort gekennzeichneten Strömungsquerschnitte an Ein- und Austritt sollten angegeben sein.

Der Energieverbrauch eines Wärmeaustauschers ist für jede Strömungsart nach Gleichung 1.13 zu berechnen.

$$P_M = \frac{\dot{M}}{\varrho} \cdot \Delta p \qquad \text{(Gl. 1.13)}$$

1.8 Grundlagen der wärmetechnischen Auslegung

Die allgemeine Definition für den Wärmedurchgangskoeffizienten lautet (normaler Wärmedurchgang mit konstanten Temperaturen auf beiden Seiten der Wand):

$$\dot{Q} = k \cdot A \cdot \Delta\vartheta \quad \text{(Gl. 1.14)}$$

$$\frac{1}{k \cdot A} = \frac{1}{\alpha_1 \cdot A_1} + R_{w,\,ges} + \frac{1}{\alpha_2 \cdot A_2} \quad \text{(Gl. 1.15)}$$

mit:

$$R_{w,\,ges} = \sum_i \frac{s_i}{\lambda \cdot A_{mi}} \quad \text{(Gl. 1.16)}$$

In Gl. 1.15 ist A_1 die wärmeaustauschende Fläche mit dem Wärmeübergangskoeffizienten α_1, analoge Beziehungen gelten für die Seite 2. $R_{w,\,ges}$ kennzeichnet den Wärmeleitwiderstand der Wand (Bild 1.5). Üblicherweise sind in R_w auch die sog. Verschmutzungswiderstände enthalten. Hier wird berücksichtigt, dass die Übertragungsfläche durch chemische oder biologische Ablagerungen verschmutzt sein kann. Hierdurch kann der Wärmeleitwiderstand der Wand beträchtlich erhöht werden. Auf die Verschmutzungswiderstände wird später noch eingegangen.

Aus Gl. 1.14 und Gl. 1.15 erkennt man, dass der Wärmeübergangswiderstand mit dem Produkt $\alpha \cdot A$ gebildet wird. Wenn die k-Werte bei Gasen klein sind, kann der Wärmewiderstand R_ϑ auch durch Änderung der wärmeübertragenden Fläche A verändert werden. Dies bedeutet den Einsatz von z.B. berippten Oberflächen.

In Gl. 1.15 ist somit zu berücksichtigen, dass die Oberflächen berippt sein können. Hier ist dann genau zu beachten, wie der Wärmeübergangskoeffizient definiert ist, er hängt von der Definition der wärmeübertragenden Oberfläche ab. (Bei einer berippten Rohroberfläche kann man einmal die Glattrohroberfläche ohne Rippen oder die Gesamtoberfläche inklusive der Rippen als Bezugsfläche benutzen. Der Wärmeübergangskoeffizient ist definiert durch $\alpha = \dot{Q}/(A \cdot \Delta\vartheta)$. Üblich ist bei berippten Flächen die Wahl der Gesamtoberfläche als Bezugsfläche.) Die Gesamtfläche A setzt sich aus der berippten Fläche A_{Ripp} und der unberippten Fläche A_0 zusammen.

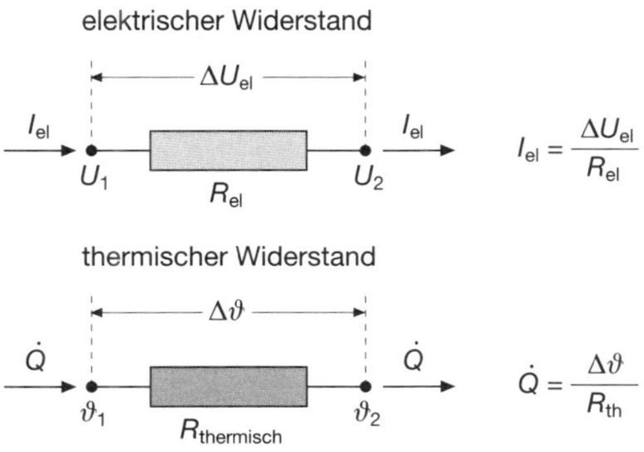

Bild 1.5 Analogie zwischen elektrischem Strom und Wärmestrom

$$A = A_0 + A_{Ripp} \quad \text{(Gl. 1.17)}$$

Wenn der Wärmestrom bzw. der Wärmeübergangskoeffizient definiert wird durch:

$$\dot{Q} = \alpha \cdot A \cdot \Delta\vartheta \quad \text{bzw.} \quad \alpha \equiv \frac{\dot{Q}}{A \cdot \Delta\vartheta} \quad \text{(Gl. 1.18)}$$

folgt:

$$\dot{Q} = \alpha \cdot A_0 \cdot \Delta\vartheta + \alpha \cdot A_{Ripp} \cdot \eta_{Ripp} \cdot \Delta\vartheta \quad \text{(Gl. 1.19)}$$

In Gl. 1.19 ist η_{Ripp} der Rippenwirkungsgrad einer Einzelrippe.
Mit Gl. 1.16 folgt aus (Gl. 1.19):

$$\begin{aligned} \dot{Q} &= \alpha \cdot \left[(A - A_F) + \eta_{Ripp} \cdot A_{Ripp} \right] \Delta\vartheta \\ &= \alpha \cdot A \left[1 - \frac{A_{Ripp}}{A} (1 - \eta_{Ripp}) \right] \Delta\vartheta \end{aligned} \quad \text{(Gl. 1.20)}$$

Weiterhin sind die Verschmutzungsfaktoren mit einzubeziehen.

$$R_{s1} \equiv \frac{s_{s1}}{\lambda_{s1}}; \quad R_{s2} \equiv \frac{s_{s2}}{\lambda_{s2}} \qquad \text{(Gl. 1.21)}$$

Zur Berechnung der Verschmutzungswiderstände muss nach Gl. 1.21 die Dicke der Schmutzschicht sowie deren Wärmeleitfähigkeit bekannt sein.

Für eine Reihe von Fluiden liegen bei bestimmten Betriebsbedingungen Erfahrungswerte vor. Diese können zumindest als Anhaltswerte verwendet werden. Einige Werte sind in Abschnitt 4.6 zusammengestellt.

Aus Gl. 1.14 und Gl. 1.19 ergeben sich für eine einfache Wand (1 Schicht) aber mit Verschmutzung folgende Beziehungen:

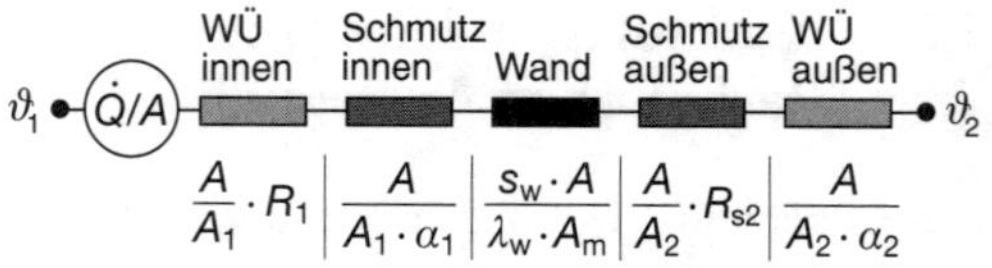

Bild 1.6 Widerstandsnetzwerk, einfache Wand

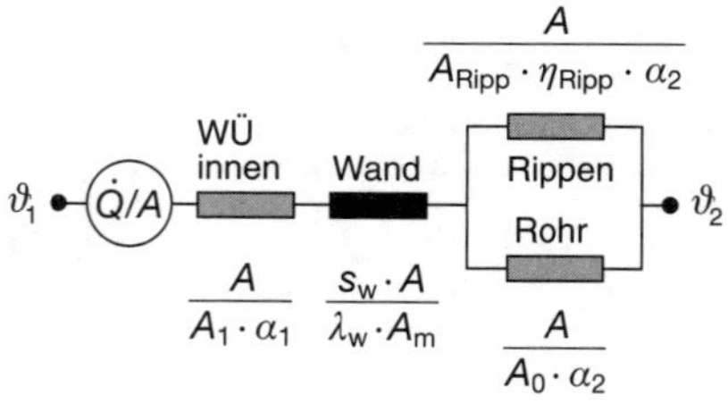

Bild 1.7
Widerstandsnetzwerk, Außenfläche mit Rippen

Wand ohne Rippen:

$$\frac{\dot{Q}}{A} = \frac{\Delta\vartheta}{\frac{A}{A_1 \cdot \alpha_1} + \frac{A}{A_{s1}} \cdot R_{s1} + \frac{A}{A_m} \cdot \frac{s_w}{\lambda_w} + \frac{A}{A_{s2}} \cdot R_{s2} + \frac{A}{A_2 \cdot \alpha_2}} \qquad \text{(Gl. 1.22)}$$

Das zugehörige Widerstandsnetzwerk ist in Bild 1.6 dargestellt.

Wand mit Rippen auf der Außenseite,

ohne Verschmutzung, siehe Bild 1.7:

$$\frac{\dot{Q}}{A} = \frac{\Delta\vartheta}{\frac{A}{A_1 \cdot \alpha_1} + \frac{A}{A_m} \cdot \frac{s_w}{\lambda_w} + \frac{1}{\alpha_2 \cdot \frac{A_0}{A} + \alpha_2 \cdot \eta_{\text{Ripp}} \cdot \frac{A_{\text{Ripp}}}{A}}} \qquad \text{(Gl. 1.23)}$$

2 Wärmebilanzen

Eine Energiebilanz stellt die Gesamtenergiezufuhr und die Gesamtenergieabgabe eines Wärmeaustauschers dar. In dieser Energiebilanz sollte die von der Primärseite entzogene Enthalpie der Enthalpie auf der Sekundärseite entsprechen.

Im Allgemeinen ist die zugehörige Energie (mechanische oder elektrische), z. B. Pumpen oder Ventilatoren sowie der Wärmeaustausch zwischen dem Wärmeaustauscher und seiner Umgebung (Verlust oder Gewinn), zu berücksichtigen. Gemäß Bild 2.1 erhält man:

$$\dot{M}_1 \cdot \Delta h_1 + P_{M.1} - \dot{Q}_{verl.1} = \dot{M}_2 \cdot \Delta h_2 + P_{M.2} - \dot{Q}_{verl.2} \qquad \text{(Gl. 2.1)}$$

2.1 Enthalpie

Die Enthalpie H eines Körpers wird durch Zufuhr von Wärme und durch Zufuhr von Arbeit geändert (1. Hauptsatz der Thermodynamik).

Am Beispiel eines flüssigkeitsbeaufschlagten und ideal durchmischten Rührapparats (Bild 2.2) soll dies durchgerechnet werden, wobei keine Änderungen der Aggregatszustände auftreten sollen.

Der Rührkessel hat den Flüssigkeitsinhalt V_J mit der Temperatur ϑ. In den Apparat wird ein Volumenstrom $\dot{V}_E$ mit der Temperatur ϑ_E eingespeist und mit ϑ_A wieder abgezogen. Durch die Heizschlange wird der Wärmestrom $\dot{Q}_H$ und durch den Rührwerksmotor die Rührleistung $\dot{W}$ zugeführt. Der Wärmeverlust sei $\dot{Q}_V$. Die Stahlteile haben die Masse M_S und in guter Näherung die Temperatur des Inhalts ϑ.

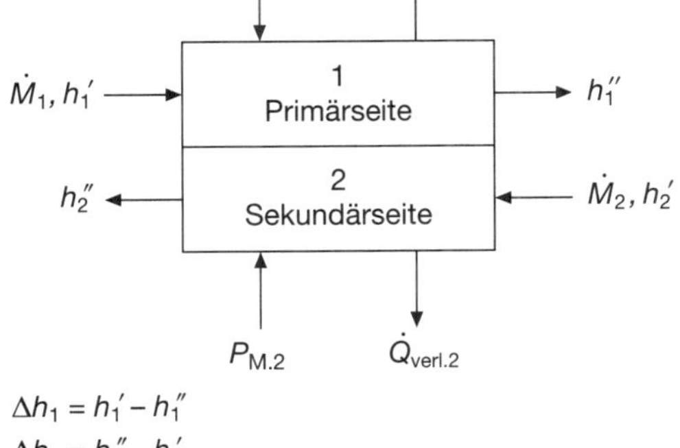

$\Delta h_1 = h_1' - h_1''$

$\Delta h_2 = h_2'' - h_2'$

Bild 2.1
Energiebilanz an einem Wärmeaustauscher

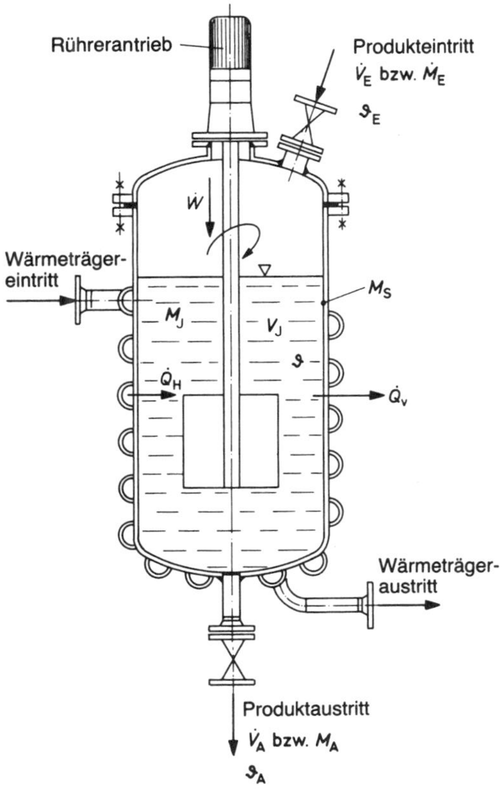

Bild 2.2 Rührkessel

Enthalpie des Flüssigkeitsinhalts:

$$H_J = M_J \cdot c_J \cdot \vartheta \qquad \text{(Gl. 2.2)}$$

Enthalpie der Stahlteile:

$$H_S = M_S \cdot c_S \cdot \vartheta \qquad \text{(Gl. 2.3)}$$

Man berechnet die Enthalpieströme $\dot{H} = \mathrm{d}H/\mathrm{d}t$ am Ein- und Austritt des Apparats:

- Eintrittsenthalpiestrom

$$\dot{H}_E = \dot{M}_E \cdot c_E \cdot \vartheta_E = \dot{V}_E \cdot \varrho_E \cdot c_E \cdot \vartheta_E \qquad \text{(Gl. 2.4)}$$

- Austrittsenthalpiestrom

$$\dot{H}_A = \dot{M}_A \cdot c_A \cdot \vartheta_A = \dot{V}_A \cdot \varrho_A \cdot c_A \cdot \vartheta_A \qquad \text{(Gl. 2.5)}$$

Der 1. Hauptsatz der Thermodynamik lautet nun mit der Energiebilanz:
Zugeführte Enthalpie = abgeführte Enthalpie

$$\dot{Q}_H + \dot{W} + \dot{H}_E = \dot{H}_A + \frac{\mathrm{d}H_J}{\mathrm{d}t} + \frac{\mathrm{d}H_S}{\mathrm{d}t} + \dot{Q}_V \qquad \text{(Gl. 2.6)}$$

Die praktische Berechnung lautet:

$$\dot{Q}_H + \dot{W} = \dot{H}_A - \dot{H}_E + \frac{\mathrm{d}H_J}{\mathrm{d}t} + \frac{\mathrm{d}H_S}{\mathrm{d}t} + \dot{Q}_V \qquad \text{(Gl. 2.7)}$$

Benennungen:

$$\dot{H}_A - \dot{H}_E = \Delta\dot{H}_{A,\,E}$$

nennt man die **konvektive** Enthalpieänderung.

$$\frac{\mathrm{d}H_J}{\mathrm{d}t} + \frac{\mathrm{d}H_S}{\mathrm{d}t} = M_J \cdot c_J \cdot \frac{\mathrm{d}\vartheta}{\mathrm{d}t} + M_S \cdot c_S \cdot \frac{\mathrm{d}\vartheta}{\mathrm{d}t}$$

oder

$$\frac{\mathrm{d}H}{\mathrm{d}t} = (M_J \cdot c_J + M_S \cdot c_S) \cdot \frac{\mathrm{d}\vartheta}{\mathrm{d}t}$$

nennt man die **lokale** Enthalpieänderung mit:

$\dot{Q}_V$ Verlustleistung,
$\dot{W}$ Anteil der Rührwerksleistung, die in Wärme umgesetzt wird.

Grenzbetrachtungen

- Stationärer Betriebszustand

hierbei ist $\mathrm{d}H/\mathrm{d}t = 0$. Der zugeführte Wärmestrom $\dot{Q}_H$ und die zugeführte Rührwerksleistung $\dot{W}$ sind gleich der konvektiven Enthalpieänderung $\Delta\dot{Q}_{A,\,E}$ und dem Wärmeverlust $\dot{Q}_V$.

$$\dot{Q}_H + \dot{W} = \Delta\dot{H}_{A,\,E} + \dot{Q}_V \qquad \text{(Gl. 2.8)}$$

Werden Rührwerksleistung und Verlustleistung vernachlässigt, erhält man für die Heiz- oder Kühlleistung:

$$\dot{Q}_H \approx \Delta\dot{H}_{A,\,E} \qquad \text{(Gl. 2.9)}$$

- **Ein- und Austrittsventile geschlossen**

hierbei ist $\Delta\dot{H}_{A,\,E} = 0$. Der zugeführte Wärmestrom $\dot{Q}_H$ und die zugeführte Rührwerksleistung $\dot{W}$ sind dann gleich der lokalen Enthalpieänderung $\mathrm{d}H/\mathrm{d}t$ und dem Wärmeverlust.

$$\dot{Q}_H + \dot{W} = \frac{\mathrm{d}H}{\mathrm{d}t} + \dot{Q}_V \qquad \text{(Gl. 2.10)}$$

Setzt man für den Inhalt und die Stahlmassen gemäß der Benennung bei Gleichung 2.6 ein, erhält man:

$$\dot{Q}_H \approx (M_J \cdot c_J + M_S \cdot c_S) \cdot \frac{\mathrm{d}\vartheta}{\mathrm{d}t} \qquad \text{(Gl. 2.11)}$$

Vernachlässigt man abermals die Rühr- und Verlustleistung, erhält man:

$$\dot{Q}_H \approx \frac{dH}{dt} \qquad \text{(Gl. 2.12)}$$

Aufgabe 2.1
In einem Rührkessel mit einem Inhalt von $M_J = 800$ kg werden $\dot{M}_E = 1800$ kg/h Wasser zugegeben. Die Heizleistung beträgt $\dot{Q}_H = 60$ kW und die Stahlmasse $M_S = 400$ kg.
Wie groß ist:

a) bei stationärem Betrieb die Austrittstemperatur des Wassers, wenn Wärmeverlust und Rührleistung vernachlässigt werden?
Die Eintrittstemperatur ist $\vartheta_E = 10\,°C$;
b) Die Zeit nach der der Inhalt anfangen würde zu verdampfen, wenn die Ventile geschlossen sind und die Rührwerksleistung $\dot{W} = 10$ kW beträgt? Die Heizleistung ist abgeschaltet, und die Verlustwärme kann vernachlässigt werden, der Behälter zur Atmosphäre hin offen und die Anfangstemperatur $\vartheta_1 = 10$ °C.

Lösung
Zu a) nach Gleichung 2.9: $\dot{Q}_H = \Delta\dot{H}_{A,E}$

Mit Gleichung 2.4 und 2.5 erhält man:

$$\dot{Q}_H = \dot{M}_A \cdot c_A \cdot \vartheta_A - \dot{M}_E \cdot c_E \cdot \vartheta_E$$

Da die Massenströme gleich sind, kann man ansetzen:

$$\dot{M}_A = \dot{M}_E = \dot{M}$$
$$\dot{Q}_H = \dot{M} \cdot \bar{c}_{A,E} \cdot (\vartheta_A - \vartheta_E)$$

Der Mittelwert der spezifischen Wärmekapazität muss durch Iteration bestimmt werden. Man kann jedoch in den meisten Fällen aus den Stoffwerttabellen abschätzen, da sich dieser Wert oftmals nur geringfügig in Abhängigkeit von der Temperatur ändert.

Mit:

$$\bar{c}_{A,E} = 4180 \ \frac{J}{kg \cdot K}$$

für Wasser gültig im Temperaturbereich zwischen 0 und 100 °C bei $p = 1$ bar erhält man:

$$\vartheta_A = \frac{\dot{Q}_H}{\dot{M} \cdot \bar{c}_{A,E}} + \vartheta_E$$

Es ist insbesondere auf die Einheiten zu achten!

$$\dot{Q}_H = 60 \text{ kW} = 60\,000 \text{ W} = 60\,000 \text{ J/s}$$

$$\dot{M} = 1800 \text{ kg/h} = \frac{1800}{3600} = 0{,}5 \text{ kg/s}$$

$$\vartheta_A = \frac{60\,000}{0{,}5 \cdot 4180} + 10 = 28{,}7 + 10$$

$$\boxed{\vartheta_A = 38{,}7\,°C}$$

Zu b) nach Gleichung 2.10 mit $\dot{Q}_H = 0$ und $\dot{Q}_V = 0$ wird:

$$\dot{W} = \frac{dH}{dt}$$

analog der Gleichung 2.12 kann man schreiben:

$$\dot{W} = (M_J \cdot c_J + M_S \cdot c_S) \cdot \frac{d\vartheta}{dt}$$

Durch Trennung der Veränderlichen

$$dt = \frac{M_J \cdot c_J + M_S \cdot c_S}{\dot{W}} \cdot d\vartheta$$

und Integration

$$\int_0^t dt = \frac{M_J \cdot c_J + M_S \cdot c_S}{\dot{W}} \cdot \int_{\vartheta_1}^{\vartheta_2} d\vartheta$$

erhält man:

$$t = \frac{M_J \cdot c_J + M_S \cdot c_S}{\dot{W}} \cdot (\vartheta_2 - \vartheta_1)$$

M_J = 800 kg
c_J = 4180 J/(kg · K)
M_S = 400 kg
c_S = 470 J/(kg · K)
$\dot{W}$ = 10 kW = 10000 W = 10000 J/s

Die Verdampfungstemperatur ϑ_2 = 100 °C bei p = 1 bar.

$$t = \frac{800 \cdot 4180 + 400 \cdot 470}{10000} \cdot (100 - 10)$$

$$t = 3{,}18 \cdot 10^4 \text{ s}$$

$$t = 8{,}83 \text{ h}$$

2.2 Gebrauchsgleichungen zur Bestimmung der Wärmeleistung

❑ Kontinuierliche Heizvorgänge ohne Änderung des Aggregatzustands

Hierunter fallen z.B. Wärmeaustauscher für Flüssigkeiten und Gase (Bild 2.3).

$$\dot{Q}_H = \dot{M} \cdot \bar{c}_{1,2} \cdot (\vartheta_2 - \vartheta_1) + \dot{Q}_V \quad \text{(Gl. 2.13)}$$

oder mit dem Volumenstrom ($\dot{V} = \dot{M}/\varrho$):

$$\dot{Q}_H = \cdot \dot{V} \cdot \varrho_1 \cdot \bar{c}_{1,2} \cdot (\vartheta_2 - \vartheta_1) + \dot{Q}_V \quad \text{(Gl. 2.14)}$$

Der Wärmeverlust kann überschlägig mit 5% der Heizleistung angenommen werden.

$$\dot{Q}_H \approx 1{,}05 \cdot \dot{V} \cdot \varrho_1 \cdot \bar{c}_{1,2} \cdot \Delta\vartheta_{2,1} \quad \text{(Gl. 2.15)}$$

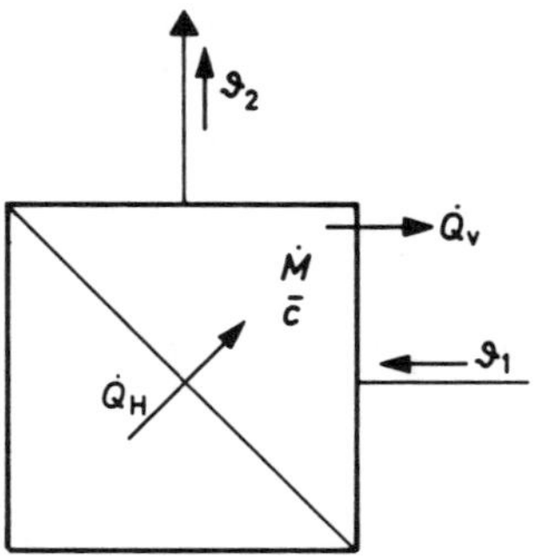

Bild 2.3
Wärmeaustauscher (kontinuierliche Heizung)

❑ Kontinuierliche Heizvorgänge mit Änderung des Aggregatzustands

Hierunter fallen z.B. Verdampfer (Bild 2.4).

$$\dot{Q}_H \approx \dot{M} \cdot (h_2 - h_1) + \dot{Q}_V \quad \text{(Gl. 2.16)}$$

Die Wärmeverluste können mit 10% der Heizleistung angenommen werden

$$\dot{Q}_H \approx 1{,}1 \cdot \dot{M} \cdot (h_2 - h_1) \quad \text{(Gl. 2.17)}$$

Entspricht die Enthalpiedifferenz der Verdampfungsenthalpie Δh_V, dann gilt (mit $\Delta h = h'' - h'$):

$$\dot{Q}_H \approx 1{,}1 \cdot \dot{M} \cdot \Delta h_V \quad \text{(Gl. 2.18)}$$

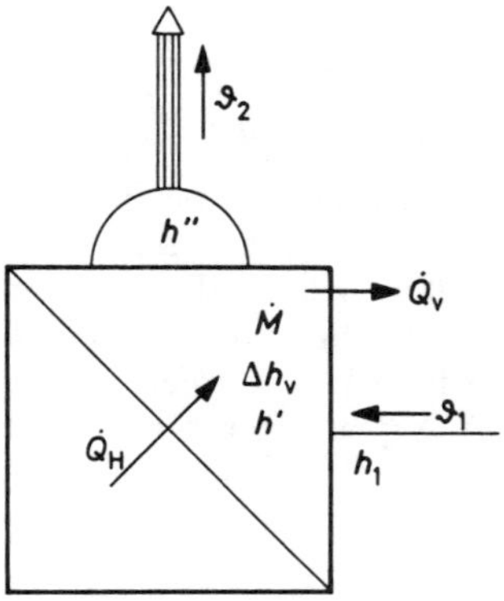

Bild 2.4
Dampferzeuger (kontinuierliche Heizung)

❑ Diskontinuierliche Heizvorgänge

Hierunter fallen z. B. Rührwerksbehälter, Bäder, Pressen (Bild 2.5)

$$\dot{Q}_H = \frac{(M_I \cdot \bar{c}_I + M_S \cdot \bar{c}_2) \cdot (\vartheta_2 - \vartheta_1)}{t} + \sum \dot{Q}_V - \dot{W} \quad \text{(Gl. 2.19)}$$

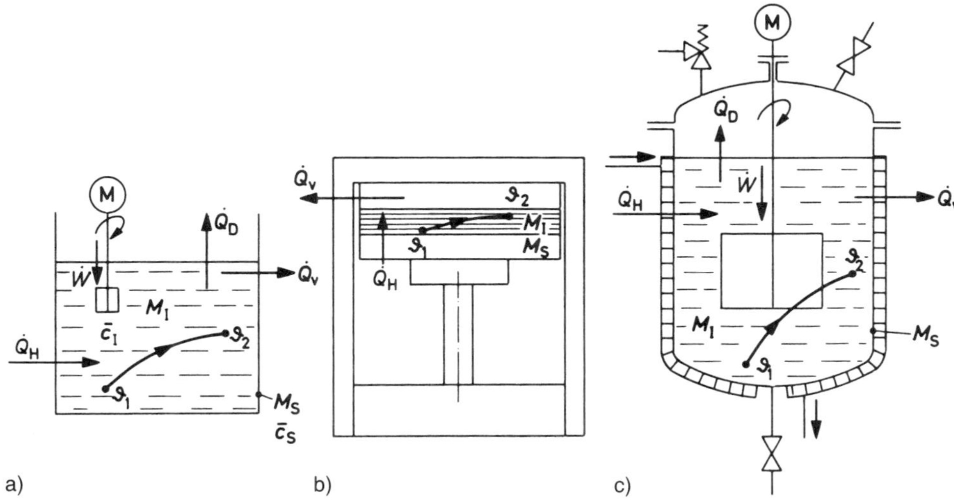

Bild 2.5 Diskontinuierliche Aufheizvorgänge in
a) Bad
b) Presse
c) Rührkessel

3 Kennzahlen

Die an einem Ablauf beteiligten Einflussgrößen, die mit Einheiten behaftet sind, lassen sich in Form von **Potenzprodukten** von Kennzahlen zusammenfassen.

Die Kennzahlen selbst haben dann keine Einheit und sind somit auch in allen Maßsystemen gültig. Durch die Bildung von Kennzahlen wird die **Zahl der Veränderlichen** reduziert. Auch lässt sich jede Funktionsgleichung eines Systems hiermit in einer einheitliche Funktion darstellen.

Die Ermittlung der Kennzahlen erfolgt dadurch, dass man die ablaufbestimmenden Größen gegenüberstellt und den sich daraus ergebenden Quotienten als Kennzahl definiert.

Konstante Größen (Zahlenwerte) können weggelassen werden. Geometrische Größen werden durch Längen ersetzt, Stoffkennwerte übernimmt man unverändert.

Basisgrößen		**abgeleitete Größen**	
Länge	L	Fläche	$A \sim L^2$
Zeit	t	Volumen	$V \sim L^3$
Temperatur	ϑ	Masse	$M = \varrho \cdot V \sim \varrho \cdot L^3$

Geschwindigkeit $w \sim \dfrac{L}{t}$

Beschleunigung $b = \dfrac{w}{t} \sim \dfrac{L}{t^2}$

Bei jeder Kennzahl müssen jedoch die kennzeichnenden Größen definiert werden. Es ist die charakteristische Länge einer bestimmten Körpergröße zuzuordnen. Auch muss die gleiche Definition für z.B. Geschwindigkeit und Stoffwerte beachtet werden.

Beschleunigte Bewegungsvorgänge (Kraftwirkungen) folgen grundsätzlich dem NEWTONschen Grundgesetz:

$$F = M \cdot b$$

Die wichtigsten Kräfte

Trägheitskraft:

$$F_i = M \cdot b \sim (\varrho \cdot L^3) \cdot \frac{L}{t^2} = \varrho \cdot L^2 \cdot \left(\frac{L}{t}\right)^2$$

$$F_i \sim \varrho \cdot L^2 \cdot w^2 \qquad \text{(Gl. 3.1)}$$

Reibungskraft:

$$F_\tau = \tau \cdot A = \eta \cdot \frac{w}{L} \cdot A = \varrho \cdot \nu \cdot \frac{w}{L} \cdot A$$

$$F_\tau \sim \varrho \cdot \nu \cdot w \cdot L \qquad \text{(Gl. 3.2)}$$

Gewichtskraft:

$$F_g = M \cdot g \sim \varrho \cdot L^3 \cdot g \qquad \text{(Gl. 3.3)}$$

Druckkraft:

$$F_p = p \cdot A \sim p \cdot L^2 \qquad \text{(Gl. 3.4)}$$

Auftriebskraft:

$$F_A = V \cdot \Delta\varrho \cdot g \sim L^3 \cdot \Delta\varrho \cdot g \qquad \text{(Gl. 3.5)}$$

3.1 Erzwungene Strömung

Die bestimmenden Kräfte sind Trägheitskraft sowie Reibungskraft. Das Verhältnis dieser beiden Kräfte ergibt dann aus Gleichung 3.1 und 3.2:

$$\frac{F_i}{F_\tau} = \frac{\varrho \cdot L^2 \cdot w^2}{\varrho \cdot \nu \cdot w \cdot L} = \frac{w \cdot L}{\nu}$$

Die entstehende Kennzahl nennt man:

$$Re = \frac{w \cdot L}{\nu} \quad \text{REYNOLDSzahl} \qquad \text{(Gl. 3.6)}$$

3.2 Freie Strömung

Die bestimmenden Kräfte sind Trägheitskraft sowie Gewichtskraft. Aus Gleichung 3.1 und 3.3 erhält man:

$$\frac{F_i}{F_g} = \frac{\varrho \cdot L^2 \cdot w^2}{\varrho \cdot L^3 \cdot g} = \frac{w^2}{L \cdot g}$$

Als eigentliche Kennzahl wurde jedoch früher üblicherweise der Wurzelwert gewählt; man nennt diese Kennzahl:

$$Fr = \frac{w^2}{L \cdot g} \quad \text{FROUDEzahl} \qquad \text{(Gl. 3.7)}$$

3.3 Auftriebsströmung von Gasen

Die bestimmenden Kräfte sind Auftriebskraft und Trägheitskraft. Aus Gleichung 3.1 und Gleichung 3.5:

$$\frac{F_A}{F_i} = \frac{L^3 \cdot \Delta\varrho \cdot g}{\varrho \cdot L^2 \cdot w} = \frac{g \cdot L}{w^2} \cdot \frac{\Delta\varrho}{\varrho}$$

Nach den Gasgesetzen gilt:

$$\frac{\Delta\varrho}{\varrho} = \beta_V \cdot \Delta\vartheta$$

Hierin ist β_V der Raumausdehnungskoeffizient. Die entstehende Kennzahl nennt man:

$$Ar = \frac{g \cdot L}{w^2} \cdot \beta_V \cdot \Delta\vartheta \quad \text{ARCHIMEDESzahl} \qquad \text{(Gl. 3.8)}$$

Aufgabe 3.1

Wie groß ist die *Re*-Zahl in einem durchströmten Rohr mit einem Innendurchmesser von $d_1 = 200$ mm. Der Volumenstrom ist $\dot{V} = 200\ \text{m}^3/\text{h}$, wobei einmal Wasser sowie alternativ Luft bei Atmosphärendruck und 20 °C die Leitung durchströmen soll.

Als charakteristische Länge soll der Rohrinnendurchmesser und als charakteristische Geschwindigkeit die mittlere Strömungsgeschwindigkeit im Rohr gewählt werden.

Lösung

Die Basisgleichung für die *Re*-Zahl lautet nach Gleichung 3.6:

$$Re = \frac{w \cdot L}{\nu}$$

mit: $L = d_1$

und: $w = \bar{w} = \frac{\dot{V}}{A}$

erhält man:

$$Re = \frac{\bar{w} \cdot d_i}{\nu}$$

Mittlere Geschwindigkeit:

$$\bar{w} = \frac{\dot{V}}{A} = \frac{200 \cdot 4}{3600 \cdot 0{,}2^2 \cdot \pi} = 1{,}77\ \text{m/s}$$

Stoffwerte bei 20 °C:

Luft $\nu = 15{,}11 \cdot 10^{-6}\ \text{m}^2/\text{s}$

Wasser $\nu = 1 \cdot 10^{-6}\ \text{m}^2/\text{s}$

Damit lauten die *Re*-Zahlen für

Luft

$$Re = \frac{1{,}77 \cdot 0{,}2}{15{,}11} \cdot 10^6 = 2{,}3 \cdot 10^4$$

Wasser

$$Re = \frac{1{,}77 \cdot 0{,}2}{1} \cdot 10^6 = 3{,}54 \cdot 10^5$$

4 Wärmeübertragung, Wärmeaustausch

An dieser Stelle werden nochmals die wichtigsten Gleichungen aufgeführt. Ausführliche Darstellung und Ableitungen sowie Beispiele s. [4.1].

4.1 Wärmeleitung

Die Grundgleichung für die Wärmeleitung lautet nach dem Fourier'schen Gesetz (Bild 4.1):

Fouriergleichung: $\dot{Q} = -\lambda \cdot A \cdot \frac{\mathrm{d}\vartheta}{\mathrm{d}x}$

$$\dot{Q} = -\lambda \cdot A \cdot \frac{\mathrm{d}\vartheta}{\mathrm{d}x} \qquad \text{(Gl. 4.1)}$$

mit: λ = Wärmeleitfähigkeit (W/(m · K))
und für die Wärmestromdichte mit:

$$\dot{q} = \frac{\dot{Q}}{A} \qquad \text{(Gl. 4.2)}$$

erhält man:

$$\dot{q} = -\lambda \cdot \frac{\mathrm{d}\vartheta}{\mathrm{d}x} \qquad \text{(Gl. 4.3)}$$

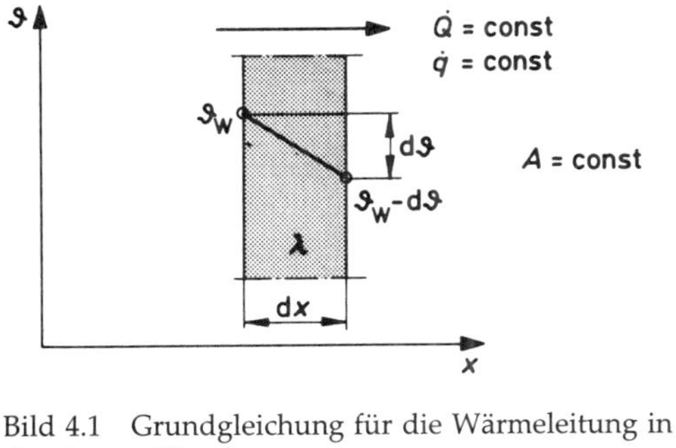

Bild 4.1 Grundgleichung für die Wärmeleitung in der ebenen Wand

Ebene Wand

Für die ebene Wand gilt (Bild 4.2):

$$\dot{Q} = \frac{\lambda}{s} \cdot A \cdot (\vartheta_1 - \vartheta_2) \qquad \text{(Gl. 4.4)}$$

$$\dot{Q} = \frac{1}{\frac{s}{\lambda}} A = (\vartheta_1 - \vartheta_2)$$

und für die mehrschichtige Wand (Bild 4.3):

$$\dot{Q} = \frac{A \cdot (\vartheta_i - \vartheta_a)}{\sum\limits_{n=1}^{n} \frac{s_i}{\lambda_i}} \qquad \text{(Gl. 4.5)}$$

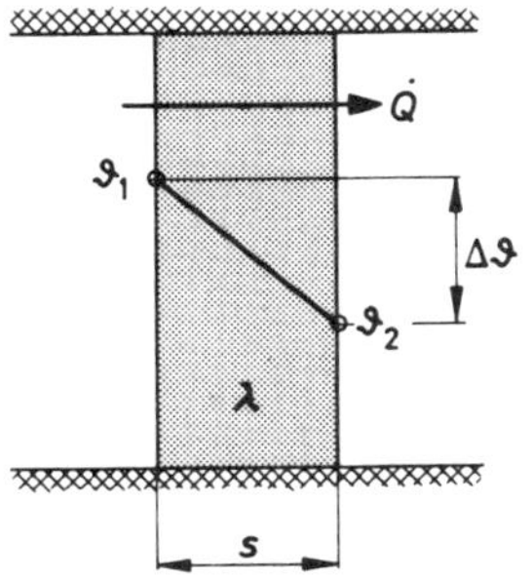

Bild 4.2 Temperaturverlauf in einer 1-schichtigen ebenen Wand

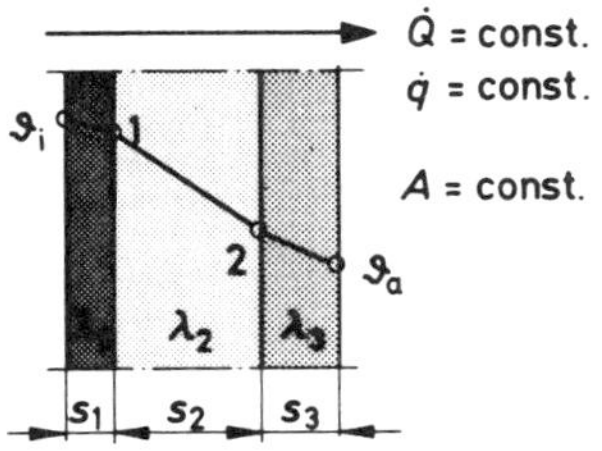

Bild 4.3 Wärmeleitung in der mehrschichtigen ebenen Wand

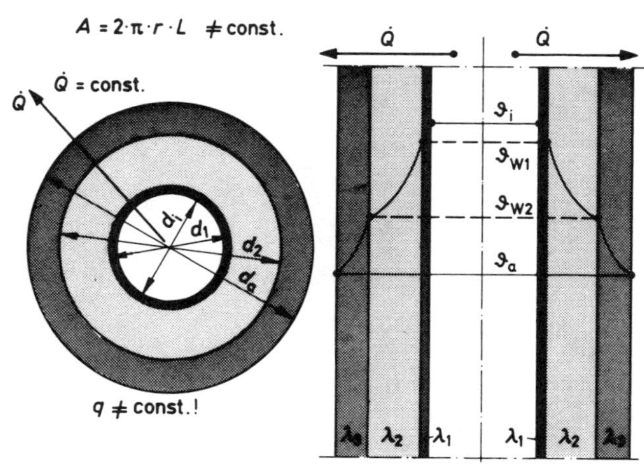

$$\dot{Q} = \frac{2 \cdot \pi \cdot L}{\sum\limits_{j=1}^{n} \frac{1}{\lambda_j} \cdot \ln \frac{d_i}{d_{j-1}}} \cdot (\vartheta_i - \vartheta_a)$$

Bild 4.4 Wärmeleitung in mehrschichtigen Zylindern

Zylinder
Die Ableitung der Gleichung 4.1 ergibt [4.1] für den Zylinder:

$$\dot{Q} = \frac{2 \cdot \pi \cdot L \cdot (\vartheta_i - \vartheta_a)}{\frac{1}{\lambda} \cdot \ln \frac{d_a}{d_i}} \qquad \text{(Gl. 4.6)}$$

und für das mehrschichtige Kreisrohr (Bild 4.4):

$$\dot{Q} = \frac{2 \cdot \pi \cdot L \cdot (\vartheta_i - \vartheta_a)}{\sum\limits_{j=1}^{n} \frac{1}{\lambda_j} \cdot \ln \frac{d_i}{d_{j-1}}} \qquad \text{(Gl. 4.7)}$$

4.2 Konvektion

Gleichung nach Newton

$\dot{Q} = \alpha \cdot A \cdot (\vartheta_W - \vartheta_{Fl})$

mit: $\alpha = \left(\frac{\lambda_{Fl}}{\delta_\vartheta}\right)_{\text{Grenzschicht}}$

Auch hier lässt sich für den Wärmestrom $\dot{Q}$ die Grundgleichung der ebenen Wand Gleichung 4.2 anwenden, wenn man als wärmeleitende Schicht die Temperaturgrenzschicht δ_ϑ der Strömung zugrunde legt (Bild 4.5):

$$\dot{Q} = \frac{\lambda_{Fl}}{\delta_\vartheta} \cdot A \cdot (\vartheta_W - \vartheta_{Fl}) \qquad \text{(Gl. 4.8)}$$

Der Proportionalitätsfaktor $\lambda_{fl}/\delta_\vartheta$ wird als Wärmeübergangskoeffizient bezeichnet:

$$\alpha \equiv \frac{\lambda_{Fl}}{\delta_\vartheta} \qquad \text{(Gl. 4.9)}$$

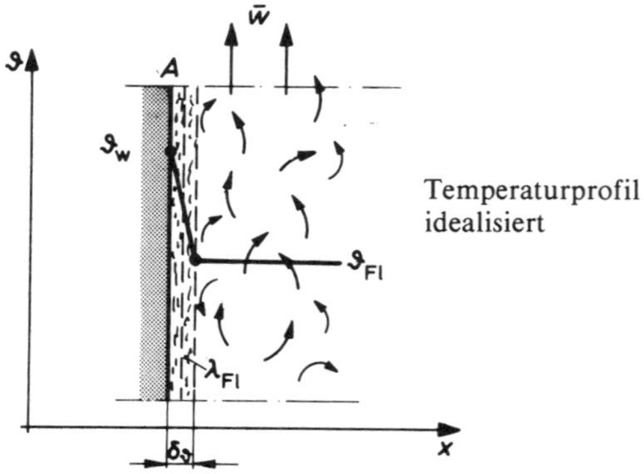

Bild 4.5 Wärmeübergang bei Konvektion in der thermischen Grenzschicht

Damit erhält man den Wärmestrom bei der Konvektion:

$$\dot{Q} = \alpha \cdot A \cdot (\vartheta_1 - \vartheta_2) \qquad \text{(Gl. 4.10)}$$

Um jedoch nicht jeweils die Grenzschichtdicke δ_ϑ bestimmen zu müssen, wird diese in eine dimensionslose Form umgewandelt und auf die kennzeichnende Körperabmessung des Fluids bezogen. Die sich ergebende Kennzahl bezeichnet man als **Nußeltzahl** *Nu*:

$$Nu_L = \frac{L}{\delta_\vartheta} \qquad \text{(Gl. 4.11)}$$

Damit die Grenzschichtdicke nicht mehr in der Bestimmungsgleichung erscheint, setzt man δ_ϑ aus Gleichung 4.9 in Gleichung 4.11 ein und erhält:

$$Nu_L = \frac{L \cdot \alpha}{\lambda_{Fl}} \qquad \text{(Gl. 4.12)}$$

und schließlich den Wärmeübergangskoeffizienten

$$\alpha = Nu_L \cdot \frac{\lambda_{Fl}}{L} \qquad \text{(Gl. 4.13)}$$

Als charakteristische Länge L wird eingesetzt bei:

❑ **Innenströmung**

a) Rohr $L = d_i$
   d_i = Rohrinnendurchmesser
b) durchströmtes System $L = d_h$
   d_h = hydraulischer Durchmesser

mit: $d_h = \frac{4 \cdot A}{U}$

A Querschnittsfläche,
U benetzter Umfang.

❑ **Außenströmung**

a) Platte $L = L$
   L = Plattenlänge
b) umströmtes System $L = L'$
   L = Überstromlänge beim Rohr

$$L' = d_a \cdot \frac{\pi}{2}$$

bei der Kugel: $L' = d_a$

4.2.1 Nußeltzahlen für die wichtigsten Anwendungen

Die Stoffwerte sind auf die mittlere Fluidtemperatur

$$\vartheta_m = \frac{\vartheta_E + \vartheta_A}{2} \qquad \text{(Gl. 4.14)}$$

zu beziehen.

❑ **Innenströmung**

für die turbulente Rohrinnenströmung gilt:

$$Nu_{d,\,turb} \approx \frac{\zeta/8 \cdot Re_d \cdot Pr}{1 + 12{,}7 \cdot \sqrt{\zeta/8} \cdot (Pr^{2/3} - 1)} \cdot \left(1 + \left(\frac{d_i}{L}\right)^{2/3}\right) \cdot f \qquad \text{(Gl. 4.15)}$$

mit:

$$f = \left(\frac{Pr}{Pr_w}\right)^{0{,}11} \text{ für Flüssigkeiten} \qquad \text{(Gl. 4.16)}$$

und

$$f = \left(\frac{T}{T_w}\right)^{0{,}45} \text{ für Gase} \qquad \text{(Gl. 4.16a)}$$

ζ ist hier der Rohrreibungsbeiwert und beträgt für glatte Rohre:

$$\zeta = \frac{1}{(1{,}8 \log Re_d - 1{,}5)^2} \qquad \text{(Gl. 4.17)}$$

Gültigkeitsbereich:

$10^4 < Re_d < 10^6$

$L \geqq d_i$

$0{,}6 < Pr < 1000$

$0{,}1 < \frac{Pr}{Pr_w} < 10$

$0{,}5 < \frac{T}{T_w} < 1{,}5$

Als Näherungsgleichung kann man auch folgenden Ansatz verwenden, wobei jedoch der Gültigkeitsbereich eingeschränkt wurde:

$$Nu_{d,\,turb} \approx 0{,}0235 \cdot Re_d^{0,8} \cdot Pr^{0,48} \cdot f \quad \text{(Gl. 4.18)}$$

Gültigkeitsbereich

$10^4 < Re_d < 10^6$

$L > 50 \cdot d_i$

$0{,}6 < Pr < 50$

Bei nicht zu großen Temperaturunterschieden in der Grenzschicht kann noch zusätzlich der Faktor f für die Richtung des Wärmestroms vernachlässigt werden. Es gilt:

$$Nu_{d,\,turb} \approx 0{,}0235 \cdot Re_d^{0,8} \cdot Pr^{0,48} \quad \text{(Gl. 4.19)}$$

❑ **Außenströmung**

Plattenströmung

Laminare Plattenströmung: $Re_L \leqq 3 \cdot 10^5$

$$Nu_{L,\,lam} = 0{,}664 \cdot \sqrt{Re_L} \cdot \sqrt[3]{Pr} \cdot f_1 \quad \text{(Gl. 4.20)}$$

Turbulente Plattenströmung: $Re_L > 3 \cdot 10^5$

$$Nu_{L,\,turb} = \frac{0{,}037 \cdot Re_L^{0,8} \cdot Pr}{1 + \frac{2{,}443}{Re_L^{0,1}} \cdot \left(Pr^{2/3} - 1\right)} \cdot f_1 \quad \text{(Gl. 4.21)}$$

mit

$$f_1 = \left(\frac{Pr}{Pr_w}\right)^{0,25} \quad \text{für Flüssigkeiten} \quad \text{(Gl. 4.22)}$$

$$f_1 = 1 \quad \text{für Gase} \quad \text{(Gl. 4.23)}$$

Gültigkeitsbereich:

$Re_{L,\,max} \leqq 10^7$

$0{,}6 < Pr < 2000$

$0{,}5 < \frac{Pr}{Pr_w} < 500$

Als Näherungsgleichung kann man für den wichtigen turbulenten Bereich verwenden:

$$Nu_{L,\,turb} \approx 0{,}037 \cdot Re_L^{0,8} \cdot Pr^{0,48} \quad \text{(Gl. 4.24)}$$

Gültigkeitsbereich:

$3 \cdot 10^5 < Re_L < 10^7$

$0{,}6 < Pr < 100$

Bei **stumpfer Vorderkante** muss man mit einer erhöhten Turbulenz rechnen; es überlagern sich die beiden Gleichungen zu:

$$Nu_L = \sqrt{Nu_{L,\,lam}^2 + Nu_{L,\,turb}^2} \quad \text{(Gl. 4.25)}$$

Querangeströmte Zylinder

Hier gelten auch die Grundgleichungen 4.20 und 4.21 der Plattenströmung, wobei jedoch für $L = L' = d_a \cdot \pi/2$ einzusetzen ist mit:

$$Re_L = Re_{L'} = \frac{w_0 \cdot L'}{\nu} \quad \text{(Gl. 4.26)}$$

Bedingt durch die Rohranströmung muss grundsätzlich mit «stumpfer Vorderkante» gerechnet werden. Es ergibt sich die Nußeltzahl:

$$Nu_{L'} = \left(0{,}3 + \sqrt{Nu_{L',\,lam}^2 + Nu_{L',\,turb}^2}\right) \cdot f_2 \quad \text{(Gl. 4.27)}$$

Gültigkeitsbereich:

$1 < Re_{L'} < 10^7$

$0{,}6 < Pr < 1000$

mit:

$$f_2 = \left(\frac{Pr}{Pr_w}\right)^n$$

für Flüssigkeiten:
$n = 0{,}25$ beim Heizen
$n = 0{,}11$ beim Kühlen

$$f_2 = \left(\frac{T}{T_w}\right)^{0{,}12} \quad \text{für Gase}$$

Als Näherungsgleichung kann verwendet werden mit eingeschränktem Gültigkeitsbereich:

$$Nu_{L'} \approx 0{,}185 \cdot Re_{L'}^{0{,}67} \cdot Pr^{0{,}4} \qquad \text{(Gl. 4.28)}$$

Gültigkeitsbereich:
$10^3 < Re_{L'} < 10^5$

$0{,}6 < Pr < 100$

Rohrreihen und Rohrbündel
Bei Rohrreihen und Rohrbündeln erhöht sich der Wärmeübergangskoeffizient (s. Kapitel 5) gegenüber dem Einzelrohr. Als wirksame Geschwindigkeit w' ist hierbei die Geschwindigkeit im Hohlraum einzusetzen

$$w' = \frac{w_0}{\psi} \qquad \text{(Gl. 4.29)}$$

Der Hohlraumanteil ψ kann aus Bild 4.6a entnommen werden. Die Re-Zahl lautet dann:

$$Re_{L'} = \frac{w' \cdot L'}{\nu} \qquad \text{(Gl. 4.30)}$$

und die Nußeltzahl kann aus Gl. 4.27 ermittelt werden. Bei **Rohrbündeln** muss noch zusätzlich ein Rohranordnungsfaktor f_A berücksichtigt werden. Dieser Faktor lautet (gültig für mehr als 10 Rohrreihen):

– fluchtende Anordnung:

$$f_{A,fl} = 1 + \frac{0{,}7 \cdot \left(\frac{b}{a} - 0{,}3\right)}{\psi^{1{,}5} \cdot \left(\frac{b}{a} + 0{,}7\right)^2} \qquad \text{(Gl. 4.31)}$$

– versetzte Anordnung:

$$f_{A,vers} = 1 + \frac{2}{3 \cdot b} \qquad \text{(Gl. 4.32)}$$

Der Gültigkeitsbereich der Gl. 4.27 bei der Anwendung für Rohrreihen und Rohrbündel ist für die $Re_{L'}$-Zahl auf > 10 begrenzt ($10 < Re_{L'} < 10^7$). Gl. 4.28 gilt jedoch weiter als Näherungslösung.

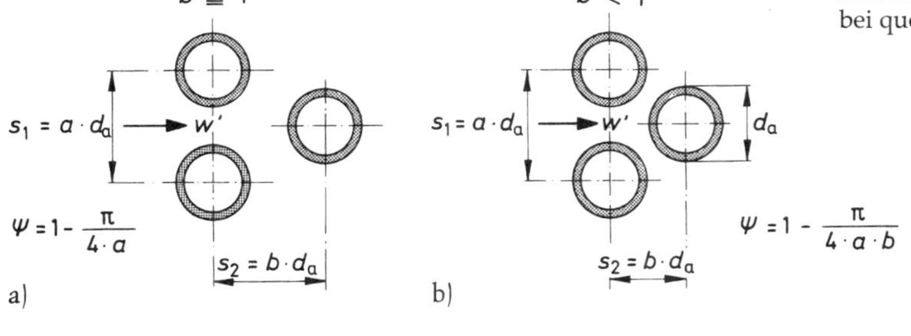

Bild 4.6 a und b Hohlraumanteil bei querangeströmten Rohren

Aufgabe 4.1
Für Abluft mit einer mittleren Temperatur $\vartheta_m = 250\,°C$ soll der Wärmeübergangskoeffizient α an ein Einzelrohr berechnet werden.

Daten: Rohraußendurchmesser
$d_a = 60{,}3$ mm
Anströmgeschwindigkeit
$w_0 = 11{,}5$ m/s

Die Richtung des Wärmestroms kann vernachlässigt werden.

Lösung
Die erforderlichen Stoffdaten der Luft bei $\vartheta_m = 250\,°C$ sind:

Kinematische Viskosität $\nu = 41{,}17 \cdot 10^{-6}$ m²/s
Prandtlzahl $Pr = 0{,}68$
Wärmeleitfähigkeit $\lambda = 0{,}0421 \cdot$ W/(m · K)

Die Überstromlänge als charakteristische Abmessung beträgt:

$$L' = d_a \cdot \frac{\pi}{2} = 60{,}3 \cdot \frac{\pi}{2} = 94{,}72 \text{ mm}$$

Die *Re*-Zahl berechnet man:

$$Re_{L'} = \frac{w_0 \cdot L'}{\nu} = \frac{11{,}5 \cdot 94{,}72}{10^3 \cdot 41{,}17} \cdot 10^6 = 26\,460$$

Nu-Zahl für laminare Strömung:

$$Nu_{L',\text{lam}} = 0{,}664 \cdot \sqrt{Re_{L'}} \cdot \sqrt[3]{Pr}$$
$$= 0{,}664 \cdot \sqrt{26\,460} \cdot \sqrt[3]{0{,}68} = 94{,}98$$

Nu-Zahl für turbulente Strömung:

$$Nu_{L',\text{turb}} = \frac{0{,}037 \cdot Re_{L'}^{0,8} \cdot Pr}{1 + \frac{2{,}443}{Re_{L'}^{0,1}} \cdot (Pr^{2/3} - 1)}$$
$$= \frac{0{,}037 \cdot 26\,460^{0,8} \cdot 0{,}68}{1 + \frac{2{,}443}{26\,460^{0,1}} \cdot (0{,}68^{2/3} - 1)}$$
$$= 108{,}6$$

Damit erhält man für das quer angeströmte Rohr:

$$Nu_{L'} = 0{,}3 + \sqrt{Nu_{L',\text{lam}}^2 + Nu_{L',\text{turb}}^2}$$
$$= 0{,}3 + \sqrt{94{,}98^2 + 108{,}6^2} = 144{,}5$$

der gesuchte Wärmeübergangskoeffizient beträgt hiermit:

$$\alpha = Nu_{L'} \cdot \frac{\lambda}{L'} = 144{,}5 \cdot \frac{0{,}0421}{94{,}72}\, 10^3$$

$$\alpha = 64{,}23 \text{ W/(m}^2 \cdot \text{K)}$$

Mit der Näherungsgleichung 4.28 erhält man:

$$Nu_{L'} \approx 0{,}185 \cdot Re_{L'}^{0,67} \cdot Pr^{0,4}$$
$$= 0{,}185 \cdot 26\,460^{0,67} \cdot 0{,}68^{0,4}$$

$Nu_{L'} = 145{,}6$
und damit
$\alpha = 64{,}72$ W/(m² . K)

4.3 Kondensation

Die Wärmeübergangskoeffizienten bei Kondensation und Verdampfung liegen üblicherweise so hoch, dass diese den Wärmestrom nicht wesentlich beeinflussen. Die Werte liegen bei $\alpha = 1000$ bis 10 000 W/(m² · K).

Speziell für Rohrbündel-Kondensatoren kann bei Annahme einer laminaren »Flüssigkeitshaut« der α-Wert bestimmt werden aus:

$$\alpha = \frac{0{,}725}{n^{1/6}} \cdot \sqrt[4]{\frac{\varrho_1 \cdot g \cdot \lambda_1^3 \cdot \Delta h_V}{\nu_1 \cdot (\vartheta_S - \vartheta_w) \cdot d_a}} \qquad \text{(Gl. 4.33)}$$

mit:
ϑ_S Siedetemperatur
ϑ_w Wandtemperatur
Index 1 bedeutet, Stoffwerte beziehen sich auf die mittlere Kondensattemperatur mit:

n Anzahl der übereinander liegenden Rohre,
Δh_v Kondensationsenthalpie;
bei überhitztem Dampf gilt:
$\Delta h = c_p \cdot (\vartheta_ü - \vartheta_S) + \Delta h_V$

Aufgabe 4.2
In einem horizontalen Rohrbündelapparat mit Stahlrohren 25 mm × 2 mm ($n = 10$) wird Ammoniak bei einer Kondensationstemperatur von +32 °C verflüssigt. Das Ammoniak tritt in den Mantelraum des Apparats überhitzt mit 115 °C ein. Die Rohrwandtemperatur beträgt 29 °C.

Man bestimme den Wärmeübergangskoeffizienten des kondensierenden Dampfs.

Stoffwerte des Kondensats:
Dichte $\varrho_1 = 590$ kg/m³
kinematische Viskosität $\nu_1 = 0{,}21 \cdot 10^{-6}$ m²/s
Wärmeleitfähigkeit $\lambda_1 = 0{,}502$ W/(m · K)
Verdampfungsenthalpie $\Delta h_V = 1141{,}4$ kJ/kg

Stoffwerte des Dampfs:
spezifische Wärmekapazität
$c_p = 2{,}72$ kJ/(kg · K)

Lösung

$$\alpha = \frac{0{,}725}{10^{1/6}} \cdot \left(\frac{590 \text{ kg} \cdot 9{,}81 \text{ m} \cdot 0{,}502^3 \cdot W^3 \cdot (1141{,}4 + 2{,}72 \cdot (115 - 32)) \cdot \text{kJ}}{\text{m}^3 \cdot \text{s}^2 \cdot \text{m}^3 \cdot \text{K}^3 \cdot 0{,}21 \cdot 10^{-6} \cdot \text{m}^2/\text{s} \cdot (32 - 29) \cdot \text{K} \cdot 0{,}025 \text{ m} \cdot \text{kg}} \right)^{0{,}25}$$

$$\boxed{\alpha = 7852 \text{ W}/(\text{m}^2 \cdot \text{K})}$$

4.4 Verdampfung

Bei der Verdampfung ist für den Wärmeübergang die Blasenverdampfung (Bild 4.7) der wichtigste Bereich. Für diesen Bereich können einfache Gebrauchsgleichungen zugrunde gelegt werden. Wasser z. B. hat einen Wärmeübergangskoeffizienten durch Zusammenfassung der Stoff- und Geometriekenngrößen von Gleichung 4.34:

$$\alpha_{H_2O} = 1{,}95 \cdot \left(\dot{q}^{0{,}72} \cdot p^{0{,}24} + \left(33\,200 \cdot \frac{p}{221{,}2} + \frac{4260}{0{,}36 + \frac{p}{221{,}2}} - 11\,850\right)\right) \text{ W}/(\text{m}^2 \cdot \text{K}) \qquad \text{Gl. (4.34)}$$

mit:
$\dot{q}$ Heizflächenbelastung in W/m²
p Dampfdruck in bar

Durch weitere Eingrenzung erhält man die Gebrauchsformel 4.35:

$$\alpha_{H_2O} \approx 1{,}95 \cdot q^{0{,}72} \cdot p^{0{,}24} \text{ (W/(m}^2 \cdot \text{K))} \qquad \text{(Gl. 4.35)}$$

Hierbei liegt Blasensieden vor im Bereich von
$10^4 < \dot{q} < 10^6$ W/m²
$0{,}1 < p < 150$ bar

Aufgabe 4.3
An der Außenfläche eines horizontalen Stahlrohrs 30 mm × 2,5 mm mit einer Nutzlänge von 6 m verdampfe Wasser bei einem Druck von 1 bar bei Selbstumlauf. Zu übertragen sind 30 kW. Man bestimme den Wärmeübergangskoeffizienten.

Lösung nach Gleichung 4.35

$\alpha = 1{,}95 \cdot \dot{q}^{0{,}72}$

mit:

$$\dot{q} = \frac{Q}{d_a \cdot \pi \cdot L} = \frac{30\,000}{0{,}03 \cdot \pi \cdot 6} = 53\,052 \text{ W/m}^2 > 10^4 \text{ W/m}^2$$

Somit liegt Blasensieden vor.

$\alpha = 1{,}95 \cdot 53052^{0{,}72}$
$\alpha = 4918$ W/(m² · K)

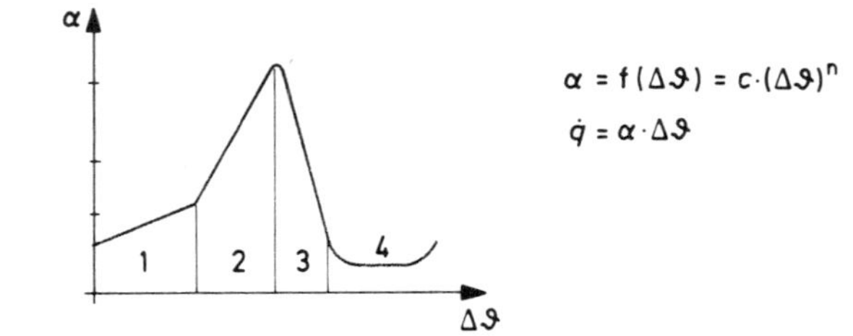

Bild 4.7
Wärmeübergangsbereiche bei der Verdampfung

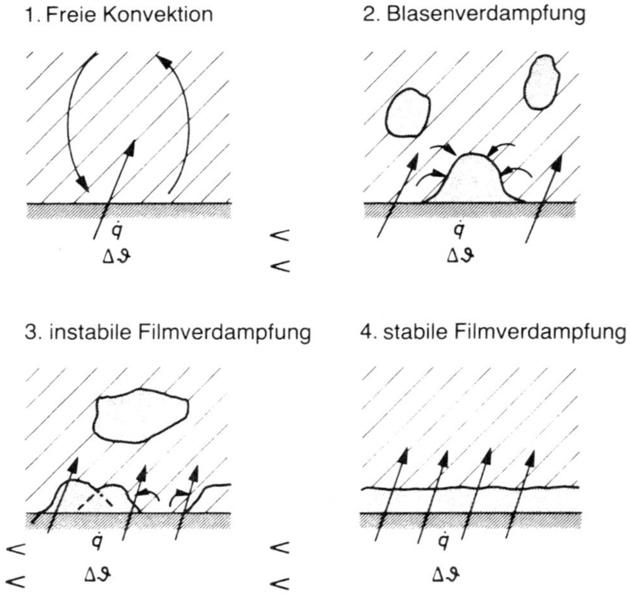

4.5 Wärmestrahlung

Der Wärmestrom von einer Fläche A_1 auf die Fläche A_2 durch Strahlungsaustausch ergibt aus:

$$\dot{Q}_{1,2} = C_{1,2} \cdot A_1 \cdot (T_1^4 - T_2^4) \qquad \text{(Gl. 4.36)}$$

mit:

$C_{1,2}$ Strahlungsaustauschzahl zwischen den beiden Flächen.

Für parallel große schwarze Flächen ergibt sich der Maximalwert von:

$$C_{1,2} = C_S = 5{,}67 \cdot 10^{-8}\ \text{W/(m}^2 \cdot \text{K}^4)$$

Stefan-Boltzmann-Gesetz:

$$\dot{q} = \varepsilon \cdot \dot{q}_S = \varepsilon \cdot C_S \cdot T^4 \qquad \text{(Gl. 4.37)}$$

Lambert-Entfernungsgesetz:

$$\dot{q}_\beta = \dot{q}_n \cdot \cos\beta$$
$$\dot{q} = \dot{q}_n \cdot \pi \ \text{(Halbkugel)} \qquad \text{(Gl. 4.38)}$$

Strahlungsaustausch:

$$\dot{Q}_{1,2} = \frac{\varepsilon_1 \cdot \varepsilon_2 \cdot C_S}{\pi} \cdot A \cdot (T_1^4 - T_2^4) \qquad \text{(Gl. 4.39)}$$

Strahlungszahl:

$C_{1,2} = f(\varepsilon_1, \varepsilon_2, C_S)$

1. Parallele Flächen

$$\dot{Q}_{1,2} = C_{1,2} \cdot A \cdot (T_1^4 - T_2^4) \quad \text{(Gl. 4.40)}$$

$$C_{1,2} = \frac{C_S}{\dfrac{1}{\varepsilon_1} + \dfrac{1}{\varepsilon_2} - 1} \quad \text{(Gl. 4.41)}$$

2. Konzentrische Flächen ($A = A_1$)

$$C_{1,2} = \frac{C_S}{\dfrac{1}{\varepsilon_1} + \dfrac{A_1}{A_2} \cdot \left(\dfrac{1}{\varepsilon_2} - 1\right)} \quad \text{(Gl. 4.42)}$$

Wärmestrom:

$$\dot{Q}_{Str} = \alpha_{Str} \cdot A_1 \cdot (T_1 - T_2) \quad \text{(Gl. 4.43)}$$

Wärmeübergangskoeffizient:

$$\alpha_{Str} = \varepsilon_1 \cdot \varepsilon_2 \cdot C_S \cdot \varphi_{1,2} \cdot \underbrace{\frac{T_1^4 - T_2^4}{\vartheta_1 - \vartheta_2}}_{\text{Temperaturfaktor } f_{Str}} \quad \text{(Gl. 4.44)}$$

Einstrahlzahl:

$$\varphi_{1,2} = \frac{1}{\pi \cdot A_1} \int_{A_1} \int_{A_2} \frac{\cos\beta_1 \cdot \cos\beta_2}{s^2} \cdot dA_1 \cdot dA_2 \quad \text{(Gl. 4.45)}$$

Gleichungen für Gasstrahlung (CO_2 und H_2O) und für Flammenstrahlung siehe [4.1].

Strahlung und Konvektion:

$$\dot{Q} = (\alpha_{Str} + \alpha_{Konv}) \cdot A \cdot (\vartheta_1 - \vartheta_2) \quad \text{(Gl. 4.46)}$$

Aufgabe 4.4

2 Flächen von 1 m² und 1,5 m² sind um 45° gegeneinander geneigt (siehe Bild). Die mittlere Verbindungslinie ist so 6 m lang und steht senkrecht auf Fläche 1. Die entsprechenden Temperaturen sind $\vartheta_1 = 1000\,°C$ und $\vartheta_2 = 100\,°C$. Die Emissionsverhältnisse beider Flächen betragen 0,9.

Man bestimme den von A_1 auf A_2 übertragenen Wärmestrom.

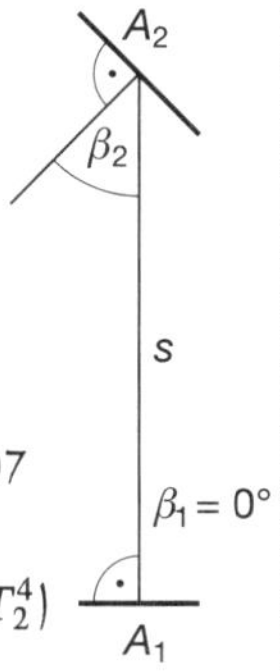

Lösung

mit: $\beta_1 = 0°$; $\beta_2 = 45°$

$\cos\beta_1 = 1$; $\cos\beta_2 = 0{,}707$

wird $$\dot{Q}_{1,2} = \frac{\varepsilon_1 \cdot \varepsilon_2 \cdot C_S}{\pi} \cdot (T_1^4 - T_2^4) \cdot \underbrace{\int_{A_1} \int_{A_2} \frac{\cos\beta_1 \cdot \cos\beta_2}{s^2} \cdot dA_1 \cdot dA_2}$$

$$= \frac{\cos\beta_1 \cdot \cos\beta_2}{s^2} \cdot A_1 \cdot A_2$$

$$\dot{Q}_{1,2} = \frac{0{,}9 \cdot 0{,}9 \cdot 5{,}67}{\pi \cdot 10^8} \cdot (1273^4 - 373^4) \cdot \frac{1 \cdot 0{,}707}{6^2} \cdot 1 \cdot 1{,}5$$

$$\dot{Q}_{1,2} = 1123 \text{ W}$$

Aufgabe 4.5

In einem Heizraum mit einer Gesamtoberfläche von 100 m² und einer Oberflächentemperatur von 20 °C ist ein Kessel mit einer äußeren Oberfläche von 4 m² aufgestellt. Die Oberflächentemperatur des Gusskessels sei 100 °C.

Man bestimmt den Wärmeverlust des Kessels durch Abstrahlung an die Umgebungswände:

1. Strahlungsaustausch bei konzentrischen Flächen.
2. Strahlungsaustausch unter der Annahme, dass die umhüllende Fläche wesent-

lich größer als die eingeschlossene Fläche ist.

Stoffwerte: siehe [4.1].

Lösung

$$\dot{Q}_{Str} = C_{1,2} \cdot A_1 \cdot (T_1^4 - T_2^4)$$

mit:

$$C_{1,2} = \frac{C_S}{\frac{1}{\varepsilon_1} + \frac{A_1}{A_2} \cdot \left(\frac{1}{\varepsilon_2} - 1\right)}$$

oder:

$$\dot{Q}_{Str} = \alpha_{Str} \cdot A_1 \cdot (\vartheta_1 - \vartheta_2)$$

mit:

$$\alpha_{Str} = C_{1,2} \cdot f_{Str} = C_{1,2} \cdot \frac{T_1^4 - T_2^4}{\vartheta_1 - \vartheta_2}$$

1. a) $$C_{1,2} = \frac{5{,}67 \cdot 10^{-8}}{\frac{1}{0{,}8} + \frac{4}{100} \cdot \left(\frac{1}{0{,}93} - 1\right)}$$

$$= 4{,}525 \cdot 10^{-8}\ \mathrm{W/(m^2 \cdot K^4)}$$

$$\dot{Q}_{Str} = \frac{4{,}525}{10^8} \cdot 4 \cdot (373{,}15^4 - 293{,}15^4)$$

$$\dot{Q}_{Str} = 2173\ \mathrm{W}$$

b) $$\alpha_s = \frac{4{,}525}{10^8} \cdot \frac{(373{,}15^4 - 293{,}15^4)}{100 - 20}$$

$$= 6{,}789\ \mathrm{W/(m^2 \cdot K)}$$

$$\underline{\dot{Q}_{Str}} = 6{,}789 \cdot 4 \cdot (100 - 20) = \underline{2173\ \mathrm{W}}$$

2. mit: $$C_{1,2} = \varepsilon_1 \cdot C_S = 0{,}8 \cdot 5{,}67 \cdot 10^{-8}$$

$$= 4{,}536 \cdot 10^{-8}\ \mathrm{W/(m^2 \cdot K^4)}$$

Die Abweichung gegenüber der unter 1. bestimmten Strahlungskonstanten beträgt

$$\text{Abw.} = \frac{|\Delta C_{1,2}|}{C_{1,2}} \cdot 100\,\% = 0{,}24\,\%$$

Das Rechenergebnis unterscheidet sich nur unwesentlich.

4.6 Wärmedurchgangskoeffizient

In der Praxis treten nicht nur Wärmeleitung und Konvektion getrennt, sondern auch gemeinsam auf.

Der Wärmestrom beträgt:

$$\dot{Q} = k \cdot A \cdot \Delta\vartheta_m \qquad \text{(Gl. 4.47)}$$

mit:

k Wärmedurchgangskoeffizient
A Wärmeaustauschfläche
$\Delta\vartheta_m$ mittlere Temperaturdifferenz (Abschnitt 4.7)

4.6.1 Ebene Wand

1-schichtige Wand (Bild 4.8):

$$k = \frac{1}{\frac{1}{\alpha_1} + \frac{s}{\lambda} + \frac{1}{\alpha_2}} \qquad \text{(Gl. 4.48)}$$

Mehrschichtige Wand (Bild 4.9):

$$k = \frac{1}{\frac{1}{\alpha_1} + \sum\limits_{i=1}^{n} \frac{s_1}{\lambda_i} + \frac{1}{\alpha_2}} \qquad \text{(Gl. 4.49)}$$

4.6.2 Rohr (Bild 4.10)

$$\dot{Q} = k_a \cdot A_a \cdot \Delta\vartheta_m$$

mit:

$$k_a = \frac{1}{\frac{1}{\alpha_i} \cdot \frac{d_a}{d_i} + \frac{s}{\lambda_W} \cdot \frac{d_a}{d_m} + \frac{1}{\alpha_a}} \qquad \text{(Gl. 4.50)}$$

Den mittleren Rohrwanddurchmesser d_m erhält man aus:

$$d_m = \frac{d_a - d_i}{\ln \frac{d_a}{d_i}} \qquad \text{(Gl. 4.51)}$$

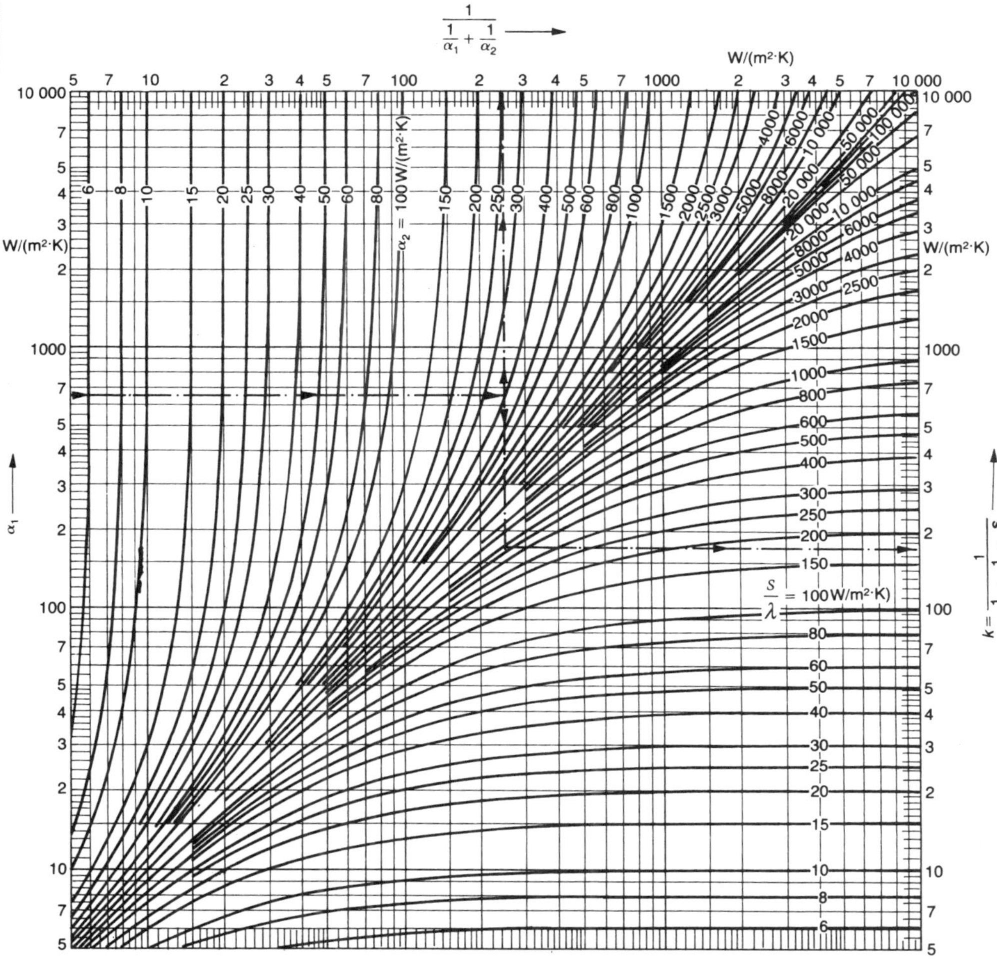

Bild 4.8 Bestimmung des k-Wertes einer einschichtigen Wand nach Gl. 4.48

Beispiel: Gegeben: $\alpha_1 = 650\ \text{W/m}^2 \cdot \text{K})$

$\alpha_2 = 400\ \text{W/m}^2 \cdot \text{K})$

$\dfrac{\lambda}{s} = 650\ \text{W/m}^2 \cdot \text{K})$

Der eingezeichnete Linienzug im Bild 4.8 ergibt:

$k = 171\ \text{W/(m}^2 \cdot \text{K)}$ mit dem Zwischenwert

$$k' = \frac{1}{\dfrac{1}{\alpha_1} + \dfrac{1}{\alpha_2}} = 248\ \text{W/(m}^2 \cdot \text{K)}.$$

Umgeformt mit: $$\frac{d_a}{d_m} = \frac{d_a \cdot \ln \dfrac{d_a}{d_i}}{d_a - d_i}$$

und: $$s = \frac{d_a - d_i}{2}$$

wird:

$$\frac{s}{\lambda_w} \cdot \frac{d_a}{d_m} = \frac{d_a}{2 \cdot \lambda_w} \cdot \ln \frac{d_a}{d_i} \qquad \text{(Gl. 4.52)}$$

und Gleichung 4.50 geht über in:

$$k_a = \frac{1}{\frac{1}{\alpha_i} \cdot \frac{d_a}{d_i} + \frac{d_a}{2 \cdot \lambda_w} \cdot \ln \frac{d_a}{d_i} + \frac{1}{\alpha_a}} \quad \text{(Gl. 4.53)}$$

Üblicherweise muss mit Verschmutzungen auf der Rohrinnenseite sowie Rohraußenseite gerechnet werden. Diese für die Praxis wichtigste Gleichung lautet dann für den Wärmedurchgangskoeffizienten, bezogen auf die Rohraußenseite:

$$k_a = \frac{1}{\frac{1}{\alpha_i} \cdot \frac{d_a}{d_i} + R_{f,i} \frac{d_a}{d_i} + \frac{s}{\lambda_w} \cdot \frac{d_a}{d_m} + R_{f,a} + \frac{1}{\alpha_a}} \quad \text{(Gl. 4.54)}$$

R_f = Wärmewiderstand durch Schmutz in ($m^2 \cdot K/W$)

Dieser Wärmewiderstand kann auch noch wie folgt dargestellt werden:

$$R_f = \frac{1}{\alpha_{Sch}} \quad \text{(Gl. 4.55)}$$

sowie:

$$R_f = \frac{s_{Sch}}{\lambda_{Sch}} \quad \text{(Gl. 4.56)}$$

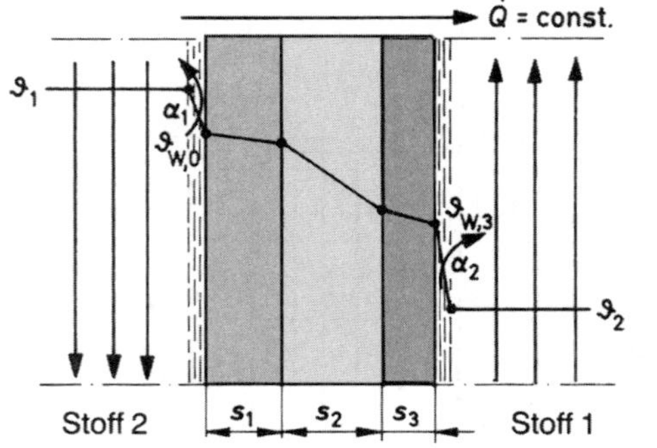

Bild 4.9 Wärmedurchgang durch eine mehrschichtige ebene Wand

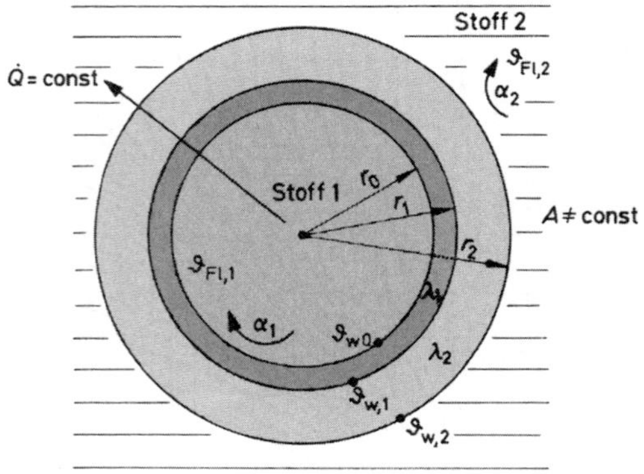

Bild 4.10 Wärmedurchgang durch mehrschichtige Zylinder

Theoretische Gleichung:

$$\dot{Q} = \frac{2 \cdot \pi \cdot L}{\frac{1}{\alpha_1 \cdot r_0} + \sum_{j=1}^{n} \frac{1}{\lambda_j} \cdot \ln \frac{r_j}{r_{j-1}} + \frac{1}{\alpha_2 \cdot r_n}} \cdot (\vartheta_{Fl,1} - \vartheta_{Fl,2})$$

Auf die Außenfläche bezogen:

$$\dot{Q} = k_a \cdot A_a \cdot (\vartheta_1 - \vartheta_2) = \frac{1}{\frac{d_a}{\alpha_1 \cdot d_i} + \sum_{j=1}^{n} \frac{d_a}{\lambda_j} \cdot \ln \frac{d_j}{d_{j-1}} + \frac{1}{\alpha_2}} \cdot A_a \cdot (\vartheta_{Fl,1} - \vartheta_{Fl,2})$$

$$\dot{Q} = k \cdot A \cdot (\vartheta_1 - \vartheta_2) = k \cdot A \cdot \Delta\, \vartheta_m$$

$$A = \text{konst.}$$

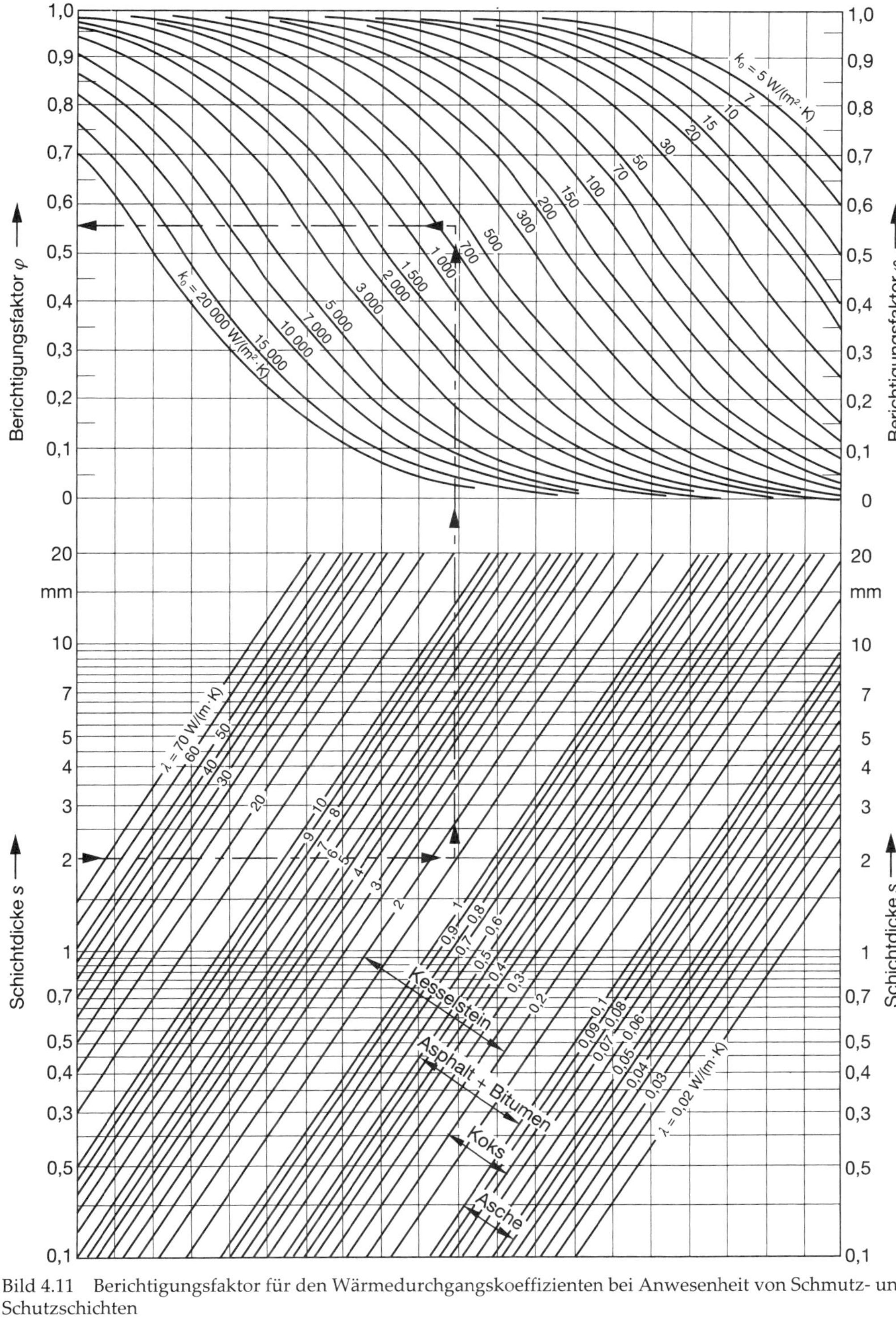

Bild 4.11 Berichtigungsfaktor für den Wärmedurchgangskoeffizienten bei Anwesenheit von Schmutz- und Schutzschichten

Benennung	1		2		3		4	
Bildzeichen	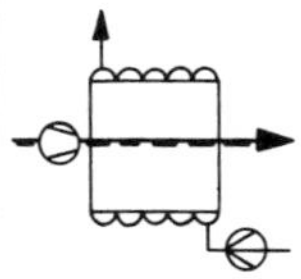		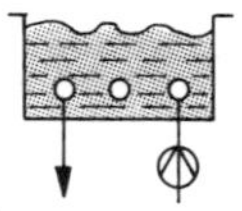		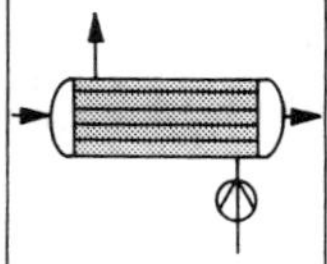		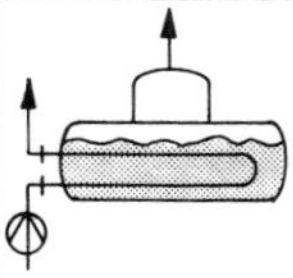	
α_a W/(m²·K)	50		100		1000		10 000	
α_i W/(m²·K)	2000	1000	2000	1000	2000	1000	2000	1000
k_0 W/(m²·K)	48,8	47,6	95	91	666	500	1666	909
Schmutzschicht (mm) $s_{Sch} = 0{,}1$	46,5	45,5	87	83	400	333	625	476
$s_{Sch} = 0{,}2$	44,4	43,5	80	77	286	250	385	323
$s_{Sch} = 0{,}5$	39,2	38,5	64	62	154	143	179	164
$s_{Sch} = 1{,}0$	32,8	32,3	49	48	87	83	94	90

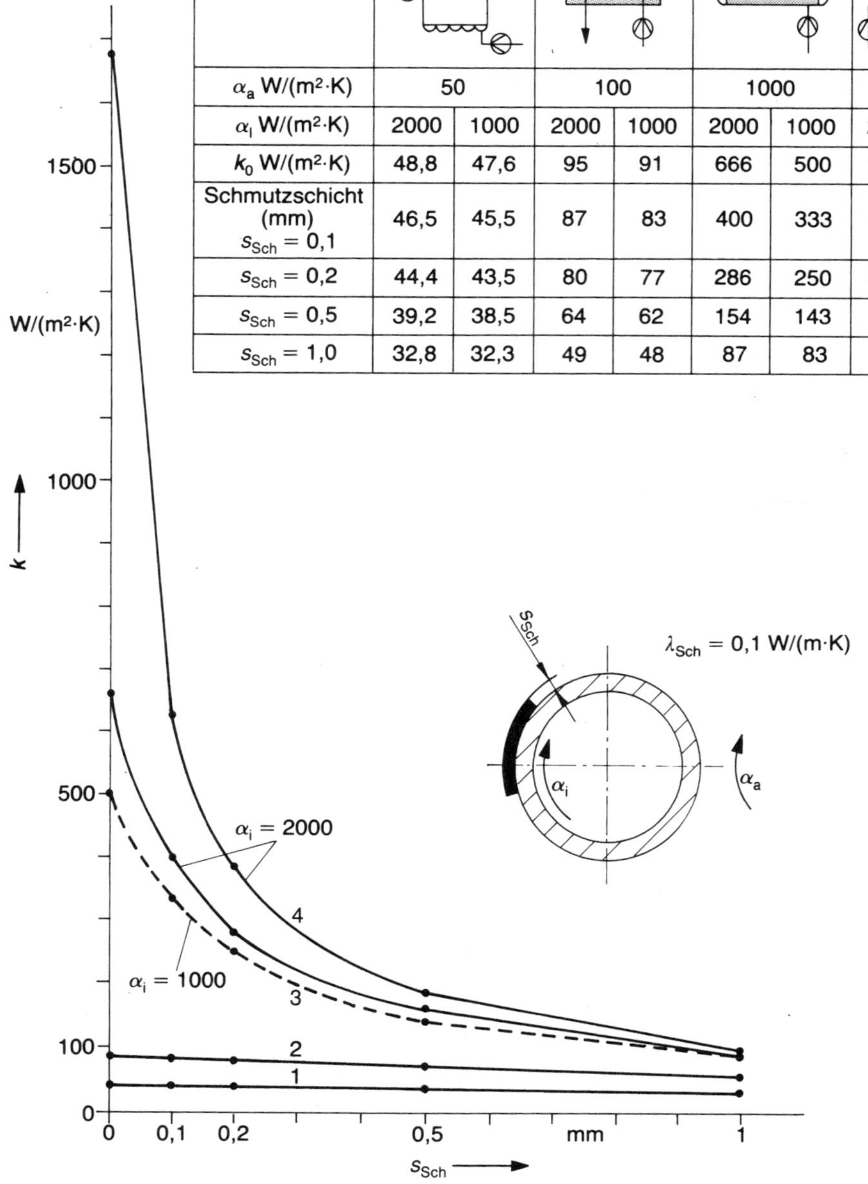

Bild 4.12 Wärmedurchgangskoeffizient k in Abhängigkeit von der Schmutzschichtdicke s_{sch}

Wärmedurchgangskoeffizient

$$k = \frac{1}{\frac{1}{\alpha_1} + \sum_{i=1}^{n} \frac{s_i}{\lambda_i} + \frac{1}{\alpha_2}}$$

Die Ablagerung von Verunreinigungen an wärmeübertragende Flächen wird im Allg. als «Fouling» bezeichnet. Bei Wärmeaustauschern sind solche Fouling-Vorgänge ein bekanntes, wenn auch weitgehend ungelöstes Problem. Die allmähliche Verschlechterung des Wärmeübergangs wird dort durch einen zusätzlichen konstanten Wärmeübergangswiderstand (Fouling-Koeffizient) berücksichtigt, der so gewählt werden soll, dass der Apparat eine sinnvolle Zeit ohne Reinigung betrieben werden kann.

Zu beachten ist die Verringerung der Wärmeübertragung, wenn sich auf der Wand des Wärmeübertragers Kesselstein ($\lambda = 0{,}07 \ldots 2$ W/(m · K)) ansetzt oder eine Ölschicht λ = 0,1 W/ (m · K) oder Schmutzschicht bildet. Die Ausbildung von Fouling hängt neben dem Fluid im Wesentlichen von der Zeit ab, wobei der Foulingwiderstand wiederum ein Parameter der Strömungsgeschwindigkeit ist.

Bei der Auslegung des Wärmeaustauschers wird somit eine Überdimensionierung der Heizfläche vorgenommen, die die Verschlechterung des Wärmedurchgangs berücksichtigt.

Die Verminderung des Wärmedurchgangs lässt sich auch durch den Faktor φ berücksichtigen, und man erhält für den realen Wärmedurchgangskoeffizienten:

$$k = \varphi \cdot k_0 \qquad \text{(Gl. 4.57)}$$

Hierin ist k_0 der nach Gleichung 4.54 und 4.56 ermittelte Wert ohne Berücksichtigung von Schutz- oder Schmutzschichten. Mit den Schichtdicken s_i und deren Wärmeleitfähigkeiten λ_i ergibt sich für ebene Heizflächen und mit guter Näherung auch für gekrümmte Heizflächen

$$\varphi = \frac{1}{1 + k_0 \cdot \sum_{i=1}^{n} \frac{s_i}{\lambda_i}} \qquad \text{(Gl. 4.58)}$$

In Bild 4.12 ist beispielhaft für verschiedene Wärmeaustauscher (1 Lufterhitzer; 2 Badheizschlange; 3 Rohrbündel-Wärmeaustauscher und 4 Dampferzeuger), die Änderung des Wärmedurchgangskoeffizienten k in Abhängigkeit von einer Schmutzschichtdicke von 0,01…1 mm dargestellt. Die Schlussfolgerung aus diesem Bild ergibt, dass bei hohen α_i- und α_a-Werten die Verschmutzung besonders beachtet werden muss.

In den Tabellen 4.1, 4.2 und 4.3 sind die Wärmeleitfähigkeiten sowie Wärmeleitwiderstände von Schmutzschichten dargestellt.

Tabelle 4.1
Wärmeleitfähigkeit λ_{sch} in W/(m · K) bei Raumtemperatur von Schutzschichten und Verschmutzungen [4.3]

Schutzschichten				Verschmutzungen	
Zinn	65	Oppanol	0,2…0,35	Kesselstein, gipsreich	0,6…2,3
Blei	35	säurefeste Steine	≈ 1,2	Kesselstein, silikatreich	0,08…0,18
Glas	0,76…0,84	Kohlenstoffstein	1,6…4,7	Ruß, trocken	0,035…0,07
Quarzglas	1,34	Porzellan	1,7…3,5	Kohlenstäube, trocken	0,11
Email	0,9…1,2			Eis	1,75…2,3
Gummi	0,15…0,17			Kühlwasser-Gallertschicht	≈ 0,35
Asphalt	0,76			Sole-Gallertschicht	≈ 0,46
Igelit (PVC-Folie)	0,16			Salz	≈ 0,6

Tabelle 4.2 Wärmeleitwiderstand R_f in ($m^2 \cdot K/W$) von Wasser und organischen Stoffen [4.4]

Wasser				
bei Wandtemperatur bei Wassertemperatur	bis 120 °C unter 50 °C		120...200 °C über 30 °C	
bei Stromgeschwindigkeit	unter 1 m/s	über 1 m/s	unter 1 m/s	über 1 m/s
Meerwasser	1/10000	1/10000	1/5000	1/5000
aufbereitetes Kesselspeisewasser	1/10000	1/10000	1/2500	1/5000
aufbereitetes Wasser für Kühltürme	1/5000	1/5000	1/2500	1/2500
Trinkwasser, Quellwasser, Wasser großer Seen	1/5000	1/5000	1/2500	1/2500
sauberes Flusswasser	1/2500	1/5000	1/1600	1/2500
Wasser schmutzhaltiger Flüsse	1/1600	1/2500	1/1200	1/1600
hartes Wasser	1/1600	1/1600	1/1000	1/1000
Abwasser	1/600	1/800	1/500	1/600
Organische Stoffe				
organische Dämpfe, Benzin			1/10000	
organische Flüssigkeiten, flüssiges Kältemittel, Sole			1/5000	
Gasol, Schmieröl, Kältemitteldämpfe, staubhaltige Luft			1/2500	
pflanzliche Öle			1/1600	
flüssiges Naphthalin, Härteöl			1/1200	
Heizöl			1/1000	
Koksofengas, Leuchtgas			1/500	

Öle	
Heizöl	0,001
Transformatorenöl	0,0002
Motorenschmieröl	0,0002
Kühlöl	0,0008
Gase und Dämpfe	
Stadtgas	0,002
Auspuffgase	0,002
Wasserdampf (ölfrei)	0,0001
Abdampf (ölhaltig)	0,0002
Kühlmitteldämpfe (ölhaltig)	0,0004
Druckluft	0,0004
Organische Wärmeübertragungsmittel in der Industrie	0,0002
Flüssigkeiten	
Kühlflüssigkeiten	0,0002
Hydraulikflüssigkeiten	0,0002
Organische Wärmeübertragungsmedien in der Industrie	0,0002
Geschmolzene Salze zur Wärmeübertragung	0,0001

Tabelle 4.3 Verschmutzungsbedingte Widerstände R_f für einige in der Industrie vorkommende Medien in ($m^2 \cdot K/W$) nach [4.5]

Aufgabe 4.6

In einem Wasservorwärmer mit Stahlrohren aus Kohlenstoffstahl (0,1 % C) und den Rohrabmessungen $d_a \cdot s = 25$ mm · 2 mm beträgt $\alpha_i = 2000$ W/($m^2 \cdot K$) und $\alpha_a = 5000$ W/($m^2 \cdot K$). Die mittlere Temperatur sei 100 °C.

Es ist der Wärmedurchgangskoeffizient k_a zu bestimmen.

Alternativ dazu soll der k_a-Wert berechnet werden, wenn eine Verschmutzung innen und außen von je $s_{Sch} = 0,1$ mm (mit einer Wärmeleitfähigkeit des Schmutzes von $\lambda_{Sch} = 0,1$ W/(m · K)), berücksichtigt wird.

Lösung

1. Saubere Heizfläche
(nach Gleichung 4.50)

$$k_a = \frac{1}{\frac{1}{\alpha_i} \cdot \frac{d_a}{d_i} + \frac{s}{\lambda_w} \cdot \frac{d_a}{d_m} + \frac{1}{\alpha_a}}$$

mit

$\alpha_a = 5000 \text{ W/(m}^2 \cdot \text{K)}$

$d_a = 25 \text{ mm}$

$d_i = 21 \text{ mm}$

$$d_m = \frac{d_a - d_i}{\ln \frac{d_a}{d_i}} = \frac{25-21}{\ln \frac{25}{21}} = 22{,}94 \text{ mm}$$

$s = 0{,}002 \text{ m}$

$\lambda_w = 52 \text{ W/(m} \cdot \text{K)}$

$$k_a = \frac{1}{\frac{1}{2000} \cdot \frac{25}{21} + \frac{0{,}002}{52} \cdot \frac{25}{22{,}94} + \frac{1}{5000}}$$

$k_a = 1194{,}5 \text{ W/(m}^2 \cdot \text{K)}$

2. Verschmutzte Heizfläche
(nach Gleichung 4.54)

Der Wärmewiderstand der Schmutzschichten ist für die Innen- und Außenfläche gleich und beträgt:

$$R_f = \frac{s_{Sch}}{\lambda_{Sch}} = \frac{0{,}1}{10^3 \cdot 0{,}1} = 0{,}001 \text{ (m}^2 \cdot \text{K/W)}$$

Damit reduziert sich der Wärmedurchgangskoeffizient auf:

$$k_a = \frac{1}{\frac{1}{2000} \cdot \frac{25}{21} + 0{,}001 \cdot \frac{25}{21} + \frac{0{,}002}{52} \cdot \frac{25}{22{,}94} + 0{,}001 + \frac{1}{5000}}$$

$k_a = 330{,}3 \text{ W/(m}^2 \cdot \text{K)}$

Wie man aus diesem Beispiel ersieht, ist die Beachtung der Verschmutzung von ausschlaggebender Bedeutung.

4.7 Mittlere Temperaturdifferenz

Bisher wurde der Wärmeaustausch zwischen 2 Fluiden unter der Voraussetzung behandelt, dass die Temperaturen auf beiden Seiten der Heizfläche konstant sind. In Wärmeaustauschern ändern sich die Temperaturen der beiden Fluide beim Entlangströmen längs der Heizfläche infolge des Wärmeaustausches. Es ist dann eine *mittlere Temperaturdifferenz* einzusetzen, die nachfolgend am Beispiel des Gleichstromwärmeaustauschers berechnet wird (Bild 4.13).

Der Wärmestrom $d\dot{Q}$ durch das Flächenelement dA beträgt:

$$d\dot{Q} = k \cdot dA \cdot \Delta\vartheta \qquad \text{(Gl. 4.59)}$$

Der Wärmedurchgangskoeffizient k soll konstant sein [k = **konst**).

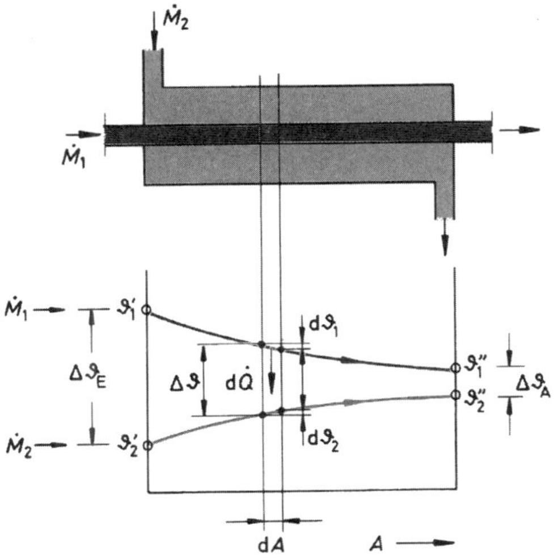

Bild 4.13 Gleichstromwärmetauscher mit den wärmeaustauschenden Medien in Abhängigkeit von der Austauschfläche

Mit der Bilanz für den Wärmestrom ergibt sich für das wärmere Medium die **Wärmeabgabe:**

$$d\dot{Q} = -\dot{M}_1 \cdot c_1 \cdot d\vartheta_1 \qquad \text{(Gl. 4.60)}$$

und für das kältere Medium die **Wärmeaufnahme:**

$$d\dot{Q} = \dot{M}_2 \cdot c_2 \cdot d\vartheta_2 \qquad \text{(Gl. 4.61)}$$

Die Temperaturänderungen erhält man aus Gl. 4.60 und 4.61 zu:

$$d\vartheta_1 = -\frac{d\dot{Q}}{\dot{M}_1 \cdot c_1} \qquad \text{(Gl. 4.62)}$$

und

$$d\vartheta_2 = \frac{d\dot{Q}}{\dot{M}_2 \cdot c_2} \qquad \text{(Gl. 4.63)}$$

Die für den Wärmeaustausch gesuchte maßgebliche Temperaturdifferenz $\Delta\vartheta$ ergibt sich in differentieller Form durch Subtraktion der Gl. 4.62 von Gl. 4.63

$$d\Delta\vartheta = d\vartheta_1 - d\vartheta_2 \qquad \text{(Gl. 4.64)}$$

und mit Gl. 4.62 und Gl. 4.63 zu:

$$d\Delta\vartheta = -d\dot{Q} \cdot \left(\frac{1}{\dot{M}_1 \cdot c_1} + \frac{1}{\dot{M}_2 \cdot c_2}\right) \qquad \text{(Gl. 4.65)}$$

Der Wärmestrom wird auch durch Gl. 4.59 berechnet. Diese Gl. 4.59 in Gl. 4.65 eingesetzt, ergibt:

$$\frac{d\Delta\vartheta}{\Delta\vartheta} = -k \cdot \left(\frac{1}{\dot{M}_1 \cdot c_1} + \frac{1}{\dot{M}_2 \cdot c_2}\right) \cdot dA \qquad \text{(Gl. 4.66)}$$

und integriert:

$$\int_{\Delta\vartheta_E}^{\Delta\vartheta_A} \frac{d\Delta\vartheta}{\Delta\vartheta} = -k \cdot \left(\frac{1}{\dot{M}_1 \cdot c_1} + \frac{1}{\dot{M}_2 \cdot c_2}\right) \cdot \int_0^A dA$$

mit:

$$\Delta\vartheta_E = \vartheta_1' - \vartheta_2'$$
$$\Delta\vartheta_A = \vartheta_1'' - \vartheta_2''$$

$$\ln\frac{\Delta\vartheta_A}{\Delta\vartheta_E} = -k \cdot A \cdot \left(\frac{1}{\dot{M}_1 \cdot c_1} + \frac{1}{\dot{M}_2 \cdot c_2}\right) \qquad \text{(Gl. 4.67)}$$

oder aber die Temperaturdifferenz auf der Austrittsseite:

$$\Delta\vartheta_A = \Delta\vartheta_E \cdot \exp\left(-k \cdot A \cdot \left(\frac{1}{\dot{M}_1 \cdot c_1} + \frac{1}{\dot{M}_2 \cdot c_2}\right)\right)$$

Ersetzt man in dieser Gleichung die **Wärmekapazitätsströme** $\dot{M} \cdot c$ durch:

$$\dot{M}_1 \cdot c_1 = -\frac{\dot{Q}}{\vartheta_1'' - \vartheta_1'}$$

und

$$\dot{M}_2 \cdot c_2 = \frac{\dot{Q}}{\vartheta_2'' - \vartheta_2'}$$

führt dies zu:

$$\ln\frac{\Delta\vartheta_A}{\Delta\vartheta_E} = -k \cdot A \cdot \left(-\frac{\vartheta_1'' - \vartheta_1'}{\dot{Q}} + \frac{\vartheta_2'' - \vartheta_2'}{\dot{Q}}\right)$$

und nach dem Wärmestrom aufgelöst:

$$\dot{Q} = k \cdot A \cdot \frac{(\vartheta_1'' - \vartheta_1' - \vartheta_2'' + \vartheta_2')}{\ln\frac{\Delta\vartheta_A}{\Delta\vartheta_E}}$$

ergibt schließlich mit:

$$(\vartheta_1'' - \vartheta_2'') - (\vartheta_1' - \vartheta_2')$$
$$\Delta\vartheta_A - \Delta\vartheta_E$$

$$\dot{Q} = k \cdot A \cdot \frac{\Delta\vartheta_A - \Delta\vartheta_E}{\ln\frac{\Delta\vartheta_A}{\Delta\vartheta_E}} \qquad \text{(Gl. 4.68)}$$

Mit der **Grundgleichung für die Berechnung von Wärmeaustauschern:**

$$\dot{Q} = k \cdot A \cdot \Delta\,\vartheta_m \qquad \text{(Gl. 4.69)}$$

erhält man die gesuchte mittlere Temperaturdifferenz für **Gleichstrom:**

$$\Delta\,\vartheta_m = \frac{\Delta\,\vartheta_A - \Delta\,\vartheta_E}{\ln \dfrac{\Delta\,\vartheta_A}{\Delta\,\vartheta_E}} \qquad \text{(Gl. 4.70)}$$

4.7.1 Gegen- und Gleichstrom

Eine weitere Möglichkeit ist die Fluidführung im Gegenstrom (Bild 4.14). Hierbei gelten die gleichen Ableitungen, wobei sich lediglich Änderungen in den Vorzeichen bei den Temperaturdifferenzen ergeben, und man erhält eine allgemein gültige Gleichung für Gleich- und Gegenstrom. Um auch bei $\Delta\vartheta_E > \Delta\vartheta_A$ das Rechnen mit negativen Größen zu vermeiden, rechnet man mit den großen und kleinen Temperaturdifferenzen $\Delta\vartheta_{gr}$ und $\Delta\vartheta_{kl}$.

Die **mittlere Temperaturdifferenz für Gleich- und Gegenstrom** beträgt somit:

$$\Delta\,\vartheta_m = \frac{\Delta\,\vartheta_{gr} - \Delta\,\vartheta_{kl}}{\ln \dfrac{\Delta\,\vartheta_{gr}}{\Delta\,\vartheta_{kl}}} = LMTD \qquad \text{(Gl. 4.71)}$$

gültig für: $\Delta\vartheta_{gr} \neq \Delta\vartheta_{kl}$

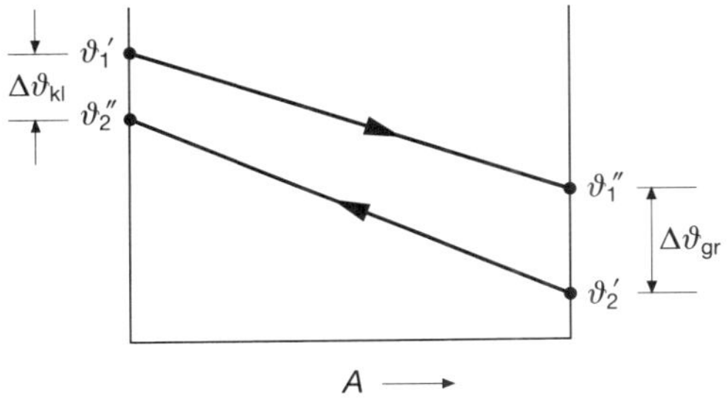

Bild 4.14 Temperaturverlauf beim Gegenstromwärmeaustauscher

Für nahezu gleiche Temperaturdifferenzen am Ein- und Austritt kann zugrunde gelegt werden:

$$\Delta\,\vartheta_m = \frac{\Delta\,\vartheta_{gr} + \Delta\,\vartheta_{kl}}{2} \qquad \text{(Gl. 4.72)}$$

gültig für: $1 \leqq \dfrac{\Delta\,\vartheta_{gr}}{\Delta\,\vartheta_{kl}} \leqq 1{,}2$

4.7.2 Kreuzstrom

Eine weitere Möglichkeit ist die Fluidführung im Kreuzstrom (Bild 4.15). Die Temperatur der beiden Fluide am Austritt ist hier über den Austrittsquerschnitt veränderlich.

Die allgemeine Berechnung ist sehr aufwendig, wobei für die wichtigsten Stromführungen Diagramme vorliegen (s. [4.3]). Werden jedoch Kreuzstromeinheiten im Gegenstrom oder Gleichstrom hintereinander geschaltet (Bild 4.16), geht der Kreuzgegen- oder Kreuzgleichstrom sehr schnell in die mittlere Temperaturdifferenz gemäß Gl. 4.71 über.

$$\Delta\,\vartheta_{m,\,kreuz} = \Theta \cdot (\vartheta_1' - \vartheta_2') \qquad \text{(Gl. 4.73)}$$

Die mittlere Temperaturdifferenz $\Delta\vartheta_m$ wird auf die Anfangstemperaturdifferenz $(\vartheta_1' - \vartheta_2')$, die zugleich die **größtmögliche Temperaturdifferenz** im Wärmeaustauscher darstellt, bezogen.

Der Faktor Θ ist abhängig vom Verhältnis der Wärmekapazitätsströme $\dot{W}_1/\dot{W}_2$ bzw.

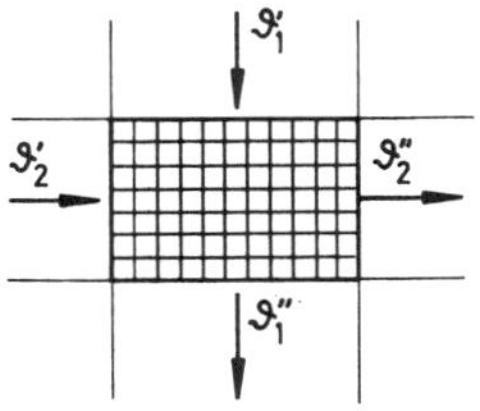

Bild 4.15 Kreuzstromelement

$\dot{W}_2/\dot{W}_1$ und Temperaturänderungen der Fluide 1 und 2 im Verhältnis zur größtmöglichen Temperaturdifferenz:

Fluid 1 $\dfrac{\vartheta_1' - \vartheta_1''}{\vartheta_1' - \vartheta_2'}$

Fluid 2 $\dfrac{\vartheta_2'' - \vartheta_2'}{\vartheta_1' - \vartheta_2'}$

Die Abhängigkeit ist für den **reinen Kreuzstrom** in Bild 4.21 dargestellt.

4.7.3 Kreuzgegenstrom

Für Kreuzgegenstrom gilt bei Hintereinanderschaltung von Z gleichen Kreuzstromeinheiten im Gegenstrom (Bild 4.16) folgende Näherungsgleichung [4.6] zwischen reinem Gegenstrom ($Z \to \infty$) und reinem Kreuzstrom ($Z = 1$):

$$\Delta\vartheta_{m,\,kreuz,\,Z} = \sqrt[Z]{\Delta\vartheta_{m,\,kreuz}} \cdot (\Delta\vartheta_{m,\,geg})^{(1-1/Z)} \quad \text{(Gl. 4.74)}$$

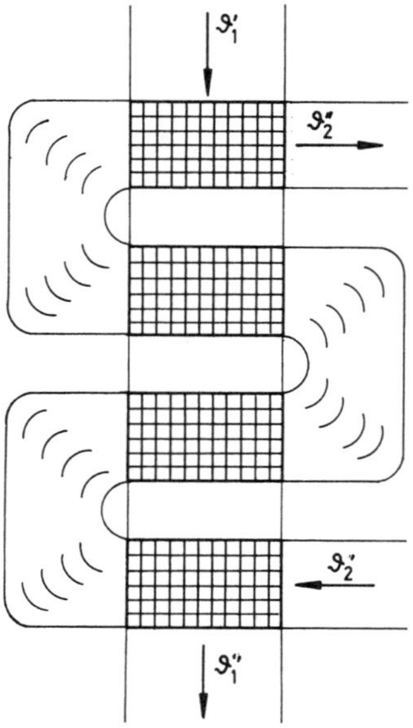

Bild 4.16 4-fach-Kreuzgegenstromelement (Z = 4)

Ein etwas genaueres Verfahren wird von GARDNER und TABOREK [4.7] angegeben, wobei jedoch Gl. 4.74 auf der sicheren Seite liegt.

4.7.4 Mittlere Temperaturdifferenz in Wärmeaustauschern

4.7.4.1 Gegen- und Gleichstrom

In den Fällen eines echten Gegen- und Gleichstroms ist die mittlere logarithmische Temperaturdifferenz einzusetzen (Bild 4.17):

$$\Delta\vartheta_m = \frac{\Delta\vartheta_{gr} - \Delta\vartheta_{kl}}{\ln \dfrac{\Delta\vartheta_{gr}}{\Delta\vartheta_{kl}}} = LMTD \quad \text{(Gl. 4.75)}$$

Dies gilt unter folgenden wesentlichen Bedingungen:

1. konstanter Wärmedurchgangskoeffizient;
2. konstante Durchflussgeschwindigkeit;
3. Wärmeverluste werden vernachlässigt;
4. Enthalpie steht in linearer Abhängigkeit zur Temperatur.

In Fällen, wo die vorstehenden Bedingungen nicht zutreffen, kann eine stufenweise Berechnung der Temperaturdifferenz und der Wärmeübertragungsfläche erforderlich sein.

Aus Bild 4.18 bzw. 4.19 kann $\Delta\vartheta_m$ unmittelbar abgelesen werden.

Gleich-, Gegen- und Kreuzstrom
Bei Wärmeaustauschern mit mehreren Durchgängen, in denen abwechselnd Gleich- und Gegenstrom herrscht, ist die mittlere Temperaturdifferenz geringer als der für den reinen Gegenstrom berechnete Wert und größer als der des Gleichstroms. Die wahre mittlere Temperaturdifferenz kann man als Produkt von $\Delta\vartheta_{m,\,geg}$ und einem Korrekturfaktor F ermitteln. In Bild 4.22 ist der Korrekturfaktor für einen typischen Wärmeaustauscher dargestellt.

$$\Delta\vartheta_{m,\,WT} = F \cdot \Delta\vartheta_{m,\,geg} = F \cdot LMTD \quad \text{(Gl. 4.76)}$$

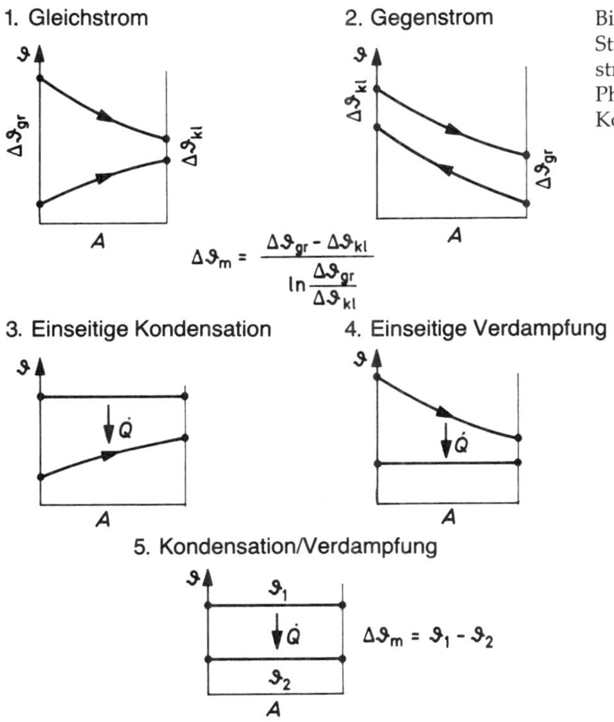

Bild 4.17
Strömungsform: Gleichstrom sowie Gegenstrom. Sonderformen ergeben sich durch Phasenänderung der Medien ($c \to \infty$) bei Kondensation sowie Verdampfung

In der Praxis treten meistens noch verwickeltere Strömungsformen auf. Es wird dann erforderlich, den gesamten Wärmeaustauscher in Wärmeaustauschelemente (Zellen) zu unterteilen, über die Zellenwirkungsgrade mit:

$$\varepsilon_Z \equiv \frac{\vartheta_1' - \vartheta_1''}{\vartheta_1' - \vartheta_2'} \qquad \text{(Gl. 4.77)}$$

lassen sich dann die Temperaturverläufe in Röhrenbündelwärmeüberträger berechnen, siehe [4.8].

Beachtungsmerkmale
Gegenstrom
Vorteile:

- ❑ Kleinere Austauschfläche.
- ❑ Austrittstemperatur des kälteren Fluids kann größer sein, als die des wärmeren Fluids. Tiefe Abkühlung des wärmeren Fluids ist möglich.

Nachteile:

- ❑ Austritt des kälteren Fluids liegt bei Eintritt des wärmeren, deshalb eventuell zu hohe Wandtemperatur.
- ❑ Größere Änderung der Austrittstemperatur des kälteren Fluids bei Abweichung von den Auslegungswerten bzw. bei Teillast.

Gleichstrom
Vorteile:

- ❑ Niedrigere Wandtemperaturen.
- ❑ Kleine Änderung der Temperatur des kälteren Fluids am Austritt (Selbststeuerung).

Nachteile:

- ❑ Größere Austauschfläche.
- ❑ Der wärmere Stoff bleibt am Austritt wärmer als der kältere Stoff.
- ❑ Keine tiefe Abkühlung des wärmeren Stoffs möglich.

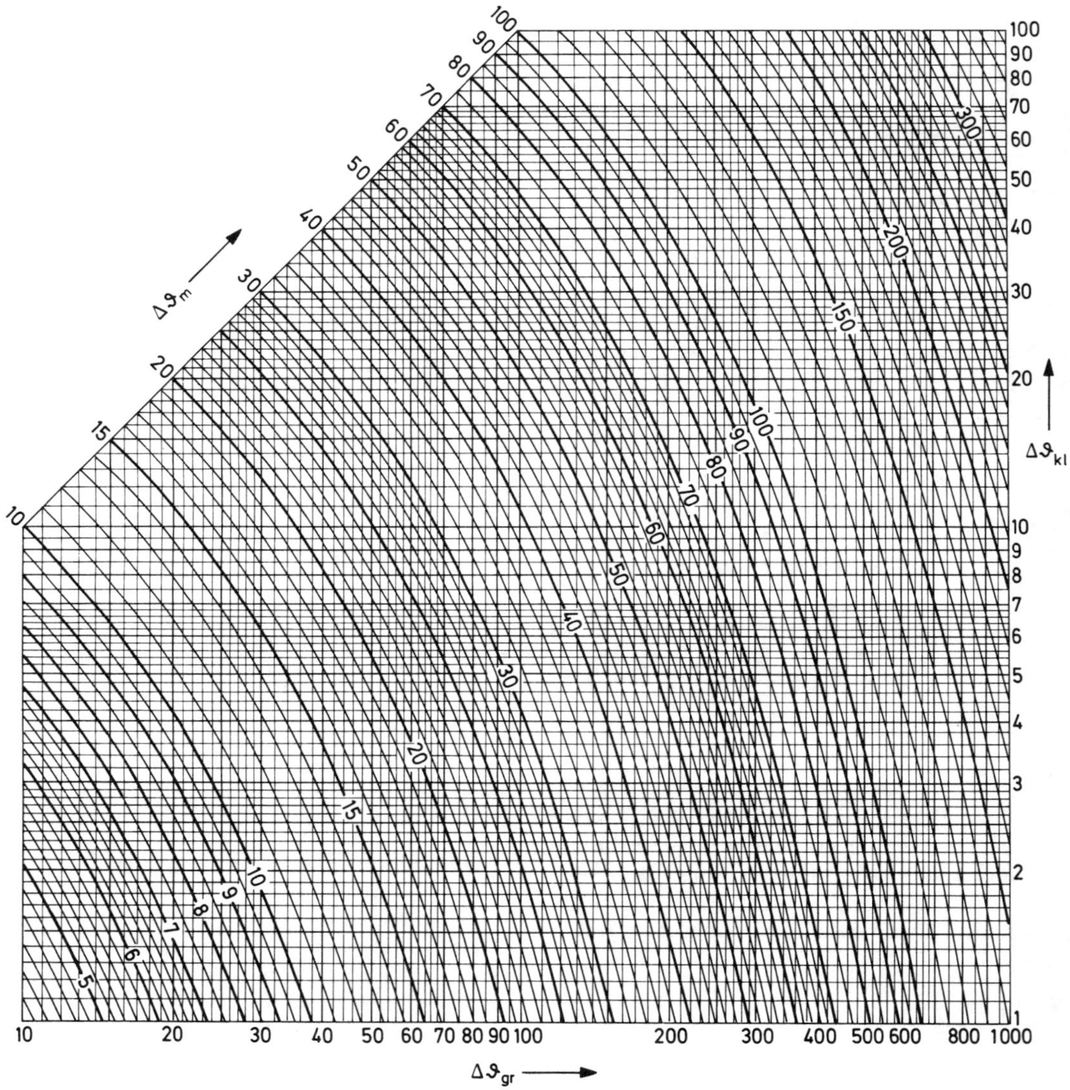

Bild 4.18 Mittlere Temperaturdifferenz für reinen Gleich- und Gegenstrom $\Delta\vartheta_m = LMTD$

Anmerkung: Für Punkte, die in dem vorliegenden Blatt nicht vorhanden sind, multipliziere man die höhere und niedrigere Endtemperaturdifferenz mit einem Mehrfachen von 10 und dividiere den erhaltenen Wert der Kurven durch das gleiche Mehrfache.

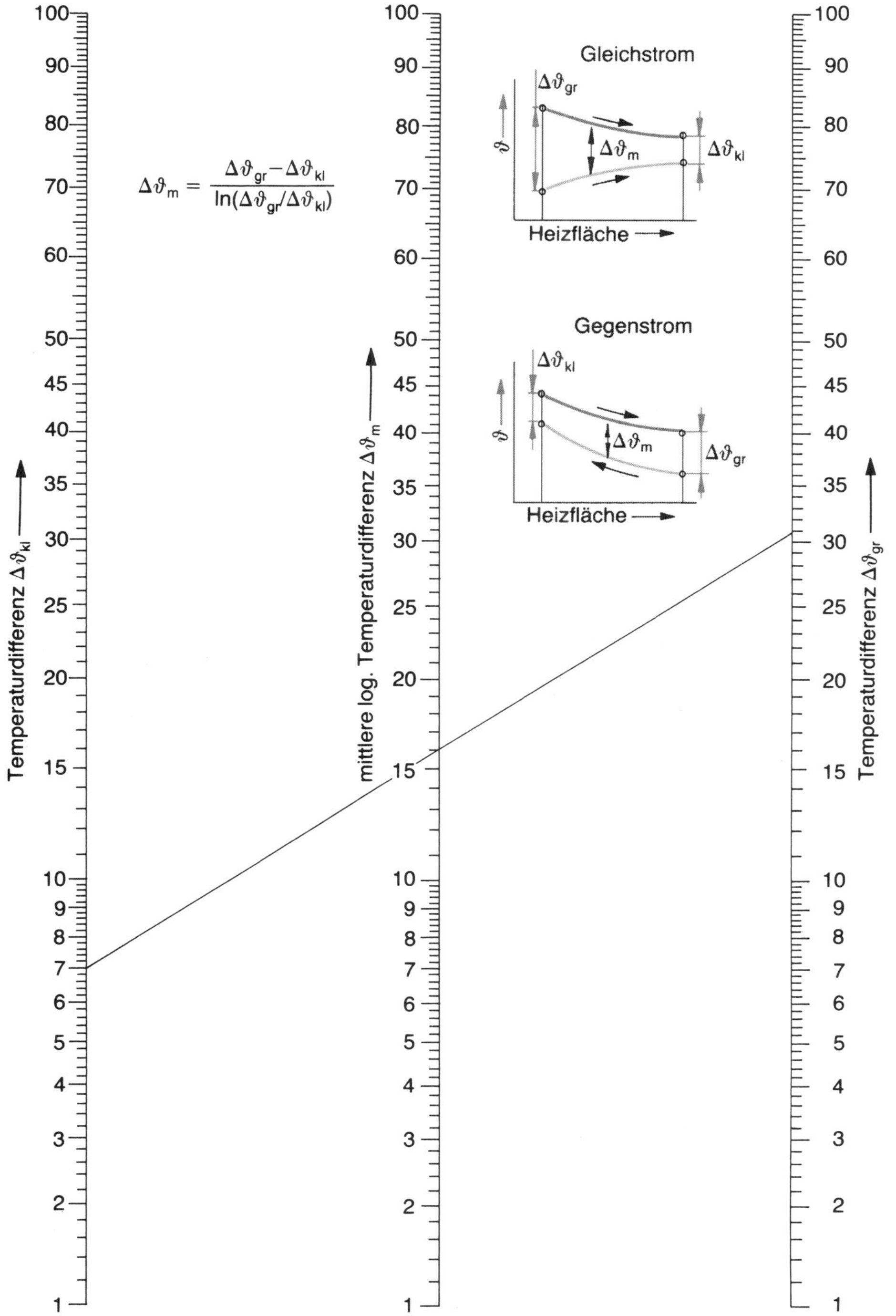

Bild 4.19 Bestimmung der mittleren Temperaturdifferenz bei Gleich- und Gegenstrom $\Delta\vartheta_m = LMTD$

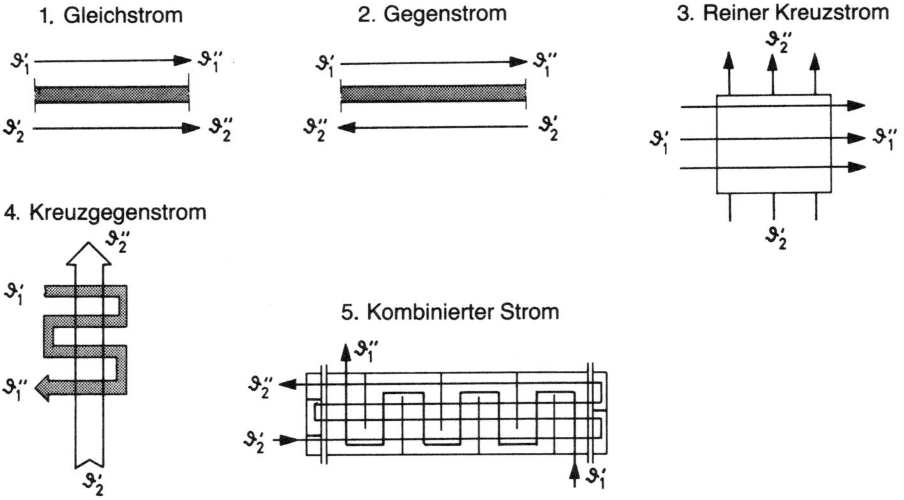

Bild 4.20 Strömungsformen in Wärmeaustauschern

Kreuzstrom

- ❑ Heiße Ecke. Gefährlich für den Werkstoff wegen höchster Temperatur (z. B. Verzunderung).
- ❑ Kalte Ecke. Gefährlich für Werkstoff, falls Niedertemperaturkorrosion möglich (z.B. Unterschreitung des Taupunkts bei Rauchgasen).

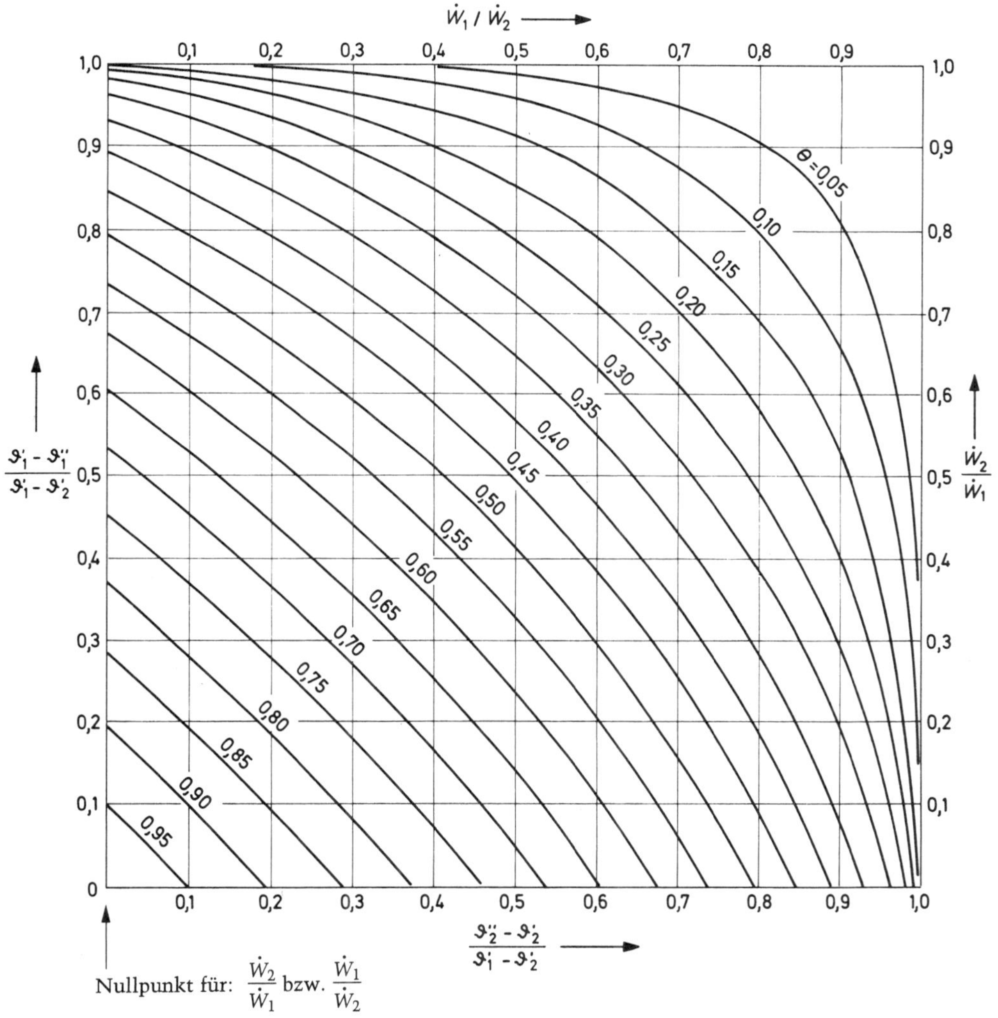

Bild 4.21 Faktor F zur Bestimmung der mittleren Temperaturdifferenz bei reinem Kreuzstrom

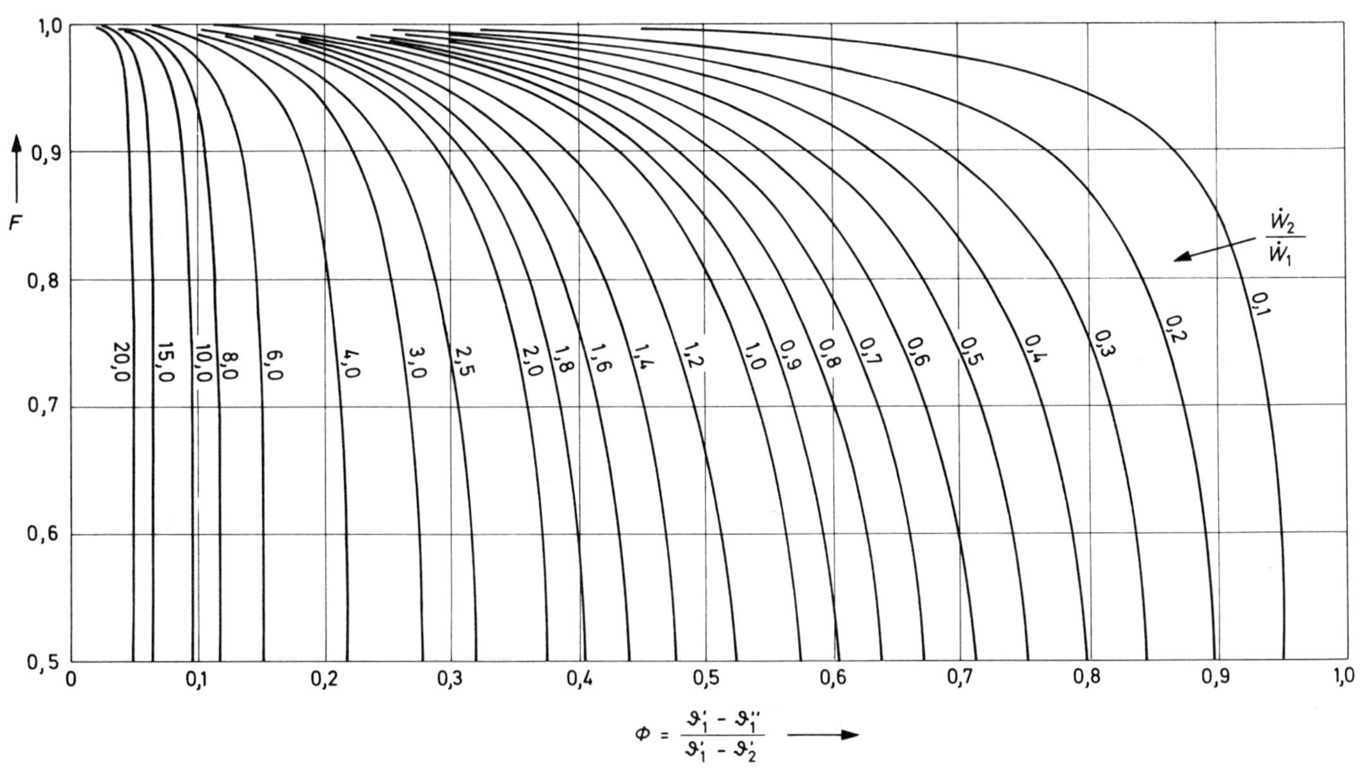

z.B.

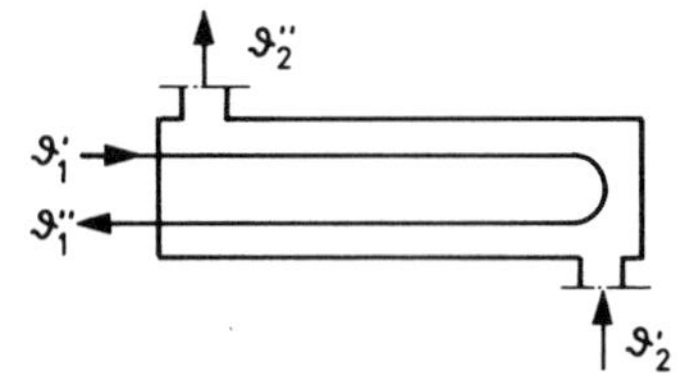

mit:

$$\frac{\vartheta_2'' - \vartheta_2'}{\vartheta_1' - \vartheta_1''} = \frac{\dot{W}_2}{\dot{W}_1}$$

Bild 4.22 Korrekturfaktor für die mittlere Temperaturdifferenz (Mantel mit einem Durchgang sowie einer geraden Anzahl von Rohrdurchgängen)

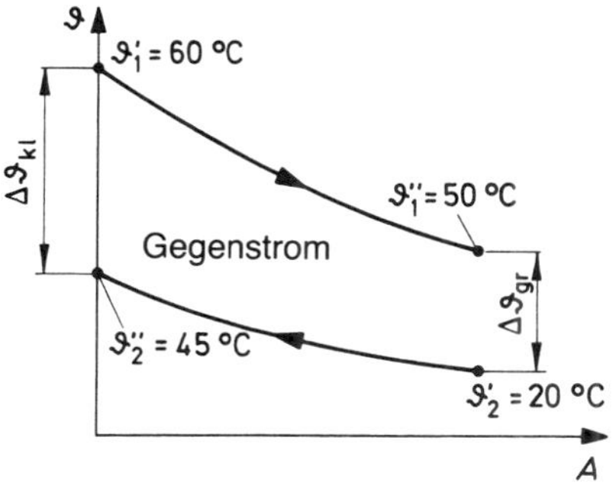

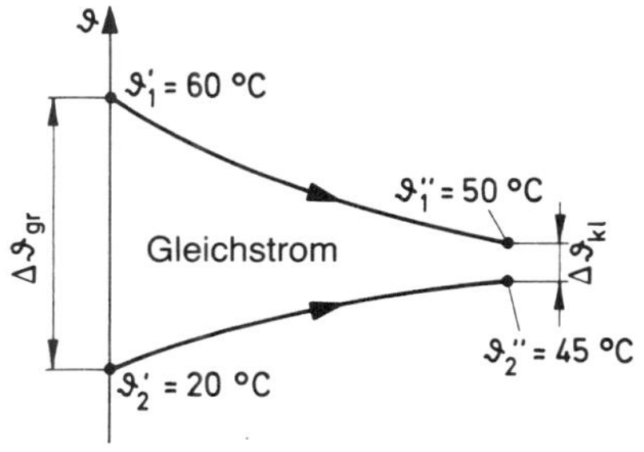

Bild 4.23

Aufgabe 4.7

In einem Wärmeübertrager tritt Fluid 1 mit einer Temperatur von 60 °C ein und verlässt den Apparat mit 50 °C, während Fluid 2 eine Eintrittstemperatur von 20 °C und eine Austrittstemperatur von 45 °C besitzt (siehe Bild 4.23).

Bestimmen Sie die mittlere logarithmische Temperaturdifferenz bei:

1. Gegenstrom
2. Gleichstrom

Lösung

$$\Delta \vartheta_m = \frac{\Delta \vartheta_{gr} - \Delta \vartheta_{kl}}{\ln \frac{\Delta \vartheta_{gr}}{\Delta \vartheta_{kl}}}$$

Gegenstrom:

$\Delta \vartheta_{gr} = 30$ K; $\Delta \vartheta_{kl} = 15$ K

$$\Delta \vartheta_{m,\,geg} = 21{,}64 \text{ K}$$

Gleichstrom:

$\Delta \vartheta_{gr} = 40$ K; $\Delta \vartheta_{kl} = 5$ K

$$\Delta \vartheta_{m,\,gl} = 16{,}83 \text{ K}$$

Aufgabe 4.8
Der Wärmeüberträger nach Aufgabe 4.7 wird im Kreuzgegenstrom geschaltet.
Bestimmen Sie die Abhängigkeit von $\Delta\vartheta_m$ von der Anzahl der Kreuzungen und stellen Sie die Abhängigkeit grafisch dar.

Lösung
Nach Gleichung 4.74 ergibt sich:

$$\Delta\,\vartheta_{m,\,kreuz,\,Z} = \sqrt[Z]{\Delta\,\vartheta_{m,\,kreuz}} \cdot (\Delta\,\vartheta_{m,\,geg})^{(1-1/Z)}$$

mit:

$$\Delta\,\vartheta_{m,\,kreuz} = \Theta \cdot (\vartheta_1' - \vartheta_2')$$

Θ aus Bild 4.21 mit:

$$\frac{\vartheta_2'' - \vartheta_2'}{\vartheta_1' - \vartheta_2'} = \frac{45-20}{60-20} = 0{,}625$$

und:

$$\frac{\vartheta_1' - \vartheta_1''}{\vartheta_1' - \vartheta_2'} = \frac{60-50}{60-20} = 0{,}25$$

ergibt sich:

$\Phi = 0{,}51$

Die Temperaturdifferenz des reinen Kreuzstroms beträgt:

$\Delta\vartheta_{m,\,kreuz} = 0{,}51 \cdot (60-20) = 20{,}4\ \mathrm{K}$

Die Temperaturdifferenz des Gegenstroms beträgt nach Aufgabe 4.6:

$\Delta\vartheta_{m,\,geg} = 21{,}64\ \mathrm{K}$

Damit ergibt sich:

$$\Delta\,\vartheta_{m,\,kreuz,\,Z} = \sqrt[Z]{20{,}4} \cdot 21{,}64^{(1-1/Z)}$$

und ausgerechnet, siehe Tabelle in Bild 4.24.

Die Abweichung in Bild 4.24 verringert sich mit der Anzahl der Kreuzungen sehr schnell, sodass schon bei relativ wenig Kreuzungen der Kreuzgegenstrom rechnerisch mit genügender Genauigkeit durch den reinen Gegenstrom ersetzt werden kann.

Die Stoffführung im Gegenstrom stellt thermodynamisch die günstigste, die im Gleichstrom die ungünstigste Führung dar. Die übrigen Stoffführungen ordnen sich zwischen diesen beiden ein.

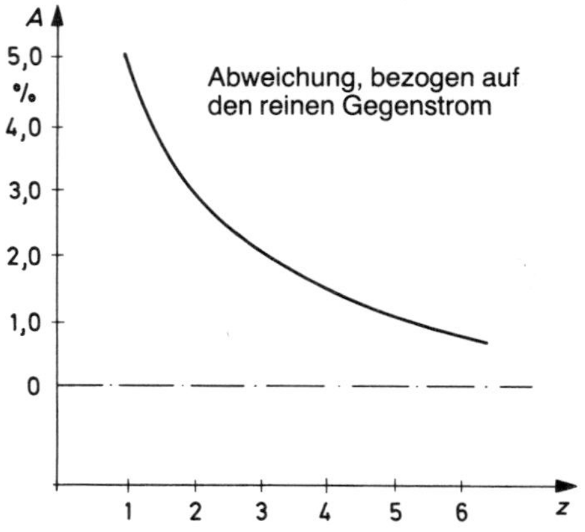

Z	1	2	3	4	5	6
$\Delta\,\vartheta_{m,\,kreuz,\,Z}$	20,40	21,01	21,22	21,33	21,39	21,43
Abw. %	5,73	2,91	1,94	1,43	1,15	0,97

Bild 4.24 Abweichung bezogen auf den reinen Gegenstrom

5 Projektierungsgleichungen für den Wärmeübergang

Der konvektive Wärmeübergang ist gekennzeichnet durch ein strömendes Medium, das eine andere Temperatur besitzt als die begrenzende Wand und somit in der thermischen Grenzschicht ein Wärmestrom auftritt.

Die Konvektion basiert somit auf den gleichen Überlegungen wie die Wärmeleitung.

Der Wärmestrom in einer ebenen Wand berechnet sich aus (Bild 5.1):

$$\dot{Q} = \frac{\lambda_W}{s} \cdot A \cdot (\vartheta_{W,1} - \vartheta_{W,2}) \qquad \text{(Gl. 5.1)}$$

Die Wärmeweiterleitung an das strömende Medium erfolgt in der thermischen Grenzschicht gemäß (Bild 5.2):

$$\dot{Q} = \frac{\lambda_{Fl}}{\delta} \cdot A \cdot (\vartheta_{Fl} - \vartheta_{W,1}) \qquad \text{(Gl. 5.2)}$$

Da die Grenzschichtdicke schwierig im Einzelfall zu bestimmen ist, erweitert man den Quotient mit der charakteristischen Länge x und erhält:

$$\frac{\lambda_{Fl}}{\delta} \cdot \frac{x}{x}$$

bzw.:

$$\frac{x}{\delta} \cdot \frac{\lambda_{Fl}}{x}$$

Das Produkt wird als Wärmeübergangskoeffizient α definiert:

$$\alpha = \frac{x}{\delta} \cdot \frac{\lambda_{Fl}}{x} \qquad \text{(Gl. 5.3)}$$

Das Verhältnis von x/δ wird als Nußeltzahl Nu bezeichnet und man erhält schließlich:

$$\alpha = Nu_x \cdot \frac{\lambda_{Fl}}{x} \qquad \text{(Gl. 5.4)}$$

Die Stoffwerte werden auf die mittlere Mediumtemperatur zwischen Ein- und Austrittstemperatur bezogen:

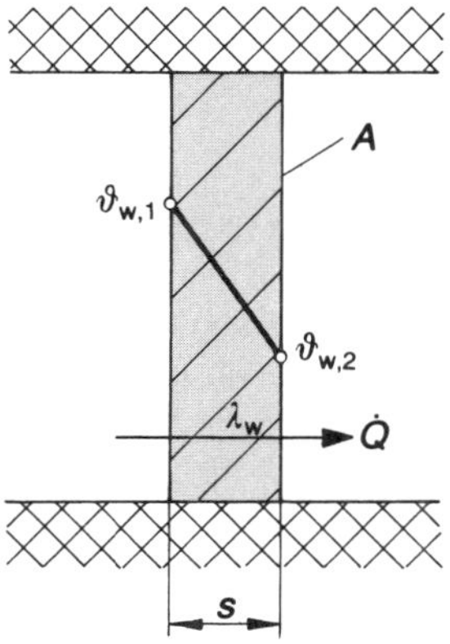

Bild 5.1 Temperaturverlauf in einer 1-schichtigen ebenen Wand

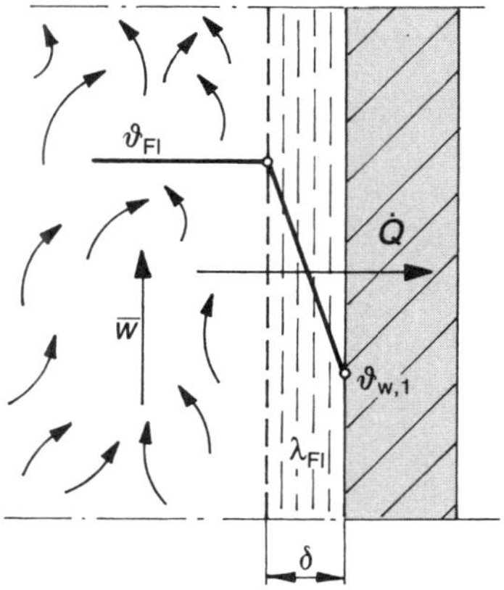

Bild 5.2 Wärmeübergang bei Konvektion in der thermischen Grenzschicht

$$\vartheta_m = \frac{\vartheta_E + \vartheta_A}{2} \quad \text{(Gl. 5.5)}$$

Da jedoch gemäß der Ableitung genau genommen die Stoffwerte auf die mittlere wirksame Grenzschichttemperatur zu beziehen sind, muss die ermittelte α-, bzw. *Nu*-Zahl jeweils noch korrigiert werden. Um dies zu berücksichtigen, müssen die Ergebnisse noch mit einem Faktor multipliziert werden, der den Heiz- bzw. Kühleinfluss wiedergibt. Bei Flüssigkeiten ist diese Abhängigkeit primär vom *Pr*-Zahl-Verhältnis (Pr/Pr_w) und bei Gasen vom Temperaturverhältnis (T/T_W) abhängig.

Die Korrekturfaktoren lauten für die verschiedenen Wärmeübergänge in den nachfolgenden Abschnitten:

Für Flüssigkeiten:

$$f_{d,\,lam} = \left(\frac{Pr}{Pr_w}\right)^{0{,}11} \quad \text{(Gl. 5.6)}$$

$$f_{d,\,turb} = \left(\frac{Pr}{Pr_w}\right)^{0{,}11} \quad \text{(Gl. 5.7)}$$

gültig für: $0{,}1 < \frac{Pr}{Pr_w} < 10$

$$f_{L,\,turb} = \left(\frac{Pr}{Pr_w}\right)^{0{,}25} \quad \text{(Gl. 5.8)}$$

Heizen von Flüssigkeiten für $\left(\frac{Pr}{Pr_w}\right) > 1$:

$$f_{L'} = \left(\frac{Pr}{Pr_w}\right)^{0{,}25} \quad \text{(Gl. 5.9)}$$

Kühlen von Flüssigkeiten für $\left(\frac{Pr}{Pr_w}\right) < 1$:

$$f_{L'} = \left(\frac{Pr}{Pr_w}\right)^{0{,}11} \quad \text{(Gl. 5.10)}$$

Für Gase:

$$f_{d,\,lam} = 1 \quad \text{(Gl. 5.11)}$$

gültig für: $0{,}5 < \frac{T}{T_w} < 1$

$$f_{d,\,turb} = \left(\frac{T}{T_w}\right)^{0{,}45} \quad \text{(Gl. 5.12)}$$

gültig für: $0{,}5 < \frac{T}{T_w} < 1$

Für CO_2 und überhitztem Wasserdampf siehe Anmerkungen in [4.3]. Beim Kühlen von Gasen (für $f_{d;turb}$) wird der Faktor 1.

Kühlen von Gasen für:

$$f_{L'} = \left(\frac{T}{T_w}\right)^{0{,}25} \quad \text{(Gl. 5.13)}$$

Die *Nu*-Zahl ist bei erzwungener Strömung im Wesentlichen abhängig von:

$Nu = f(Re$ und $Pr)$

und es lautet die Grundgleichung für den Wärmeübergang

$$Nu_x = C \cdot Re_x^m \cdot Pr^n \cdot \prod f \quad \text{(Gl. 5.14)}$$

5.1 Strömungsformen

Eine Strömung kann laminar oder turbulent sein. Der Umschlag von einer in die andere Strömungsform erfolgt bei der kritischen *Re*-Zahl (Re_{krit}). Zu beachten ist jedoch, dass laminare Strömung bis zum 5-fachen der kritischen *Re*-Zahl aufrechterhalten werden kann [4.8].

Strömungsbereiche:

Laminare Strömung

$$Re \leqq Re_{krit} \quad \text{(Gl. 5.15)}$$

Übergangsbereich

$$Re_{krit} < Re \lesseqqgtr 5 \cdot Re_{krit} \quad \text{(Gl. 5.16)}$$

Turbulente Strömung

$$5 \cdot Re_{krit} < Re \quad \text{(Gl. 5.17)}$$

Die *Re*-Zahl wird bestimmt aus:

$$Re_x = \frac{w \cdot x}{\nu} \ (-) \quad \text{(Gl. 5.18)}$$

mit:

***w* charakteristische Geschwindigkeit**

- bei der Rohrinnenströmung
  $w = \bar{w}$
- bei der überströmten Platte
  $w = w_\infty$
- beim quer angeströmten Einzelrohr
  $w = w_\infty$
- bei quer angeströmter Rohrreihe bzw. Rohrbündel
  $$w = w_\psi = \frac{w_0}{\psi}$$
- bei Rippenrohrbündel
  $$w = w_m = \frac{w_0 + w_e}{2}$$

***x* kennzeichnende Länge**

- bei der Rohrinnenströmung
  $x = d_1$
- bei rohrähnlicher Innenströmung
  $$x = d_h = \frac{4 \cdot A}{U}$$
- bei der überströmten Platte
  $x = L$
- bei quer angeströmtem Rohr
  $$x = L' = \frac{\pi}{2} \cdot d_a$$
- bei Kreis-Rippenrohren
  $$x = L'_{Rip} = \frac{\pi}{2} \cdot \sqrt{d_a^2 + h^2}$$

Hierin ist:

$\bar{w} = \frac{\dot{V}}{A}$ mittlere Strömungsgeschwindigkeit im Rohr
w_∞ Geschwindigkeit im ungestörten Raum
w_0 Anströmgeschwindigkeit im leeren Kanalsystem
w_m mittlere Geschwindigkeit im Rohrbündel
w_e Geschwindigkeit im engsten Spalt

5.2 Basisgleichungen für den konvektiven Wärmeübergang bei laminarer Strömung

5.2.1 Plattenströmung

$$Nu_{L,lam} = 0{,}664 \cdot \sqrt{Re_L} \cdot Pr^{1/3} \quad \text{(Gl. 5.19)}$$

gültig für:

$Re_L < 10^5$

$0{,}6 < Pr < 2000$

5.2.2 Rohrinnenströmung

5.2.2.1 Hydrodynamisch ausgebildete Strömung

$$Nu_{d,\,lam} = 3{,}66 + \frac{0{,}19 \cdot Gz^{0{,}8}}{1 + 0{,}117 \cdot Gz^{0{,}467}} \cdot f_{d,\,lam} \quad \text{(Gl. 5.20)}$$

gültig für:

$Re_d < 2300$

$0{,}1 < Gz < 10^4$

mit: $Gz = Re_d \cdot Pr \cdot \frac{d_i}{L}$

Ist die Graetz-Zahl $Gz > 10^3$, dann kann vereinfacht werden:

$$Nu_{\mathrm{d,\,lam}} = 3{,}66 + \frac{0{,}19 \cdot Gz^{0{,}8}}{0{,}117 \cdot Gz^{0{,}467}} \approx 3{,}66 + 1{,}61 \cdot Gz^{1/3} \quad \text{(Gl. 5.21)}$$

Auch der Summand 3,66 kann vernachlässigt werden, und man erhält:

$$Nu_{\mathrm{d,\,lam}} \approx 1{,}62 \cdot Gz^{1/3} \quad \text{(Gl. 5.22)}$$

gültig für:

$Re_{\mathrm{d}} < 2300$

$10^3 < Gz$

5.2.2.2 Hydrodynamische Anlaufströmung

$$Nu_{\mathrm{d,\,lam}} = 3{,}66 + \frac{0{,}0677 \cdot Gz^{1{,}33}}{1 + 0{,}1 \cdot Pr \cdot \left(Re_{\mathrm{d}} \cdot \frac{d_{\mathrm{i}}}{L}\right)^{0{,}83}} \quad \text{(Gl. 5.23)}$$

gültig für:

$Re_{\mathrm{d}} < 2300$

$0{,}1 < Pr$

Da sich die Laminarströmung sehr schnell ausbildet, können Rohre mit $L \lesseqqgtr 10 \cdot d_{\mathrm{i}}$ auch nach Gleichung 5.20 berechnet werden.

5.2.2.3 Einlaufstrecke bei laminarer Rohrströmung

Die Länge der Strömungseinlaufstrecke L_{e} zum Rohrinnendurchmesser beträgt nach [4.9]:

$$\frac{L_{\mathrm{e}}}{d_{\mathrm{i}}} = 0{,}0556 \cdot Re_{\mathrm{d}} \quad \text{(Gl. 5.24)}$$

Die Länge der thermischen Einlaufstrecke $L_{\mathrm{e},\,\vartheta}$ beträgt:

$$\frac{L_{\mathrm{e},\,\vartheta}}{L_{\mathrm{e}}} = \frac{0{,}385 \cdot Re_{\mathrm{d}} \cdot Pr}{0{,}0556 \cdot Re_{\mathrm{d}}} \quad \text{(Gl. 5.25)}$$

Ein Vergleich von Gl. 5.24 und 5.25 zeigt, dass die thermische Einlaufstrecke $L_{\mathrm{e},\,\vartheta}$ viel länger ist als die Strömungseinlaufstrecke:

$$\frac{L_{\mathrm{e},\,\vartheta}}{L_{\mathrm{e}}} = \frac{0{,}385 \cdot Re_{\mathrm{d}} \cdot Pr}{0{,}0556 \cdot Re_{\mathrm{d}}} \quad \text{(Gl. 5.26)}$$

$$\frac{L_{\mathrm{e},\,\vartheta}}{L_{\mathrm{e}}} = 6{,}8 \cdot Pr \quad \text{(Gl. 5.27)}$$

5.3 Basisgleichungen für den konvektiven Wärmeübergang bei turbulenter Strömung

Die Hauptgleichungen für glatte Flächen lauten nach [4.3], wobei die Grenzschichtformen aus Bild 5.3 zu ersehen sind:

5.3.1 Überströmte Platte

$$Nu_{\mathrm{L,\,turb}} = \frac{\zeta_{\mathrm{L}}/8 \cdot Re_{\mathrm{L}} \cdot Pr}{1 + 12{,}7 \cdot \sqrt{\zeta_{\mathrm{L}}/8} \cdot (Pr^{2/3} - 1)} \cdot f_{\mathrm{L,\,turb}} \quad \text{(Gl. 5.28)}$$

mit:

$$\zeta_{\mathrm{L}} = \frac{0{,}296}{Re_{\mathrm{L}}^{0{,}2}} \quad \text{(Gl. 5.29)}$$

gültig für:

$5 \cdot 10^5 < Re_{\mathrm{L}} < 10^7$

$0{,}6 < Pr < 2000$

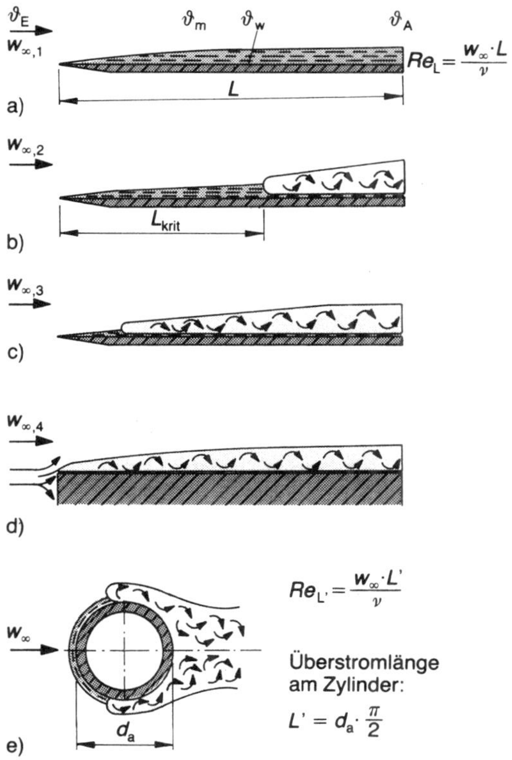

Bild 5.3
Grenzschichtformen an der überströmten Platte
a) laminare Grenzschicht
b) laminare Anlaufgrenzschicht, die bei L_{krit} in die turbulente Grenzschicht umschlägt
c) überwiegend turbulente Grenzschicht
d) Platte mit stumpfer Vorderkante. Hier bildet sich bereits bei $Re_L > 10^3$ eine turbulente Grenzschicht aus
e) Grenzschichtform am überströmten Zylinder ($Re_{L'} = 10^4$)

5.3.2 Durchströmte glatte Rohre

$$Nu_{d,\,turb} = \frac{\zeta_d/8 \cdot Re_d \cdot Pr}{1 + 12{,}7 \cdot \sqrt{\zeta_d/8} \cdot (Pr^{2/3} - 1)} \cdot \left(1 + \left(\frac{d_i}{L}\right)^{2/3}\right) \cdot f_{d,\,turb} \qquad \text{(Gl. 5.30)}$$

mit:

$$\zeta_d = \frac{1}{(1{,}8 \cdot \log Re_d - 1{,}5)^2} \qquad \text{(Gl. 5.31)}$$

gültig für:

$10^4 < Re_d < 10^6$

$0{,}6 < Pr < 1000$

$0 < \frac{d_i}{L} < 1$

Der Faktor $f_{L,...}$ bzw. $f_{d,...}$ berücksichtigt die Richtung des Wärmestroms, wobei hiermit die temperaturabhängigen Stoffwerte beachtet werden. Diese können mit den Gleichungen 5.6…5.13 ermittelt werden.

5.3.3 Näherungsgleichungen

a) Gase:
Bei Gasen liegt die *Pr*-Zahl im Bereich von $0{,}6 < Pr_{Gas} < 1{,}0$

1. *Plattenströmung:*

$$Nu_{L,\,turb} \approx 0{,}037 \cdot Re_L^{0{,}8} \cdot Pr \qquad \text{(Gl. 5.32)}$$

gültig für:

$0{,}6 < Pr < 1{,}0$

$5 \cdot 10^5 < Re_L < 10^7$

2. *Rohrströmung:*

$$Nu_{d,\,turb} \approx 0{,}0235 \cdot Re_d^{0{,}8} \cdot Pr \qquad \text{(Gl. 5.33)}$$

gültig für:

$0{,}6 < Pr < 1$

$10^4 < Re < 10^6$

$\frac{L}{d_i} > 50$

b) *Niedrig viskose Flüssigkeiten und Dämpfe:* Bei diesen Stoffen liegt die *Pr*-Zahl üblicherweise im Bereich von $1 < Pr < 50$.

Die Grundgleichung:

$$Nu_{x,\,turb} = \frac{\zeta/8 \cdot Re_x \cdot Pr}{1 + 12{,}7 \cdot \sqrt{\zeta/8} \cdot (Pr^{2/3} - 1)} \qquad \text{(Gl. 5.34)}$$

wird umgeformt:

$$Nu_{x,\,turb} = \frac{\zeta}{8} \cdot Re_x \cdot \frac{Pr}{1 + 12{,}7 \cdot \sqrt{\zeta/8} \cdot (Pr^{2/3} - 1)} \quad \text{(Gl. 5.35)}$$

Der Bruch wird als Funktion dargestellt und für die *Re*-Zahl ein Mittelwert eingesetzt. Man erhält nach [4.1]:

$$\frac{Pr}{1 + 12{,}7 \cdot \sqrt{\zeta/8} \cdot (Pr^{2/3} - 1)} \approx Pr^{0{,}48} \quad \text{(Gl. 5.36)}$$

und für die

1. *Plattenströmung:*

$$Nu_{L,\,turb} \approx 0{,}037 \cdot Re_L^{0{,}8} \cdot Pr^{0{,}48} \quad \text{(Gl. 5.37)}$$

gültig für:

$1 < Pr < 50$

$10^6 < Re_L < 10^7$

2. *Rohrinnenströmung:*

$$Nu_{d,\,turb} \approx 0{,}0235 \cdot Re_d^{0{,}8} \cdot Pr^{0{,}48} \quad \text{(Gl. 5.38)}$$

gültig für:

$1 < Pr < 50$

$10^6 < Re_L < 10^7$

$\frac{L}{d_i} > 50$

c) *Hoch viskose Flüssigkeiten (Öle):*
Bei Flüssigkeiten mit einer *Pr*-Zahl von $50 < Pr$ können die Zahlen 1 unter dem Bruchstrich vernachlässigt werden, und man erhält für die

1. *Plattenströmung:*

$$Nu_{L,\,turb} = \frac{0{,}037 \cdot Re_L^{0{,}8} \cdot Pr}{\dfrac{2{,}443 \cdot Pr^{2/3}}{Re_L^{0{,}1}}} = \frac{0{,}037 \cdot Re_L^{0{,}9} \cdot Pr^{1/3}}{2{,}443} \quad \text{(Gl. 5.39)}$$

$$Nu_{L,\,turb} = 0{,}015 \cdot Re_L^{0{,}9} \cdot Pr^{1/3} \quad \text{(Gl. 5.40)}$$

gültig für:

$50 < Pr < 2000$

$5 \cdot 10^5 < Re_L < 10^7$

2. *Rohrinnenströmung:*
mit dem Widerstandsbeiwert nach [4.10]:

$$\zeta_d = \frac{0{,}188}{Re_d^{0{,}2}} \quad \text{(Gl. 5.41)}$$

wird:

$$Nu_{d,\,turb} = \frac{0{,}0235 \cdot Re_d^{0{,}8} \cdot Pr}{\dfrac{1{,}947 \cdot Pr^{2/3}}{Re_d^{0{,}1}}}$$

$$Nu_{d,\,turb} = 0{,}012 \cdot Re_d^{0{,}9} \cdot Pr^{1/3} \quad \text{(Gl. 5.42)}$$

gültig für:

$50 < Pr < 1000$

$10^4 < Re_d < 10^6$

$\frac{L}{d_i} > 50$

Bei hoch viskosen Flüssigkeiten steigt somit der Wärmeübergang mit $w^{0{,}9}$ und somit fast linear mit der Geschwindigkeit!

Anmerkung:
Oftmals erhebt sich die Frage, ob es sich bei Längsströmung um ein System der überströmten Platte mit $x = L$ oder um ein durchströmtes System handelt mit $x = d_h$. Hierzu ist zu vermerken, dass das Plattensystem nur

gilt, solange sich Grenzschichten nicht gegenseitig berühren und die Strömung somit nicht «weiß», ob die Grenzschichten stromab zu einem Profil zusammenwachsen (Durchströmung) oder nicht (Umströmung). Bei längs umströmten Rohrbündeln wäre somit die Plattengleichung nur für etwa $L \lesseqgtr 10 \cdot d_h$ als Alternative sinnvoll anwendbar. Dies gilt auch für den Rohreinlauf bei Innenströmmung.

5.4 Basisgleichungen für den konvektiven Wärmeübergang bei quer angeströmten Rohren

Als Grundgleichungen gelten hier die Plattengleichungen, wobei sich durch die endliche Größe der Rohre ein Mindestwert von $Nu_{L'\,min} = 0{,}3$ einstellt, bei niedrigen *Re*-Zahlen.

Eine laminare Umströmung ist jedoch nur bis $Re_{L'} \lesseqgtr 100$ sicher gegeben. Durch die Wirbelbildung im Zylinderauslauf ergibt sich darüber ein stetiger Übergang zur turbulenten Umströmung gemäß folgender Gleichung:

$$Nu_{L'} = \left(Nu_{L',min} + \sqrt{Nu_{L',lam}^{2} + Nu_{L',turb}^{2}}\right) \cdot f_{L'} \quad \text{(Gl. 5.43)}$$

mit:

$Nu_{L',/min} = 0{,}3$
$Nu_{L',lam}$ = nach Gleichung 1,19
$Nu_{L',turb}$ = nach Gleichung 1.28

gültig für:

$1 < Re_{L'} < 10^7$

$0{,}6 < Pr < 1000$

Im Wärmeaustauscherbau liegen die $Re_{L'}$-Zahlen üblicherweise über 1000 ($Re_{L'} > 1000$) und die im *Nu*-Zahl ($Nu_{L'\,min} = 0{,}3$) kann vernachlässigt werden.

Näherungsgleichung für den in der Praxis wichtigsten Übergangsbereich:

$$Nu_{L'} = 0{,}185 \cdot Re_{L'}^{0{,}67} \cdot Pr^{0{,}4} \cdot f_{L'} \quad \text{(Gl. 5.44)}$$

gültig für:

$10^3 < Re_{L'} < 10^5$

$0{,}6 < Pr < 50$

Eine zusammenfassende Darstellung von Platten- und quer angeströmtem Rohr zeigt Bild 5.4. Für durchströmte Systeme ist eine zusammenfassende Darstellung aus Bild 5.5 ersichtlich.

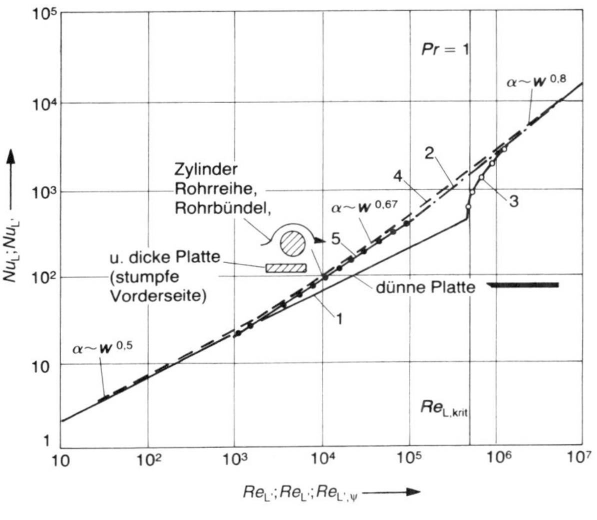

Bild 5.4
Nu-Zahl für überströmte Platten und Zylinder
Nu_L u. Re_L für überströmte Platten
Nu_L u. $Re_{L'}$ für überströmte Einzelzylinder
Nu_L u. $Re_{L',\psi}$ für überströmte Rohrreihen und Rohrbündel
Hierbei wird nicht die Anströmgeschwindigkeit w_∞, sondern die mittlere Geschwindigkeit im Hohlraumanteil als charakteristische Geschwindigkeit bei der Re-Bestimmung zugrundegelegt s. [4.1]

① ——— $Nu_{L,lam} = 0{,}664 \cdot Re_L^{0{,}5} \cdot Pr^{1/3}$

② –·–·– $Nu_{L,turb} = 0{,}037 \cdot Re_L^{0{,}8} \cdot Pr^{0{,}48}$

③ –o–o–o– $Nu_{L,lam\ u.\ turb} = 0{,}037 \cdot \left(Re_L^{0{,}8} - 23514\right) \cdot Pr^{0{,}48}$

④ – – – – $Nu_L = \sqrt{Nu_{L,lam}^2 + Nu_{L,turb}^2}$

⑤ –•–•– $Nu_L = 0{,}185 \cdot Re_L^{0{,}67} \cdot Pr^{0{,}4}$

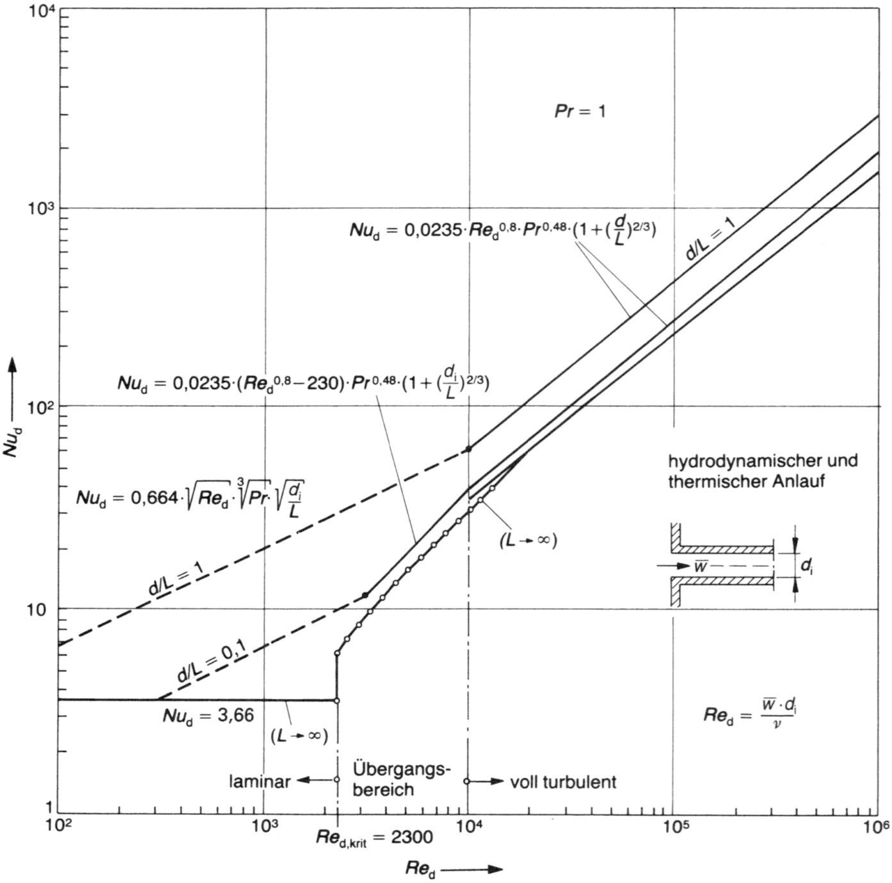

Bild 5.5 *Nu*-Zahl für durchströmte Rohre bei hydrodynamischem Anlauf

5.5 Konvektiver Wärmeübergang in Rohrwendeln

Bei Rohrwendeln erhöht sich der Wärmeübergang durch die von der Zentrifugalkraft verursachte Querströmung (Bild 5.6). Diese zusätzliche Energie bewirkt jedoch, dass sich die kritische *Re*-Zahl gemäß [4.11] erhöht:

$$e_{d,\,krit} = 2300 \cdot \left(1 + 8{,}6 \cdot \left(\frac{d}{D}\right)^{0,45}\right)$$

(Gl. 5.45)

mit: d und D nach Bild 5.7.

Die einzelnen Bestimmungsgleichungen lauten für die *Re*-Bereiche:

$$Nu_d = 3{,}65 + 0{,}08 \cdot \left(1 + 0{,}8 \cdot \left(\frac{d}{D}\right)^{0,9}\right) \cdot Re_d^{\left(0,5 + 0,2905 \cdot \left(\frac{d}{D}\right)^{0,194}\right)} \cdot Pr^{1/3}$$

(Gl. 5.46)

gültig für:

$100 < Re_d < Re_{d,\,krit}$

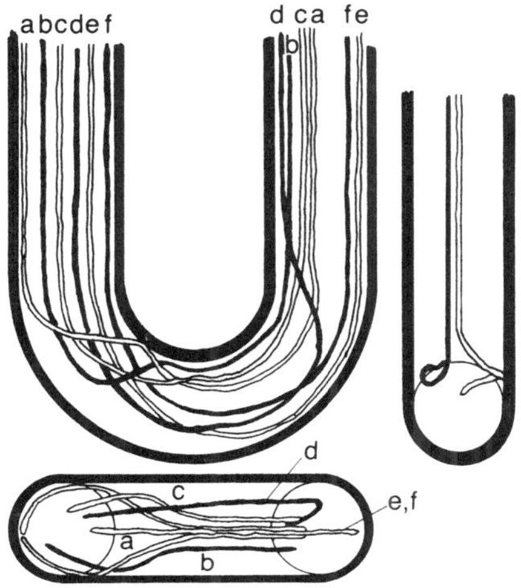

Bild 5.6 Querbewegungen bei laminarer Strömung n. [4.12]

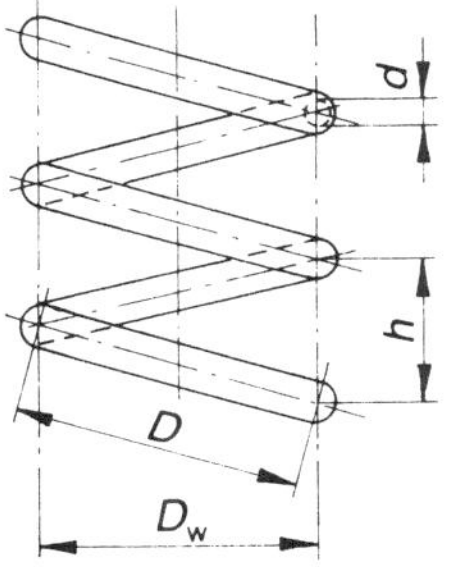

Bild 5.7 Rohrwendel-Hauptabmessungen

$$Nu_\mathrm{d} = 0{,}023 \cdot \left(1 + 14{,}8 \cdot \left(1 + \frac{d}{D}\right) \cdot \left(\frac{d}{D}\right)^{1/3}\right) \cdot Re_\mathrm{d}^{\left(0{,}8 - 0{,}22 \cdot \left(\frac{d}{D}\right)^{0{,}1}\right)} \cdot Pr^{1/3} \quad \text{(Gl. 5.47)}$$

gültig für:

$Re_{\mathrm{d,\,krit}} < Re_\mathrm{d} < 2 \cdot 10^4$

$$Nu_\mathrm{d} = 0{,}023 \cdot \left(1 + 3{,}6 \cdot \left(1 - \frac{d}{D}\right) \cdot \left(\frac{d}{D}\right)^{0{,}8}\right) \cdot Re_\mathrm{d}^{0{,}8} \cdot Pr^{1/3} \quad \text{(Gl. 5.48)}$$

gültig für:

$2 \cdot 10^4 < Re_\mathrm{d} < 1{,}5 \cdot 10^5$

$$D = D_\mathrm{w} \cdot \left(1 + \left(\frac{h}{\pi \cdot D_\mathrm{w}}\right)^2\right)$$

5.6 Konvektiver Wärmeübergang mit Eigenkonvektion

Grundsätzlich haben wärmere Schichten in einer Strömung das Bestreben durch den Auftrieb (Archimedes-Zahl) verursachte Auftriebsgeschwindigkeit das «isotherme» Geschwindigkeitsprofil zu stören.

Insbesondere in laminarer sowie bei einer nicht voll ausgebildeten turbulenten Strömung ($Re_\mathrm{d} \lessapprox 2 \cdot 10^4$) kann die Eigenkonvektion von entscheidender Bedeutung für den Wärmeübergang sein (s. Bild 5.8).

5.6.1 Durchströmte waagrechte Rohre

In einem beheizten waagrechten Rohr greifen an jedem Teilchen des angewärmten Fluids 2 Kräfte an (Bild 5.9): Trägheitskräfte (erzwungene Konvektion) und Auftriebskräfte (Eigenkonvektion). Die an der Wand angewärmten Teilchen bewegen sich spiralförmig. Nach [4.13] gilt:

$$Nu_\mathrm{d} = 1{,}345 \cdot Re_\mathrm{d}^{0{,}34} \cdot Gr^{0{,}06} \cdot Pr^{0{,}032} \cdot \left(\frac{Pr}{Pr_\mathrm{w}}\right)^{0{,}108} \quad \text{(Gl. 5.49)}$$

gültig für:

$500 < Re_\mathrm{d} < 25\,000$

Erwärmung und Abkühlung von Wasser

5.6.2 Durchströmte senkrechte Rohre

a) Heizung bei Abwärtsströmung und Kühlung bei Aufwärtsströmung nach [4.13]:

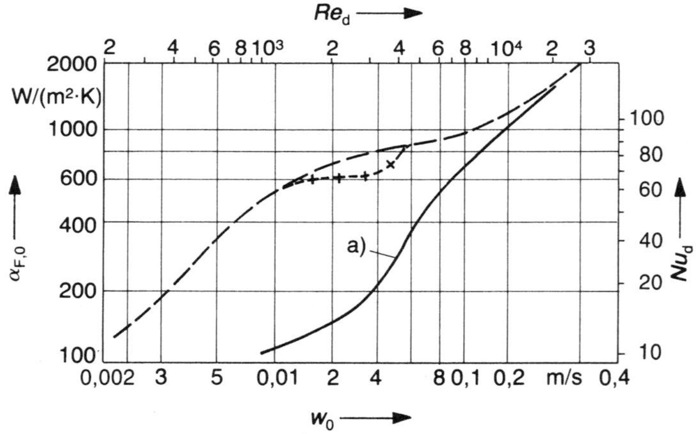

Bild 5.8
Einfluss der Strömungsgeschwindigkeit w_o des Wassers auf den Wärmeübergangskoeffizienten $\alpha_{F,o}$ bei Erwärmung im waagrechten Rohr mit und ohne Anlaufstrecke für eine Eintrittstemperatur von 25 °C (w_o und $\alpha_{F,o}$ sind auf die Temperatur 0 °C bezogen; (– – – ohne Anlaufstrecke; – + – mit Anlaufstrecke) n. [4.13]
a) ohne Eigenkonvektion nach den Basisgleichungen

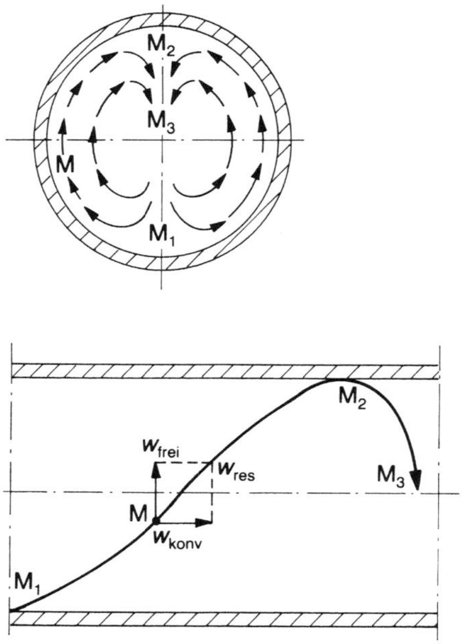

Bild 5.9 Resultierende Geschwindigkeit w_{res} und spiralförmige Bahn eines Flüssigkeitsteilchens beim Zusammenwirken von freier und erzwungener Konvektion in einem waagrechten Rohr

$$Nu_d = 0{,}222 \cdot Re_d^{0{,}35} \cdot Pr^{0{,}13} \cdot Gr^{0{,}15} \cdot \left(\frac{Pr}{Pr_w}\right)^{0{,}23} \quad \text{(Gl. 5.50)}$$

b) Heizung mit Aufwärtsströmung oder bei Kühlung mit Abwärtsströmung:

$$Nu_d = 0{,}35 \cdot Re_d^{0{,}3} \cdot Gr^{0{,}48} \cdot \left(\frac{d_i}{L}\right)^{0{,}48} \quad \text{(Gl. 5.51)}$$

gültig für:

$Gr \geqq 5000$

$300 < Re_d \leqq 10^4$

Die Grashof-Zahl wird gebildet aus:

$$Gr = \frac{d_i^3 \cdot g \cdot \beta \cdot (\vartheta_{w,m} - \vartheta_m)}{\nu^2} \quad \text{(Gl. 5.52)}$$

5.6.3 Umströmte Körper

Bei umströmten Körpern bildet man die resultierende *Re*-Zahl gemäß [4.8]:

$$Re_{L'} = \sqrt{Re_{L,\,erzw}^2 + Re_{L,\,frei}^2} \quad \text{(Gl. 5.53)}$$

mit:

$$Re_{L,\,frei} = \sqrt{\frac{Gr}{2{,}5}} \qquad \text{(Gl. 5.54)}$$

gültig für:

$0{,}1 < Re_{L'} < 10^7$

$0{,}5 < Pr \lesseqqgtr 2500$

Mit dieser wirksamen Re_L-Zahl lässt sich dann der α-Wert bestimmen zu:

$$\alpha = Nu \cdot \frac{\lambda}{L'}$$

wobei als Bestimmungsgleichungen die üblichen Gleichungen 5.28 und 5.19 verwendet werden.

Die Stoffwerte sind auf die mittlere Grenzschichttemperatur

$$\vartheta_{Gr,\,m} = \frac{\vartheta_\infty + \vartheta_w}{2} \qquad \text{(Gl. 5.55)}$$

zu beziehen.

5.6.4 Freie Strömung

Für reine freie Strömung sind folgende Gleichungen zugrundezulegen:

Im laminaren Bereich gilt:

$$Nu_L = 0{,}664 \cdot Re_L^{\;0{,}5} \cdot Pr^{1/3} \qquad \text{(Gl. 5.56)}$$

mit:

$$Re_L = \sqrt{\frac{Gr}{2{,}5}} \qquad \text{(Gl. 5.57)}$$

gültig für:

$Gr \cdot Pr < 10^9$; (bei $Pr = 1$; $Re_L < 2 \cdot 10^4$)

$0{,}5 < Pr < 1000$

Im turbulenten Bereich:

$$Nu_L = 0{,}14 \cdot \sqrt[3]{Gr \cdot Pr} \qquad \text{(Gl. 5.58)}$$

setzt man für $Gr = 2{,}5 \cdot Re_L^2$ ein, erhält man:

$$Nu_L = 0{,}19 \cdot Re_L^{\;0{,}667} \cdot Pr^{1/3} \qquad \text{(Gl. 5.59)}$$

gültig für:

$Gr \cdot Pr > 10^9$; (bei $Pr = 1$; $Re_L > 2 \cdot 10^4$)

Diese Gleichung stimmt somit mit der Ausgleichsgeraden für überströmte Körper gut überein und man kann auch die Gl. 5.44 für die freie Strömung verwenden.

5.7 Anwendungsgleichungen und -diagramme für den konvektiven Wärmeübergang

Die Bestimmungsgleichungen für den konvektiven Wärmeübergang wurden im Gültigkeitsbereich immer mehr erweitert [4.3]. Hierdurch werden jedoch z.T. die Formeln so «unhandlich», dass die für den Praktiker wichtige Erkennung der grundsätzlichen Abhängigkeiten sehr erschwert wird.

Engt man jedoch insbesondere den Prandtlzahlbereich auf die in der Praxis am meisten verwendeten Medien ein und berücksichtigt die wirtschaftlichen Strömungsgeschwindigkeiten, dann ergeben sich für die praktischen Anwendungsfälle einfache Potenzgleichungen. Werden die dann abgeleiteten Gleichungen noch in stoffunabhängige und stoffabhängige Größen aufgelöst, erhält man Bestimmungsgleichungen, die insbesondere für die Lösung von Projektierungsaufgaben und Wirtschaftlichkeitsberechnungen gut geeignet sind.

Wichtig ist jedoch der Hinweis, dass durch die Ableitung der Anwendungsgleichungen von den Basisgleichungen, jeder Anwender für seinen speziellen Fall, analoge Gleichungen ableiten kann mit einem anderen Gültigkeitsbereich.

5.7.1 Bereiche der Pr-Zahl in der Praxis

a) *Gase*

$0{,}6 < Pr < 1{,}0$

b) Dämpfe

$0{,}6 < Pr < 10$ (nicht gültig in der Nähe des kritischen Zustandes)

c) *Flüssigkeiten* (ohne flüssige Metalle)

Prandtlzahl:

$$Pr = \frac{\nu}{a} \quad \text{(Gl. 5.60)}$$

Temperaturleitzahl:

$$a = \frac{\lambda}{\varrho \cdot c_1} \quad \text{(Gl. 5.61)}$$

Anorganische Flüssigkeiten (Wasser):
$\lambda \approx 0{,}6$ W/(m · K)
$c \approx 4000$ J/(kg · K)
$\varrho \approx 1000$ kg/m³
damit: $a \approx 0{,}15 \cdot 10^{-6}$ m²/s

Organische Flüssigkeiten (Öle):
$\lambda \approx 0{,}1$ W/(m · K)
$c \approx 2000$ J/(kg · K)
$\varrho \approx 1000$ kg/m³
damit: $a \approx 0{,}05 \cdot 10^{-6}$ m²/s

Der Mittelwert der Temperaturleitzahl beträgt somit:

$\bar{a} \approx 0{,}1 \cdot 10^{-6}$ m²/s

und damit die Prandtlzahl für Flüssigkeiten:

$$\overline{Pr} \approx 10 \cdot \nu \; (\nu \text{ in mm}^2/\text{s bzw. } 10^6 \text{ m}^2/\text{s}) \quad \text{(Gl. 5.62)}$$

Bei anorganischen Flüssigkeiten:

$0{,}1 < 10^6 \cdot \nu < 1$

somit:

$1 < Pr < 10$

Bei organischen Flüssigkeiten:

$1 < 10^6 \cdot \nu$

somit:

$10 < Pr$

Zu berücksichtigen ist jedoch, dass Kennfelder von Strömungsmaschinen (Pumpen) üblicherweise nur gelten bis zu einer Viskosität von $10^6 \cdot \nu < 20$ m²/s, dann erhält man als obere *Pr*-Zahl:

$Pr \approx 200$

Bei einer Strömungsgeschwindigkeit von $\bar{w}$ = 2 m/s, einem Rohrdurchmesser von $d_i = 100$ mm und $\nu = 20 \cdot 10^{-6}$ m²/s beträgt die *Re*-Zahl

$$Re_d = \frac{\bar{w} \cdot d_i}{\nu} = 10^4$$

Da die Prandtlzahl insbesondere von der Viskosität abhängt, ist zu beachten, dass bei höheren Prandtlzahlen die Flüssigkeit eventuell nicht mehr als Newton'sche Substanz vorliegt, was Grundlage der Basisgleichungen ist.

5.7.2 Gelöste Gleichungen

Mit der Grundgleichung für den Wärmeübergangskoeffizienten:

$$\alpha_x = Nu_x \cdot \frac{\lambda}{x} \quad \text{(Gl. 5.63)}$$

x charakteristische Abmessungen,
w charakteristische Geschwindigkeit

erhält man mit der Potenzgleichung der *Nu*-Zahl:

$$Nu_x = C \cdot Re_x^n \cdot Pr^m \quad \text{(Gl. 5.64)}$$

mit:

$$Re_x = \frac{w \cdot x}{\nu} \quad \text{(Gl. 5.65)}$$

und

$$Pr = \frac{\nu \cdot \varrho \cdot c_p}{\lambda} \quad \text{(Gl. 5.66)}$$

$$\alpha_x = C \cdot \frac{w^n \cdot x^n}{\nu^n} \cdot \frac{\nu^m (\varrho \cdot c_p)^m}{\lambda^m} \qquad \text{(Gl. 5.67)}$$

in stoffabhängigen und stoffunabhängigen Größen:

$$\alpha_x = C \cdot \frac{w^n}{x^{1-n}} \cdot \frac{\lambda^{1-m} (\varrho \cdot c_p)^m}{\nu^{n-m}} \qquad \text{(Gl. 5.68)}$$

5.7.2.1 Umströmte Körper

Laminarer Bereich (Gl. 5.19):

$$\alpha_{L,\,lam} = 0{,}664 \cdot \frac{w_\infty^{0,5}}{L'^{\,0,5}} \cdot \frac{\lambda^{2/3} (\varrho \cdot c_p)^{1/3}}{\nu^{0,17}} = 0{,}664 \cdot \frac{w_\infty^{0,5}}{L'^{\,0,5}} \cdot f_{M,\,lam} \qquad \text{(Gl. 5.69)}$$

Übergangsbereich (Gl. 5.44)

$$\alpha_{L,\,ü} = 0{,}185 \cdot \frac{w_\infty^{0,67}}{L'^{\,0,33}} \cdot \frac{\lambda^{0,6} \cdot (\varrho \cdot c_p)^{0,4}}{\nu^{0,27}} = 0{,}185 \cdot \frac{w_\infty^{0,67}}{L'^{\,0,33}} \cdot f_{Mü} \qquad \text{(Gl. 5.70)}$$

Turbulenter Bereich (Gl. 5.38)

$$\alpha_{L,\,turb} = 0{,}037 \cdot \frac{w_\infty^{0,8}}{L'^{\,0,2}} \cdot \frac{\lambda^{0,52} \cdot (\varrho \cdot c_p)^{0,48}}{\nu^{0,32}} = 0{,}037 \cdot \frac{w_\infty^{0,8}}{L'^{\,0,2}} \cdot f_{M,\,turb} \qquad \text{(Gl. 5.71)}$$

Gl. 5.69 und Gl. 5.70 gelten auch für die freie Strömung, wobei die fehlende Strömungsgeschwindigkeit aus Gl. 5.57 ermittelt werden muss:

$$w_\infty = \frac{\nu}{L'} \cdot \sqrt{\frac{Gr}{2{,}5}} \qquad \text{(Gl. 5.72)}$$

5.7.2.2 Durchströmte Körper

Unterer Grenzwert für laminare Strömung ($L \to \infty$)

$$\alpha_{d,\,lam} = 3{,}66 \, \frac{\lambda}{d} \qquad \text{(Gl. 5.73)}$$

Laminarer Bereich mit hydrodynamischem und thermischem Anlauf für kurze Rohre:

$$\alpha_{d,\,lam} = 0{,}664 \cdot \frac{\bar{w}^{0,5}}{L^{0,5}} \cdot \frac{\lambda^{2/3} (\varrho \cdot c_p)^{1/3}}{\nu^{0,17}} = 0{,}664 \cdot \frac{\bar{w}^{0,17}}{L^{0,5}} \cdot f_{M,\,lam} \qquad \text{(Gl. 5.74)}$$

gültig für:

$1\,d < L < 10\,d$

Turbulente Strömung:

$$\alpha_{d,\,turb} = 0{,}0235 \cdot \frac{\bar{w}^{0,8}}{d_i^{0,2}} \cdot \frac{\lambda^{0,52} \cdot (\varrho \cdot c_p)^{0,48}}{\nu^{0,32}} = 0{,}0235 \cdot \frac{\bar{w}^{0,8}}{d_i^{0,2}} \cdot f_{M,\,turb} \qquad \text{(Gl. 5.75)}$$

Die Stoffwertfunktionen $f_{M...}$ sind somit für umströmte und durchströmte Körper im laminaren und turbulenten Bereich gleich, wobei in der Praxis für umströmte Platten und Rohrbündel (Gl. 5.70) und für durchströmte Rohre (Gl. 5.75) fast ausschließlich zur Anwendung kommen. Die Stoffwertfunktionen sind in Tabelle 5.1 aufgeführt.

5.7.3 Anwendungsgleichungen für die Praxis

Werden nun die Stoffwertfunktionen für die verschiedenen Medien noch in Abhängigkeit von der Temperatur in eine Gleichung gefasst, ergeben sich die Wärmeübergangskoeffizienten in folgender Form:

Tabelle 5.1 Stoffwertefunktion $f_{M...}$ für Luft, Wasser und organischer Wärmeträger

Medium	ϑ °C	Pr –	$10^6 \cdot \nu$ m^2/s	$f_{M,lam}$	$f_{M,Ü}$	$f_{M,turb}$
Luft bei 1,013 bar	0	0,711	13,3	6,17	39,2	164,3
	20	0,713	15,1	6,19	38,0	156,6
	40	0,711	17,0	6,08	37,0	150,3
	60	0,709	18,9	6,06	36,3	145,2
	80	0,708	20,9	6,03	35,5	140,1
	100	0,704	23,1	6,01	34,8	135,5
	200	0,685	34,6	5,96	32,2	118,5
	400	0,68	62,5	5,89	28,8	98,2
	600	0,69	95,6	5,77	26,3	85,0
	800	0,715	132,8	5,62	24,3	75,4
	1000	0,735	173,0	5,42	22,5	67,6
Wasser bei 0,981 bar bzw. beim Sättigungsdruck	0	13,67	1,792	1031	11 138	76 714
	20	7,01	1,004	1196	13 609	95 795
	40	4,35	0,658	1324	15 664	112 115
	60	3,00	0,475	1432	17 441	126 422
	80	2,23	0,365	1519	18 951	138 806
	100	1,75	0,295	1590	20 232	149 432
	120	1,45	0,249	1638	21 187	157 644
	140	1,25	0,215	1671	21 920	164 211
	160	1,09	0,189	1698	22 549	169 899
	180	0,98	0,170	1718	23 060	174 767
	200	0,92	0,158	1718	23 252	176 989
	220	0,88	0,149	1711	23 315	178 217
	240	0,87	0,142	1694	23 238	178 417
	260	0,87	0,136	1667	23 022	177 766
	280	0,91	0,10	1630	22 685	176 448
	300	1,00	0,094	1584	22 266	175 011
	320	1,15	0,086	1516	21 555	171 614
	340	1,5	0,078	1458	21 134	172 102
	360	2,6	0,068	1405	21 046	178 558
organischer Wärmeträger z. B. BP-Transcal N Mobiltherm 603 Shell Thermia Oel C	100	76,3	5,2	248	2516	17 309
	150	38,2	2,4	282	3103	22 335
	200	24,0	1,4	306	3579	26 628
	250	16,6	0,91	328	4017	30 691
	300	13,6	0,7	338	4265	33 167
				$\frac{W \cdot s^{0,5}}{K \cdot m^2}$	$\frac{W \cdot s^{0,67}}{K \cdot m^{2,34}}$	$\frac{W \cdot s^{0,8}}{K \cdot m^{2,6}}$

$$\alpha = A \cdot (1 \pm B \cdot \vartheta) \cdot \frac{w^n}{x^{1-n}} \qquad \text{(Gl. 5.76)}$$

mit:

$$\alpha_{\dots} = C_{\dots} \cdot \frac{w^n}{x^{1-n}} \cdot f_{M,\dots}$$

$$f_{M,\,lam} = \frac{\lambda^{2/3} \cdot (\varrho \cdot c_p)^{1/3}}{\nu^{0,17}} \quad \left(\frac{W \cdot s^{0,5}}{K \cdot m^2}\right)$$

$$f_{M,\,ü} = \frac{\lambda^{0,6} \cdot (\varrho \cdot c_p)^{0,4}}{\nu^{0,27}} \quad \left(\frac{W \cdot s^{0,67}}{K \cdot m^{2,34}}\right)$$

$$f_{M,\,turb} = \frac{\lambda^{0,52} \cdot (\varrho \cdot c_p)^{0,48}}{\nu^{0,32}} \quad \left(\frac{W \cdot s^{0,8}}{K \cdot m^{2,6}}\right)$$

Diese Form der linearen Temperaturabhängigkeit kann immer erreicht werden, wenn der Anwendungsbereich entsprechend eingegrenzt wird.

Der Exponent n ist bereits gegeben durch die Form der Strömung. Die Geschwindigkeit w sowie die Länge x sind die charakteristischen Größen.

5.7.3.1 Umströmte Körper

gültig für:

$10^3 < Re_{L'} < 10^5$

$0,6 < Pr < 50$

Luft
(p = 1 bar; 0 °C < ϑ < 1000 °C)

$$\alpha_{a,\,Luft} \approx 6,5 \cdot \left(1 - \frac{0,42}{1000} \cdot \vartheta\right) \cdot \frac{w_\infty^{0,67}}{L'^{\,0,33}} \qquad \text{(Gl. 5.77)}$$

Wasser
(p = 1 bar bzw. Sättigungsdruck;
0 °C < ϑ < 120 °C, ab 120 °C ist der Klammerwert konstant bis 360 °C)

$$\alpha_{a,\,Wasser} = 2000 \cdot \left(1 + \frac{0,82}{100} \cdot \vartheta\right) \cdot \frac{w_\infty^{0,67}}{L'^{\,0,33}} \qquad \text{(Gl. 5.78)}$$

Wärmeträgeröle
(Medien auf Mineralölbasis mit einer oberen Anwendungsgrenze von 300 °C).
(120 °C < ϑ < 300 °C)

$$\alpha_{a,\,WT\text{-}Öl} = 310 \cdot \left(1 + \frac{0,5}{100} \cdot \vartheta\right) \cdot \frac{w_\infty^{0,67}}{L'^{\,0,33}} \qquad \text{(Gl. 5.79)}$$

In Bild 5.10 sind diese Abhängigkeiten dargestellt für ϑ = 0 °C. Durch Multiplikationen des Ergebnisses mit dem Temperaturfaktor f_ϑ aus Bild 5.12 erhält man den Wärmeübergangskoeffizient α_a.

5.7.3.2 Durchströmte Körper

gültig für:

$10^4 < Re_{d'} < 10^6$

$0,6 < Pr < 50$

Luft
(p = 1 bar; 0 °C < ϑ < 1000 °C)

$$\alpha_{i,\,Luft} \approx 3,3 \cdot \left(1 - \frac{0,6}{1000} \cdot \vartheta\right) \cdot \frac{\bar{w}^{0,8}}{d_i^{0,2}} \qquad \text{(Gl. 5.80)}$$

Wasser
(p = 1 bar bzw. Sättigungsdruck;
0 °C < ϑ < 150 °C)

$$\alpha_{i,\,Wasser} = 2000 \cdot \left(1 + \frac{0,76}{100} \cdot \vartheta\right) \cdot \frac{\bar{w}^{0,8}}{d_i^{0,2}} \qquad \text{(Gl. 5.81)}$$

WT-Öle
(120 °C < ϑ < 300 °C)

$$\alpha_{i,\,WT\text{-}Öl} = 230 \cdot \left(1 + \frac{0,8}{100} \cdot \vartheta\right) \cdot \frac{\bar{w}^{0,8}}{d_i^{0,2}} \qquad \text{(Gl. 5.82)}$$

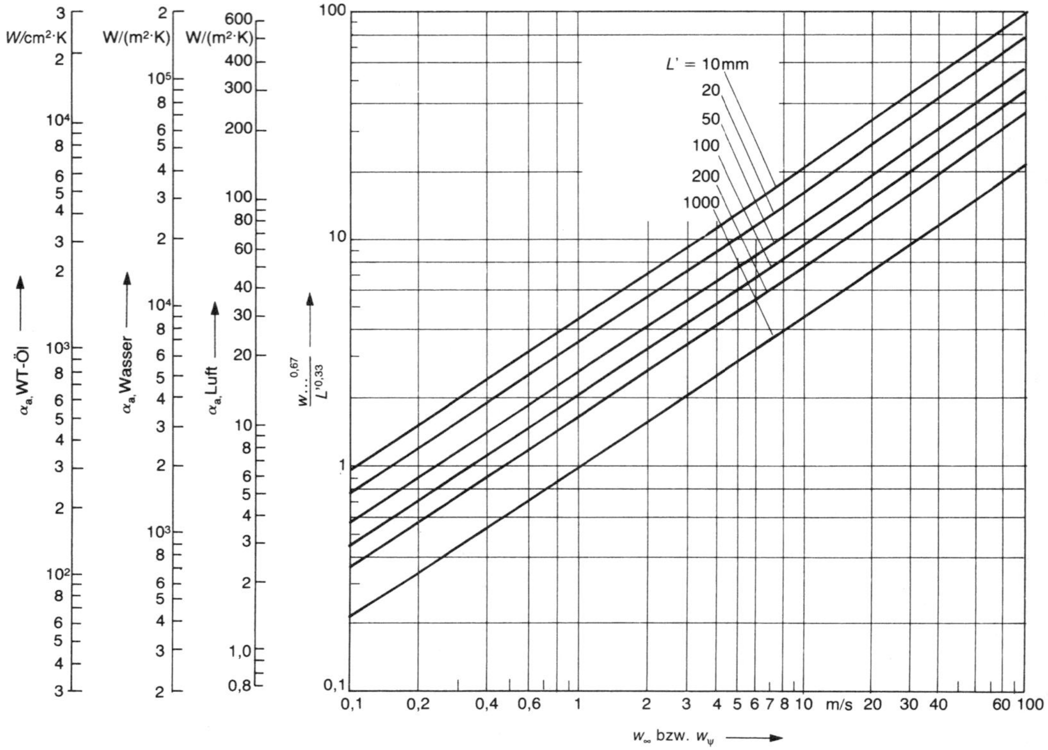

Bild 5.10 Wärmeübergang für überströmte stumpfe Platte und Zylinder bei $\vartheta_m = 0\,°C$

In Bild 5.11 sind diese Abhängigkeiten ebenfalls dargestellt für $\vartheta = 0\,°C$. Mit Bild 5.12 ergibt sich der zur Temperatur $\vartheta > 0\,°C$ gehörende α_i-Wert.

5.7.4 Weitere Vereinfachungen

Bei geringer Abhängigkeit der Stoffwertfunktion von der Temperatur oder aber in dem kleinen Temperaturbereich, kann der Klammerausdruck mit der Konstanten A zu einer Zahl zusammengefasst und somit noch weiter vereinfacht werden.

5.7.4.1 Umströmte Körper

Luft

($p = 1$ bar; $0\,°C < \vartheta < 400\,°C$)

$$\alpha_{a,\,\text{Luft}} = 6 \cdot \frac{w_\infty^{0,67}}{L'^{\,0,33}} \qquad \text{(Gl. 5.83)}$$

Wasser

[$p = 1$ bar bzw. Sättigungsdruck)

a) $0\,°C < \vartheta < 30\,°C$

$$\alpha_{a,\,\text{Wasser}} = 2100 \cdot \frac{w_\infty^{0,67}}{L'^{\,0,33}} \qquad \text{(Gl. 5.84)}$$

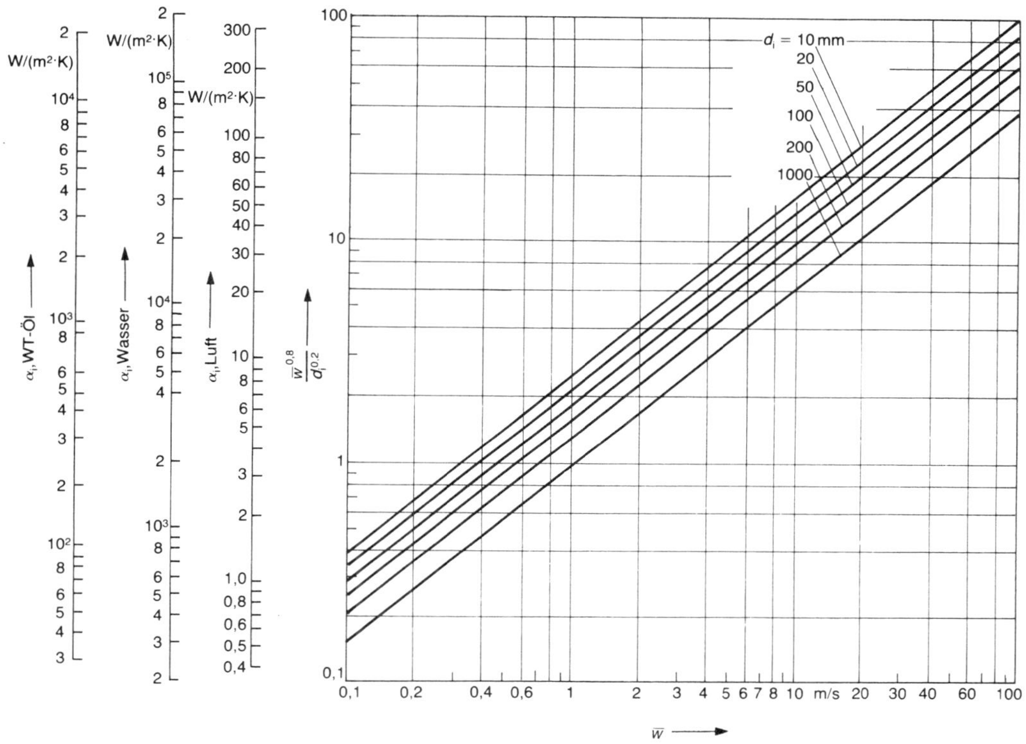

Bild 5.11 Wärmeübergang für durchströmte Rohre bei $\vartheta_m = 0\,°C$

b) $100\,°C < \vartheta < 360\,°C$

$$\alpha_{a,\,Wasser} = 3800 \cdot \frac{w_\infty^{0,67}}{L'^{\,0,33}} \quad \text{(Gl. 5.85)}$$

WT-Öl
$250\,°C < \vartheta < 300\,°C$

$$\alpha_{a,\,WT\text{-}Öl} = 750 \cdot \frac{w_\infty^{0,67}}{L'^{\,0,33}} \quad \text{(Gl. 5.86)}$$

5.7.4.2 Durchströmte Körper

Luft
$p = 1$ bar; $0\,°C < \vartheta < 400\,°C$

$$\alpha_{i,\,Luft} = 3 \cdot \frac{\bar{w}^{0,8}}{d_i^{0,2}} \quad \text{(Gl. 5.87)}$$

Wasser
$p = 1$ bar bzw. Sättigungsdruck

a) $0\,°C < \vartheta < 30\,°C$

$$\alpha_{i,\,Wasser} = 2100 \cdot \frac{\bar{w}^{0,8}}{d_i^{0,2}} \quad \text{(Gl. 5.88)}$$

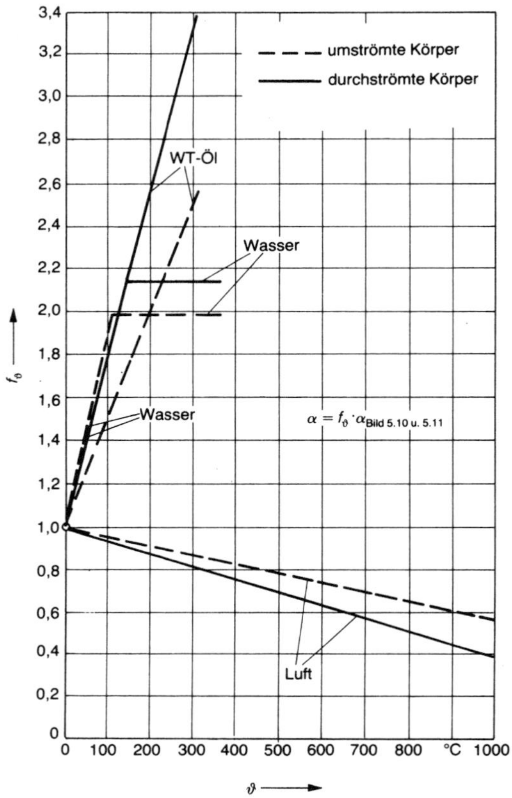

Bild 5.12 Linearisierte Temperaturfunktion für die Bestimmung des Wärmeübergangskoeffizienten bei einer höheren Temperatur als $\vartheta_m > 0\,°C$

b) $120\,°C < \vartheta < 360\,°C$

$$\alpha_{i,\,Wasser} = 4100 \cdot \frac{\bar{w}^{0,8}}{d_i^{0,2}} \qquad \text{(Gl. 5.89)}$$

WT-Öl
$250\,°C < \vartheta < 300\,°C$

$$\alpha_{i,\,WT\text{-}Öl} = 750 \cdot \frac{\bar{w}^{0,8}}{d_i^{0,2}} \qquad \text{(Gl. 5.90)}$$

Schränkt man nun noch als letztes die charakteristische Länge bzw. den Rohrinnendurchmesser ein, ergibt sich eine Abhängigkeit lediglich nur noch von der Strömungsgeschwindigkeit. Die charakteristische Abmessung sei $10 < L'$ bzw. $d_i < 50$ mm, bei sonst gleichem, eingeengtem Temperaturbereich.

$10 < L'$ bzw. $d_i < 50$ mm

Luft

$$\alpha_{a,\,Luft} = 20 \cdot w_\infty^{0,67} \qquad \text{(Gl. 5.91)}$$

Wasser

a)

$$\alpha_{a,\,Wasser} = 6500 \cdot w_\infty^{0,67} \qquad \text{(Gl. 5.92)}$$

b)

$$\alpha_{a,\,Wasser} = 12\,000 \cdot w_\infty^{0,67} \qquad \text{(Gl. 5.93)}$$

WT-Öl

$$\alpha_{a,\,WT\text{-}Öl} = 2400 \cdot w_\infty^{0,67} \qquad \text{(Gl. 5.94)}$$

Luft

$$\alpha_{i,\,Luft} = 6 \cdot \bar{w}^{0,8} \qquad \text{(Gl. 5.95)}$$

Wasser

a)

$$\alpha_{i,\,Wasser} = 4200 \cdot \bar{w}^{0,8} \qquad \text{(Gl. 5.96)}$$

b)

$$\alpha_{i,\,Wasser} = 8200 \cdot \bar{w}^{0,8} \qquad \text{(Gl. 5.97)}$$

WT-Öl

$$\alpha_{i,\,WT\text{-}Öl} = 1500 \cdot \bar{w}^{0,8} \qquad \text{(Gl. 5.98)}$$

In den Bildern 5.13 sind diese Abhängigkeiten für Projektierungsaufgaben dargestellt.

Die Gültigkeit des Anwendungsbereichs kann für die Prandtlzahl sofort aus den Stoffwerttabellen (Tabelle 5.1) entnommen werden (Überprüfung für Gase und Wasser nicht erforderlich). Die Nachprüfung für den *Re*-Bereich ist auf jeden Fall erforderlich. Fällt man jedoch aus dem Gültigkeitsbereich heraus, ist zu überprüfen, warum und ob man die wirtschaftliche Geometrie und Geschwindigkeit (Achtung: Druckverlust!) gewählt hat.

Den Korrekturfaktor f zur Berücksichtigung von Heizen oder Kühlen bei Flüssigkeiten kann aus Bild 5.13 b und für Gase aus Bild 5.13 c entnommen werden.

5.7.5 Rippenrohre

5.7.5.1 Wärmeübergangskoeffizient der Außenströmung

Beim Rippenrohr liegt Rohraußen- und Plattenströmung vor. Bedingt durch die üblicherweise sehr dünnen Rippen (Platten), muss bei einem großen Rippenanteil mit der Plattenströmung und bei kleinem Rippenanteil mit der Rohraußenströmung gerechnet werden. Der Flächenanteil wird durch das Flächenverhältnis φ von gesamter äußerer Rippenrohroberfläche A_{ges} zur äußeren (unberippten) Rohroberfläche A_a dargestellt.

$$\varphi = \frac{A_{ges}}{A_a} \qquad \text{(Gl. 5.99)}$$

Großes Flächenverhältnis ($\varphi > 20$)

$$Nu_{L'} = 0{,}664 \cdot Re_{L'}^{0,5} \cdot Pr^{1/3} \qquad \text{(Gl. 5.100)}$$

Kleines Flächenverhältnis

$$Nu_{L'} = 0{,}185 \cdot Re_{L'}^{0,67} \cdot Pr^{0,4} \qquad \text{(Gl. 5.101)}$$

Im technisch wichtigen Flächenübergangsbereich ergibt sich ein etwa stetiger Übergang, wobei von der Plattengleichung ausgegangen wird, die bei $\varphi \geq 20$ in Gl 5.100 und bei $\varphi \leq 5$ in die Gl. 5.101 übergeht.

$$Nu_{L';R} = (0{,}664 - 0{,}032 \cdot (20 - \varphi)) \cdot Re_{L'}^{(0,5 + 0,0113 \cdot (20-\varphi))} \cdot Pr^{(1/3 + 0,0045 \cdot (20-\varphi))} \qquad \text{(Gl. 5.102)}$$

gültig für:

$5 < \varphi < 20$

$10^3 \leq Re_{L',R} \leq 10^5$

Die Überschneidung der Gl. 5.102 gegenüber Gl. 5.101 bei $5 < \varphi < 12$ und $Re_{L'R} < 10^4$ kann belassen bleiben, da Gl. 5.101 in diesem *Re*-Bereich an der unteren Toleranzgrenze liegt.

Als Näherungsgleichung für Rippenrohre allgemein ergibt sich aus genannten Gleichungen gemäß Bild 5.14 in einem eingeschränkten *Re*-Bereich, der in der Praxis am häufigsten vorkommt:

$$Nu_{L';R} \approx 0{,}5 \cdot Re_{L';R}^{0,55} \cdot Pr^{0,35} \qquad \text{(Gl. 5.103)}$$

gültig für:

$10^3 < Re_{L',R} < 10^4$

5.7.5.2 Scheinbarer Wärmeübergangskoeffizient am Rippenfuß

Der scheinbare Wärmeübergangskoeffizient α'_R wurde für die ebene Platte mit Rippen in [4.1] abgeleitet zu:

$$\alpha'_R = \lambda_R \cdot m \cdot \tanh\,(m \cdot h)$$

bzw.

$$\frac{\alpha'_R}{\lambda_R \cdot m} = \tanh\,(m \cdot h) \qquad \text{(Gl. 5.104)}$$

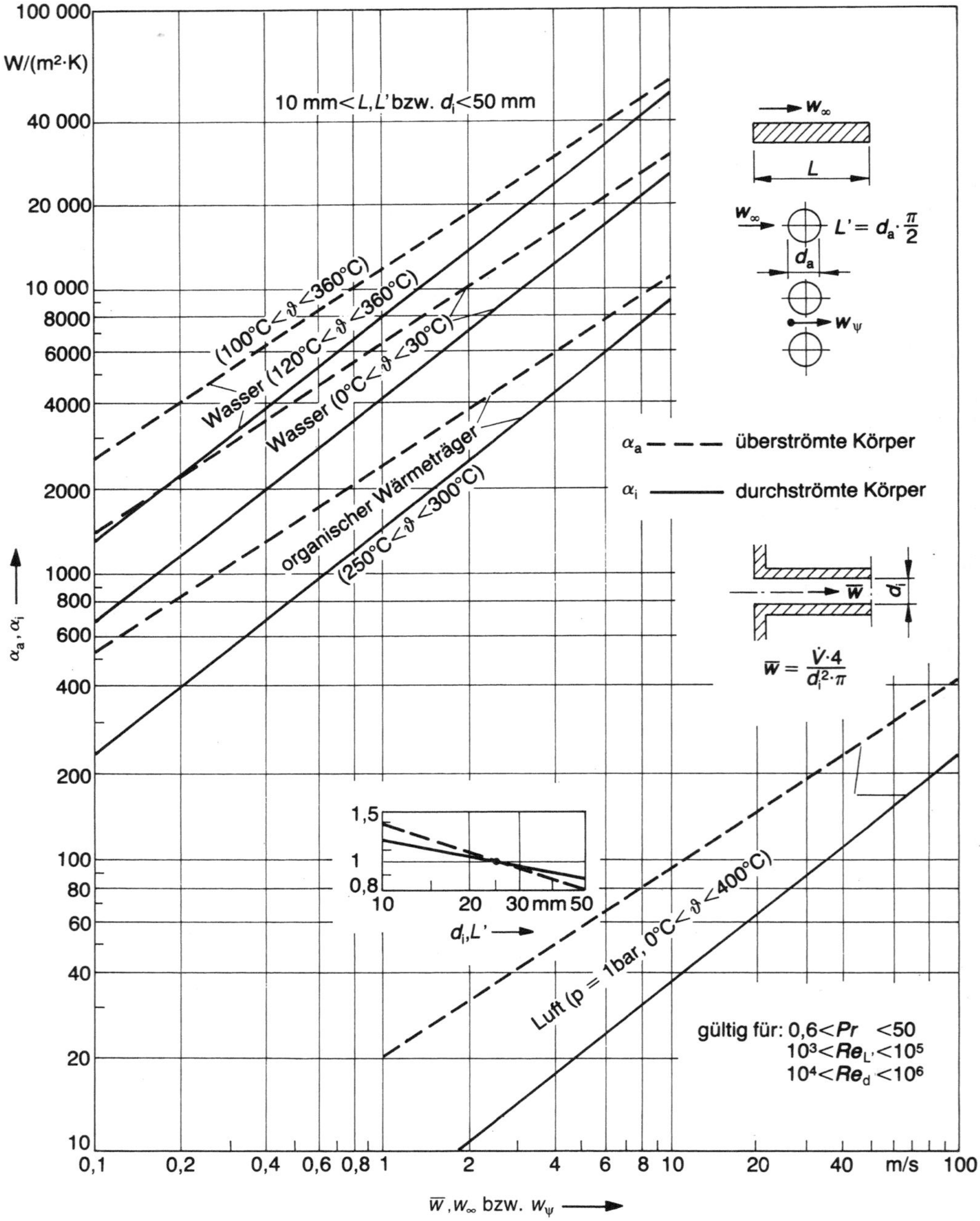

Bild 5.13 a Wärmeübergangskoeffizient α_i und α_a für durchströmte Rohre und überströmte Körper

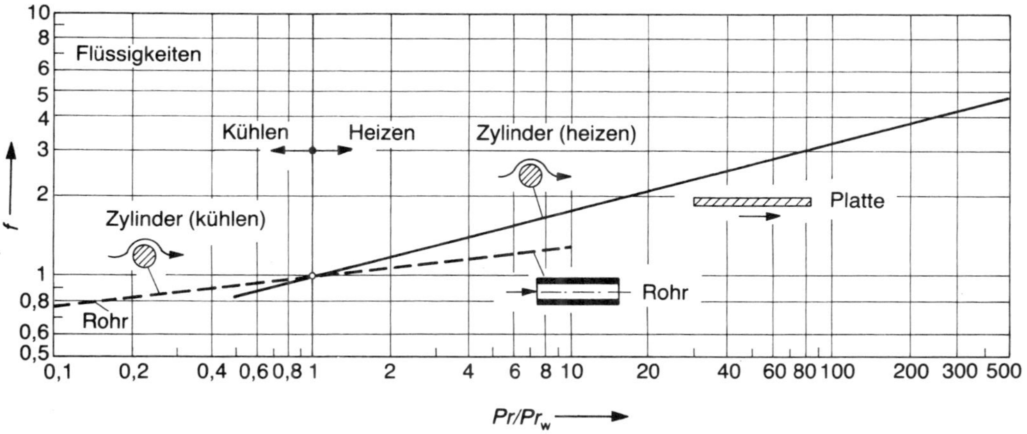

Bild 5.13b Korrekturfaktor f zur Berücksichtigung beim Heizen oder Kühlen von Flüssigkeiten

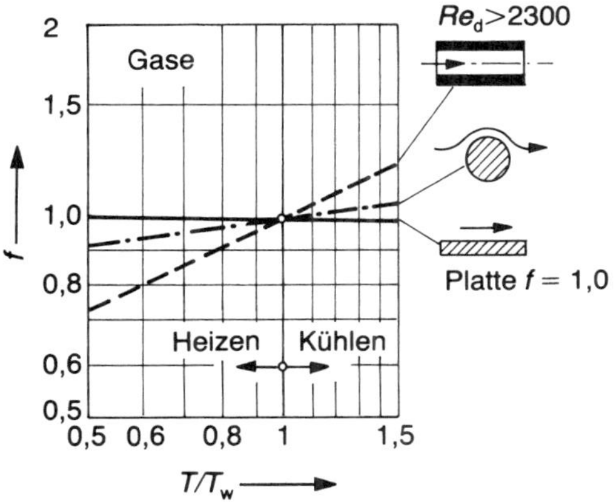

Bild 5.13c Korrekturfaktor f zur Berücksichtigung beim Heizen oder Kühlen von Gasen

Ersetzt man hierin den tan h durch den Rippenwirkungsgrad η_R erhält man:

$$\frac{\alpha'_R}{\alpha_R \cdot m} = (m \cdot h) \cdot \eta_R \qquad \text{(Gl. 5.105)}$$

Für Rippenrohre ändert sich Gl. 5.105 durch das Verhältnis des mittleren Umfangs ($U = 1 \cdot (d_a + h') \cdot \pi$) zur Kontaktfläche am Rippenfuß ($A = d_a \cdot \pi \cdot d_R$) entsprechend der Ableitung zu:

$$\frac{\alpha'_R}{\lambda_R \cdot m} = (m \cdot h') \cdot \frac{(d_a + h')}{d_a} \cdot \eta_R \qquad \text{(Gl. 5.106)}$$

oder aber in der dimensionslosen Darstellung:

$$\frac{\alpha'_R}{\lambda_R \cdot m} = (m \cdot h') \cdot \frac{\left(m \cdot \frac{d_a}{2} + \frac{1}{2} \cdot (m \cdot h')\right)}{m \cdot \frac{d_a}{2}} \cdot \eta_R \qquad \text{(Gl. 5.107)}$$

Mit dem Rippenwirkungsgrad kann man den scheinbaren Wärmeübergangskoeffizienten bestimmen. Für einen begrenzten Gültigkeitsbereich (wichtigster Bereich) ergibt sich der Rippenwirkungsgrad zu [4.14]:

$$\eta_R = \frac{1}{1 + \frac{1}{3} \cdot (m \cdot h')^2 \cdot \sqrt{\frac{d_a + 2 \cdot h'}{d_a}}} \qquad \text{(Gl. 5.108)}$$

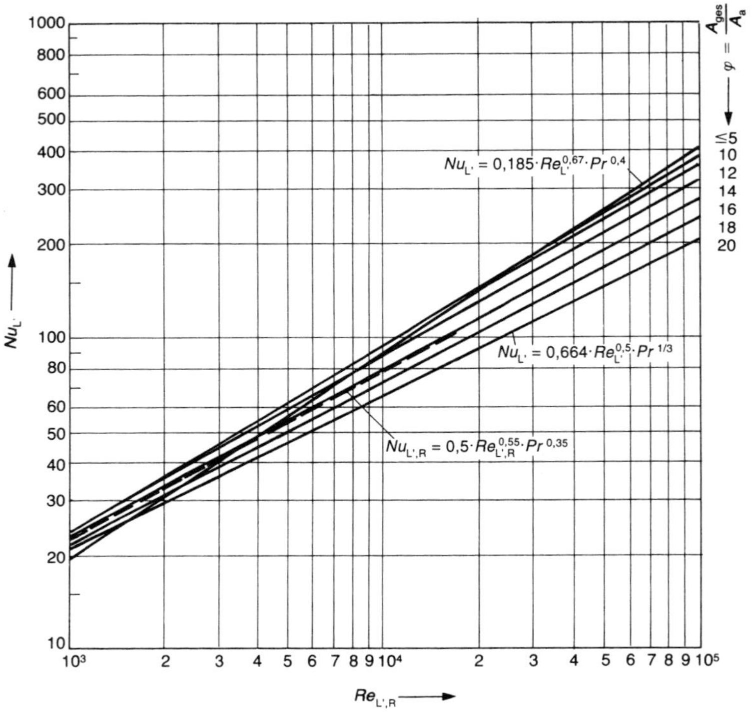

Bild 5.14
Konvektiver Wärmeübergang an Rippenrohren in Abhängigkeit von der *Re*-Zahl und dem Flächenverhältnis φ

und damit α'_R:

$$\alpha'_R = \lambda_R \cdot \mathrm{m} \cdot (m \cdot h') \cdot \frac{(d_a + h')}{d_a} \cdot \frac{1}{1 + \frac{1}{3} \cdot (m \cdot h')^2 \cdot \sqrt{\frac{d_a + 2 \cdot h'}{d_a}}}$$

oder in dimensionsloser Darstellung:

$$\alpha'_R = \lambda_R \cdot m \cdot (m \cdot h') \cdot \frac{m \cdot \frac{d_a}{2} + \frac{1}{2} \cdot (m \cdot h')}{m \cdot \frac{d_a}{2}} \cdot \frac{1}{1 + \frac{(m \cdot h')^2}{3} \cdot \sqrt{\frac{m \cdot \frac{d_a}{2} + (m \cdot h')}{m \cdot \frac{d_a}{2}}}} \qquad \text{(Gl. 5.109)}$$

gültig für:

$$m \cdot \frac{d_a}{2} \leq 1{,}5 \quad \text{und}$$

$$m \cdot h' \leq 1{,}5$$

Für: $m \cdot \frac{d_a}{2} > 1{,}5$ gilt:

$$\alpha'_R = \lambda_R \cdot m \cdot \frac{\left(m \cdot \frac{d_a}{2} + \frac{1}{2}\right)}{m \cdot \frac{d_a}{2}} \cdot \tanh \cdot (m \cdot h') \qquad \text{(Gl. 5.110)}$$

In Bild 5.15 sind diese Abhängigkeiten dargestellt.

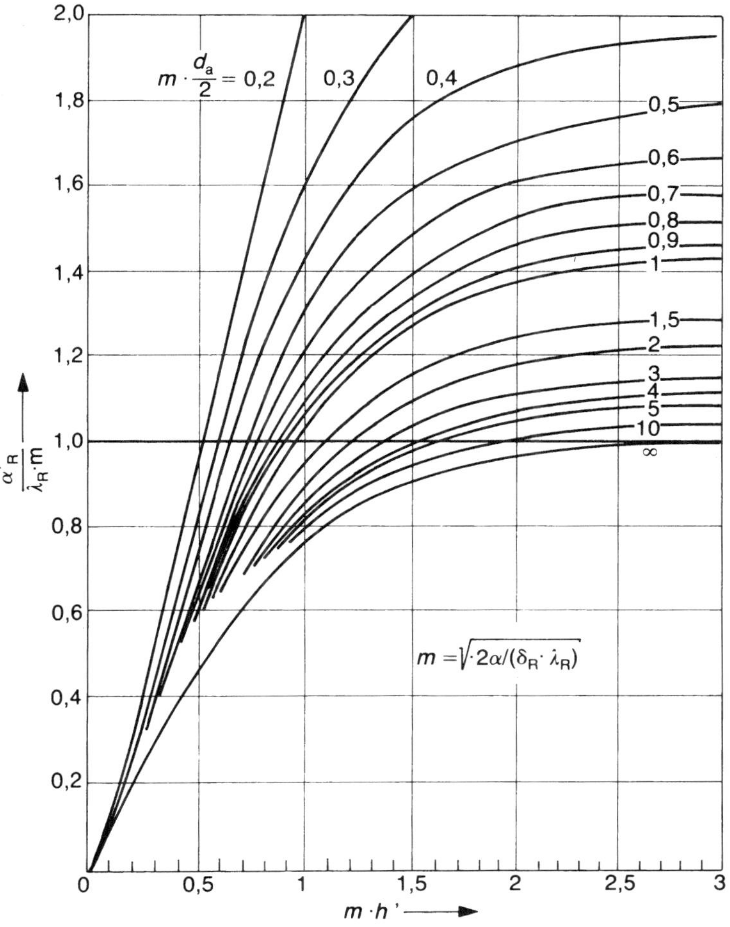

Bild 5.15
Dimensionsloser scheinbarer Wärmeübergangskoeffizient im Rippenfuß $\alpha'_R(\lambda_R \cdot m)$ in Abhängigkeit von der dimensionslosen Rippenhöhe $(m \cdot h')$ nach [4.15]

5.7.5.3 Näherungsgleichung

Formt man Gl. 5.106 um, ergibt sich:

$$\alpha'_R = \lambda_R \cdot m^2 \cdot h' \cdot \left(1 + \frac{h'}{d_a}\right) \cdot \eta_R \quad \text{(Gl. 5.111)}$$

Setzt man $m = (2 \cdot \alpha/(\delta_R \cdot \lambda_R)^{1/2})$ ein, wird:

$$\alpha'_R = \lambda_R \cdot \frac{2 \cdot \alpha}{\delta_R \cdot \lambda_R} \cdot h' \cdot \left(1 + \frac{h'}{d_a}\right) \cdot \eta_R$$

und das Verhältnis der Wärmeübergangskoeffizienten:

$$\frac{\alpha'_R}{\alpha} = \frac{2 \cdot h'}{\delta_R} \cdot \left(1 + \frac{h'}{d_a}\right) \cdot \eta_R \quad \text{(Gl. 5.112)}$$

Bei handelsüblichen Rippenrohren liegt der Rippenwirkungsgrad bei:

$0{,}5 < \eta_R < 1{,}0$

Nimmt man als Rippenwirkungsgrad $\eta_R = 0{,}8$ an, beträgt das Verhältnis von scheinbarem Wärmeübergangskoeffizient am Rippenfuß α'_R

zum konvektiven Wärmeübergangskoeffizient α (als anschaulicher Vergrößerungsfaktor des Wärmeübergangs durch die Rippe):

$$\frac{\alpha_R'}{\alpha} = 1{,}6 \cdot \frac{h'}{\delta_R} \cdot \left(1 + \frac{h'}{d_a}\right) \qquad \text{(Gl. 5.113)}$$

bzw.

$$\alpha_R' = \alpha \cdot \left[\left(1{,}6 \cdot \frac{h'}{\delta_R} \cdot \left(1 + \frac{h'}{d_a}\right)\right)\right] \qquad \text{(Gl. 5.114)}$$

gültig für: $\eta_R = 0{,}8$; gilt jedoch in etwa für alle handelsüblichen Rippenrohre. In Bild 5.16 ist Gl. 5.113 dargestellt.

Den *mittleren äquivalenten Wärmeübergang* $\overline{\alpha_a}$ bezogen auf die Rohraußenfläche, erhält man aus den Anteilen des Wärmeübergangs am Rohr und den Rippen zu:

$$\overline{\alpha_a} = \alpha_R' \cdot \frac{\delta_R}{t} + \alpha \cdot \left(1 - \frac{\delta_R}{t}\right) \qquad \text{(Gl. 5.115)}$$

Setzt man hierin Gl. 5.103 ein, ergibt sich:

$$\overline{\alpha_a} = \alpha \cdot \left[\left(1{,}6 \cdot \frac{h'}{\delta_R} \cdot \left(1 + \frac{h'}{d_a}\right)\right)\right] \cdot \frac{\delta_R}{t} + \alpha \cdot \left(1 - \frac{\delta_R}{t}\right)$$

und etwas umgeformt, wobei sich die Rippendicke beim Rippenanteil kürzt:

$$\overline{\alpha_a} = \alpha \cdot \left[\left(1{,}6 \cdot \frac{h'}{t} \cdot \left(1 + \frac{h'}{d_a}\right) + \left(1 - \frac{\delta_R}{t}\right)\right)\right] \qquad \text{(Gl. 5.116)}$$

Für *Projektierungsaufgaben* kann diese weiter vereinfacht werden, indem man die Randbedingungen der handelsüblichen Rippenrohre mit ca. $\delta_R/t = 0{,}1$ und $h'/d_a = 0{,}5$ berücksichtigt:

$$\overline{\alpha_a} \approx \alpha \cdot \left(2{,}4 \cdot \frac{h'}{t} + 0{,}9\right) \qquad \text{(Gl. 5.117)}$$

Hierin stellt in der Klammer 2,4 h'/t den Rippenanteil und 0,9 den Grundrohranteil dar. In Bild 5.17 ist diese Gleichung dargestellt. Formelzeichen, Beispiele usw. können aus [4.1] entnommen werden.

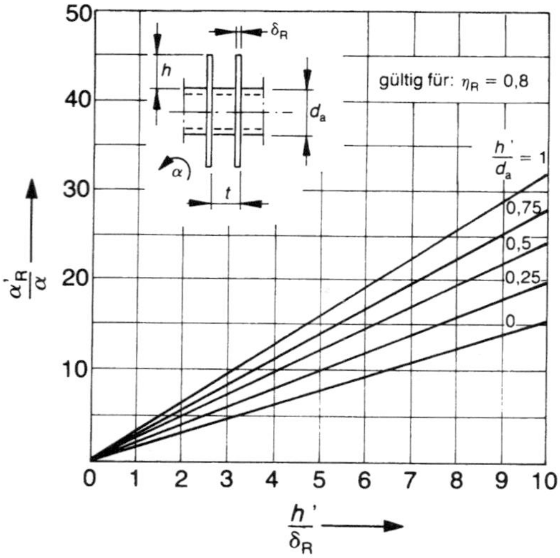

Bild 5.16 Verhältnis des scheinbaren Wärmeübergangskoeffizienten im Rippenfuß α_R' zum konvektiven Wärmeübergang α', h' (wirksame Rippenhöhe s. [4.1])

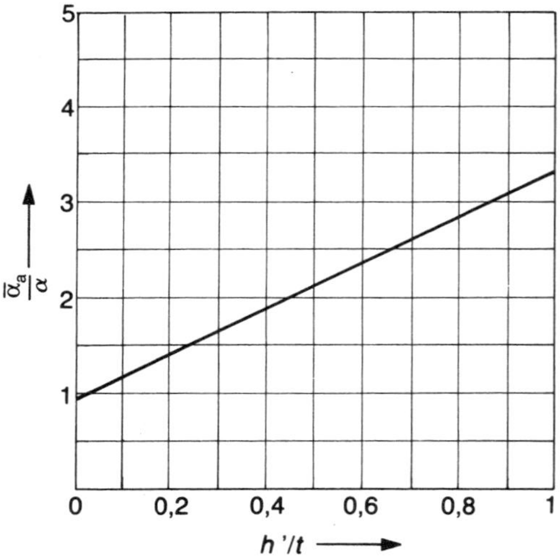

Bild 5.17 Verhältnis des mittleren äußeren Wärmeübergangs α (Rippe + Rohr) zum konvektiven Wärmeübergang

5.8 Berechnung quer angeströmter Rohrbündel-Wärmeaustauscher

In den vorherigen Abschnitten wurden die Anwendungsgleichungen und -diagramme für den konvektiven Wärmeübergang zusammengestellt.

Hierbei wurden insbesondere die überströmten und durchströmten Einzelkörper wie Platte und Rohr behandelt.

5.8.1 Wärmeübergang α_a

Wärmeübergangskoeffizient nach Gl. 5.43 oder aber die Näherungslösung nach Gl. 5.44 ermittelt sich:

$$\alpha_a = f_A \cdot 0{,}185 \cdot \frac{w_\psi^{0,67}}{L'^{\,0,33}} \cdot f_{M,ü} \qquad \text{(Gl. 5.118)}$$

gültig für:

$10^3 < Re_{L',\psi} < 10^5$

$0{,}6 < Pr < 50$

Anströmlänge: $L' = d_a \cdot \frac{\pi}{2}$

Geschwindigkeit des Mediums im freien Querschnitt vor dem Rohrbündel, bzw. in der leer gedachten Mittelachse zwischen 2 Umlenkblechen bei Rohrbündel-Wärmeaustauschern.

$$w_0 = \frac{\dot{V}}{A} \qquad \text{(Gl. 5.119)}$$

und damit die charakteristische Geschwindigkeit

$$w_\psi = \frac{w_0}{\psi} \qquad \text{(Gl. 5.120)}$$

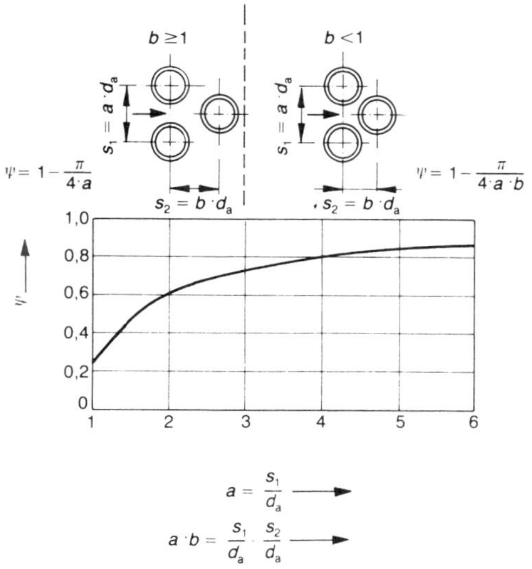

Bild 5.18 Hohlraumanteile für Rohrbündelelemente

Der Hohlraumanteil (s. Bild 5.18) ergibt sich:

a) b ≥ 1

$$\psi = 1 - \frac{\pi}{4 \cdot a} \qquad \text{(Gl. 5.121)}$$

b) b < 1

$$\psi = 1 - \frac{\pi}{4 \cdot a \cdot b} \qquad \text{(Gl. 5.122)}$$

Re-Zahl:

$$Re_{L',\psi} = \frac{w_\psi \cdot L'}{\nu} = \frac{\frac{w_0}{\psi} \cdot d_a \cdot \frac{\pi}{2}}{\nu} \qquad \text{(Gl. 5.123)}$$

Anordnungsfaktor: (Bild 5.19)

a) versetzte Anordnung

$$f_{A,\,vers} = 1 + \frac{2}{3 \cdot b} \qquad \text{(Gl. 5.124)}$$

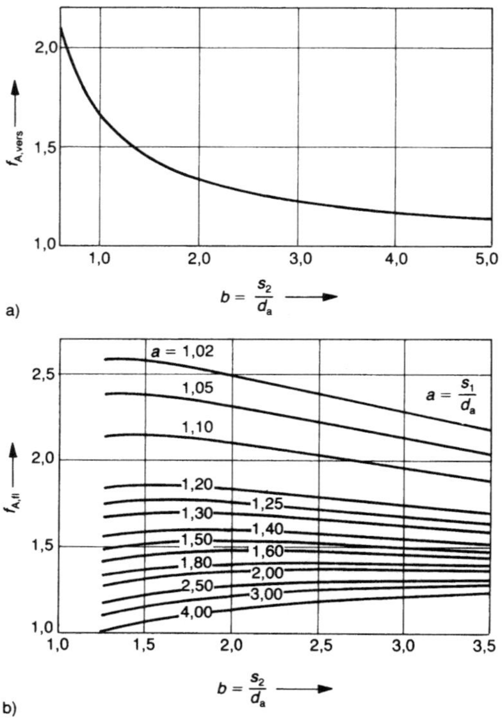

Bild 5.19 Anordnungsfaktor für den Wärmeübergang an Robrbündelelementen
a) versetzte Rohranordnung
b) fluchtende Rohranordnung

b) fluchtende Anordnung

$$f_{A,fl} = 1 + \frac{0{,}7}{\psi^{1{,}5}} \cdot \frac{\left(\frac{b}{a} - 0{,}3\right)}{\left(\frac{b}{a} + 0{,}7\right)^2} \quad \text{(Gl. 5.125)}$$

Bei: $a = b$

$$f_{A,fl} = 1 + \frac{0{,}17}{\psi^{1{,}5}} \quad \text{(Gl. 5.126)}$$

Randbedingungen:

- ❑ Gültig für Rohrbündel mit 10 oder mehr Rohrreihen.
- ❑ Stoffwerte auf mittlere Temperatur bezogen.
- ❑ Einfluss der Richtung des Wärmestroms wie beim Einzelrohr.

5.8.2 Rohrbündel mit Umlenkblechen

$$\alpha_{a,WT} = f_{WT} \cdot \alpha_a \quad \text{(Gl. 5.127)}$$

Korrekturfaktor (Bild 5.20)

$$f_{WT} = f_G \cdot f_L \cdot f_B \quad \text{(Gl. 5.128)}$$

f_G Berücksichtigung der Anströmung,
f_L Leckströmung durch Spalte,
f_B Bypassströmung zwischen den Außenrohren und Mantel

gültig für:

$f_{WT} \geq 0{,}3$

5.8.2.1 Geometriefaktor f_G

Er berücksichtigt die nicht senkrechte Anströmung des Rohrbündels.

$$f_G = 1 - R_G + 0{,}524 \cdot R_G^{0{,}32} \quad \text{(Gl. 5.129)}$$

mit:

$$R_G = \frac{n_F}{n} = \frac{\text{Anzahl der Rohre im oberen und unteren Fenster}}{\text{Anzahl aller Rohre}} \quad \text{(Gl. 5.130)}$$

gültig für:

$0{,}2 \leq \frac{S}{D_i} \leq 1$

$R_G \leq 0{,}8$

5.8.2.2 Leckströmfaktor f_L

$$f_L = 0{,}4 \cdot \frac{A_{SRU}}{A_{SG}} + \left(1 - 0{,}4 \cdot \frac{A_{SRU}}{A_{SG}}\right) \cdot e^{(-1{,}5 \cdot R_L)} \quad \text{(Gl. 5.131)}$$

gültig für:

$R_L \leq 0{,}8$

mit:

$$A_{SG} = A_{SRU} + A_{SMU} = \text{Summe aller Spaltflächen} \quad \text{(Gl. 5.132)}$$

$$A_{SRU} = \left(n - \frac{n_F}{2}\right) \cdot \frac{\pi}{4} \cdot (d_B^2 - d_a^2) \quad \text{(Gl. 5.133)}$$

Spaltfläche in Rohrhalterung

$$A_{SMU} = \frac{\pi}{4} \cdot (D_i^2 - D_1^2) \cdot \frac{360 - \gamma}{360} \quad \text{(Gl. 5.134)}$$

Spaltfläche zwischen Mantel und Umlenkblech

mit:

$$\gamma = 2 \cdot \arccos\left(1 - \frac{2 \cdot H}{D_1}\right)$$

$$R_L = \frac{A_{SG}}{A_E} \quad \text{(Gl. 5.135)}$$

$$A_E = S \cdot L_E = S \cdot (2 \cdot e_1 + \sum e)$$

engste Durchströmfläche an der Mantelmittellinie

Versetzte Anordnung mit:

$$b < \frac{1}{2} \cdot \sqrt{2 \cdot a + 1}$$

$$e = \sqrt{\left(\frac{s_1}{2}\right)^2 + s_2^2} - d_a \quad \text{(Gl. 5.136)}$$

Versetzte Anordnung mit:

$$b < \frac{1}{2} \cdot \sqrt{2 \cdot a + 1}$$

Fluchtende Anordnung mit:

$$e = s_1 - d_a \quad \text{(Gl. 5.137)}$$

5.8.2.3 Bypassströmung f_B

$$f_B = \exp\left(-1{,}35 \cdot R_B \cdot \left(1 - \sqrt[3]{\frac{2 \cdot n_s}{n_w}}\right)\right) \quad \text{(Gl. 5.138)}$$

gültig für:

$$n_s \leq \frac{n_w}{2}$$

$$Re_{L',\psi} \geq 100$$

$$R_B \leq 0{,}5$$

Übergangsbereich und turbulente Strömung für:

$n_s > \frac{n_w}{2}$ wird: $f_B = 1$

$$R_B = \frac{A_B}{A_E} = \frac{\text{Bypassfläche um das Rohrbündel}}{\text{engste Durchströmfläche an der Mittellinie}} \quad \text{(Gl. 5.139)}$$

$$A_B = S \cdot (D_i - D_B - e) \quad \text{(Gl. 5.140)}$$

gültig für:

$e < (D_i - D_B)$

a)

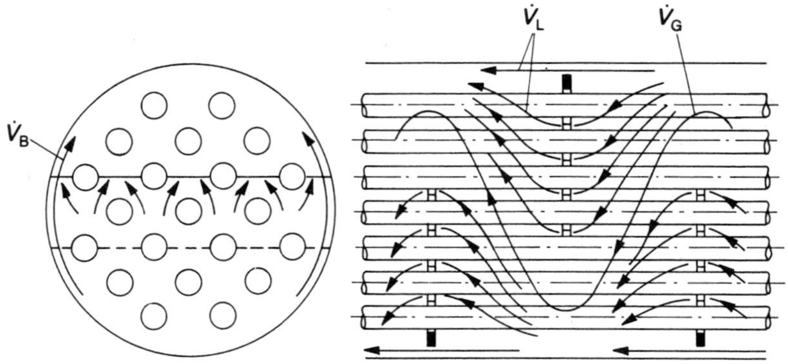

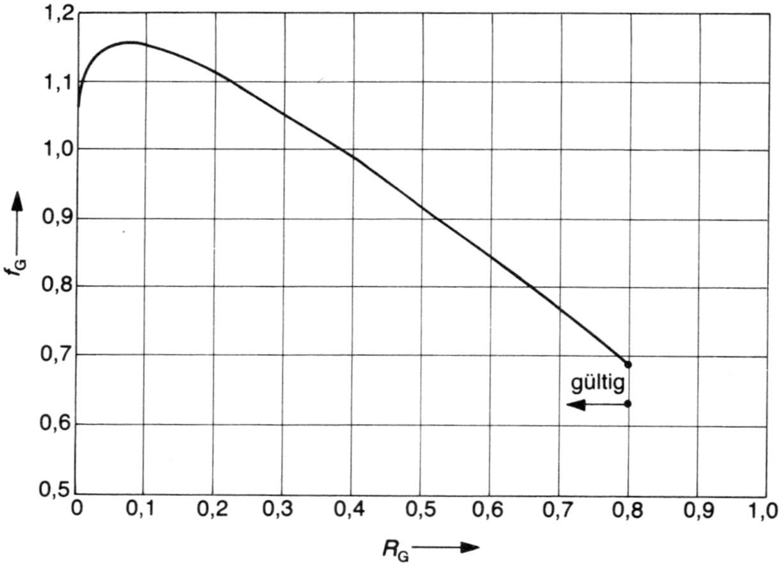

Bild 5.20 Korrekturfaktoren für den Wärmeübergang auf der Außenseite von Rohrbündelwärmeaustauschern mit Umlenkblechen
a) f_G = Anströmfaktor; b) f_L = Leckströmfaktor; c) f_B = Bypassfaktor

b)

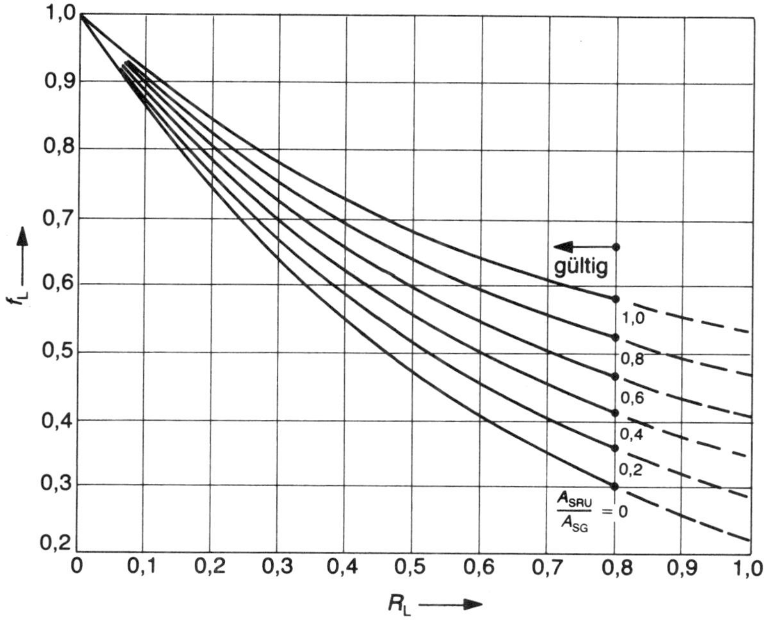

c)

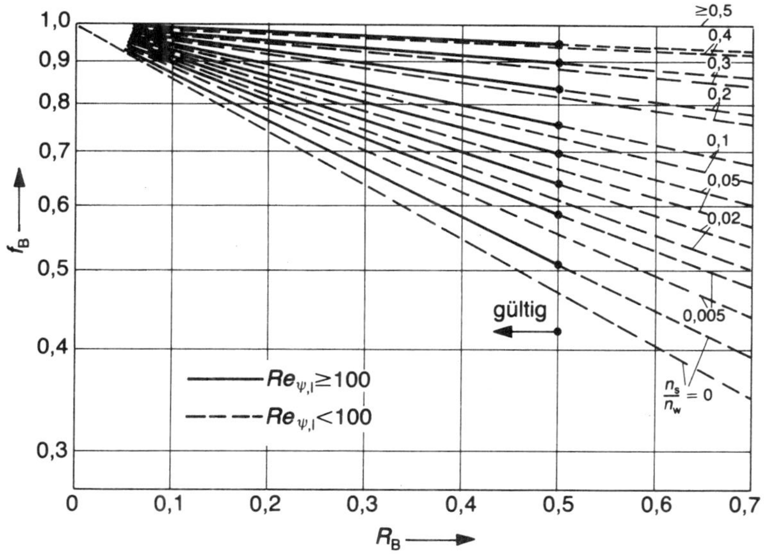

Bild 5.20 (Fortsetzung)
b) f_L = Leckströmfaktor; c) f_B = Bypassfaktor

für:

$e > (D_i - D_B)$ wird $A_B = 0$

mit:

D_B Berührungsdurchmesser der äußersten Rohre im Bereich der Umlenkbleche
n_w Anzahl der Rohrreihen im Bereich der Umlenkbleche
n_s Anzahl der Abdichtungsstreifen

Weitere Erläuterungen siehe Beispiel 8.2.

Bei Rohrbündel ohne Abdichtungsstreifen

$$\left(\frac{n_s}{n_w} = 0\right)$$

$$f_{B,\,n_s=0} = e^{(-1{,}35 \cdot R_B)} \qquad \text{(Gl. 5.141)}$$

Für die Ein- und Austrittsumlenkbleche werden keine Korrekturen angegeben. Hierfür kann die Methode von DEVORE [4.16] angewendet werden. Bei den beiden Autoren BELL und DEVORE werden auch Druckverlustberechnungen genannt [4.17].

6 Strömungstechnische Auslegung

6.1 Allgemeine Grundlagen

Neben dem Wärmeübergang ist die Bestimmung des Druckverlusts von ausschlaggebender Bedeutung. Der Druckverlust ist maßgebend für den Energieaufwand, um ein Fluid durch einen thermischen Apparat zu drücken.

Wenn man sämtliche Widerstandsbeiwerte auf eine bestimmte Geschwindigkeit (z. B. die Eintrittsgeschwindigkeit) bezieht, gilt:

$$\Delta p = \sum \zeta \cdot \frac{\varrho}{2} \bar{w}^2 \qquad \text{(Gl. 6.1)}$$

6.1.1 Durchströmte Systeme

Die Widerstandsbeiwerte teilen sich im Wesentlichen auf in Reibungs-, Wirbel- und Umlenkverluste, und man erhält somit:

$$\Delta p = \left(\zeta_{\mathrm{Ein}} + \zeta_{\lambda} + \sum \zeta_{\mathrm{i}} + \zeta_{\mathrm{Aus}}\right) \cdot \frac{\varrho}{2} \bar{w}^2 \qquad \text{(Gl. 6.2)}$$

mit:

$\zeta_{\mathrm{Ein}} = 0{,}05 \ldots 0{,}5$

$\zeta_{\mathrm{Aus}} = 1{,}0$

$$\lambda_{\mathrm{R}} \approx \frac{0{,}20}{{Re_{\mathrm{d}}}^{0{,}2}} \qquad \text{(Gl. 6.3)}$$

$\zeta_{\lambda} = \lambda_{\mathrm{R}} \cdot \dfrac{L}{d_{\mathrm{i}}}$

ζ_{j} abhängig von der Bauform

6.1.2 Umströmte Rohrbündel

Für den Druckabfall beim Durchströmen mehrreihiger Rohrbündel im Querstrom gilt:

$$\Delta p = \zeta \cdot N \cdot \frac{\varrho}{2} \cdot w_{\mathrm{e}}^2 \qquad \text{(Gl. 6.4)}$$

mit:

ζ Widerstandsbeiwert ist: $f(Re_{\mathrm{e}}$, a, b, c), siehe [4.10]

N Anzahl der Verengungen in Strömungsrichtung

Da oftmals versucht wird, den Wärmeübergangskoeffizienten durch Geschwindigkeitserhöhung zu verbessern, ist jedoch zu beachten, dass hierbei der Druckverlust überproportional ansteigt.

Allgemein gilt für den Wärmeübergang

$$\alpha \sim w^{\mathrm{n}} \qquad \text{(Gl. 6.5)}$$

wogegen der Druckverlust bei gleichem System mit etwa dem doppelten Wert des Exponenten ansteigt:

$$\Delta p \sim w^{2 \cdot \mathrm{n}} \qquad \text{(Gl. 6.6)}$$

Diese Abhängigkeit (Bild 6.1) ist sehr wichtig und ist Basis bei der Wahl einer wirtschaftlichen Geschwindigkeit. Die Wahl der Geschwindigkeit ist also eine wirtschaftliche Frage, da den kleinen Investitionskosten größere Ausgaben für Strom gegenüberstehen. Die Summe dieser Kosten und des Kapitals sollten ein Minimum sein. Dabei ist jedoch auch der Verschleiß der Anlage zu beachten.

Da die Bauformen sehr vielfältig sind, müssen die Druckverluste jeweils nach der Geo-

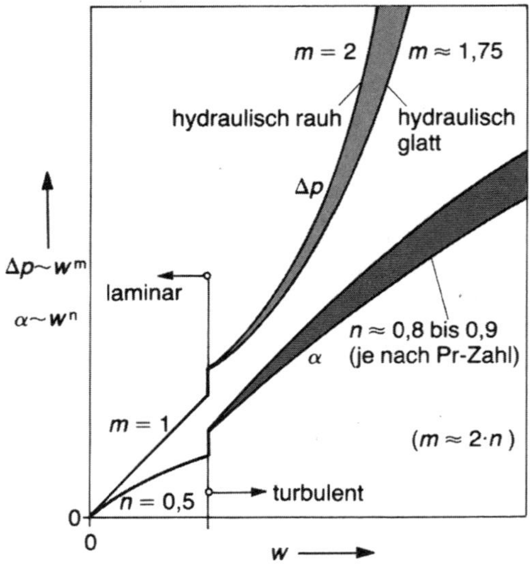

Bild 6.1 Abhängigkeit des Druckverlustes und des Wärmeübergangs von der Strömungsgeschwindigkeit

metrie und Strömungsgegebenheit berechnet werden. Dies kann nach [4.10] erfolgen.

6.2 Druckverlust im Außenraum von Rohrbündel-Wärmeaustauschern

6.2.1 Wärmeaustauscher ohne Einbauten

In Wärmeaustauschern ohne Einbauten (Bild 6.2) strömt das Fluid im Mantelraum angenähert parallel zu den Rohren. Dies gilt nicht für die Bereiche in der Nähe des Manteleintritts- und Mantelaustrittsstutzens.

Der Druckabfall des gesamten Mantelraumes setzt sich demnach aus 3 Anteilen zusammen:

a) Druckverlust im Eintrittsstutzen
b) Druckverlust im Mantelraum
c) Druckverlust im Austrittsstutzen

Für verhältnismäßig lange und schlanke Wärmeaustauscherkonstruktionen, d.h., für ca. $L/D_i > 10$ und gleichmäßig im Mantelquerschnitt verteilte Rohre kann der Druckverlust wie folgt abgeschätzt werden:

$$\Delta p = \Delta p_{st,E} + \Delta p_M + \Delta p_{st,A} \qquad \text{(Gl. 6.7)}$$

Δp Gesamtdruckverlust
$\Delta p_{st,E}$ Druckverlust im Eintrittsstutzen
$\Delta p_{st,A}$ Druckverlust im Austrittsstutzen
Δp_M Druckverlust im Mantelraum

Die einzelnen Verluste berechnen sich wie folgt:

$$\Delta p_{st,E} = \xi_E \cdot \frac{\varrho}{2} \cdot w_E^2 \qquad \text{(Gl. 6.8)}$$

$\zeta_E \approx$ 0,5…1,0 bei $Re_E > 2300$ (turbulente Strömung)
$\zeta_E \approx$ 1,0 bei $Re_E < 2300$ (laminare Strömung)
ϱ Dichte des Fluids
w_E Eintrittsgeschwindigkeit

$$w_E = \frac{\dot{V}}{d_E^2 \cdot \frac{\pi}{4}}$$

$$\Delta p_M \approx \lambda \cdot \frac{L}{d_h} \cdot \frac{\varrho}{2} \cdot w_M^2 \qquad \text{(Gl. 6.9)}$$

L Rohrlänge zwischen den Böden (Bild 6.2)
$\lambda =$ $f(Re$ und $d_h/k)$
$\lambda \approx$ $0{,}3164 \cdot Re^{-1/4}$ bei turbulenter Strömung, bzw. Gl. 6.3
$\lambda \approx$ $64/Re$ bei laminarer Strömung

$$Re = \frac{w_M \cdot d_h}{\nu}$$

$$w_M = \frac{\dot{V}}{A_M}$$

$\dot{V}$ Volumenstrom
A_M freier Strömungsquerschnitt im Mantelraum

$$A_M = \frac{\pi}{4} \cdot (D_i^2 - z \cdot d_a^2)$$

D_i Mantelinnendurchmesser

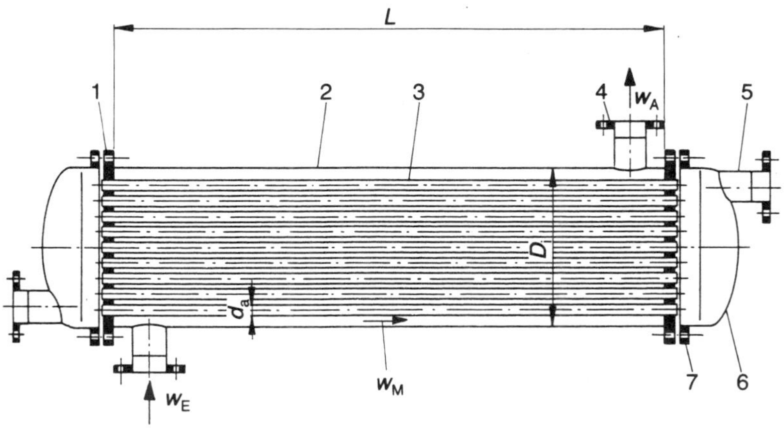

Bild 6.2
Rohrbündel-Wärmeaustauscher ohne Einbauten
1 Rohrboden
2 Mantel
3 Innenrohr
4 Mantelstutzen
5 Haubenstutzen
6 Haube
7 Apparateflansch

D_a Rohraußendurchmesser
z Anzahl der Rohre
D_h hydraulischer Durchmesser des Mantelraumes

$$d_h = \frac{4 \cdot A}{U} = \frac{4 \cdot \left(\frac{D_i^2 \cdot \pi}{4} - z \cdot \frac{d_i^2 \cdot \pi}{4} \right)}{\pi \cdot D_i + z \cdot \pi \cdot d_a}$$

$$d_h = \frac{D_i^2 - z \cdot {d_a}^2}{D_i + z \cdot d_a} \qquad \text{(Gl. 6.10)}$$

Der Austrittsverlust $\Delta p_{st,\,A}$ berechnet sich analog zum Eintrittsverlust $\Delta p_{st,\,E}$:

$$\Delta p_{st,\,A} = \xi_A \cdot \frac{\varrho}{2} \cdot w_A^2 \qquad \text{(Gl. 6.11)}$$

ζ_A = 1,0…2 bei $Re_A > 2300$
(turbulente Strömung)

ζ_A = 1,0 bei $Re_A < 2300$
(laminare Strömung)
w_A Austrittsgeschwindigkeit

$$w_A = \frac{\dot{V}}{d_A^2 \cdot \frac{\pi}{4}}$$

In [4.10] ist in einem Beispiel der Druckverlust in solch einem einfachen Rohrbündel-Wärmeaustauscher durchgerechnet.

6.2.2 Wärmeaustauscher mit Einbauten

Bei Wärmeaustauschern mit Einbauten (Bild 6.3) sind in der Praxis die in Tabelle 6.1 zusammengestellten konstruktiven Ausführungen gebräuchlich. Die eingebauten Strömungshindernisse («Schikanen») dienen dazu, die Strömungsgeschwindigkeit zu erhöhen und den Wärmeübergang zu verbessern.

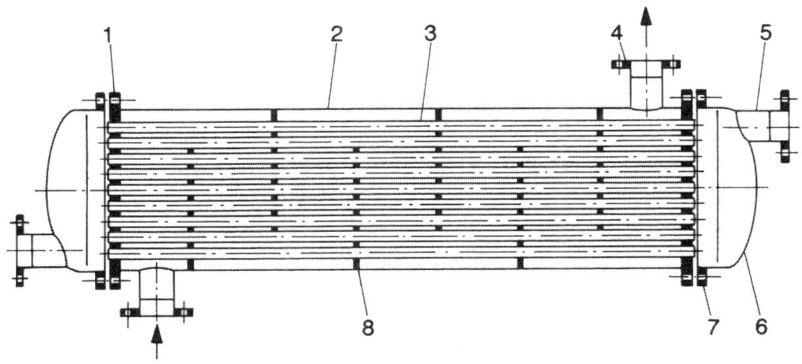

Bild 6.3
Rohrbündel-Wärmeaustauscher mit Einbauten (Segmentblechen)
1 Rohrboden
2 Mantel
3 Innenrohr
4 Mantelstutzen
5 Haubenstutzen
6 Haube
7 Apparateflansch
8 Umlenksegment

Tabelle 6.1

mit Segmentblechen	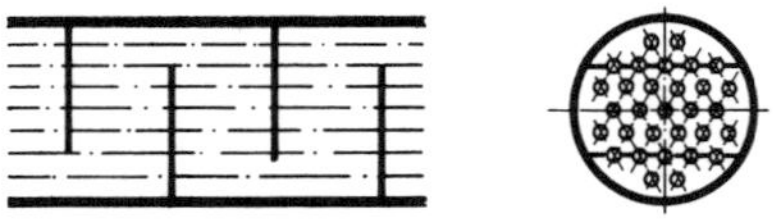
mit Kreisring- und Kreisscheibenblech	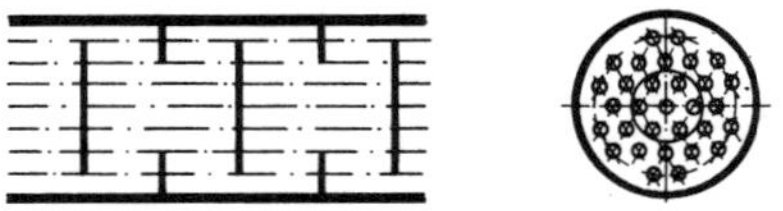
mit Drosselblenden-Blechen	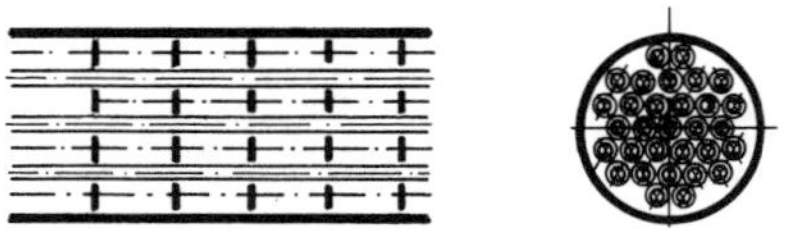

Die Abschätzung des Gesamtdruckverlustes im Mantelraum eines mit Einbauten versehenen Wärmeaustauschers ist nur näherungsweise möglich und enthält große Unsicherheiten.

6.2.2.1 Druckverlust im Mantelraum mit Umlenkblechen

Nach GADDIS [4.3] setzt sich der gesamte Druckverlust aus 4 Komponenten zusammen (Bild 6.4):

$$\Delta p = (n_u - 1) \cdot \Delta p_Q + 2 \cdot \Delta p_{QE} + n_u \cdot \Delta p_F + \Delta p_S \qquad \text{(Gl. 6.12)}$$

Δp Gesamtdruckverlust
n_u Anzahl der Umlenkungen
Δp_Q Druckverlust im Rohrbündel zwischen 2 benachbarten Umlenkblechen
Δp_{QE} Druckverlust in der Einlauf- bzw. Auslaufzone des Rohrbündels
Δp_F Druckverlust im Blechausschnitt (Fenster)
Δp_S Druckverlust in den beiden Mantelstutzen

Der Druckverlust Δp_Q im Rohrbündel wird nach folgendem Ansatz berechnet:

$$\Delta p_Q = \Delta p_{Q,o} \cdot f_L \cdot f_B \qquad \text{(Gl. 6.13)}$$

$\Delta p_{Q,o}$ Druckverlust im Rohrbündel, kann nach [4.10] bestimmt werden
f_L Korrekturfaktor zur Erfassung der Leckageströmung
f_B Korrekturfaktor zur Berücksichtigung der Bypassströmung

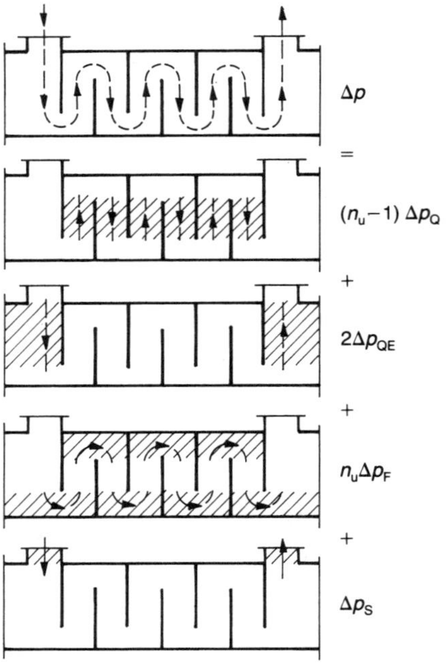

Bild 6.4 Aufteilung der Druckverluste in einem Rohrbündel-Wärmeaustauscher mit Einbauten [4.3]

Die Druckverluste in der Ein- und Auslaufzone des Wärmeaustauschers werden ähnlich wie die Druckverluste im Rohrbündel behandelt.

$$\Delta p_{Q,E} = \Delta p_{QE,o} \cdot f_B \qquad \text{(Gl. 6.14)}$$

Für die Druckverluste in den Fensterausschnitten werden von der Geometrie und der Reynoldszahl abhängende Formeln vorgeschlagen, wobei sich der Druckverlust Δp_F aus einem laminaren und einem turbulenten Anteil zusammensetzt.

$$\Delta p_F = \sqrt{\Delta p_{F,l}^2 + \Delta p_{F,t}^2} \cdot f_z \cdot f_L \qquad \text{(Gl. 6.15)}$$

Dem interessierten Leser wird empfohlen, sich den Abschnitt *L*1 des VDI-Wärmeatlas [4.3] zu besorgen, da im vorliegenden Buch der Platz fehlt, das Rechenverfahren in allen Einzelheiten wiederzugeben.

6.2.2.2 Druckverlust im Mantelraum mit Kreisscheiben und -ringen

Für Rohrbündel-Wärmeaustauscher mit Kreisscheiben und -ringen (Bild 6.5) beschreibt B. Slipcevic, in [4.18] ein verhältnismäßig einfaches und übersichtliches Rechenverfahren, das zufriedenstellende Ergebnisse liefern soll. Der Gesamtdruckabfall Δp setzt sich aus 5 Komponenten zusammen:

$$\Delta p = \Delta p_{St} + \Delta p_B + \Delta p_E + \Delta p_{s1} + \Delta p_{s2} \qquad \text{(Gl. 6.16)}$$

Δp_{St} Druckverlust im Ein- und Austrittsstutzen
Δp_B Druckverlust quer zum Bündel
Δp_E Druckverlust in den beiden Endzonen
Δp_{s1} Druckverlust in der Ringquerschnittöffnung
Δp_{s2} Druckverlust in der Kreisquerschnitt-öffnung

Die Einzelverluste können wie folgt abgeschätzt werden:

$$\Delta p_{St} = 1{,}5 \cdot \frac{\varrho}{2} \cdot w_{St}^2 \qquad \text{(Gl. 6.17)}$$

w_{St} Strömungsgeschwindigkeit in den Stutzen

$$\Delta p_B = \frac{C}{\left(\frac{t-d_a}{d_a} Re\right)^{-n}} \cdot (n_s - 1) \cdot \frac{\varrho}{2} \cdot w_B^2 \qquad \text{(Gl. 6.18)}$$

n_s Anzahl der Umlenkelemente
w_B Strömungsgeschwindigkeit in einem fiktiven Strömungsquerschnitt

$$w_B = \frac{\dot{V}}{S_B}$$

$$S_B = S_{B,T} = \left(\frac{1}{\sum \frac{1}{S_i^{1,8}}}\right)^{5/9}$$

bei turbulenter Strömung

$$S_B = S_{B,L} = \frac{1}{\sum \frac{1}{S_i}} \quad \text{bei laminarer Strömung}$$

$$S_i = L_s \cdot \sum a$$

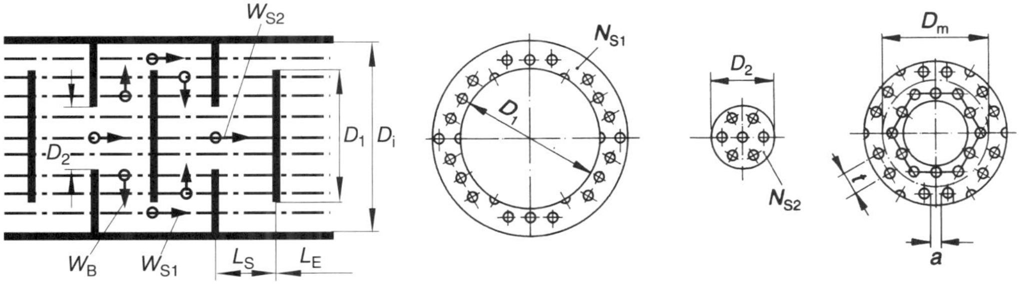

Bild 6.5 Rohrbündel-Wärmeaustauscher mit Kreisscheiben und Kreisringen (Prinzip)

laminare Strömung herrscht für

$$Re = \frac{w_i \cdot d_a}{\nu} < \frac{42{,}3}{\frac{t - d_a}{d_a}}$$

turbulente Strömung herrscht für

$$Re = \frac{w_i \cdot d_a}{\nu} > \frac{42{,}3}{\frac{t - d_a}{d_a}}$$

mit:

$$w_i = \frac{\dot{V}}{S_i}$$

$C =$ 3 und $n = 0{,}2$ bei turbulenter Strömung
$C =$ 60 und $n = 1{,}0$ bei laminamer Strömung
d_a = Rohraußendurchmesser

Der gesamte Druckabfall des Bündels Δp_B ist die Summe der Druckabfälle der einzelnen Rohrreihen, wobei nur jene Rohrreihen zu berücksichtigen sind, die zwischen den beiden Durchmessern D_1 und D_2 liegen (siehe Bild 6.5).

Der Druckverlust Δp_E in der Ein- und Auslaufzone wird genauso berechnet wie der Druckverlust Δp_B, es muss lediglich der Segmentabstand L_s durch den Abstand L_E zwischen Segment und Rohrboden ersetzt werden.

Die Druckverluste im Ringquerschnitt $\Delta p_{s\,1}$ und im Kreisquerschnitt $\Delta p_{s\,2}$ berechnen sich aus dem gleichen Ansatz:

$$\Delta p_s = \xi_s \cdot \frac{n_s}{2} \cdot \frac{\varrho}{2} \cdot w_s^2 \qquad \text{(Gl. 6.19)}$$

ζ_s Widerstandsbeiwert nach Bild 6.6

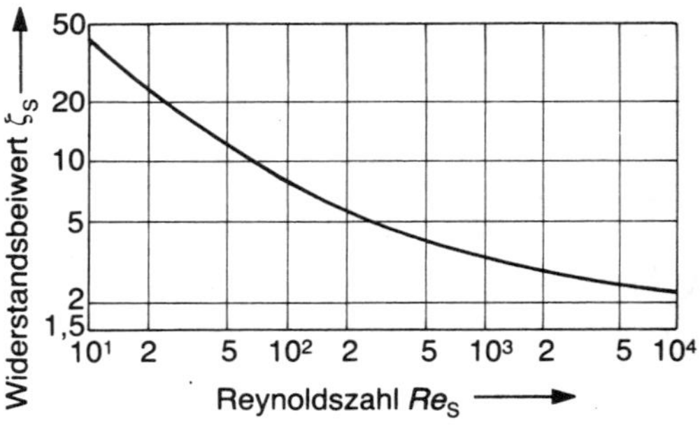

Bild 6.6 Widerstandsbeiwert ζ_s [4.18]

bzw.

$$\xi_s = 2{,}2 + \frac{286}{Re^{0{,}845}}$$

$$Re_s = \frac{w_s \cdot d_{h,s}}{\nu}$$

w_s Geschwindigkeit im entsprechenden Strömungsquerschnitt $A_{s\,1}$ oder $A_{s\,2}$

$$d_{h,s1} = \frac{D_i^2 - D_1^2 - N_{s1} \cdot d_a^2}{D_i + D_1 + N_{s1} \cdot d_a}$$

$$d_{h,s2} = \frac{D_2^2 - N_{s2} \cdot d_a^2}{D_2 + N_{s2} \cdot d_a}$$

$N_{s\,1}$ Anzahl der Rohre im Querschnitt $A_{s\,1}$
$N_{s\,2}$ Anzahl der Rohre im Querschnitt $A_{s\,2}$

Auch dieses Verfahren eignet sich gut für die Programmierung, da alles numerisch berechnet werden kann. Die Rechenergebnisse sind aber mit der entsprechenden Vorsicht zu betrachten, insbesondere, wenn die Konstruktion des Wärmeaustauschers von den üblichen Konstruktionen abweicht.

7 Schwingungstechnische Berechnungen

7.1 Einleitung

Im Anlagenbau treten Schwingungen insbesondere als Rohrschwingungen in Rohrbündel-Wärmeaustauschern auf. Quer angeströmte Rohre können z. B, durch Wirbelablösung der Strömung (Karman-Wirbel) zu Schwingungen angeregt werden. Das kann zu Rohrbeschädigungen führen (Bild 7.1):

a) **Zusammenprall**
Die Schwingungsamplitude ist so groß, dass Rohre gegeneinander oder gegen den Mantel schlagen. Der auftretende Verschleiß kann zerstörend wirken.

b) **Schlag gegen Umlenkbleche**
Rohrwände können eingeschnitten werden, besonders wenn Umlenkbleche dünn sind und härter als die Rohre. Das Einschneiden führt zu Leckagen.

c) **Ermüdung**
Die mit den Schwingungen verbundene dauernde Krümmung kann Ermüdung hervorrufen, wenn antretende Verwindungsspannungen entsprechend groß sind. Korrosion und Erosion beschleunigen die Ermüdung.

d) **Beschädigung der Rohr-Rohrboden-Verbindung**
Eingerollte Rohre können sich lösen, scharfe Kanten an Bohrungen Rohre einschneiden, was auch für eingeschweißte Rohre gilt.

Typischerweise treten Rohrschäden in Bereichen großer Stützweiten und hoher lokaler

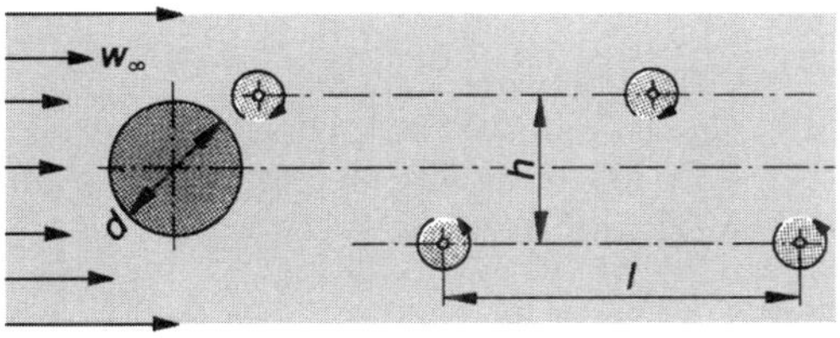

Bild 7.1 Karman'sche Wirbelstraße hinter einem Kreiszylinder

Geschwindigkeiten auf, denn die Schwingungsamplitude ist abhängig von der Stützweite und dem Quadrat der Geschwindigkeit, Rohre an der Peripherie sind oft Bypassströmungen hoher Geschwindigkeit ausgesetzt.

Um Schäden zu vermeiden, ist der Resonanzfall von Gleichheit zwischen Erreger- und Eigenfrequenz auf jeden Fall zu unterbinden.

7.2 Erregungsmechanismen
(s. Tabelle 7.1)

Fremderregte Mechanismen sind Wirbelerregung, Turbulenzerregung, fluidelastische Kopplung durch Nachbarrohre und akustische Kopplung durch die Strömung.

Selbsterregt ist die fluidelastische Instabilität.

Die wichtigsten Berechnungen dienen der Ermittlung der **kritischen Geschwindigkeit** w_{krit}, um Kurzeitschäden zu vermeiden (Bild 7.2). Diese Geschwindigkeit w_{krit} ergibt sich bei:

a) Wirbelerregung und
b) fluidelalistischer Instabilität.

Ergänzend sind die Berechnungen der Amplitude infolge **Turbulenzerregung** bei $w < w_{krit}$ durchzuführen um Langzeitschäden zu vermeiden (besonders bei Flüssigkeiten).

Akustische Anregungen treten nur in gasdurchströmten Bündeln auf.

7.2.1 Wirbelerregung

Strömung quer zu einem Zylinder bewirkt eine Serie von Wirbeln im Kielstrom, da die Strömung sich abwechselnd von den gegenüberliegenden Seiten des Zylinders ablöst (Karman'sche Wirbelstraße, s. Bild 7.1). Dadurch wirken periodisch wechselnde Kräfte auf den Zylinder (Bild 7.3).

Tabelle 7.1 Einteilung von Erregermechanismen bei Rohrschwingungen

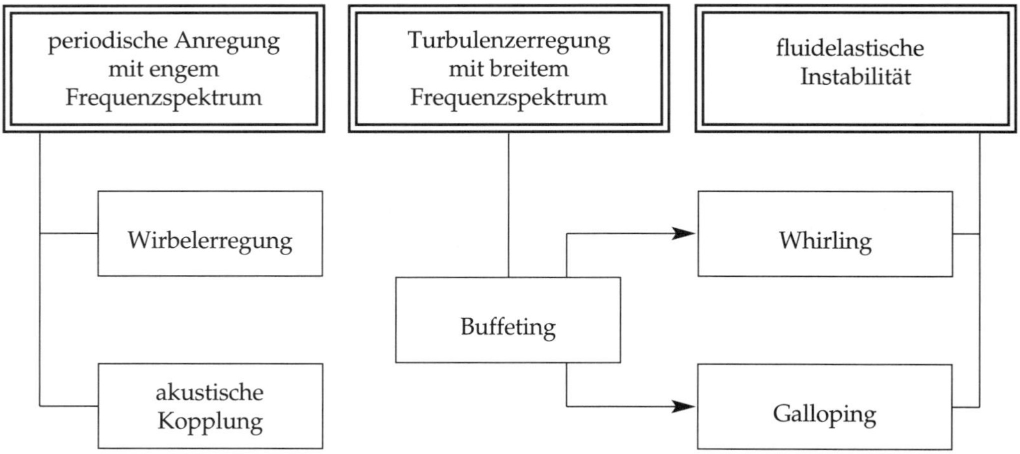

Maßgebende Geschwindigkeiten

Bei periodischer Anregung:
w_τ in einer Rohrreihe (s. a. Bild 7.12)

Bei Turbulenzanregung:
w_e im engsten Spalt

Die Frequenz der Wirbelablösungen lässt sich mit Hilfe der dimensionslosen Strouhal-Zahl *Sr* errechnen:

$$f_{err} = Sr_{wi} \cdot \frac{w_\tau}{d_a} \quad \text{(Gl. 7.1)}$$

mit:

f_{err} Frequenz der Wirbelablösung, in Hz
St_{wi} Strouhal-Zahl für Wirbelablösung
w_τ Geschwindigkeit der Querströmung, m/s
d_a Rohraußendurchmesser, m bei Rippenrohren der Rippenfußdurchmesser

Die Strouhal-Zahl hat für das einzelne quer angeströmte Rohr in einem großen Reynoldszahlbereich den konstanten Wert (Bild 7.4):

$$Sr_{wi} = 0{,}2 \quad \text{(Gl. 7.2)}$$

gültig für:

$$10^2 < Re_{da} = \frac{w_\tau \cdot d_a}{\nu} < 2 \cdot 10^5 \text{ und Einzelrohr}$$

Bei idealen Rohr**bündeln** ist die Strouhal-Zahl nicht mehr konstant, sondern abhängig von Anordnung und Teilung der Rohre. Bei gegebener Anordnung und Teilung ist die Strouhal-Zahl praktisch unabhängig von *Re*.

Die periodische Wirbelablösung bestimmt sich nach STROUHAL *Sr* zu:

$$Sr_{wi} = \frac{f_w \cdot d_a}{w_\tau} \quad \text{(Gl. 7.3)}$$

mit:

f_w Wirbelfrequenz
w_τ Geschwindigkeit im engsten Spalt
d_a Rohraußendurchmesser, bzw. Rippenrohrfußdurchmesser

Schäden dieser Form sind besonders in den ersten und letzten Rohrreihen beobachtet worden.

Wirbelerregung (insbesonders bei Flüssigkeiten)

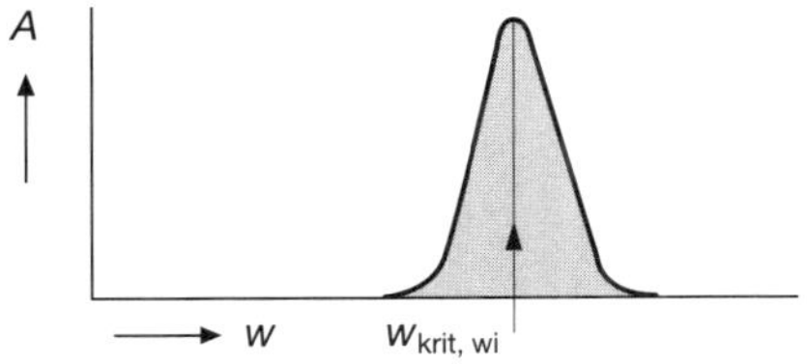

$$w_{\text{krit, wi}} = w_{\text{krit, red, wi}} \cdot f_{\text{Rohr}} \cdot d_a$$

$$w_{\text{krit, red, wi}} = \frac{1}{Sr_{\text{wi}}} \qquad Sr_{\text{wi}} \approx 0{,}1\ldots0{,}5$$

Überprüfung der Amplitude

Fluidelastische Instabilität (Kurzzeitschäden)
Galloping (proportional der Schwinggeschwindigkeit)

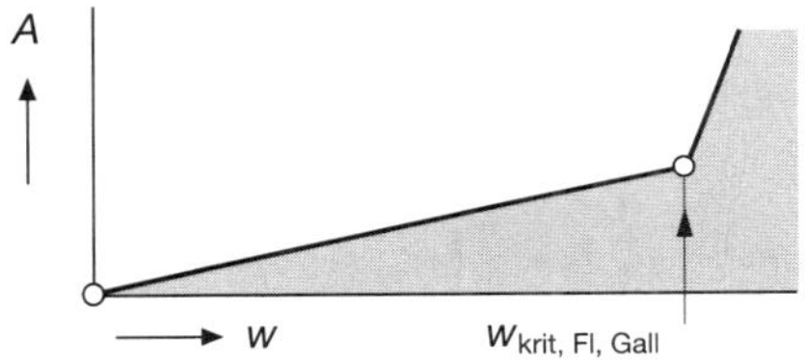

$$w_{\text{krit, Fl}} = w_{\text{krit, red, Fl}} \cdot f_{\text{Rohr}} \cdot d_a$$

$$w_{\text{krit, red, Fl}} = K \cdot X \cdot \Delta^{p}$$

Whirling (proportional dem Schwingweg)

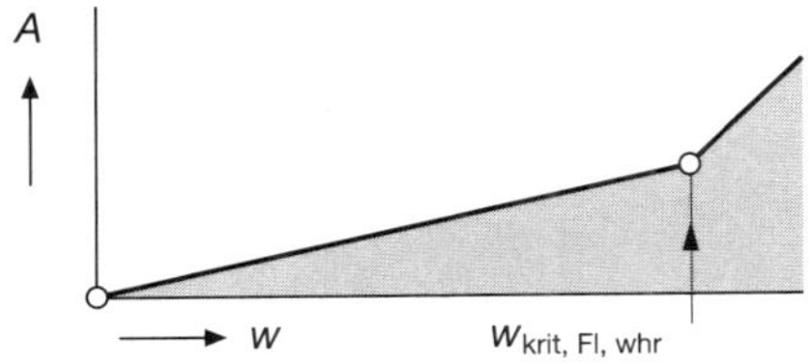

Bei Gasen:
$(K \cdot X)_{\min} = 2{,}1\ldots4{,}1$ $p = 0{,}4\ldots0{,}5$ $(\Delta = 2\ldots200)$
Bei Flüssigkeiten:
$(K \cdot X)_{\min} = 1{,}8\ldots2{,}4$ $p = 0{,}15$ $(\Delta = 0{,}05\ldots2)$
Δ = *Massendämpfungsfaktor*

$$\Delta = \frac{M_L \cdot \delta}{\varrho_a \cdot d_a^2} \qquad \delta \approx 0{,}005\ldots0{,}05$$

Turbulenzerregung (Langzeitschäden, insbesonders bei Flüssigkeiten)
Buffeting

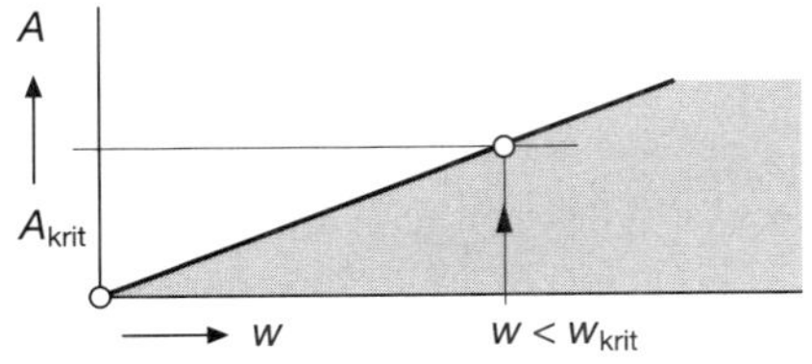

Überprüfung der Amplitude
$A < A_{\text{krit}}$
(besonders bei Flüssigkeiten)

Die bezogene kritische Geschwindigkeit ist definiert:

$$w_{\text{krit, red}} = \frac{w_{\text{krit, \ldots}}}{f_{\text{Rohr}} \cdot d_a}$$

A = Amplitude
w = Strömungsgeschwindigkeit

Bild 7.2 Kritische Geschwindigkeiten

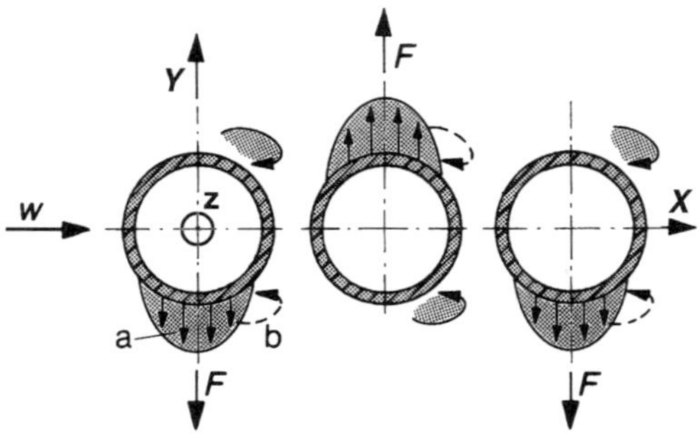

Bild 7.3 Entstehung der Querkraft infolge der Wirbelablösungen
a) Unterdruckgebiet,
b) entstehender Wirbel;
insgesamt ein Zyklus der Wirbelbildung

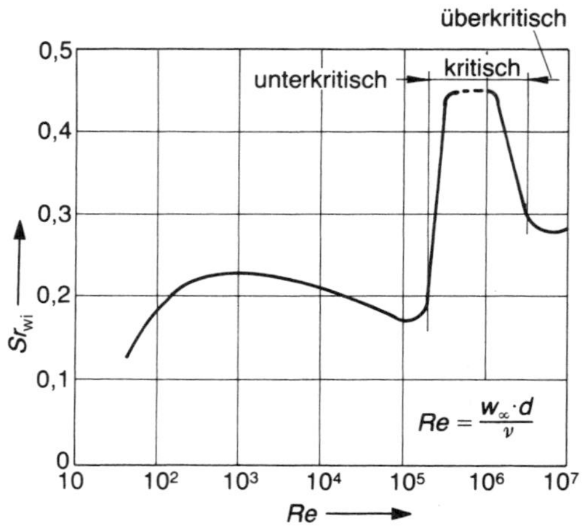

Bild 7.4 Strouhal-Zahl Sr_{wi} in Abhängigkeit von der *Re*-Zahl (Einzelrohr) n. [4.10]

Strouhalzahlen für die Wirbelablösung

Rohranordnung 30°: $$Sr_{wi} = \frac{1}{3{,}62 \cdot (\tau - 1)^{0{,}41}} \qquad \text{(Gl. 7.4)}$$

Rohranordnung 45°: $$Sr_{wi} = \frac{1}{3{,}1 \cdot \tau^{0{,}5}} \qquad \text{(Gl. 7.5)}$$

Rohranordnung 60°: $$Sr_{wi} = \frac{\tau - 0{,}638}{5{,}1 \cdot (\tau - 0{,}577)} \qquad \text{(Gl. 7.6)}$$

Rohranordnung 90°: $$Sr_{wi} = \frac{\tau - 1}{2{,}7 \cdot \tau^{1{,}25}} \qquad \text{(Gl. 7.7)}$$

mit:

τ bezogene Rohrteilung $\tau = \frac{t}{d_a}$ (s. Bild 7.5)

Anmerkung:
Bei kleinen Teilungsverhältnissen und vorderen Rohrreihen können bei kleinen *Re*-Zahlen noch verschiedene zusätzliche Sr_{wi} auftreten.

Auch ist zu überprüfen, ob nicht die Eintrittsstutzengeschwindigkeit maßgebend ist.

$$w = \frac{\dot{V}}{A} = \frac{\dot{M}}{\varrho \cdot A} \qquad \text{(Gl. 7.8)}$$

a) Eintrittsstutzen ohne Prallblech:

$$A_s = \frac{d_s^{\,2} \cdot \pi}{4} \qquad \text{(Gl. 7.9)}$$

b) im Mantelraum (Bild 7.7):

$$A_e = L_{min} \cdot (b - n \cdot d_a) \qquad \text{(Gl. 7.10)}$$

mit:

b Begrenzungslinie für den freien Queschnitt
n Anzahl der Rohre in einer Rohrreihe in der Nähe von *b*.

Der maximale Amplitudenwert der Wirbelerregung eines zwischen Stützblechen frei gelagerten Rohres ergibt sich zu [4.3]:

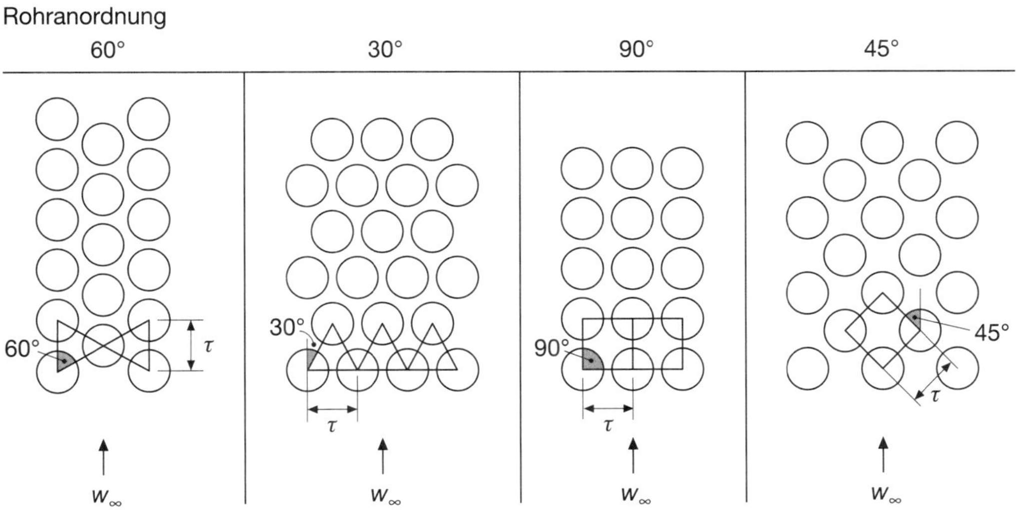

Bild 7.5 Standard-Rohranordnungen

$$A_{\text{witb}} = \frac{\sqrt{2} \cdot d_{\text{a}}}{8 \cdot \pi} \cdot \frac{c_{\text{y}} \cdot J_{\text{i}}}{Sr_{\text{wi}}^2 \cdot \Delta} \qquad \text{(Gl. 7.11)}$$

Faktor: $J_{\text{i}} = \sqrt{\frac{8 \cdot d_{\text{a}}}{L}}$

mit

Δ Massendämpfungparameter (s. Abschnitt 7.2.3.2)

c_{y} Querauftriebskoeffizient (s. [4.3]), dieser ist abhängig von der Rohranordnung und der *Re*-Zahl.

7.2.2 Turbulenzerregung (Buffeting)

Kommt es hinter der ersten Rohrreihe zur Wirbelablösung, so ist dem breiten Turbulenzband die Wirbelfrequenz überlagert. Die Rohre können aus dieser Energie die Turbulenzanteile selektieren, die in der Nähe der Rohreigenfrequenz liegen.

Die maximale Amplitude für die Turbulenzerzeugung ergibt sich für ein freigelagertes Rohr [4.3]:

$$A_{\text{Turb}} = \frac{J_{\text{i}} \cdot \varrho_{\text{a}} \cdot d_{\text{a}}^3}{8 \cdot \pi \cdot M_{\text{L}}} \cdot \left(\frac{1}{Sr_{\text{Turb}}} \right)^{1,5} \cdot \sqrt{\frac{S_{\text{F}}}{\delta}} \qquad \text{(Gl. 7.11a)}$$

mit:

Faktor: $J_{\text{i}} = \sqrt{\frac{8 \cdot d_{\text{a}}}{L}} \leq 1,0$

Die dimensionslose Rohreigenfrequenz wird als Strouhal-Zahl der Turbulenzerregung bezeichnet.

$$Sr_{\text{Turb}} = \frac{f_{\text{Rohr}} \cdot d_{\text{a}}}{w_\tau}$$

Die Geschwindigkeit ist: $w_\tau = w_\infty \cdot \frac{\tau}{\tau - 1}$

Hiermit ist für:

90°- u. 30°-Anordnung $\quad w_\tau = w_{\text{e}}$

45°-Anordnung $\quad w_\tau = \frac{1}{\sqrt{2}} \cdot w_{\text{e}} \quad b \leq 1,7$

60°-Anordnung $\quad w_\tau = \frac{\sqrt{3}}{2} \cdot w_{\text{e}} \quad b \leq 3,7$

Rohranordnung	Bereich für die dimensionale Dämpfung Δ	Dimensionslose kritische Geschwindigkeit $w_{krit,\,red,\,Fl}$
Dreiecksteilung (in Strömungsrichtung versetzt) (30°)	0,05...2	$1{,}5 \cdot \left(\frac{t}{d_a} + 0{,}5\right) \cdot \Delta^{0{,}15}$
	> 2...4000	$7 \cdot \left(\frac{t}{d_a} - 0{,}9\right) \cdot \Delta^{0{,}5}$
Dreiecksteilung gedreht (in Strömungsrichtung fluchtend) (60°)	0,05...2	$2{,}0 \cdot \Delta^{0{,}15}$
	> 2...200	$2{,}6 \cdot \Delta^{0{,}45}$
Quadratische Teilung (in Strömungsrichtung fluchtend) (90°)	0,05...2	$1{,}1 \cdot \left(\frac{t}{d_a} + 0{,}7\right) \cdot \Delta^{0{,}15}$
	> 2...200	$2{,}9 \cdot \frac{t}{d_a} \cdot \Delta^{0{,}44}$
Quadratische Teilung gedreht (in Strömungsrichtung versetzt) (45°)	0,05...2	$1{,}2 \cdot \left(\frac{t}{d_a} + 0{,}6\right) \cdot \Delta^{0{,}15}$
	> 2...300	$5{,}3 \cdot \left(\frac{t}{d_a} - 0{,}8\right) \cdot \Delta^{0{,}5}$
Einzelne Rohre	0,05...3	$3{,}1 \cdot \left(\frac{t}{d_a} - 0{,}375\right) \cdot \Delta^{0{,}15}$
	> 3...300	$6{,}0 \cdot \left(\frac{t}{d_a} - 0{,}375\right) \cdot \Delta^{0{,}5}$

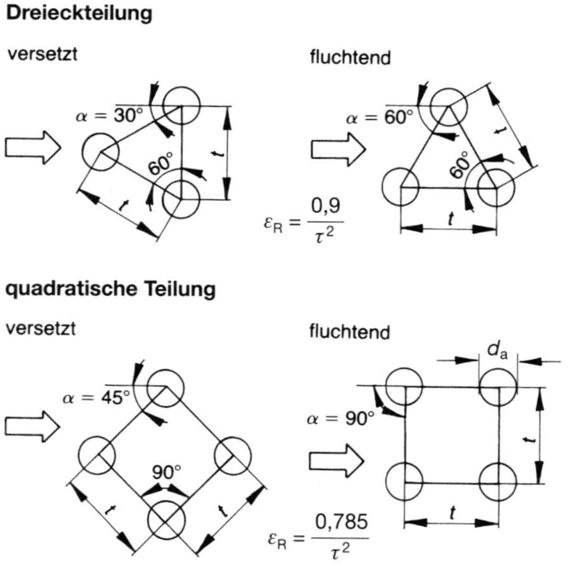

mit der dimensionslosen Dämpfung:

$$\Delta = \frac{M_L \cdot \delta}{\varrho_a \cdot d_a^2}$$

$$w_{krit,\,red,\,Fl} = \frac{w_{krit,\,Fl}}{f_{Rohr} \cdot d_a}$$

Standard-Anordnung:

$$\tau = \frac{t}{d_a}$$

ε_R = Volumenanteil der Rohre

Bild 7.6 Bestimmungsgleichungen für die fluidelastische Kopplung [4.3]

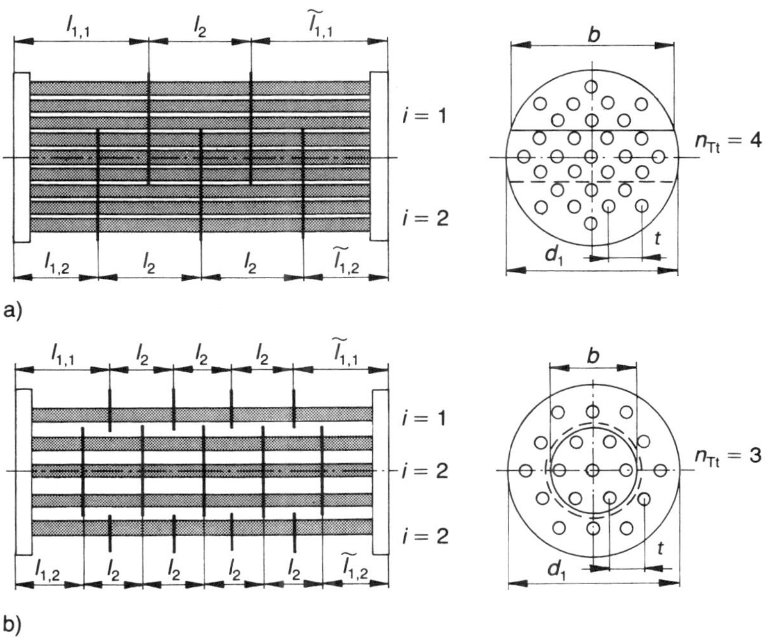

Bild 7.7
Kennzeichnung von Rohrbündeln
a) Rohrbündel mit Kreissegmentleitblechen
b) Rohrbündel mit Kreisringleitblechen

mit:

δ logarithmisches Dämpfungsdekrement (s. Abschnitt 7.2.3)
S_F spektrale Energiedichte

$$S_F = \frac{S_y \cdot w_\tau}{d_a \cdot \left(\frac{\varrho}{2} \cdot w_\tau^2 \cdot L \cdot d_a \right)^2} \qquad \text{(Gl. 7.12)}$$

mit:

S_y gemessene spektrale Energiedichte in Querrichtung zum Rohr (y-Richtung, Bild 7.3)

Für S_F können die Formeln aus [4.3] in Abhängigkeit von Sr_{Turb} und der Rohrteilung τ entnommen werden.

7.2.3 Fluidelastisches Verhalten

7.2.3.1 Fluidelastische Instabilität

Durch die Bewegung eines Rohres im Bündel wird das Strömungsfeld derart gestört, dass die Nachbarrohre ebenfalls zu schwingen anfan-gen, wenn die zugeführte Schwingungsenergie größer ist als die Dämpfungsenergie des Rohrsystems.

Connors gibt hierfür folgende Gleichung an:

$$\frac{w_{krit, Fl}}{f_{Rohr} \cdot d_a} = K \cdot X \cdot \left(\frac{M_L \cdot \delta}{\varrho_a \cdot d_a^2} \right)^\alpha \qquad \text{(Gl. 7.13)}$$

mit:

w_{krit} kritische Spaltgeschwindigkeit
K Stabilitätskonstante (liegt im Bereich von 2…9)
δ logarithmisches Dämpfungsdekrement (liegt im Bereich von 0,01…0,05)
X Berücksichtigung des Teilungsverhältnisses.

In Bild 7.6 sind die Gleichungen für die verschiedenen Rohranordnungen dargestellt [4.3] in Form von:

$$\frac{w_{\text{krit, Fl}}}{f_{\text{Rohr}} \cdot d_{\text{a}}} = K \cdot X \cdot \Delta^{\alpha} \qquad \text{(Gl. 7.14)}$$

mit:

$$\Delta = \frac{M_{\text{L}} \cdot \delta}{\varrho_{\text{a}} \cdot d_{\text{a}}^2} \qquad \text{(Gl. 7.15)}$$

Gemäß Bild 7.2 unterscheidet man hierbei zwischen **Whirling** und **Galloping**.

Whirling ist eine «weiche» Selbsterregung, an der alle Rohre des Bündels teilnehmen, Galloping ist eine «harte» Selbsterregung, an der einzelne Rohrreihen beteiligt sind.

7.2.3.2 Dämpfung

Die Dämpfung eines schwingenden Systems ist von großem Einfluss auf:

- ❑ die Amplitudenhöhe der Rohrschwingungen und
- ❑ die kritische Geschwindigkeit bei fluidelastischer Instabilität

Die Dämpfung des Systems setzt sich aus der Addition der 3 Hauptdämpfungen zusammen:

a) **Material- und Lägerdämpfung** der Rohre
Für feste Einspannung: $\delta_{\text{M}} = 0{,}01 \ldots 0{,}05$
Bei ungestützten Rohren für $L > 2$ m gelten die unteren Werte und für kurze Rohrlängen die höheren Werte.
Bei gestützten Rohren nimmt δ_{M} mit zunehmender Anzahl von Stützblenden ab.

b) **Viskose Dämpfung** zwischen Fluid und dem schwingenden Rohr
Bei Gasen: $\delta_{\text{V}} = 0$

Bei Flüssigkeiten:

$$\delta_{\text{V}} = \frac{\varrho_{\text{a}} \cdot d_{\text{a}}^2}{M_{\text{L}} \cdot ST^{0,42}} \cdot \frac{1 + \left(\frac{1}{\tau'}\right)^3}{\left(1 - \left(\frac{1}{\tau'}\right)^2\right)^2} \qquad \text{(Gl. 7.16)}$$

mit:

Stockes-Zahl: $ST = \dfrac{\pi \cdot f_{\text{Rohr}} \cdot d_{\text{a}}^2}{2 \cdot \nu} > 30$

ν kinematische Visosität
$\tau' = 1{,}7 \cdot \tau > 2$ für Dreiecksteilung
$\tau' = 1{,}9 \cdot \tau > 2$ für Vierecksteilung

c) **Struckturdämpfung**
in gestützten Rohrbündeln ($N > 1$)
Bei Gasen:

$$\delta_{\text{S}} = \frac{\pi}{10} \cdot \frac{N-1}{N} \cdot \left(\frac{b}{0{,}8\,\text{m}}\right)^{0,5} \quad \text{für } L_{\text{m}} < 0{,}8\,\text{m} \qquad \text{(Gl. 7.17)}$$

b Stützblechdicke

$$\delta_{\text{S}} = \frac{\pi}{10} \cdot \frac{N-1}{N} \cdot \left(\frac{b}{L_{\text{m}}}\right)^{0,5} \quad \text{für } L_{\text{m}} \geq 0{,}8\,\text{m} \qquad \text{(Gl. 7.18)}$$

Bei Flüssigkeiten:

$$\delta_{\text{S}} = 44 \cdot \pi \cdot \frac{N-1}{N} \cdot \frac{1}{f_{\text{Rohr}}} \cdot \left(\frac{\varrho_{\text{a}} \cdot d_{\text{a}}^2}{M_{\text{L}}}\right) \cdot \left(\frac{b}{L_{\text{m}}}\right)^{0,6} \qquad \text{(Gl. 7.19)}$$

Zusammenfassung:

Gase:

$N = 1 \quad \delta = \delta_{\text{M}}$

$N = 2 \quad \delta = \dfrac{\delta_{\text{M}}}{2} + \delta_{\text{S}}$

$N \geq 3 \quad \delta = \delta_{\text{S}} \geq \dfrac{0{,}015}{i^{0,2}}$

Flüssigkeiten:

$$N = 1 \quad \delta = \delta_M + \delta_V$$

$$N = 2 \quad \delta = \frac{\delta_M}{2} + \delta_V + \delta_S$$

$$N \geq 3 \quad \delta = \delta_V + \delta_S \geq \frac{0{,}03}{i^{0{,}2}}$$

i Schwingungseigenformen (Moden)

7.2.3.3 Darstellung der kritischen Geschwindigkeiten

Die Gleichungen 7.14 und 7.15 für das fluidelastische Verhalten lassen sich in einem Stabilitätsdiagramm mit Koordinaten darstellen:

Dimensionslose Dämpfung

$$\Delta = \frac{M_L \cdot \delta}{\varrho_a \cdot d_a^2} \qquad \text{(Gl. 7.20)}$$

Der Bereich für die Anströmmedien liegt bei:

$\Delta = 0{,}1$	$\div 1$	für Flüssigkeiten
$\Delta = 1$	$\div 10$	für 2-Phasen-Gemische
$\Delta = 10$	$\div 1000$	für Gase
$\Delta > 1000$		für verdünnte Gase (Vakuum)

Reduzierte kritische Geschwindigkeit

$$w_{\text{krit, red}} = \frac{w_{\text{krit}}}{f_{\text{Rohr}} \cdot d_a} \qquad \text{(Gl. 7.21)}$$

Die kritische Geschwindigkeit berechnet hiermit zu:

$$w_{\text{krit}} = w_{\text{krit, red}} \cdot f_{\text{Rohr}} \cdot d_a \qquad \text{(Gl. 7.22)}$$

und die kritische Anströmgeschwindigkeit:

$$w_{\infty,\text{ krit}} = w_{\text{krit}} \cdot \left(1 - \frac{1}{a}\right) \qquad \text{(Gl. 7.23)}$$

In Bild 7.8 ist ein solches Diagramm dargestellt.

7.2.4 Akustische Schwingungen

Akustische Schwingungen treten nur auf, wenn mantelseitig Gas oder Dampf strömt (auch 2-Phasen-Strömung), bei Flüssigkeiten dagegen wegen deren hoher Schallgeschwindigkeit nicht.

Diese Erscheinung ist vergleichbar mit der Tonerzeugung in Orgelpfeifen, wo die charakteristische Frequenz von der Höhe der Luftsäulen und der Schallgeschwindigkeit der Luft bestimmt wird. Entsprechend ist die charakteristische Frequenz bei Wärmeaustauschern durch die Schallgeschwindigkeit des mantel-seitigen Fluids festgelegt sowie durch eine bestimmte Länge, üblicherweise durch die Gehäusebregenzung (Bild 7.9).

Die akustische Eigenfrequenz der senkrecht zur Strömungsrichtung x und senkrecht zur Rohrachse z stehenden Schallwelle (Druckwelle in y-Richtung) beträgt (s. Bild 7.10) in einem Rechteckkanal

$$f_{a,i} = \frac{i \cdot a_{\text{eff}}}{2 \cdot B_y} \qquad \text{(Gl. 7.24)}$$

$i = 1, 2, 3 \ldots$

in einem Zylinder (Bild 7.11)

$$f_{a,i} = \frac{\lambda_{\alpha,\beta} \cdot a_{\text{eff}}}{\pi \cdot D_i} \qquad \text{(Gl. 7.25)}$$

$\alpha, \beta = 1, 2, 3, \ldots$

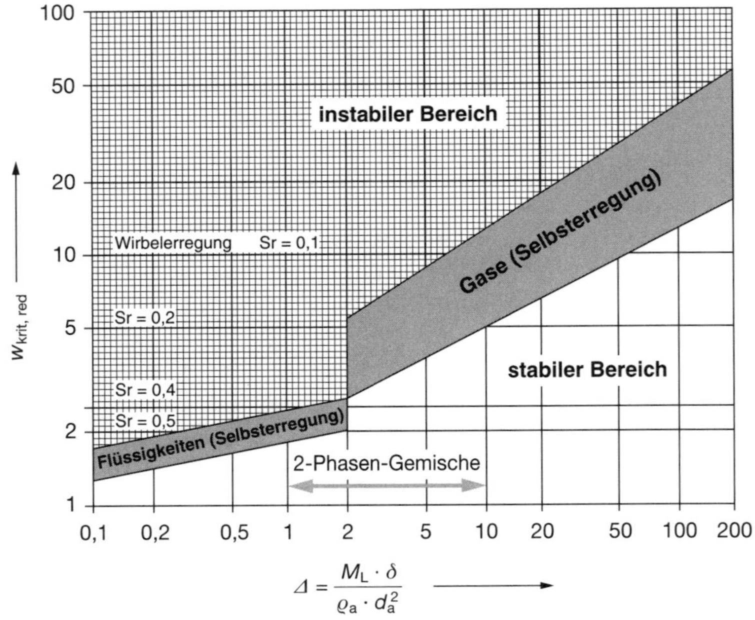

Bild 7.8
Kritische Strömungsgeschwindigkeiten (bei Selbstregulierung: untere Grenzwerte)

mit:

f_a Frequenz der akustischen Schwingungen, in Hz
i Nummer des Obertons,
a Schallgeschwindigkeit des Mediums in m/s
D_i Mantelinnendurchmesser in m

Für $i = 1$ ergibt sich der Grundton, für $i > 1$ die Obertöne (s. Bild 7.9).

Für die Schallgeschwindigkeit gilt:

$$a = \sqrt{\frac{Z \cdot \chi \cdot \tilde{R} \cdot T}{\tilde{M}}} \qquad \text{(Gl. 7.26)}$$

Z Kompressibilitätsfaktor,
χ Isentropenexponent,
$\tilde{R}$ allgemeine Gaskonstante, 8314,41 J/(kmol · K)
T Temperatur, K
$\tilde{M}$ Molmasse, kg/kmol

Für ideale Gase mit $Z = 1$ und $\chi = 1{,}41$:

$$a = 1{,}187 \cdot \sqrt{\frac{p_a}{\varrho_a}} \qquad \text{(Gl. 7.27)}$$

p_a mantelseitiger Druck, N/m²

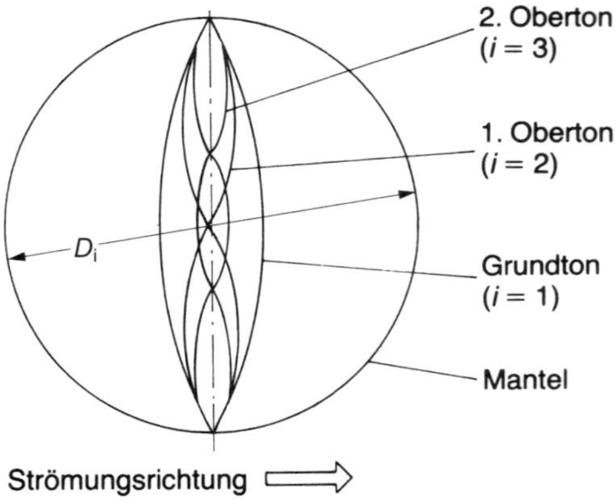

Bild 7.9 Stehende akustische Wellen des Grundtons und der ersten 2 Obertöne, Mantelinnendurchmesser ist die charakteristische Länge

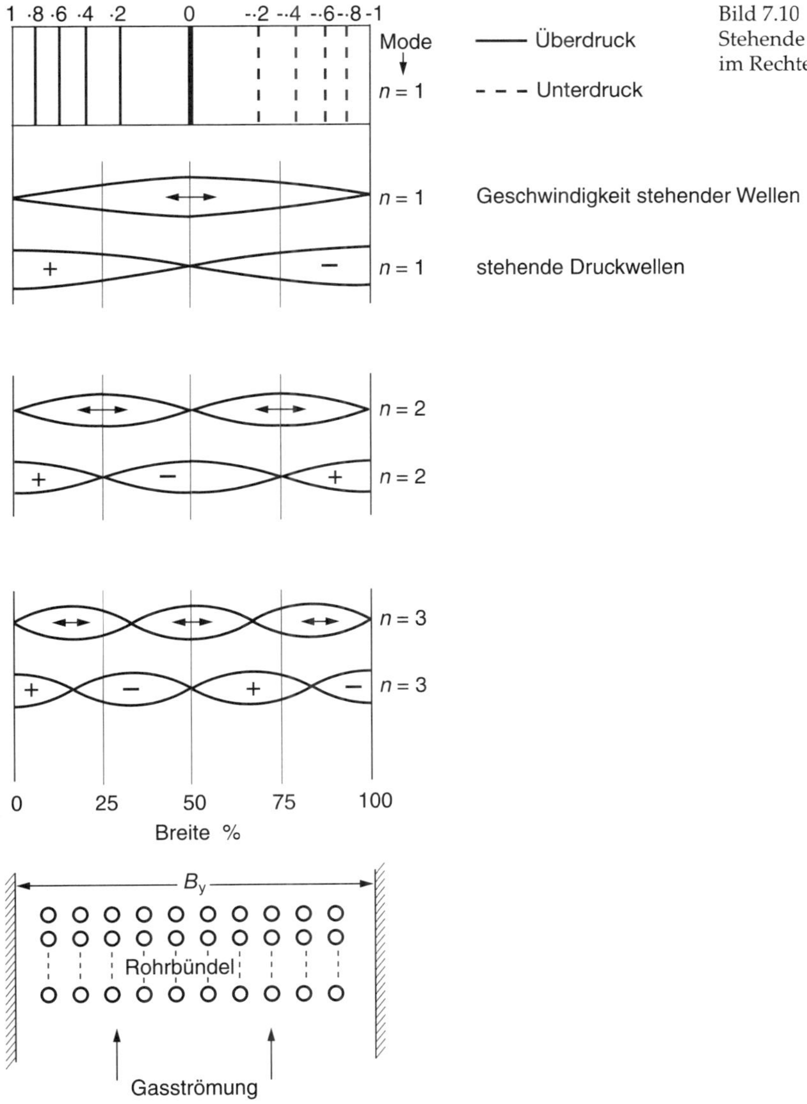

Bild 7.10
Stehende akustische Welle im Rechteckkanal

Die effektive Schallgeschwindigkeit a_{eff} in einem Gehäuse mit einem Rohrbündel ist kleiner als die Schallgeschwindigkeit a ohne Rohrbündel.

$$a_{eff} = \frac{a}{\sqrt{1+\varepsilon_R}} \qquad \text{(Gl. 7.28)}$$

mit:

ε_R Volumenanteil der Rohre (s. Bild 7.6)

Anregung der akustischen stehenden Wellen
Die Anregung erfolgt analog der Wirbelanregung nach Abschnitt 7.2.1 mit der Strouhal-Kennzahl.

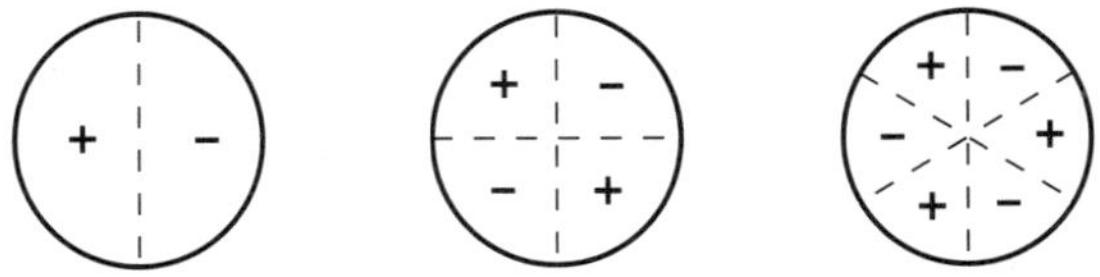

Mode (α, β)		1,0	2,0	3,0
Mode Nr. = i		1.	2.	4.
$\lambda_{\alpha,\beta}$		1.84	3.05	4.20

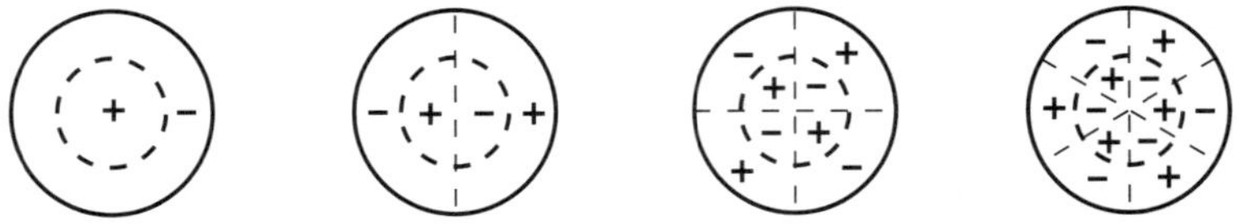

Mode (α, β)	0,1	1,1	2,1	3,1
Mode Nr. = i	3.	5.	6.	8.
$\lambda_{\alpha,\beta}$	3.83	5.33	6.71	8.02

Bild 7.11 Typische stehende Wellen im Zylinder
mit: α Anzahl der diametralen Druckwellen
β Anzahl der konzentrischen Druckwellen;
Mode Nr.: Nummer des Grundtones bzw. der Obertöne

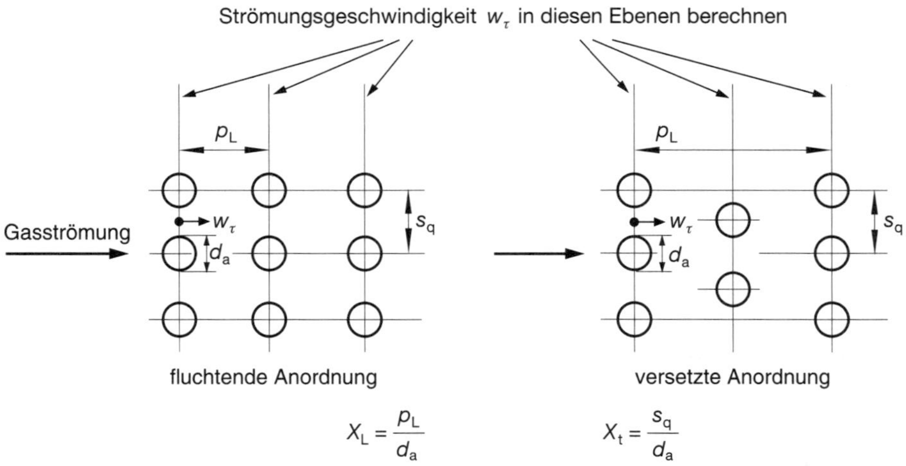

Bild 7.12 Definition für die Strömungsgeschwindigkeit und die Rohrteilung bei akustischer Berechnung

$$f_{\text{err, a}} = Sr_{\text{a}} \cdot \frac{w_{\tau}}{d_{\text{a}}} \qquad \text{(Gl. 7.29)}$$

Die Geschwindigkeit ist der «Rohrebene» gemäß Bild 7.12 zu wählen.

Bei fluchtender Anordnung gilt [7.1]:

$$Sr_{\text{a, fe}} = 0{,}71 \cdot (1 + X_{\text{t}}) \cdot \left(\frac{1}{2 \cdot X_{\text{L}}}\right)^{1{,}7} \qquad \text{(Gl. 7.30)}$$

Für versetzte Rohranordnungen gilt:

$$Sr_{\text{a, vers}} = 11 \cdot \left(\frac{1}{2 \cdot X_{\text{L}}}\right)^{2{,}5} + 0{,}15 \qquad \text{(Gl. 7.31)}$$

Akustische Schwingungen können nicht nur erhebliche Geräuschbelästigungen bewirken, sondern auch mechanische Rohrschwingungen anregen.

Stimmt die natürliche Wirbelablösefrequenz (erzeugt durch die Strömungsgeschwindigkeit) mit der akustischen Schwingung des Wärmeaustauschers überein, so bilden sich durch Reflexion an den Behälterwänden stehende akustische Wellen aus.

7.3 Eigenfrequenzen von Wärmeaustauscherrohren

Wie bei jedem Schwinger sind für das dynamische Verhalten von Wärmeaustauscherrohren deren Eigenfrequenzen maßgebend. Zur Bestimmung der Eigenfrequenzen muss das Rohr in seiner Gesamtlänge als schwingungsfähiges System betrachtet werden, also als System mit vielen Freiheitsgraden.

Dabei betrachtet man das Rohr im Rohrboden als fest eingespannt, in den Umlenkblechen als gelenkig gelagert, so dass Eigenformen wie in Bild 7.13 entstehen.

Wie beim schwingenden Balken berechnet man die Eigenfrequenz:

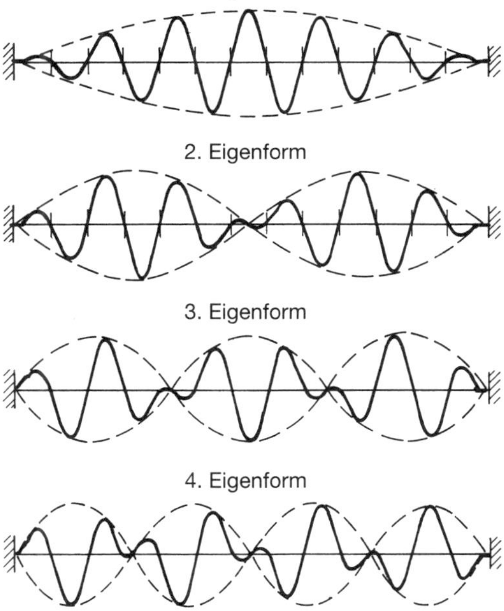

Bild 7.13 Eigenformen eines schwingenden Rohres bei gleichen Stützweiten ($N = 13$)

$$f = \frac{1}{2 \cdot \pi} \cdot \sqrt{\frac{c}{M}} \qquad \text{(Gl. 7.32)}$$

c Federsteifigkeit = $\beta' \cdot \frac{E \cdot I}{L^3}$

M Masse = $V \cdot \varrho = A_{\text{Q}} \cdot L \cdot \varrho$

Für das schwingende Rohr in einem Fluid gilt somit:

$$f_{\text{i, Rohr}} = \frac{\beta_{\text{i}}^2}{2 \cdot \pi \cdot L^2} \cdot \sqrt{\frac{E \cdot I}{M_{\text{L}}}} \qquad \text{(Gl. 7.33)}$$

mit:

$f_{\text{i, Rohr}}$ i-te Eigenfrequenz des Rohres, Hz
β_{i}^2 Frequenzkonstante,
L Länge einer Stützweite, m
E Elastizitätsmodul des Rohres, N/m^2

I	Trägheitsmoment m^4; $\frac{\pi}{64} \cdot (d_a^4 - d_i^4)$
d_a	Rohraußendurchmesser, m
d_i	Rohrinnendurchmesser, m
M_L	effektive Massenbelegung, kg/m $= M_{L,\,Rohr} + M_{L,\,i} + M_{L,\,a}$
$M_{L,\,Rohr}$	Masse des Rohres pro Länge, kg/m
$M_{L,\,i}$	Masse des rohrseitigen Fluids pro Länge, kg/m
$M_{L,\,a}$	virtuelle Masse des verdrängten mantelseitigen Fluids pro Länge, kg/m $= K \cdot \varrho \cdot d_a \cdot \pi/4$
K	experimentell ermittelter hydrodynamischer Trägheitskoeffizient (s. Bild 7.14)
ϱ_a	Dichte des mantelseitigen Fluids, kg/m

Die Frequenzkonstante β_1^2, ist abhängig von der geometrischen Anordnung und wird experimentell bzw. über Finite-Elemente-Rechnungen bestimmt. Bei diesen Experimenten bzw. Rechnungen zeigt sich, dass die Eigenfrequenzen bänderförmig angeordnet sind.

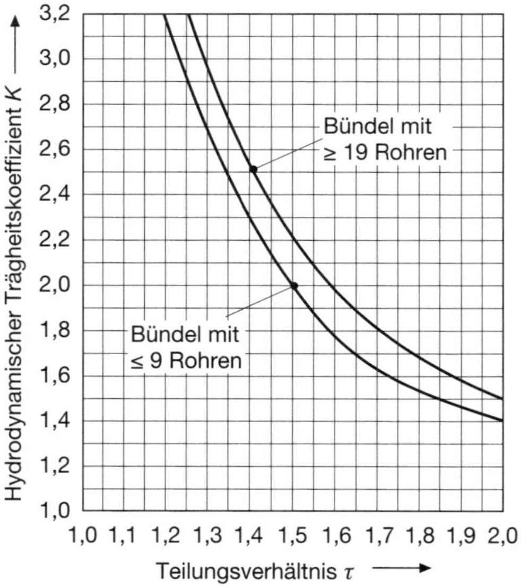

Bild 7.14 Messungen des hydrodynamischen Trägheitskoeffizienten für Rohranordnungen 30° u. 60°. Für 45° u. 90° Rohranordnung ist K 10% niedriger

Tabelle 7.2 Frequenzkonstante β_i^2 für Stützweiten gleicher Länge

Anzahl der Stützweiten	Frequenzkonstante β_i^2				
	Nummer der Eigenfrequenz				
	1	2	3	4	5
1	22.47	61.58	120.70	199.52	298.06
2	15.40	22.47	49.88	61.58	105.07
3	12.58	18.49	22.47	44.70	55.34
4	11.49	15.40	19.87	22.47	42.63
5	10.86	13.72	17.17	20.72	22.47
6	10.66	12.58	15.40	18.49	21.00
7	10.45	11.92	14.19	16.65	19.31
8	10.25	11.49	13.26	15.40	17.69
9	10.25	11.07	12.58	14.42	16.40
10	10.25	10.86	12.14	13.72	15.40
11	10.05	10.66	11.71	13.03	14.66
12	10.05	10.66	11.49	12.58	13.95

Tabelle 7.2 zeigt für die ersten 5 Eigenfrequenzen die Frequenzkonstante abhängig von der Anzahl der Stützweiten, deren Längen gleich sind. Die Konstante strebt offenbar mit wachsender Anzahl der Stützweiten einem Grenzwert zu, außerdem werden die Unterschiede zwischen den einzelnen Eigenformen immer kleiner.

Grenzwerte:

$\beta_1 = \pi$ für gelenkige Lagerung,
$\beta_1 = 3{,}93$ für eine Seite feste und die andere Seite gelenkige Lagerung,
$\beta_1 = 4{,}73$ für beidseitig eingespannte Lagerung.

In der Praxis beschränkt man sich auf die **Grundfrequenz** und kann dann das Bild 7.15 benutzen. Hier ist der Standardfall wiedergegeben, bei dem die Stützweiten im Inneren gleich lang sind, an den Enden jedoch unterschiedlich. Bei Anordnungen, die von diesem Standardfall abweichen, müssen gesonderte Überlegungen angestellt werden [s. 4.5]. Eine andere Darstellung zeigt Bild 7.16, wobei die genannten Grenzwerte hierbei gut zu erkennen sind.

Der Vollständigkeit halber seien noch einige Gesichtspunkte genannt.

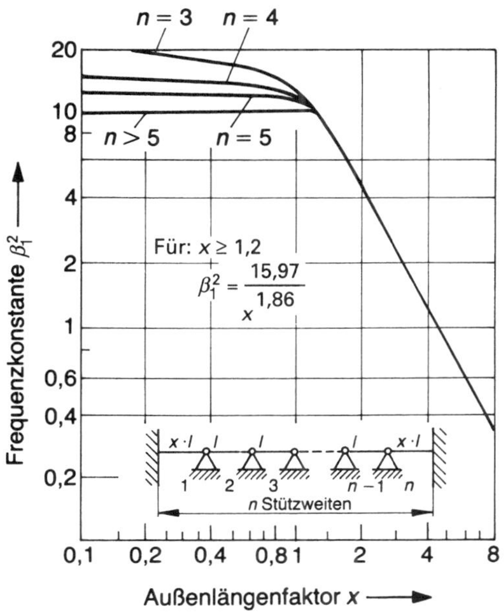

Bild 7.15 Frequenzkonstante β_1^2 für die Grundfrequenz in Abhängigkeit des Verhältnisses von Außenrohrlängen zu Zwischenstützlänge L, wobei L in die Bestimmungsgleichung einzusetzen ist

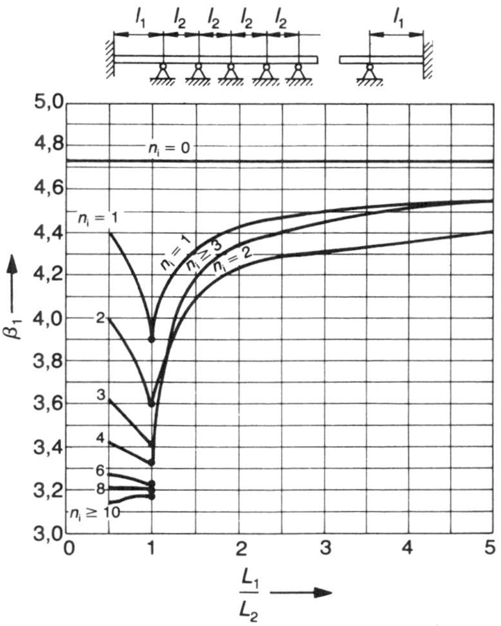

Bild 7.16 Frequenzkonstante β_1 in Abhängigkeit von Außenrohrlänge zu Zwischenstützlänge L_2, wobei die jeweils max. Rohrlänge in die Bestimmungsgleichung einzusetzen ist.
$n_i = 0$; ohne Stütze
$n_i = 1$; eine Stütze vorhanden usw.

a) **Einfluss der Form zwischen Rohr und Umlenkblechbohrung**
Die Vergrößerung der Leitblechdicke und Verringerung des Bohrungsspielraums innerhalb praktisch verwendbarer Grenzwerte haben keinen größeren Einfluss auf die Eigenfrequenz eines Rohres. Durch diese Faktoren wird jedoch die Dämpfung erhöht und das Aufprallen des Rohres am Leitblech verringert.

b) **Einfluss von Axialspannungen**
Rohre in Wärmeaustauscherbündeln sind axialen Kräften unterworfen, bedingt einerseits durch die Herstellung, andererseits durch die Prozessbedingungen. Ist die Axialkraft bekannt, kann die Eigenfrequenz korrigiert werden:

$$f_s = f \cdot \sqrt{1 + \frac{F_a \cdot L^2}{E \cdot I \cdot K^2}} \qquad \text{(Gl. 7.34)}$$

mit:

f_s	Eigenfrequenz bei Axialspannung, Hz
f	Eigenfrequenz ohne Axialspannung, Hz
F_a	Axialkraft, + bei Zug, – bei Druck, N
$K = \pi$	für beide Enden gelenkig gelagert
$K = 4{,}49$	für eine Seite feste und andere Seite gelenkige Lagerung
$K = 2\pi$	für beiderseitig eingespannte Lagerung

c) **Eigenfrequenzen von U-Rohren**
Zur Abschätzung können die gestützten geraden Rohrstücke und der ungestützte Rohrbogen getrennt betrachtet werden, und die niedrigere Frequenz wird gewählt. Der ungestützte Rohrbogen schwingt bevorzugt quer zur U-Rohr-Ebene. Unter der

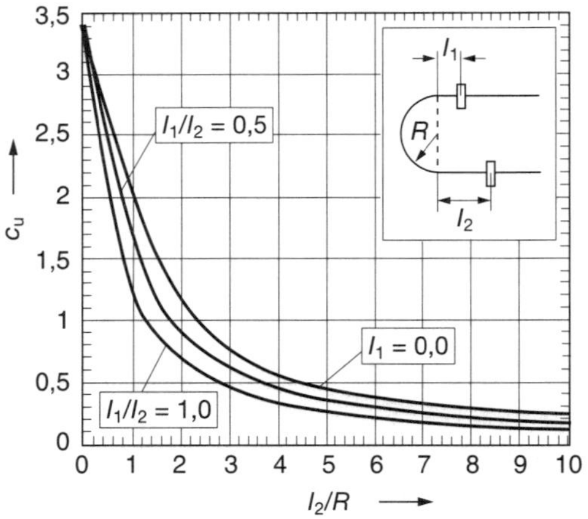

Bild 7.17
Schwingungsbeiwert c_u für U-Rohrbögen

Annahme von lose gelagerten Enden lässt sich die 1. Eigenfrequenz berechnen:

$$f_{\text{U-Rohr},1} = 0{,}0404 \cdot \frac{c_U}{R^2} \cdot \sqrt{\frac{E \cdot I}{M_L}} \qquad \text{(Gl. 7.35)}$$

mit:

R größter Bogenradius
c_U Schwingbeiwert aus Bild 7.17

d) **Eigenfrequenzen berippter Rohre**
Zur Berechnung der Eigenfrequenzen berippter Rohre wird als Rohrdurchmesser der Fußdurchmesser der Rippen eingesetzt.

7.4 Resonanz

Resonanz tritt auf, wenn Erregerfrequenz f_{krit} und Rohreigenfrequenz f_{Rohr} gleich sind. Der kritische Resonanzbereich beträgt:

$$0{,}8 \cdot f_{\text{krit}} < f_{\text{Rohr}} < 1{,}2 \cdot f_{\text{krit}} \qquad \text{(Gl. 7.36)}$$

Da Wärmeaustauscher auch üblicherweise im Teillastbetrieb eingesetzt werden, ist eine überkritische Fahrweise nicht sinnvoll. Die maximale Erregerfrequenz sollte daher immer kleiner sein als die minimale Eigenfrequenz der Rohre!

Man berechnet:

$$f_{\text{Rohr}} \geqq S \cdot f_{\text{krit}} \qquad \text{(Gl. 7.37)}$$

mit:

S Sicherheitsfaktor $\geqq 1{,}2$

Akustische Resonanz
Für das Auftreten von akustischer Resonanz gelten folgende Parameter:

$$w_\tau = \frac{f_a \cdot d_a}{Sr_a} \qquad \text{(Gl. 7.38)}$$

und der Dämpfungsparameter

$$G = \frac{Re}{Sr_a} \cdot \frac{1}{X_q} \cdot \left(1 - \frac{1}{X_L}\right)^2 \geqslant 2000 \qquad \text{(Gl. 7.39)}$$

mit: $Re = \dfrac{w_\tau \cdot d_a}{\nu}$

Bei: $G < 1300$ immer ohne Resonanz

Zulässige Ampitudenwerte
Die errechnete Amplitude sollte sein:

$$A < 0{,}02 \cdot d_a \qquad \text{(Gl. 7.40)}$$

Amplitudenberechnung
Die wirbelerregenden Rohrresonanzen zeigen, dass dann Rohrresonanz entsteht, wenn die Wirbelfrequenz in die Nähe der Rohreigenfrequenz kommt. Der Zuwachs der Schwingungsamplitude verbessert die Wirbelstruktur, und diese wiederum erhöht die Rohrschwingungen weiter. Die Ablösefrequenz bleibt innerhalb eines Bereiches von der Strö-

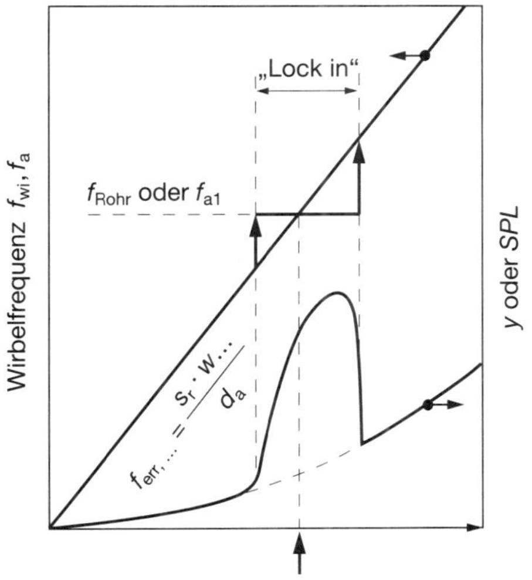

Bild 7.18 Erregungsmechanismus von mechanischen und akustischen Resonanzen
y: mechanische Rohrschwingung,
SPL: Schalldruck

mungsgeschwindigkeit unabhängig, d. h., sie ist «eingerastet» oder «locked-in» und identisch mit der Rohreigenfrequenz (Bild 7.18).

In beiden kritischen Fällen ist die Rohrschwingungsamplitude zu ermitteln und zu überprüfen, ob diese kleiner ist als 2% ($y_{max} \leqq 0{,}02 \cdot d_a$), dann ist die kritische Geschwindigkeit zulässig.

Liegt die Amplitude darüber, ist die Wechselspannung zu ermitteln gemäß:

$$\sigma_{max} = \frac{M \cdot d_a}{2 \cdot I} = \frac{\pi^2}{L^2} \cdot \frac{d_a}{2} \cdot y_{max} \cdot E \qquad \text{(Gl. 7.41)}$$

gültig für: beiderseitig gelenkige Lagerung

$$\sigma_{max} < \sigma_{zul} = \frac{\tilde{\sigma}_{2 \cdot 10^6}}{S}$$

7.5 Abhilfemaßnahmen

Von den vielen praktizierten Maßnahmen seien einige schlagwortartig genannt:

- ❑ Mantelseitige Geschwindigkeit reduzieren,
- ❑ Rohranordnung (Anströmwinkel) ändern,
- ❑ Rohreigenfrequenz erhöhen: Bündel mit Stäben oder Bändern verspannen, Rohre im Fenster entfernen,
- ❑ Rohre im Umlenkblechbereich verspannen, Wanddicke u./o. Rohrmaterial ändern usw.,
- ❑ Stutzengeschwindigkeiten reduzieren.
- ❑ Bei akustischen Resonanzen Zwischenbleche einbauen um B_y zu verändern.

Zur Stromführung im Bereich des Eintrittsquerschnittes s. Bild 7.19: Spitzenwerte der Eintrittsgeschwindigkeit bei Ausführung (a) lassen sich bereits durch eine konische Erweiterung nach (b) mildern. Der Gesamtöffnungswinkel eines gegebenenfalls vorzusehenden Eintrittskegels soll 16° nicht übersteigen. Mit konzentrisch um das Mantelrohr angeordneten Aussparungen nach (c) wird der Versuch unternommen, das mantelseitige Fluid radial und über den Umfang verteilt in den Mantelraum eintreten zu lassen. Aber erst die exzentrische Anordnung der Ringkammer ist nach (d) zufriedenstellend, auch aus Kontinuitätsgründen, und wird u. a. in Zusammenhang mit der Kondensation organischer Dämpfe eingesetzt.

7.6 Anwendungsgleichungen und Projektierungsdiagramm

Um in der Praxis einen schnellen Anhaltswert für die erforderliche Stützweite der Wärmeaustauscher-Rohre zu erhalten, wird mit den nachfolgenden Annahmen und Randbedingungen ein Projektierungsdiagramm erstellt:

$$w_{krit} = w_{krit,\,red} \cdot f_{Rohr} \cdot d_a \qquad \text{(Gl. 7.42)}$$

$$f_{Rohr} = \frac{1}{w_{krit,\,red}} \cdot \frac{w_{krit}}{d_a} \qquad \text{(Gl. 7.43)}$$

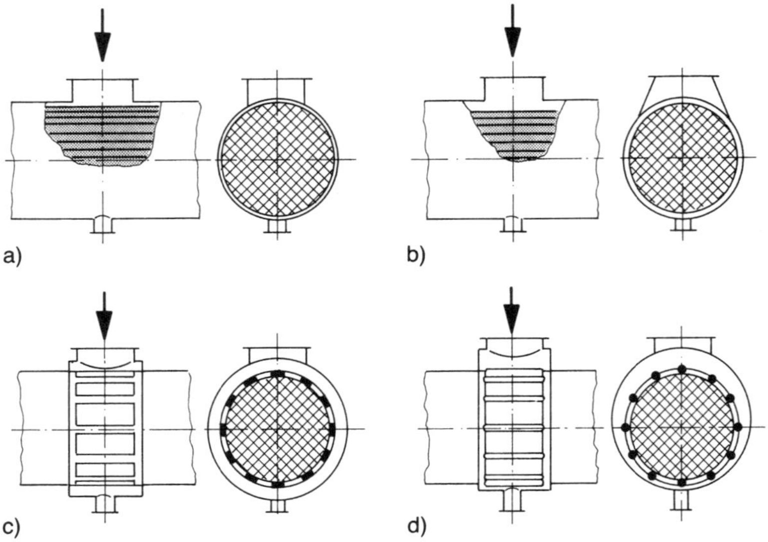

Bild 7.19
Gestaltung von Eintrittsquerschnitten in Rohrbündel-Wärmeaustauschern

um noch einen Sicherheitsabstand S zu berücksichtigen, ergibt sich:

$$f_{\text{Rohr}} = S \cdot \frac{1}{w_{\text{krit, red}}} \cdot \frac{w_{\text{krit}}}{d_{\text{a}}} \qquad \text{(Gl. 7.44)}$$

Als reduzierte kritische Geschwindigkeit wird aus Bild 7.8 ein Mittelwert gewählt von:

$$w_{\text{krit, red}} = \frac{1}{Sr} \qquad \text{(Gl. 7.45)}$$

somit lautet die Bestimmungsgleichung:

$$\frac{1}{2 \cdot \pi} \cdot \frac{\beta^2}{L^2} \cdot \sqrt{\frac{E \cdot I}{M_{\text{L}}}} \cdot C_{\text{ax}} = S \cdot Sr \cdot \frac{w_{\text{e}}}{d_{\text{a}}}$$

mit:

$$I = \pi \cdot s \cdot \left(\frac{\bar{d}}{2} \right)^3$$

$$\text{Trägheitsmoment} = \frac{\pi \cdot s}{8} \cdot \bar{d}^3$$

Annahmen: $\bar{d} = 0{,}9 \cdot d_{\text{a}}$

und $\bar{d}/s \leqq 10$

$$M_{\text{L}} = \bar{d} \cdot \pi \cdot s \cdot \varrho_{\text{R}} + \frac{(0{,}9 \cdot \bar{d})^2 \cdot \pi}{4} \cdot \varrho_{\text{i}} + K \cdot \frac{(1{,}1 \cdot \bar{d})^2 \cdot \pi}{4} \cdot \varrho_{\text{a}}$$

$$M_{\text{L}} = \bar{d} \cdot \pi \cdot s \cdot \left(\varrho_{\text{R}} + \frac{0{,}81 \cdot \bar{d}}{4 \cdot s} \cdot \varrho_{\text{i}} + K \cdot \frac{1{,}21 \cdot \bar{d}}{4 \cdot s} \cdot \varrho_{\text{a}} \right)$$

wird:

$$M_{\text{L}} = \bar{d} \cdot \pi \cdot s \cdot \varrho'$$

mit:

$$\varrho' = \varrho_{\text{R}} + 2 \cdot \varrho_{\text{i}} + K \cdot 3 \cdot \varrho_{\text{a}}$$

Die Stützweite L beträgt damit:

$$L = 0{,}225 \cdot \beta \cdot d_{\text{a}} \cdot \sqrt{\frac{C_{\text{ax}}}{S \cdot Sr \cdot w_{\text{e}}} \cdot \sqrt{\frac{E}{\varrho'}}} \qquad \text{(Gl. 7.46)}$$

Randbedingungen:

β = π gelenkige Lagerung
C_{ax} = 1 keine Zug- bzw. Druckkräfte auf der Rohrleitung
S = 1,5 Sicherheitsabstand zwischen Erreger- und Eigenfrequenz
Sr = 0,2
E = $2 \cdot 10^5$ N/mm²

Nimmt man an: $K = 1{,}5$

$\varrho' = \varrho_R + 2 \cdot \varrho_i + 4{,}5 \cdot \varrho_a$

Die wirksame Dichte bei:

Stahlrohr $\varrho_R = 7{,}85 \cdot 10^6$ kg/mm³
Flüssigkeit: $\varrho_{H_2O} = 1 \cdot 10^6$ kg/mm³
Gas $\varrho_{Luft} = 0{,}001 \cdot 10^6$ kg/mm³

- innen Gas/außen Gas
  $\varrho' = 7{,}85 \cdot 10^{-6}$ kg/mm³
- innen Flüssigkeit/außen Gas
  $\varrho' = 7{,}85 \cdot 10–6 +$
  $2 \cdot 1 \cdot 10^{-6} = 10 \cdot 10^{-6}$ kg/mm³
- innen Gas/außen Flüssigkeit
  $\varrho' = 7{,}85 \cdot 10^{-6}$
  $+ 4{,}5 \cdot 10^{-6} = 12{,}3 \cdot 10^{-6}$ kg/mm³
- beiderseits Flüssigkeit
  $\varrho' = 7{,}85 \cdot 10^{-6} +$
  $2 \cdot 10^{-6} + 4{,}5 \cdot 10^{-6} = 14{,}3 \cdot 10^{-6}$ kg/mm³

Die Stützweite für den ungünstigsten Fall (Flüssigkeit auf beiden Seiten) beträgt:

$$L_o \leqq 77 \cdot \frac{d_a}{\sqrt{w_e}} \; \text{(m)} \qquad \text{(Gl. 7.47)}$$

mit:

d_a in (m)
w_t in (m/s)

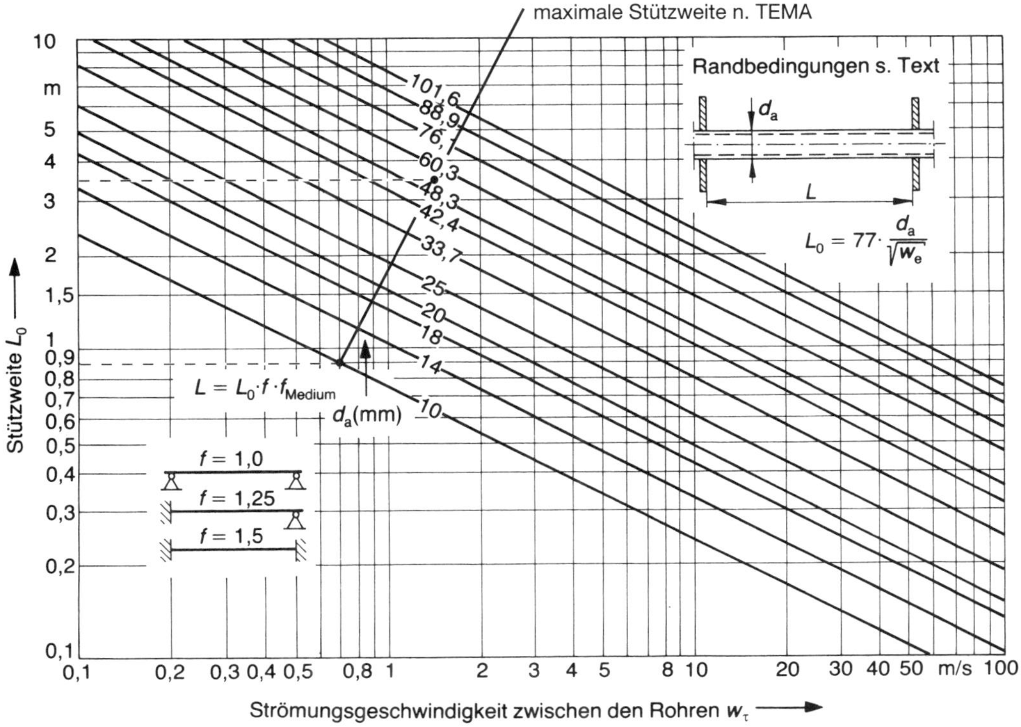

Bild 7.20 Anwendungsdiagramm für die Stützlängenbestimmung

bei:

Gas/Flüssigkeit $L = 1{,}04\ (f_{\text{Medium}}) \cdot L_0$ (Gl. 7.48)

Gas/Gas $L = 1{,}16\ (f_{\text{Medium}}) \cdot L_0$ (Gl. 7.49)

Diese Abhängigkeit ist im Projektierungsdiagramm Bild 7.20 dargestellt.

Aufgabe 7.1
Der Luft/Luft-Wärmeaustauscher wird schwingungstechnisch untersucht. Daten s. Bild 7.21 zu diesem Beispiel.

Bestimmung der Geschwindigkeit
Im Bereich der Umlenkbleche beträgt die Strömungsgeschwindigkeit zwischen den Rohren:

$$w_e = \frac{\dot{V}}{A_e}$$

mit:

$$A_e = L \cdot (b - n \cdot d_a)$$
$$b = 2 \cdot R \cdot \sin\alpha = Di \cdot \sin 60° = 667 \text{ mm}$$

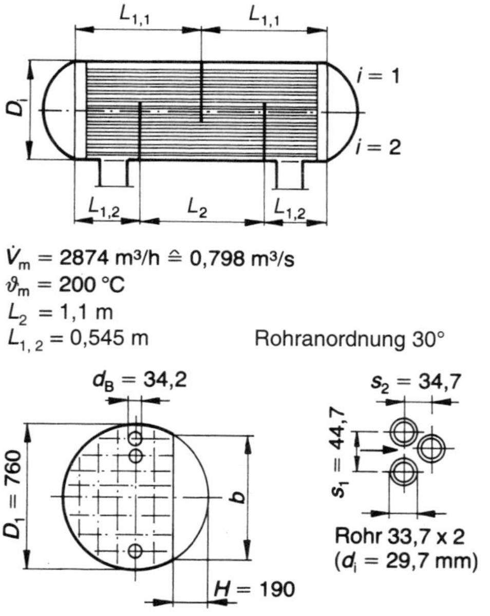

Bild 7.21

$$n = \frac{b}{s_1} - 1 = \frac{667}{44{,}7} - 1 \approx 14 \text{ Rohre}$$

$$A_e = 0{,}545 \cdot (0{,}667 - 14 \cdot 0{,}0337) = 0{,}106 \text{ m}^2$$

$$w_\tau = \frac{0{,}798}{0{,}106} = 7{,}5 \text{ m/s}$$

Bestimmung der Erregerfrequenz

$$f_{\text{err}} = Sr \cdot \frac{w_\tau}{d_a}$$

$Sr = f \cdot (\measuredangle \text{ und } \tau)$, gemäß Gl. 7.4

$$\tau = \frac{s_1}{d_a} = \frac{44{,}7}{33{,}7} = 1{,}326$$

$$Sr_{wi} = \frac{1}{3{,}62 \cdot (\tau - 1)^{0{,}41}} = 0{,}437$$

$$f_{\text{err}} = 0{,}437 \cdot \frac{7{,}5}{0{,}0337} = 97 \text{ Hz}$$

Rohreigenfrequenz

$$f_{\text{Rohr}} = \frac{1}{2 \cdot \pi} \cdot \frac{\beta^2}{L^2} \cdot \sqrt{\frac{E \cdot I}{M_L}}$$

mit:

$\bar{\vartheta} \approx 200\,°\text{C}$

$E = 2 \cdot 10^{11}$ N/m²

$\varrho_R = 7850$ kg/m³

$$M_L = \frac{\pi}{4} \cdot (d_a^2 - d_i^2) \cdot \varrho_R$$
$$= \frac{\pi}{4} \cdot (0{,}0337^2 - 0{,}0297^2) \cdot 7850$$

$$M_L = 1{,}564 \text{ kg/m}$$

$$I = \frac{\pi}{64} \cdot (d_a^4 - d_i^4) = \frac{\pi}{64} \cdot (0{,}0337^4 - 0{,}0297^4)$$

$$I = 2{,}51 \cdot 10^{-8} \text{ m}^4$$

β-Bestimmung:

Eintrittsseite (i = 2) $\frac{L}{L_2} = 0{,}5$;

aus Bild: $\beta = 4$

Untere Hälfte (i = 1) $\frac{L}{L_2} = 1{,}0$;

aus Bild: $\beta = 3{,}93$

Da bei beiden Hälften die max. Länge L_2 gleich ist, braucht nur die Gruppe mit dem kleineren β-Wert berechnet werden, weil dort die niedere Eigenfrequenz herrscht.

$\beta = 3{,}93$

$$f_{\text{Rohr}} = \frac{1}{2 \cdot \pi} \cdot \frac{3{,}93^2}{1{,}1^2} \cdot \sqrt{\frac{2 \cdot 10^{11} \cdot 2{,}51}{1{,}564 \cdot 10^8}} = 115 \text{ Hz}$$

Zulässige Werte

$$f_{\text{zul}} = \frac{f_{\text{Rohr}}}{S} = \frac{115}{1{,}2} = 95{,}8 \text{ Hz}$$

Daraus ergibt sich als zulässige größte Länge:

$$L_{\text{zul}} = L \cdot \sqrt{\frac{f_{\text{zul}}}{f_{\text{err}}}} = 1{,}1 \cdot \sqrt{\frac{95{,}8}{97}} = 1{,}09 \text{ m}$$

Überschlagsberechnung mit Anwendungsdiagramm

$w_\tau = 7{,}5$ m/s; $d_a = 33{,}7$ mm

Damit: $L_0 = 0{,}95$ m

Einspanneinfluss: $f = 1{,}0$

Mediumeinfluss: $f_{\text{Medium}} = 1{,}16$

Somit zulässige Länge:

$L = L_0 \cdot f \cdot f_{\text{Medium}} = 0{,}95 \cdot 1{,}0 \cdot 1{,}16 = 1{,}1$ m

Überprüfung am Eintrittsstutzen

Eintrittsgeschwindigkeit:

w_s =15 m/s

β_2 = 15,44

L = 0,545

$$f_{\text{Rohr}} = f_{\text{Rohr, o}} \cdot \left(\frac{L_2}{L_1}\right)^2 = 115 \cdot \left(\frac{1{,}1}{0{,}545}\right)^2 = 460 \text{ Hz}$$

$$f_{\text{err}} = S_r \cdot \frac{w_s}{d_a} = 0{,}437 \cdot \frac{15}{0{,}0337} = 194 \text{ Hz}$$

$$f_{\text{zul}} = \frac{f_{\text{Rohr}}}{S} = \frac{460}{1{,}2} = 383 \text{ Hz}$$

Somit auch für Eintrittszustände zulässig.

Fluidelatische Instabilität

Geschwindigkeit im engsten Spalt w_e

$$\tau_x = \frac{2 \cdot s_2}{d_a} = \frac{2 \cdot 34{,}7}{33{,}7} = 2$$

$$\tau_y = \tau = 1{,}326$$

$$\sqrt{1 + 2 \cdot \tau_y} = \sqrt{1 + 2 \cdot 1{,}236} = 1{,}91 < \tau_x,$$

somit: $w_e = w_\tau$

$w_{\text{krit, red, Fl}} = K \cdot X \cdot \Delta^{\text{P}}$

$$\delta = \frac{\delta_M}{2} + \delta_S$$

$$\delta_S = \frac{\pi}{10} \cdot \frac{N-1}{N} \cdot \left(\frac{b}{L_m}\right)^{0{,}5}$$

$N = 2$, $b = 5$ mm, $L_m = 1{,}1$ m

$\delta_S = 0{,}01$

δ_M wurde zu: $\delta_M = 0{,}05$ geschätzt

$$\delta = \frac{0{,}05}{2} + 0{,}01 = 0{,}035$$

$$\Delta = \frac{M_L \cdot \delta}{\delta_a \cdot d_a^2} = \frac{1{,}564 \cdot 0{,}035}{0{,}876 \cdot 0{,}0337^2} = 55$$

$$w_{\text{krit, red, Fl}} = 7 \cdot (\tau - 0{,}9) \cdot \sqrt{\Delta} = 22$$

und somit die kritische Geschwindigkeit:

$w_{\text{krit, Fl}} = w_{\text{krit, red, Fl}} \cdot f_{\text{Rohr}} \cdot d_a = 22 \cdot 115 \cdot 0{,}0337$

$w_{\text{krit, Fl}} = 112$ m/s

Diese ist weit über der maximalen Betriebsgeschwindigkeit.

Akustische Schwingungsanregung

$$f_{a,1} = \frac{\lambda_{\alpha,\beta} \cdot a_{\text{eff}}}{\pi \cdot D_i}$$

mit:

$\lambda_{a,b} = 1{,}84$ aus Bild 7.10

$$a = 1{,}187 \cdot \sqrt{\frac{p_a}{\varrho_a}} = 1{,}187 \cdot \sqrt{\frac{1 \cdot 10^5}{0{,}876}}$$

$$a = 401 \text{ m/s}$$

$$\varepsilon_r = \frac{0{,}9}{\tau^2}$$

$$\varepsilon_r = 0{,}51$$

$$a_{\text{eff}} = \frac{2}{\sqrt{1+\varepsilon_r}} = 326 \text{ m/s}$$

$$f_{a,1} = \frac{1{,}84}{\pi} \cdot \frac{326}{0{,}76} = 251 \text{ Hz}$$

Bei versetzter Anordnung ist (Gl. 7.31):

$$Sr_a = 11 \cdot \left(\frac{1}{4 \cdot X_L}\right)^{2{,}5} + 0{,}15 = 0{,}21$$

und somit die Erregerfrequenz (Gl. 7.29):

$$f_{\text{err, a}} = 0{,}21 \cdot \frac{7{,}5}{0{,}0337} = 46 \text{ Hz}$$

Die akustische Frequenz ist so hoch, dass sie nicht durch die Wirbelablösung am Rohr erzeugt werden kann.

8 Bauformen

8.1 Allgemeines

Aus der Basisgleichung für den Wärmetransport ergeben sich die wesentlichen Variationsparameter für die Konstruktion.

$$\dot{Q} = k_a \cdot A_a \cdot \Delta\vartheta_m \qquad \text{(Gl. 8.1)}$$

mit:

k_a Wärmedurchgangskoeffizient (W/(m^2 · K)) bez. Wärmeaustauscher-Außenfläche
A_a Wärmeaustauscher-Außenfläche (m^2)
$\Delta\vartheta_m$ Mittlere Temperaturdifferenz (K)

Üblicherweise wird die Fläche A_a gesucht bei der Auslegung, und vorgegeben sind Wärmestrom sowie die Temperaturen.

$$A_a = \frac{\dot{Q}}{k_a \cdot \Delta\vartheta_m} \qquad \text{(Gl. 8.2)}$$

Somit verbleibt als Variationsmöglichkeit k_a:

$$k_a = \frac{1}{\left(\frac{1}{\alpha_i} + R_{f,i}\right) \cdot \frac{A_a}{A_i} + R_w \cdot \frac{A_a}{A_m} + \left(\frac{1}{\alpha_a} + R_{f,i}\right) \cdot \frac{1}{\eta_R}} \qquad \text{(Gl. 8.3)}$$

mit:

α_i Wärmeübergangskoeffizient auf der Innenseite (W/(m^2 · K))
α_a Wärmeübergangskoeffizient auf der Außenseite (W/(m^2 · K))
R_w Wandwiderstand (m^2 · K/W) = $\frac{S_w}{\lambda_w}$
R_f Fouling-Widerstand (m^2 · K/W); (…i = innen); (…a = außen)
A_i Innenrohroberfläche (m^2)
η_R Rippenwirkungsgrad (–)
A_m mittlere Wandfläche

Bedingt durch die optimale Werkstoffausnutzung, werden für Wärmeaustauscher zylindrische Bauelemente verwendet. Rohre, Bögen, Flanschverbindungen und Scheiben bilden daher die Grundelemente eines mit Druck p und Temperatur beaufschlagten Wärmeaustauschers. Die Gleichung 8.3 für k_a kann dann auch bei **Verwendung von Rohren** geschrieben werden.

$$k_a = \frac{1}{\left(\frac{1}{\alpha_i} + R_{f,i}\right) \cdot \frac{d_a}{d_i} + \frac{d_a \cdot \ln(d_a/d_i)}{2 \cdot \lambda_w} + \frac{1}{\alpha_a} + R_{f,a}} \qquad \text{(Gl. 8.4)}$$

Bei Phasenänderung ergeben sich sehr hohe Wärmeübergangskoeffizienten, und üblicherweise ist der Wärmewiderstand der Rohrwand R_w vernachlässigbar. Dadurch konzentriert sich das «Augenmerk» auf die Wärmeübergänge α bei 1-Phasen-Strömung und die Fouling-Widerstände.

Die Wärmeübergangskoeffizienten bei der 1-Phasen-Strömung ermitteln sich bei:

- **Innenströmung**
  Angestrebt wird turbulente Strömung (Re ≧ 10^4):

$$\alpha_i = C_i \cdot \frac{\bar{w}_1^{\,n_i}}{d_i^{\,1-n_i}} \cdot f_{\text{Stoff, i}} \qquad \text{(Gl. 8.5)}$$

- **Außenströmung**
  Angestrebt wird rechtwinklige Anströmung:

$$\alpha_a = C_a \cdot \frac{\bar{w}_1^{\,n_a}}{d_a^{\,1-n_a}} \cdot f_{\text{Stoff, i}} \qquad \text{(Gl. 8.6)}$$

Aus Gleichung 8.5 und 8.6 wird ersichtlich, dass angestrebt wird:

$w \rightarrow$ möglichst hoch
$d \rightarrow$ möglichst klein

Aus der Praxis ergeben sich jedoch folgende Auslegungsgrenzen für die 1. Iteration:

Geschwindigkeit:

Flüssigkeiten	$w_1 \approx$	1…3 m/s
Gase und Dämpfe	$w_g \approx$	10…30 m/s
Rohrdurchmesser:	$d \approx$	10…30 mm

Zu beachten ist jedoch immer, dass der Druckverlust mit ca. dem doppelten Exponenten der Geschwindigkeit gegenüber dem Wärmeübergang ansteigt (Bild 6.1):

$\alpha_i \sim w^{n_i}$
$\Delta p_i \sim w^{2 \cdot n_i}$

Der Rohrdurchmesser geht bei gleicher Geschwindigkeit linear beim Druckverlust ein gegenüber bei dem Wärmeübergang mit $d_i^{0,2}$ bzw. $d_a^{0,33}$.

Der Widerstandskoeffizient ergibt sich bei Innenströmung zu:

$$\zeta_\lambda = \lambda \cdot \frac{L}{d_i} \qquad \text{(Gl. 8.7)}$$

wobei sich der Reibungsbeiwert λ noch zusätzlich mit kleiner werdenden d_i über die $Re = w \cdot d_i/\nu$ erhöht.

Da k_a immer kleiner ist als der kleinste Wert von α, muss man bestrebt sein, den kleinsten Wert durch Erhöhung z.B. der Geschwindigkeit zu steigern.

Im Wesentlichen ist dies bei Wärmeaustauschern zu beachten, bei denen auf der einen Seite ein Gas und auf der Gegenseite eine Flüssigkeit strömt. Bei diesen Apparaten ist insbesondere auf die Strömungsgeschwindigkeit der Gasseite zu achten, da üblicherweise:

$\alpha_{\text{Flüssigkeit}} \gg \alpha_{\text{Gas}}$

Bei Kondensations- und Verdampfungsvorgängen ist dagegen grundsätzlich auf die Flüssigkeitsseite besonders zu achten.

Anordnungen von Rippen bei Wärmeaustauschern mit beiderseitiger Flüssigkeitsströmung ist nur an der Seite des Stoffs mit kleinerer α-Zahl zweckmäßig. Einseitige Rippenanordnung ist somit zwecklos, wenn Flüssigkeiten annähernd gleiche α-Zahlen haben!

Zu beachten ist vor allen Dingen die Verringerung des k-Werts, wenn Verschmutzungen auftreten können (siehe Beispiel 4.6).

8.1.1 Anhaltswerte für die Auslegung von Wärmeaustauschern

Strömungsgeschwindigkeit und Rohrdurchmesser. Hierzu Angaben in Abschnitt 8.1.

Temperaturunterschiede
Damit die Übertragungsflächen in Wärmeaustauschern nicht zu groß werden, sollte die kleine Temperaturdifferenz zwischen Heiz- und Kühlfluid mindestens folgende Werte betragen:

bei Flüssigkeiten:	5…10 K
bei Gasen:	10…25 K

Wärmeübergangskoeffizienten
In üblichen Wärmeaustauscheranordnungen haben die Wärmeübergangskoeffizienten folgende Größe. Die angegebenen Werte dienen jedoch nur zur **Orientierung**:

Wärmeübergangsart	α in W/(m^2 . K) Bereich	üblicher Mittelwert
freie Konvektion von Gasen	1…60	10
erzwungene Konvektion von Gasen	10…250	50
Wasserdampf bei Überhitzung	25…100	50
Öle bei erzwungener Konvektion	50…1000	200

Wärmeübergangsart	α in W/(m$^2 \cdot$ K) Bereich	üblicher Mittelwert
freie Konvektion von Wasser	300...600	500
Wasser bei erzwungener Konvektion	500...2500	1000
org. Dämpfe bei Filmkondensation	1000...2000	1000
Wasserdampf bei Filmkondensation	5000...15 000	10 000
Wasser bei Blasenverdampfung	2500...50 000	10 000

Wärmedurchgangskoeffizienten
Anhaltswerte in Abhängigkeit von Bauform und Betriebsbedingungen können aus Tabelle 8.1 und 8.3 entnommen werden.

Bei einseitiger *Kondensation* kann überschlägig der mittlere Wärmeübergangskoeffizient auf der Kühlseite benutzt werden.

Bei einseitiger *Verdampfung* kann überschlägig der mittlere Wärmeübergangskoeffizient auf der Heizseite benutzt werden.

Auslegung und Nachrechnung
Für die Berechnung von Wärmeaustauschern ergeben sich prinzipiell 2 Berechnungsmethoden. Diese unterscheiden sich nicht durch die verwendeten Berechnungsgleichungen, sondern durch die vorgegebene Zielgröße.

Bei der sog. Nachrechnung ist ein Apparat mit sämtlichen Geometrien vorgegeben. Weiterhin werden die Eintrittstemperaturen und die Massenströme der beteiligten Fluide angegeben. Zu berechnen ist die thermische Leistung und der Druckverlust dieses Apparates.

Bei der Auslegung werden die gewünschten thermischen und hydrodynamischen Größen vorgegeben. Gesucht ist dann die Art und Größe des Wärmeaustauschers.

In der Praxis wird die Nachrechnung immer mit der Auslegung verknüpft sein bzw. dieser als Kontrolle nachgeschaltet werden.

Tabelle 8.1 Anhaltswerte für den Wärmedurchgangskoeffizienten k bei Wärmeaustauschern

Bauart und Betriebsbedingungen	k W/(m$^2 \cdot$ K)
Rohrbündel-Wärmeaustauscher	
Gas/Gas	
Normaldruck ($p \approx 1$ bar)	5... 25
Hochdruck ($p > 200$ bar)	150... 500
Flüssigkeit/Gas	
Normaldruck ($p \approx 1$ bar)	15... 70
Hochdruck (Gas, $p > 200$ bar)	200... 400
Flüssigkeit/Flüssigkeit	150...1200
Heizdampf/Flüssigkeit	300...1200
Rohrbündel-Kondensator	
Wasserdampf	1500...4000
Ammoniak (NH_3)	700...1300
Halogen-Kältemittel	400... 800
Rohrbündel-Verdampfer	
Verdampfung im Mantelraum:	
Wasserdampf	600...1700
Ammoniak (NH_3)	200... 800
Halogen-Kältemittel	150... 700
Verdampfung im Rohrraum:	
Wasserdampf	900...3000
Ammoniak (NH_3)	500...1500
Halogen-Kältemittel	250... 900
Plattenwärmeaustauscher	
Gas/Flüssigkeit	20... 100
Flüssigkeit/Flüssigkeit	1200...4500
Spiralwärmeaustauscher	
Dampf/Flüssigkeit	900...3000
Flüssigkeit/Flüssigkeit	1700...2300
Doppelrohr-Wärmeaustauscher	
Gas (Normaldr.)/Gas (Normaldr.)	10... 35
Gas (Hochdruck)/Gas (Normaldr.)	20... 60
Gas (Hochdruck)/Gas (Hochdruck)	150... 500
Flüssigkeit/Gas (Normaldruck)	200... 600
Flüssigkeit/Gas (Hochdruck)	400... 900
Flüssigkeit/Flüssigkeit	300...1400
Luftgekühlte Wärmeaustauscher	
Luft/Gas	10... 35
Luft/Flüssigkeit	20... 60

Andererseits ist eine reine Nachrechnung notwendig, wenn ein Apparat vorhanden ist und die Leistung bei veränderten Prozessbedingungen gefragt ist.

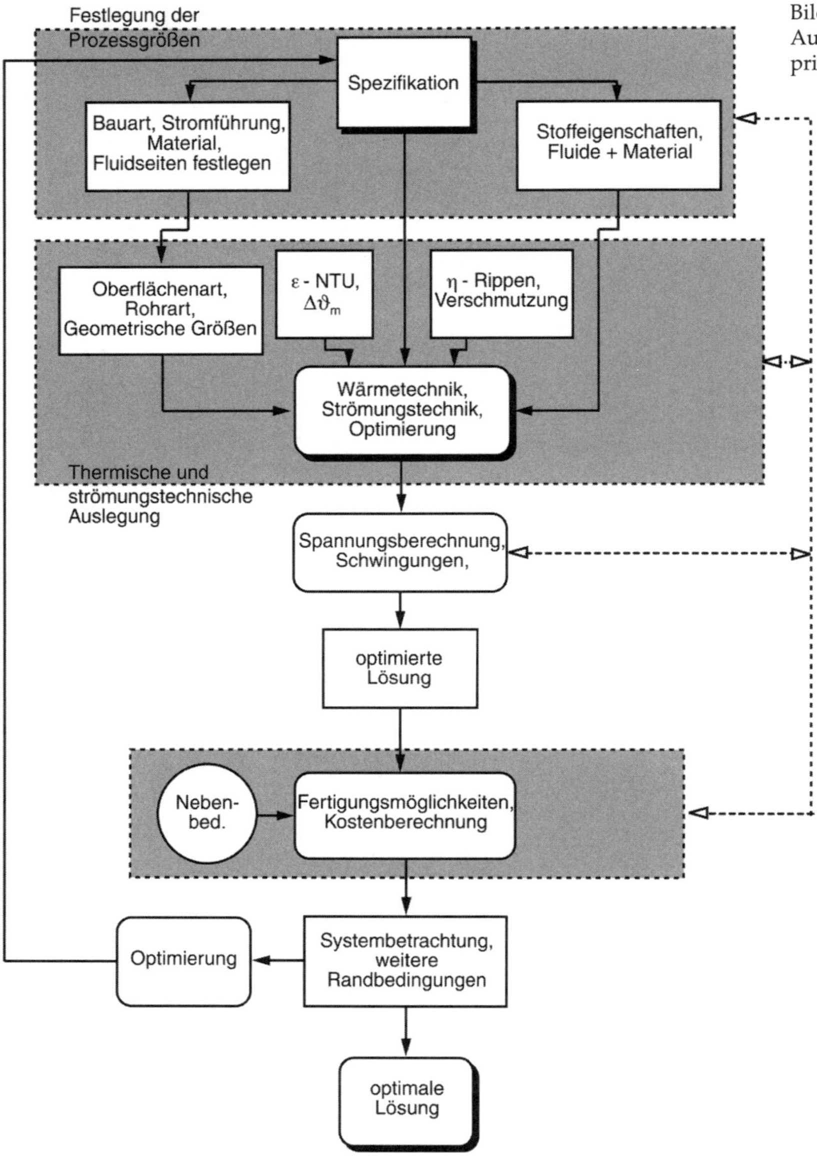

Bild 8.1 a
Auslegungsmethodik, prinzipiell

Methodik

Die prinzipielle Methodik für die Auslegung von Wärmeaustauschern ist in Bild 8.1a schematisch dargestellt. Dieses Schema ist nicht vollkommen allgemeingültig, kann aber als Grundlage zur Erläuterung der einzelnen Schritte dienen.

Es sind im Wesentlichen folgende Punkte zu behandeln:

- Festlegung bzw. Vorgabe der Prozessbedingungen,
- thermische und hydraulische Auslegung,
- Konstruktion (Nebenbedingungen: Betrieb, Wartung usw.),
- Herstellungskosten und -möglichkeiten,
- integrale Kostenanalyse, Systemoptimierung (Transport, Gewicht, Größe, Betriebskosten, Serienfertigung usw.)

Bild 8.1 b
Klassifikation nach Bauart (Beispiel)

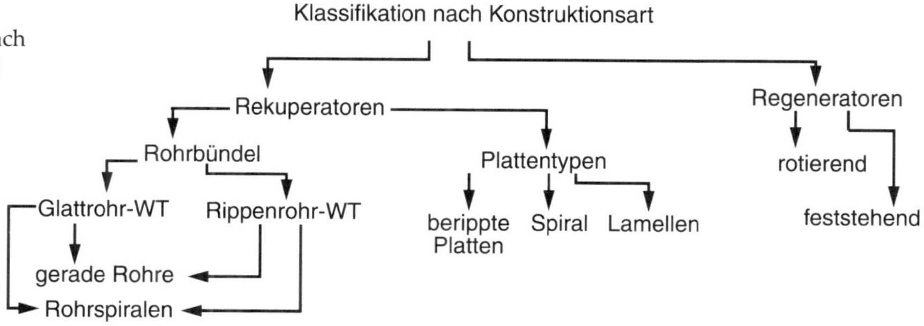

Bild 8.1 c
Klassifizierung von Rekuperatoren

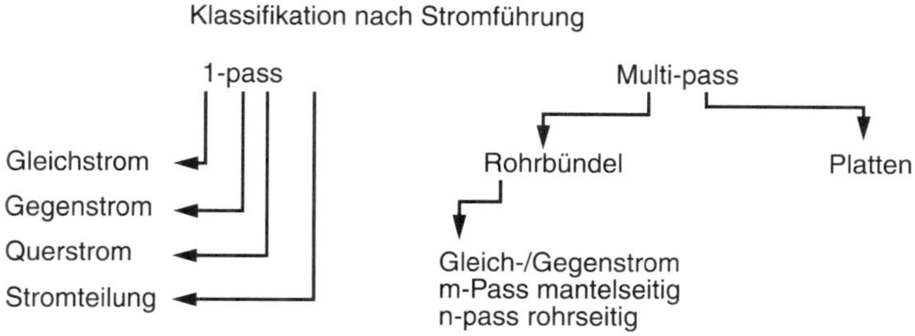

Es können im Laufe des Entwicklungsprozesses nicht alle Punkte simultan abgehandelt werden, da sie miteinander vernetzt sind. Daher ist die Auslegung eines Apparates ein iterativer Prozess.

Die Entwicklungsrichtung wird von vorgegebenen Zielgrößen mit entsprechenden Nebenbedingungen vorgegeben.

Mögliche Zielgrößen bzw. Nebenbedingungen sind:

- ❑ Preis,
- ❑ Baugröße,
- ❑ Verfügbarkeit,
- ❑ Korrosionsfestigkeit,
- ❑ min. Druckverlust.

Spezifikation, Betriebsbedingungen
Dieser Punkt umfasst alle notwendigen Informationen, um den Wärmeaustauscher zu entwickeln bzw. nachzurechnen. Hierzu gehört die Angabe der Betriebsbedingungen (Fluidart, Temperaturen, Leistung, Massenströme der Fluide usw.). Nebenbedingungen wie maximal zulässiger Druckverlust, max. Baugröße usw. sind hier ebenfalls festzulegen.

Aus der Art der beteiligten Fluide ergibt sich auch, ob diese korrosiv wirken oder ob Verschmutzung der Heizflächen zu erwarten ist (Tabelle 8.2)

Bauartauswahl
Aufgrund der vorgegebenen Bedingungen wird der projektierende Techniker zunächst einen Apparat einer bestimmten Bauart auswählen. Dies bedeutet konkret, dass z. B. ein Rohrbündelwärmeaustauscher, ein Plattenwärmeaustauscher oder eine andere Bauart vorgegeben wird. Kriterien bei dieser Auswahl sind Herstellungsmöglichkeit, Druckfestigkeit, Korrosionsfestigkeit und natürlich der Preis. Bei dieser wichtigen Entscheidung spielen sowohl die Erfahrung des projektierenden Technikers als auch die technischen Möglichkeiten des Herstellers eine große Rolle.

Bauarten von Rekuperatoren Klassifizierung
Es gibt viele Kriterien, nach denen Wärmeaustauscher klassifiziert werden können. Eine Möglichkeit besteht in der Unterscheidung hinsichtlich der Bauart. Eine Auswahl ist in Bild 8.1b aufgeführt.

Tabelle 8.2 Typisches Datenblatt für Wärmeaustauscher mit Glattrohren (weitere ausführliche Datenblätter siehe Tabelle 11.1 bis 11.3)

Auslegungsdaten			
Medienführung			
mantelseitig			
rohrseitig			
Betriebsdaten		mantelseitig	rohrseitig
Wärmeleistung	kW		
Flüssigkeitsstrom	m^3/h		
Eintrittstemperatur	°C		
Austrittstemperatur	°C		
Verschmutzungsfaktor	$m^2 \cdot K/W$		
Stoffwerte			
Dichte	kg/m^3		
spez. Wärmekapazität	$kJ/(kg \cdot K)$		
Wärmeleitfähigkeit	$W/(m \cdot K)$		
kin. Viskosität	m^2/s		
Wärmetechnische Werte			
Strömungsgeschwindigkeit	m/s		
Druckverlust	bar		
Wärmeübertragungskoeffizient	$W/(m^2 \cdot K)$		
log. Temperaturdifferenz	°C		
Wärmedurchgangskoeffizient	$W/(m^2 \cdot K)$		
installierte Fläche	m^2		
Ausführungsdaten			
Berechnungsdruck	bar		
Berechnungstemperatur	°C		
Anschlüsse	DN		
Rohrabmessung	mm		
Flusszahl	–		
Rohrlänge	mm		
Rohrzahl	–		

Es handelt sich hier nur um ein Beispiel mit einigen wenigen Möglichkeiten. Die Anzahl der möglichen und realisierten Konstruktionen ist so groß, dass sie nicht in einem einzigen Diagramm untergebracht werden können. So nützlich die Auflistung von Wärmeaustauschern hinsichtlich der Konstruktion für bestimmte Anwendungen auch sein mag, für die wärmetechnische Auslegung ist es besser, die Apparate nach anderen Kriterien einzuordnen.

Es zeigt sich, dass die Stromführung der Fluide innerhalb eines Apparates unabhängig von der gewählten konstruktiven Realisierung ein wichtigeres Kriterium ist. Eine solche Schematisierung ist in Bild 8.1c dargestellt.

Tabelle 8.3 Üblich erreichbare Wärmedurchgangskoeffizienten in Rohrbündel-Wärmeaustauschern (mit geringer Verschmutzung)

Aufgabe	Medien		k-Wert (W/(m² · K))
Flüssig-Flüssig-Wärmeübertrager	Wasser	– Wasser	450...550
	organische Lösungsmittel	– Wasser	300...420
	organische Lösungsmittel	– Wärmeträgeröl	100...150
	20%ige Schwefelsäure	– Wasser	400...800
	98,5%ige Schwefelsäure	– 55%ige Schwefelsäure	250...350
Kondensation	Wasserdampf	– Wasser	650...700
	organischer Lösungsmitteldampf	– Wasser	550...650
	organischer Lösungsmitteldampf	– Wärmeträgeröl	400...500

8.2 Rohrbündel-Wärmeaustauscher

Diese Ausführung ist geeignet für unterschiedliche Volumenströme, wobei üblicherweise das Fluid mit dem größeren Volumenstrom um die Rohre und das Fluid mit dem geringeren Volumenstrom durch die Rohre geführt wird. Zu- und Ablauf des durch die Rohre strömenden Mediums erfolgt über Hauben. Eine erwünschte Führung der Stoffströme zum Erzielen einer zweckmäßigen Strömungsgeschwindigkeit kann sowohl im Mantelraum mittels Umlenksegmenten oder Umlenkscheiben/Umlenkring oder aber bei den Rohren mittels Trennwand in den Hauben erreicht werden (Bilder 8.2a bis 8.2d).

Um den α-Wert um die Rohre nicht zu stark zu reduzieren, ist es erforderlich, dass die Umlenkkammern seitlich möglichst abgedichtet sind (Bild 8.3), die Leckverluste durch die Bohrungen der Trennbleche nicht zu groß werden und der Abstand der Umlenkelemente nicht zu groß wird, da sonst mit einer Rohrparallelströmung statt mit einer Querströmung zu rechnen ist.

Der Wärmeübergangskoeffizient wird nach Abschnitt 4 berechnet. Hierbei ist als Anströmgeschwindigkeit (entsprechend Gl. 4.29) einzusetzen (Bild 8.4):

$$w_0 = \frac{\dot{V}}{D_i \cdot S} \qquad \text{(Gl. 8.8)}$$

Der dimensionslose Wärmeübergangskoeffizient (die Nu-Zahl) wird bestimmt zu:

$$Nu_{WT} = f_{WT} \cdot Nu_{Bündel} \qquad \text{(Gl. 8.9)}$$

üblich mit:

$0{,}4 < f_{WT} < 0{,}8$

Die Umlenkelemente werden auch als Stützbleche für die Rohre verwendet, wobei jedoch darauf zu achten ist, dass die Stützweite die zulässige freie Rohrlänge nicht überschreitet.

Dies ist erforderlich, um Rohrschwingungen zu vermeiden. Die Stützweite für den ungünstigsten Fall mit beidseitiger Flüssigkeitsbeaufschlagung beträgt (s. Abschnitt 7):

$$L \lessapprox 77 \cdot \frac{d_a}{\sqrt{w_e}} \text{ (m)} \qquad \text{(Gl. 8.10)}$$

mit:
w_e Geschwindigkeit an der engsten Stelle in m/s
d_a in m

Innenrohre werden im Durchmesserbereich von:

$d_a = 10 \ldots 57$ mm

verwendet.

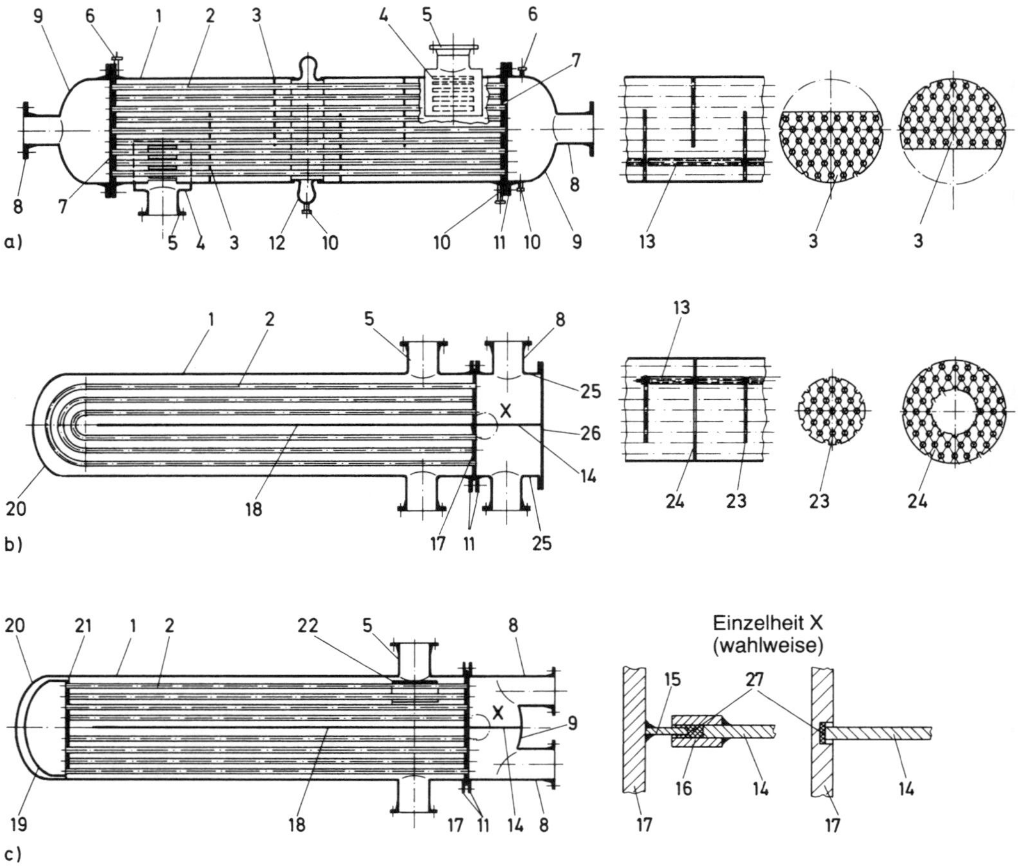

Bild 8.2a Rohrbündel-Wärmeaustauscher (nach DIN 28 183)

a) Rohrbündel-Wärmeaustauscher mit 2 festen Böden
b) Rohrbündel-Wärmeaustauscher mit Haarnadelrohren
c) Rohrbündel-Wärmeaustauscher mit Schwimmkopf

1 Mantel
2 Innenrohr
3 Umlenksegment
4 Manteleintritts- bzw. -austrittskammer
5 Mantelstutzen
6 Entlüftungsstutzen
7 Rohrboden, Rohrplatte
8 Haubenstutzen
9 Haube
10 Entleerungsstutzen
11 Apparateflansch
12 Dehnungsausgleicher
13 Abstandhalter
14 Trennwand
15 Dichtungssteg
16 Dichtungsleiste
17 Festkopfrohrboden
18 Längstrennwand
19 Schwimmkopfhaube
20 Boden
21 Schwimmkopfrohrboden
22 Prallplatte
23 Umlenkscheibe
24 Umlenkring
25 Kammermantel
26 Kammerdeckel
27 Dichtung

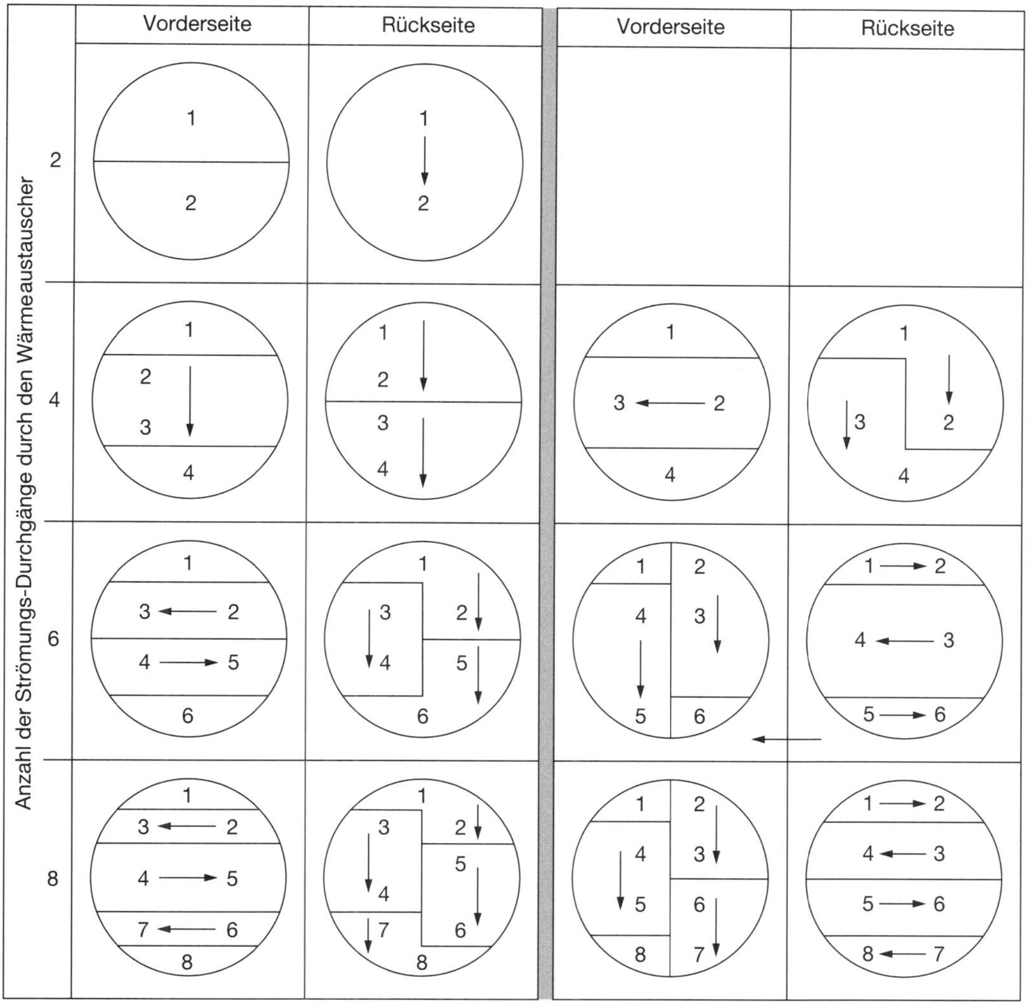

Bild 8.2b Typische Strömungs-Durchgangsformen in einem Rohrbündel-Wärmeaustauscher (durch die Rohre)

Als Vorzugsrohr wird das Rohr mit dem Außendurchmesser $d_a = 25$ mm eingesetzt, wobei zugleich als Teilung 32 mm zugrunde gelegt wird. Eine Reinigung des Innenrohrs ist hierbei ohne großen Aufwand möglich. Der Abstand zwischen den Mitten zweier gegenüberliegender Rohrreihen beträgt 44 mm. Bild 8.5 zeigt die typischen Abmessungen wie die installierte Heizfläche.

Eine der am häufigsten eingesetzten Wärmeaustauscher-Bauarten, neben den Gradrohr-Konstruktionen, ist der Rohrbündel-Wärmeaustauscher mit U-förmig gebogenen Rohren (Haarnadelrohren) gemäß Bild 8.2a, Teilbild b.

Da U-förmig gebogene Rohre bei temperaturbedingten Längenänderungen sich ungehindert ausdehnen können, wird keine zusätzliche Längenkompensation benötigt. Die Wärmeaustauscher können mit einer Verkleidung aus z. B. verzinktem Stahlblech und 100 mm starker Wärmedämmung, sowie Unterstützungssäulen geliefert werden. Die Apparate

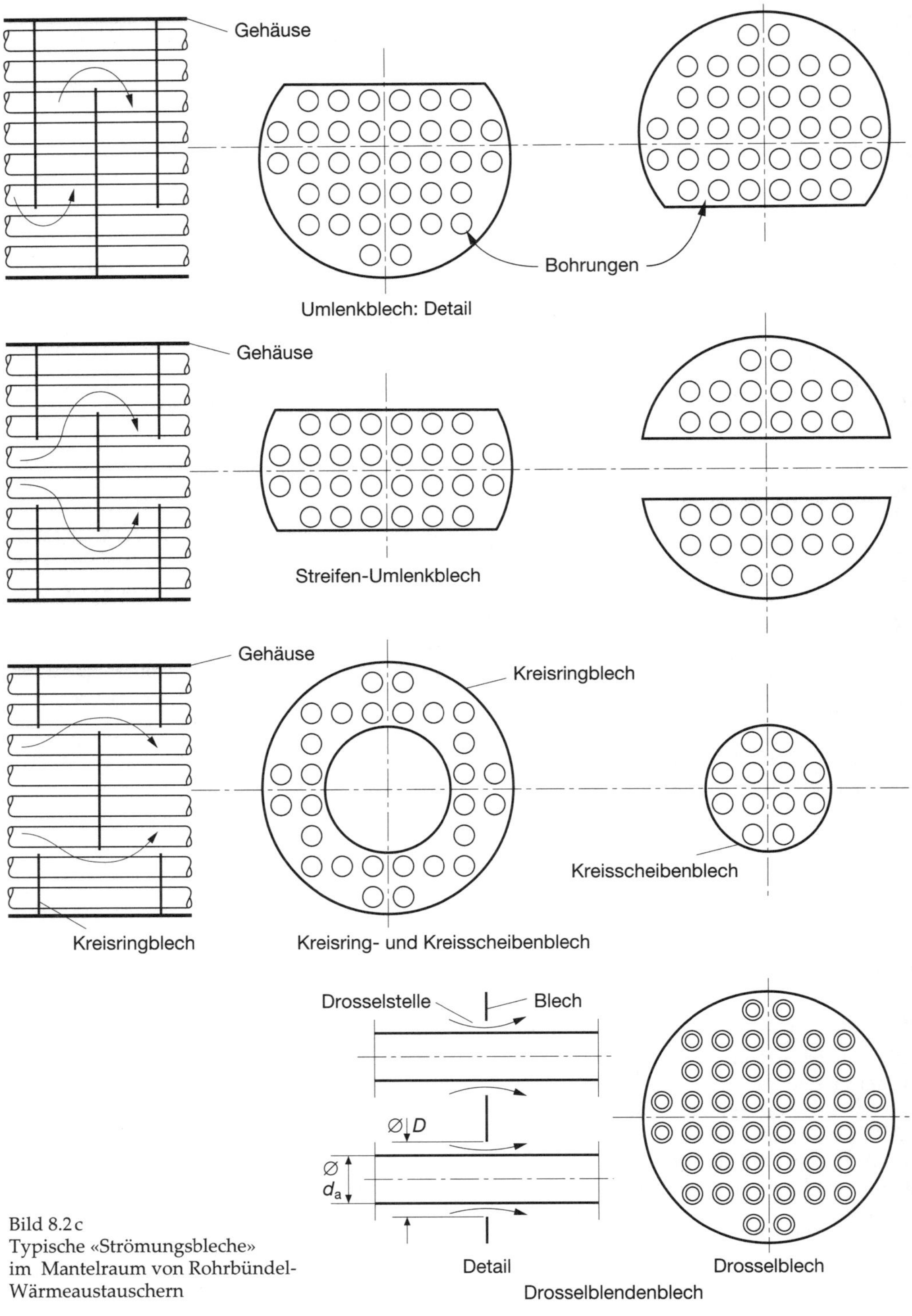

Bild 8.2 c
Typische «Strömungsbleche» im Mantelraum von Rohrbündel-Wärmeaustauschern

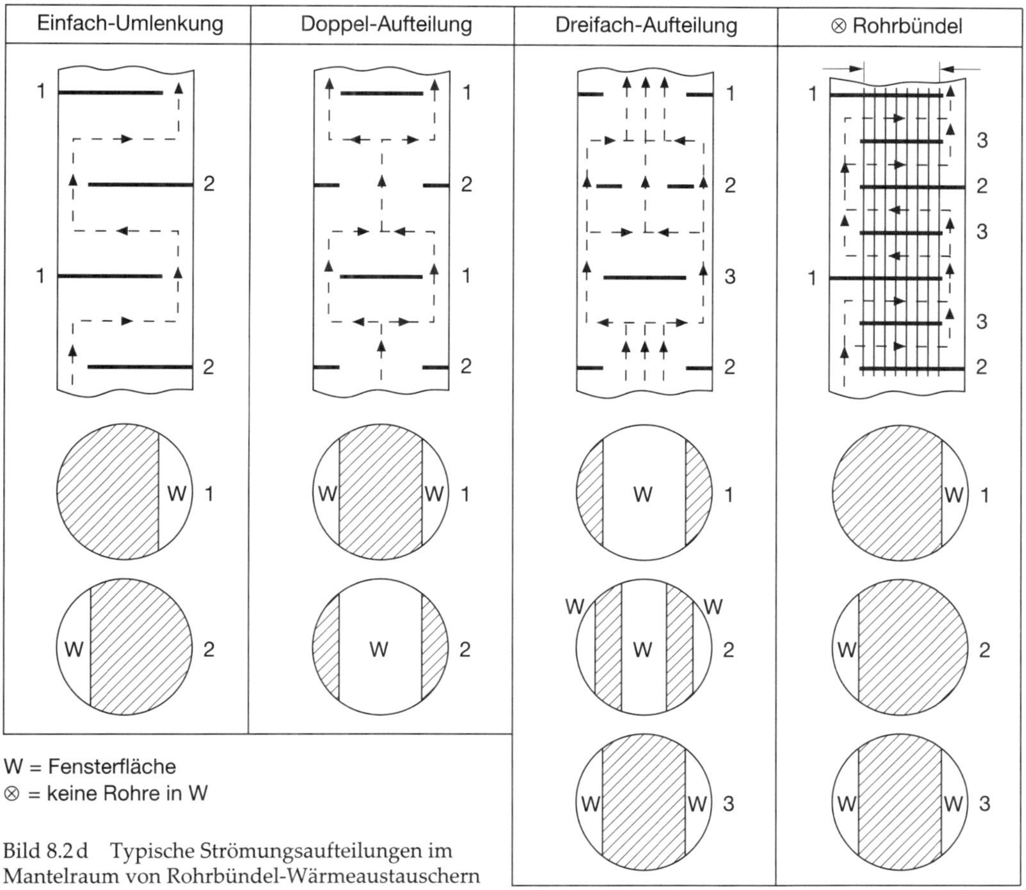

Bild 8.2d Typische Strömungsaufteilungen im Mantelraum von Rohrbündel-Wärmeaustauschern

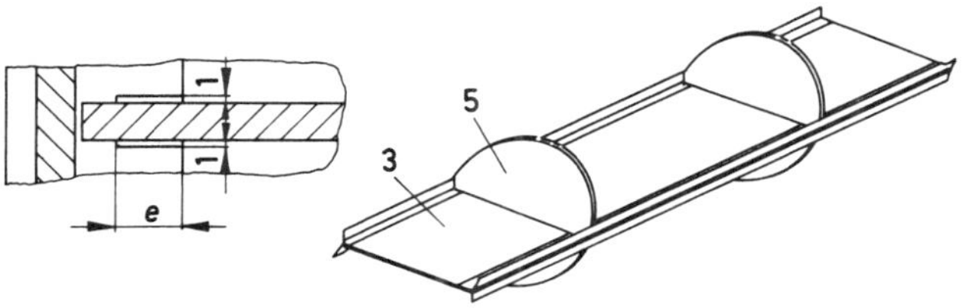

Bild 8.3
Abdichtung des Längstrennbleches in Hochleistungs-Wärmeaustauschern (Fa. Kempchen)

1 Lamellenträger
2 Lamellenpaket
3 Längstrennblech
4 Wärmeübertragermantel
5 Quertrennblech

werden nach den Regeln der Technik (üblicherweise nach der Druckgeräterichtlinie) berechnet, ausgelegt und hergestellt.

Flüssigbeheizung

Diese Wärmeaustauscher werden überwiegend im Gegenstromprinzip betrieben. Das aufheizende Medium wird i. Allg. durch die Rohre geschickt (Primärseite), während das abzukühlende Medium in entgegengesetzter Richtung um die Rohre fließt (Sekundärseite). Je nach Volumenstrom erhalten Primär- und Sekundärseite interne Umlenkungen und man gibt zur Kennzeichnung dem Wärmeübertra-

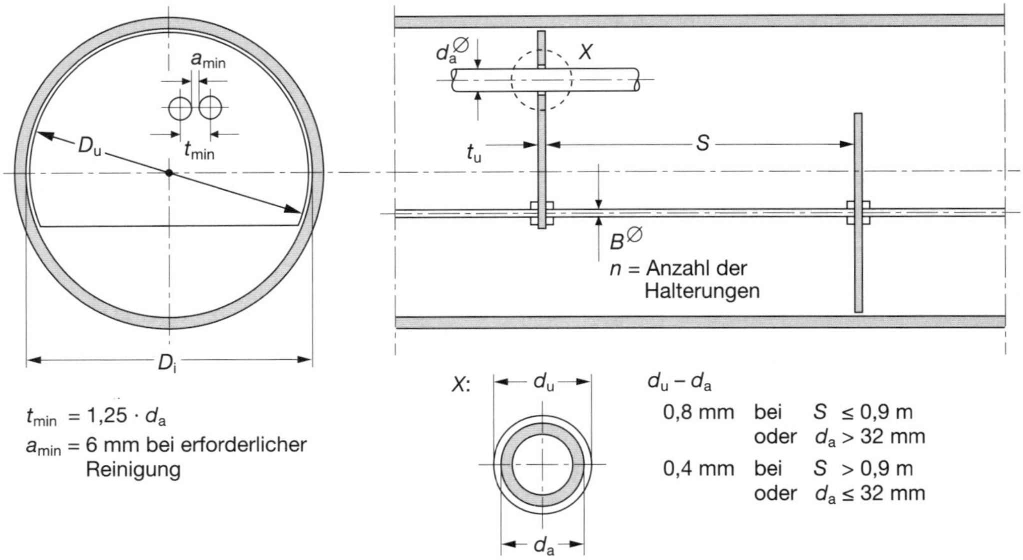

Maße in mm

D_i	$D_i - D_u$	t_u / S: 300	600	900	1200	1500	> 1500	B	n
≤ 400	3	1,5	3	5	6	9	9	10	4
> 400 ≤ 700	4	3	5	6	8	10	12	10	6
> 700 ≤ 1000	5	5	6	8	9	12	15	12	6
> 1000 ≤ 1200	6	6	6	9	12	15	15	12	8
> 1200 ≤ 1500	8	6	6	9	12	15	15	12	10

Bild 8.4
Kennzeichnende Größen für Rohrbündel-Wärmeaustauscher mit Umlenkblechen (in Anlehnung an TEMA)

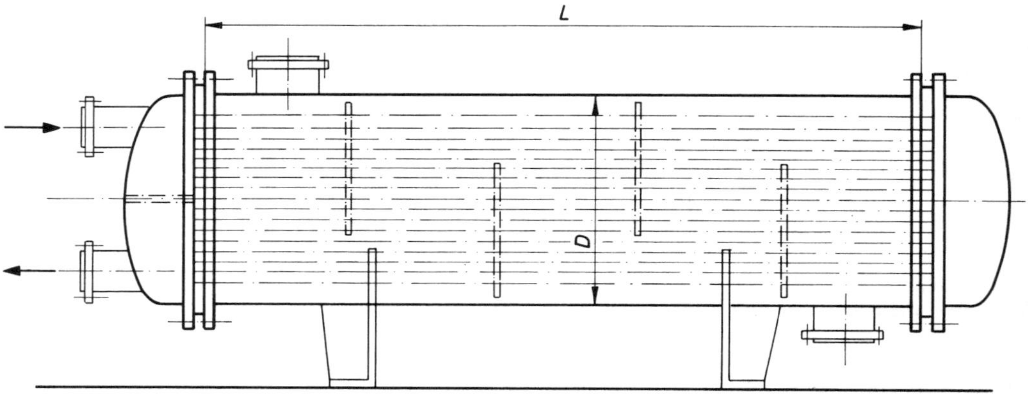

Bild 8.5 Hauptabmessungen sowie Heizfläche bei einem Rohrbündel-Wärmeaustauscher

zu Bild 8.5

Mantelaußendurchmesser	D	mm	219	267	324	419	508	600	700	800	900	1000	1100	1200
Innenrohr	d	mm	25 × 2	25 × 2	25 × 2	25 × 2	25 × 2	25 × 2	25 × 2	25 × 2	25 × 2	25 × 2	25 × 2	25 × 2
Rohrteilung	t	32 Δ	32 Δ	32 Δ	32 Δ	32 Δ	32 Δ	32 □	32 □	32 □	32 □	32 □	32 □	32 □
Anzahl der Rohre je Führung			11	18	30	57	83	111	156	206	264	334	411	486
Anzahl der Rohre			22	36	60	114	166	222	312	412	528	668	822	972
Anzahl der Führungen			2	2	2	2	2	2	2	2	2	2	2	2
Länge L in m			Austauschfläche A in m²											
1,0			1,5	2,6	4,3	8,2	12,0	16,0	22,5	29,7	38,1	48,3	59,4	70,2
1,5			2,3	3,9	6,5	12,3	18,0	24,0	33,8	44,6	57,7	72,4	89,1	105,3
2,0			3,1	5,2	8,6	16,4	24,0	32,1	45,1	59,5	76,3	96,6	118,8	140,5
2,5			3,9	6,5	10,8	20,6	30,0	40,1	56,4	74,4	95,4	120,7	148,5	175,6
3,0			4,7	7,8	13,0	24,7	36,0	48,1	67,6	89,3	114,5	144,9	178,2	210,7
4,0			6,3	10,4	17,3	32,9	48,0	64,2	90,2	119,1	152,6	193,2	237,7	281,0
5,0			7,9	13,0	21,7	41,2	60,0	80,2	112,8	148,9	190,8	241,5	297,1	351,3

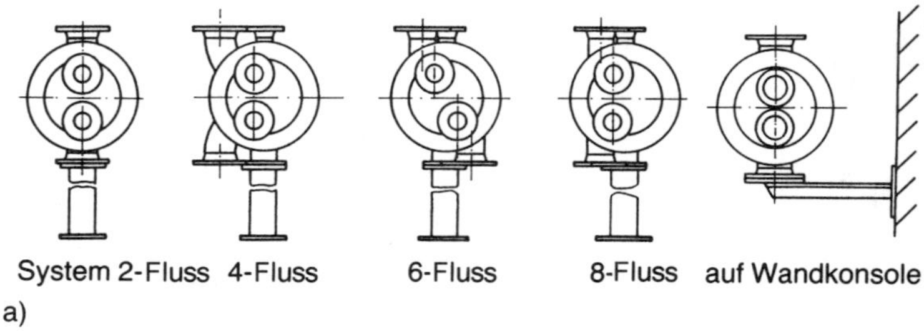

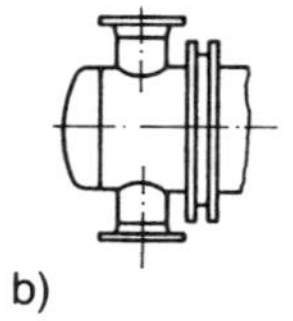

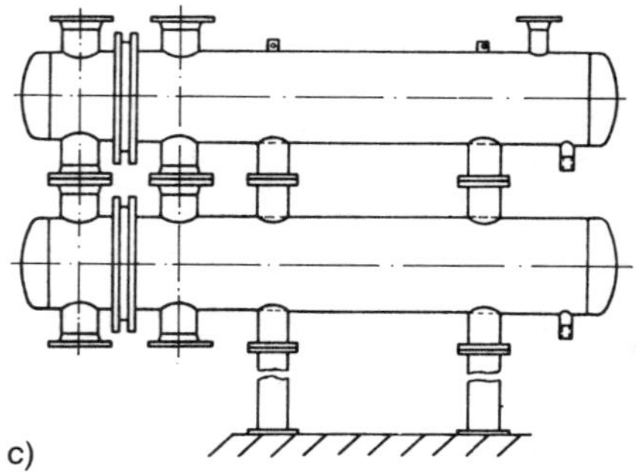

Bild 8.6
a) Verschiedene Arten von Strömungsführungen
b) Wärmeaustauscher mit zylindrischem Vorkopf
c) In-Reihe-Schaltung von Wärmeaustauschern

ger die Bezeichnung: 2-Fluss, 4-Fluss usw., bzw. 2-Wege, 4-Wege usw. (Bild 8.6 a). Bei Brauchwasser bzw. aggressiven Medien, z.B. Seewasser, soll das Heizmittel um die Rohre geführt werden. Vorkopf und Rohre sind einfacher und damit preisgünstiger druck- bzw. korrosionsfest herzustellen als der Behälter und die Einbauten wie Leitbleche, Laufschienen usw. Bei verschmutzten Medien, die durch die Rohre fließen, ist es vorteilhafter, gerade Rohrbündel zu verwenden, da sich die Bündel leichter reinigen lassen. Kleinere Wärmeaustauscher können statt auf Unterstützungssäulen auch auf Wandkonsolen montiert werden. Werden größere Anschlussnennweiten benötigt, kann der Wärmeaustauscher mit einem zylindrischen Vorkopf ausgerüstet werden (Bild 8.6b). Wenn die erforderliche Baulänge im vorgesehenen Raum nicht eingebaut werden kann, empfiehlt sich der Einsatz einer Zwillingskonstruktion (Bild 8.6c und 8.7).

Dampfbeheizung

Dampf mit über 0,5 bar Überdruck wird in den Rohrbündeln geführt, während das beheizte Medium durch das Gehäuse strömt. Bei stehender Ausführung wird der Dampf durch das Gehäuse geführt und das zu erwärmende Medium durch die Rohre.

Bei Niederdruckdampf bis 0,5 bar Überdruck wird der Dampf aus Verfahrensgründen meist im Gehäuse gefahren.

Je nach Anwendungesbereich und Betriebsverhältnissen werden überwiegend folgende Werkstoffe verarbeitet:

Wärmeübertragungsfläche: S235 G2T, S235 JR, SF-Kupfer, CuNi 30 Fe, Edelstahl Stoff-Nr. 1.4541, Edelstahl Stoff-Nr. 1.4571,

Rohrplatte: S235 JRG2, P265 GH, MS60 K (Muntzmetall), CuNi 30 SOFe, Edelstahl Stoff-Nr. 1.4541, Edelstahl Stoff-Nr. 1.4571

Vorkopf und Gehäuse: S235 G2T, P265 GH, SF-Kupfer, Edelstahl Stoff-Nr. 1.4541, Edelstahl Stoff-Nr. 1.4571

Die geeignete Bauform, Wegeführung und Apparategröße wird für jeden Bedarfsfall nach vorgegebenen Betriebsverhältnissen bestimmt. Dazu sind folgende Angaben notwendig:

1. Wärmeleistung (kW) oder aufzuheizende/abzukühlende Massenströme (kg/s)
2. Primär- und sekundärseitiger Betriebszustand

Bild 8.7 Praktische Ausführung (Fa. HTT). In Serie geschaltete U-Rohr-Wärmeaustauscher (Zwillingskonstruktion). Der untere Wärmeaustauscher wirkt als Erhitzer, der obere als Kühler

a) bei Dampf: Dampfdruck (bar) (bei überhitztem Dampf zusätzlich Dampftemperatur [°C])
b) bei Flüssigkeiten: Stoffart, Ein- und Austrittstemperatur (°C), Betriebsdruck (bar)

3. Größe (DN) und Nenndruck (PN) der Anschlüsse
4. Zulässiger Druckverlust der Primär- und Sekundärseite

In Bild 8.8 sind die Hauptmaße einschließlich Gewichte und Heizfläche eines 2-2-Wege-U-Rohr-Wärmeaustauschers aufgeführt.

Zur klaren Kennzeichnung von Wärmeaustauschern ist es sinnvoll, die Bauelemente durch Buchstaben gemäß Bild 8.9 in angegebener Reihenfolge zu bezeichnen.

Die empfohlenen Schweiß- und Walzverbindungen sind nach DIN 28182 aus Bild 8.10 a zu entnehmen.

Untersuchungen zeigten, dass die Ausführung B hinsichtlich der Lastwechselzahl bis zum Bruch den anderen Verbindungen überlegen ist. Diese Ausführung hat den größten Scherquerschnitt und wird besonders zur Aufnahme hoher Rohrkräfte angewendet. Die Ausführungen A und C liefern ebenfalls brauchbare Werte. Die Ausführung A bietet dabei wegen der einfacheren Schweißkantenvorbereitung wesentliche fertigungstechnische Vorteile, während bei der Ausführung C das Schweißgut in das Rohrinnere gelangen kann. Ein Vorteil der Ausführung C besteht jedoch darin, dass man eine sehr kleine Rohrteilung wählen kann, was zu kompakter Bauweise und Materialersparnis beim Rohrboden und Mantel führt. Die Ausführung E ist eine reine Dichtschweißung und sollte nur in Verbindung mit einer Haftwalzung verwendet werden. Ausführung F und G sind Walzverbindungen.

Ist eine gute Reinigung der Rohraußenseite erforderlich, kann neben der Dreiecksteilung auch die quadratische Teilung (mit den gleichen Maßen) verwendet werden (siehe DIN 28 184 T.2).

Für Nenndurchmesser des Mantels bis 600 mm wird jedoch wegen der geringen Anzahl der Rohrreihen grundsätzlich die Dreiecksteilung gewählt (siehe DIN 28 184 T.1 und T.3). Besteht keine Notwendigkeit der mechanischen Reinigung der Innenseite der Wärmeaustauscherrohre, kann der Rohrdurchmesser auch verkleinert werden, wie dies z. B. üblicherweise beim U-Rohr-Wärmeaustauscher praktiziert wird. Um höhere α_i-Werte zu erzielen, werden hierbei vorzugsweise Rohre mit den Abmessungen 12 × 1 bzw. 18 mm × 1,5 mm gewählt.

Dehnungsaufnahme

Wenn Rohre und Mantel über die Rohrhalteplatten fest verspannt sind, besteht ab bestimmten Temperaturdifferenzen die Gefahr, dass plastische Verformungen und – bei häufigem Lastwechsel – Brüche auftreten.

Gemäß der Grundgleichung für die Spannung:

$$\sigma = E \cdot \varepsilon \qquad \text{(Gl. 8.11)}$$

Ergibt sich mit der Dehnung

$$\varepsilon = \frac{\Delta L}{L} \qquad \text{(Gl. 8.12)}$$

die Spannung zu:

$$\sigma = E \cdot \frac{\Delta L}{L} \qquad \text{(Gl. 8.13)}$$

Die Längenänderung durch Wärmedehnung beträgt:

$$\Delta L = L \cdot \beta \cdot \Delta\vartheta \qquad \text{(Gl. 8.14)}$$

und eingesetzt:

$$\sigma = E \cdot \frac{L \cdot \beta \cdot \Delta\vartheta}{L} \qquad \text{(Gl. 8.15)}$$

Die Länge kürzt sich heraus, und es bleibt eine Werkstoffkenngröße übrig, die nur von der Temperatur beeinflusst wird.

$$\sigma = E \cdot \beta \cdot \Delta\vartheta \qquad \text{(Gl. 8.16)}$$

Die allgemeine Gleichung ist auch gültig für unterschiedliche Werkstoffe von Gehäusemänteln und Rohren (es ist mit Mittelwerten zu rechnen):

Wärmespannung im Mantel

$$\sigma_M = \frac{\beta_R \cdot \vartheta_R - \beta_M \cdot \vartheta_M}{\frac{1}{E_M} + \frac{A_M}{A_R} \cdot \frac{1}{E_R}} \qquad \text{(Gl. 8.17 a)}$$

Wärmespannung in den Randrohren

$$\sigma_R = \frac{\beta_M \cdot \vartheta_M - \beta_R \cdot \vartheta_R}{\frac{1}{E_R} + \frac{A_R}{A_M} \cdot \frac{1}{E_M}} \qquad \text{(Gl. 8.17 b)}$$

Diese Wärmespannungen, sind bei Vernachlässigung der Rohrplattendurchbiegung den mechanischen Spannungen zu überlagern. Treten Druckspannungen in den Randrohren auf, so sind zusätzlich die Knicklasten für die Randrohre zu überprüfen.

Grenzwerte

Sind gleiche Werkstoffe für Rohre und Mäntel vorgesehen sowie etwa gleiche, tragende Flächen, erhält man:

$\beta_R \approx \beta_M = \beta$

$E_R \approx E_M = E$ und

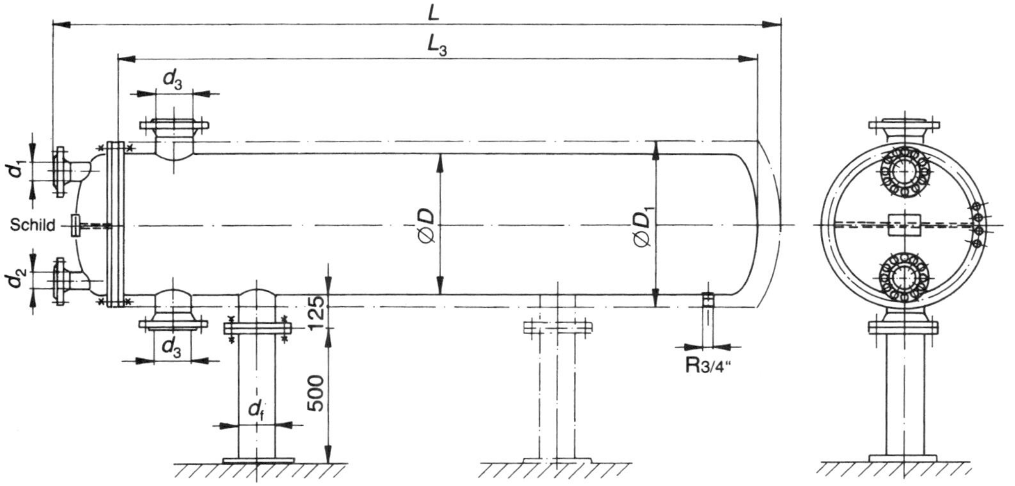

HF m²	*D*Ø mm	D_1Ø mm	L_3 mm	*L* mm	d_fØ mm	$d_1 = d_{2*)}$ DN	$d_{3*)}$ DN	Inhalt Gehäuse l	System[1] l	Gewicht[2] kg
0,5	139	230	630	905	1 × 60	25	32	8	1,5	48
1,25	139	230	1535	1810	1 × 60	25	32	20	3	77
1,5	168	260	982	1265	1 × 60	32	50	19	4	80
3,0	168	260	1930	2215	1 × 60	32	50	38	6	121
3,5	219	310	1063	1365	1 × 76	40	65	35	9	121
7,5	219	310	2216	2515	2 × 76	40	65	75	17	211
8,0	273	365	1435	1745	1 × 76	50	80	75	19	206
15	273	365	2625	2935	2 × 76	50	80	140	34	340
16	324	415	1889	2210	1 × 89	65	100	141	38	347
25	324	415	2900	3220	2 × 89	65	100	218	57	507
27,5	350	440	2578	2910	2 × 89	65	100	229	63	519
32,5	350	440	3029	3360	2 × 89	65	100	270	74	594
35	400	490	2462	2805	1 × 114	80	125	286	88	633
47,5	400	490	3298	3645	2 × 114	80	125	386	108	808
50	450	540	2651	3010	2 × 114	100	150	398	117	825
65	450	540	3410	3770	2 × 114	100	150	508	148	1024
70	500	610	2952	3320	2 × 139	125	200	542	164	1124
90	500	610	3754	4135	2 × 139	125	200	693	205	1377
95	550	660	3242	3620	2 × 168	125	200	723	221	1435
120	550	660	4054	4435	2 × 168	125	200	909	273	1740
130	600	710	3634	4030	2 × 168	150	250	968	300	1868
150	600	710	4166	4560	2 × 168	150	250	1114	342	2106
160	650	760	3775	4185	2 × 219	150	300	1176	367	2327
190	650	760	4447	4855	2 × 219	150	300	1391	429	2683
200	700	810	4020	4445	2 × 219	200	300	1455	456	2819
225	700	810	4498	4925	2 × 219	200	300	1633	508	3109
250	750	860	4427	4860	2 × 273	200	300	1836	568	3518
275	750	860	4847	5280	2 × 273	200	300	2015	620	3813
300	800	910	4594	5040	2 × 273	250	350	2171	622	4101
325	800	910	4956	5400	2 × 273	250	350	2346	734	4389
350	850	960	4674	5125	2 × 324	250	350	2496	794	4663

[1] System = Bündel (Rohr 12 × 1) und Vorkopf
[2] Gewicht mit Dämmung und Säulen, bei Stahlrohr 12 × 1,5, bei Betriebsdruck 10/10 bar
*) Die Anschluss-DN sind Mittelwerte.
Genaue Abmessungen sind in Abhängigkeit von der Leistung festzulegen

Bild 8.8 U-Rohr-Wärmeaustauscher, 2-2-Wege-Rohr, 12 mm Ø Heizfläche, Maße und Gewichte

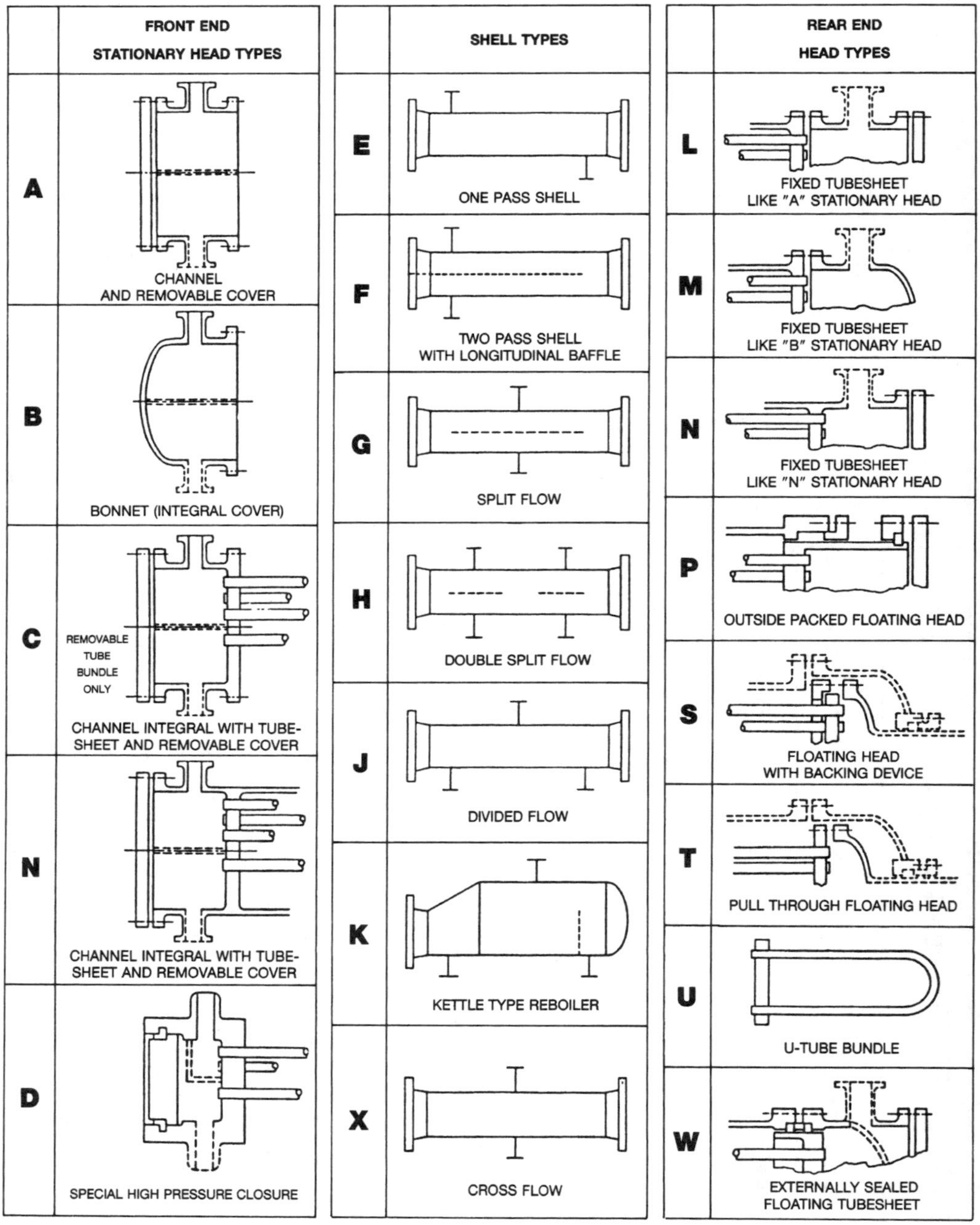

Bild 8.9 Bezeichnung von Rohrbündel-Wärmeaustauscher-Bauelementen nach TEMA [4.5]
Legende zu Bild 8.9

A Front End Stationary Head Types = Ausführung des festen Stirnbodens Channel and Removable Cover = Vorkammer und abnehmbarer Deckel

B Bonnet (Integral Cover) = Haubenboden (in einem Stück mit Mantel)

Legende zu Bild 8.9 (Fortsetzung)

C Removable Tube Bundle only = nur mit ausziehbarem Rohrbündel Channel Integral with Tube-Sheet and Removable Cover = Vorkammer in einem Stück mit dem Rohrboden, abnehmbarer Deckel

D Special High Pressure Closure = mit HD-Verschluss in Sonderausführung E Shell Types = Mantelausführungen One Pass Shell = Mantel mit einem Durchgang F Two Pass Shell with Longitudinal Baffle = Mantel mit 2 Durchgängen und längs eingebautem Leitblech

G Split Flow = geteilte Strömung

H Double Split Flow = doppelt geteilte Strömung

J Divided Flow = geteilte Strömung ohne Leitblech

K Kettle Type Reboiler = Kettle-Typ-Verdampfer

X Cross Flow = Kreuzstrom

L Rear End Head Types = Ausführung des hinteren Bodens Fixed Tubesheet Like «A» Stationary Head = fester Rohrboden, ähnlich dem festen Boden A

M Fixed Tubesheet Like «B» Stationary Head = fester Rohrboden, ähnlich dem festen Boden B

N Fixed Tubesheet Like «N» Stationary Head = fester Rohrboden, ähnlich dem festen Boden «N»

P Outside Packed Floating Head = außen dichtgepackter Schwimmkopf

S Floating Head with Backing Device = Schwimmkopf mit Gegenhalter

T Pull Through Floating Head = durchgezogener Schwimmkopf

U U-Tube Bundle = U-Rohrbündel

W Externally Sealed Floating Tubesheet = außen abgedichteter Schwimmkopf-Rohrboden

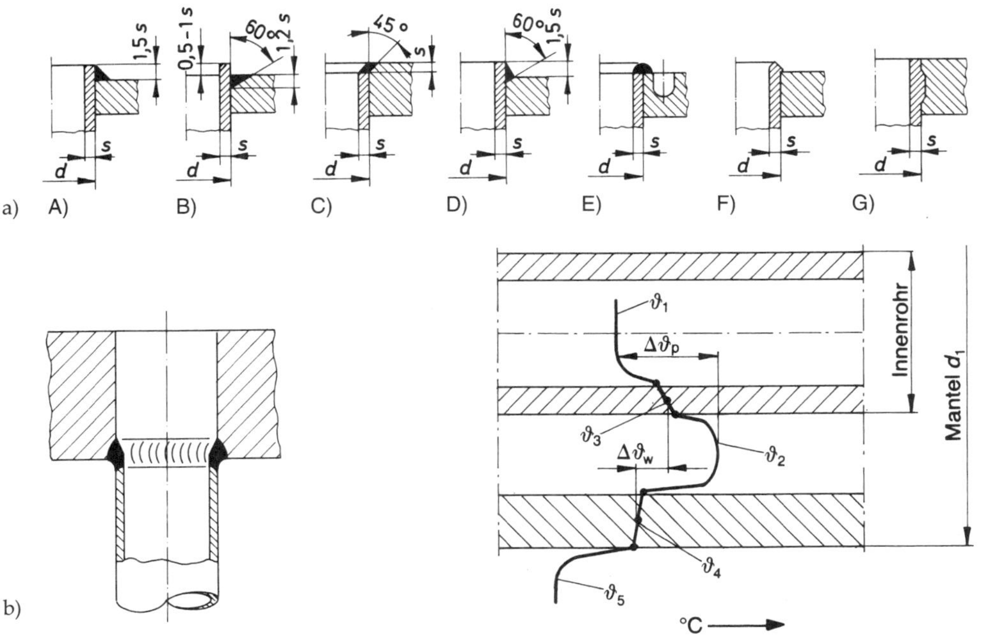

Bild 8.10 a) Einschweißverbindungen von Wärmeaustauscherrohren nach DIN 28182 (Erläuterungen s. Text) b) Temperaturverlauf im Rohrbündel-Wärmeaustauscher

ϑ_1 mittlere Temperatur in den Rohren
ϑ_2 mittlere Temperatur um die Rohre
ϑ_3 mittlere Wandtemperatur Innenrohr
ϑ_4 mittlere Wandtemperatur Mantel
ϑ_5 Umgebungstemperatur (gegebenenfalls Wärmedämmung berücksichtigen)
$\Delta\vartheta p$ mittlere Temperaturdifferenz der Medien
$\Delta\vartheta w$ zulässige Temperaturdifferenz

$A_R \approx A_M$

$$\sigma_{M,R} = \pm \frac{1}{2} \cdot E \cdot \beta \cdot (\vartheta_M - \vartheta_R) \qquad \text{(Gl. 8.17 c)}$$

Zulässige Temperaturdifferenzen
Die zulässige Temperaturdifferenz ($\Delta\vartheta_w$) sind die Differenzen zwischen der mittleren Wandtemperatur der Innenrohre und der mittleren Wandtemperatur des Mantels. Die auftretende Temperaturdifferenz ist aus den verfahrenstechnischen Daten für den ungünstigsten Fall zu ermitteln, eventuell unter Berücksichtigung des Anfahr- und Abstellzustandes. Der Temperaturverlauf ist in Bild 8.10 b dargestellt.

Kaltes Medium um die Rohre: Bei allen genormten Ausführungen und allen vorgesehenen Werkstoffen ist anzunehmen:

$\Delta\vartheta_{w,\,zul} \leq 30\,°C$

Bei dieser Beaufschlagung liegt die mittlere Wandtemperatur der Innenrohre über der des Mantels. Hierdurch werden die Innenrohre auf Knickung beansprucht. Durch die angegebene zulässige Temperaturdifferenz wird die resultierende Beanspruchung der Werkstoffe auf einen noch zulässigen Wert begrenzt. Bei Ausfall des kühleren Mediums um die Rohre kann die mittlere Wandtemperatur der Innenrohre fast der Temperatur des Mediums in den Rohren entsprechen, während die mittlere Wandtemperatur des Mantels nahezu konstant bleibt. Auch unter diesen Bedingungen soll die zulässige Temperaturdifferenz nicht überschritten werden.

Warmes Medium um die Rohre: Für Innenrohre und Mantel aus dem gleichen Werkstoff. Die Innenrohre werden nicht auf Knickung, sondern auf Zug beansprucht.

$\Delta\vartheta_{w,zul} \leq 40 \ldots 50\,°C$

Beispiel
Ein Wärmeaustauscher gemäß Bild 8.11 a) (starre Konstruktion) habe folgende Betriebsdaten:

- Werkstoff für Rohre und Mäntel aus austenitischem Stahl (Edelstahl, z. B. 1.4571)
- mittlere Temperatur der Rohre: $\vartheta_R = 100\,°C$
- mittlere Temperatur des Mantels: $\vartheta_M = 50\,°C$
- Längenausdehnungskoeffizient: $\beta_R = 16{,}5 \cdot 10^{-6}\,K^{-1}$ $\beta_M = 15{,}5 \cdot 10^{-6}\,K^{-1}$
- Flächenverhältnis: $A_R/A_M = 5$

E-Modul

$E_R = 193\,000\,N/mm^2$
$E_M = 197\,000\,N/mm^2$

Wärmespannung im Mantel

$$\sigma_M = \frac{16{,}5 \cdot 10^{-6} \cdot 100 - 15{,}5 \cdot 10^{-6} \cdot 50}{\frac{1}{197\,000} + 0{,}5 \cdot \frac{1}{193\,000}} = 143\,N/mm^2$$

Wärmespannung in den Randrohren

$$\sigma_R = \frac{15{,}5 \cdot 10^{-6} \cdot 50 - 16{,}5 \cdot 10^{-6} \cdot 100}{\frac{1}{193\,000} + 5 \cdot \frac{1}{197\,000}} = -29\,N/mm^2$$

- Die Näherungsgleichung Gl. 8.17 c ergibt eine Spannung von:
$$\sigma_{M.R} = \pm \frac{1}{2} \cdot 200\,000 \cdot 16 \cdot 10^{-6} \cdot (100 - 50) = \pm 80\,N/mm^2$$
- Würde man für den Mantel einen ferritischen Werkstoff wählen (z. B. P235) und die Rohre aus Edelstahl belassen, ergäben sich folgende Spannungen:
$\beta_M = 12 \cdot 10^{-6}\,K^{-1}$; $E_M = 205\,000\,N/mm^2$
$\sigma_M = 177\,N/mm^2$ und $\sigma_R = -36\,N/mm^2$
- Allgemein gilt, dass wesentliche Wärmespannungen zu erwarten sind, wenn

folgende Wärmedehnungsdifferenz auftritt:

$$|\beta_M \cdot \vartheta_M - \beta_R \cdot \vartheta_R| \geq 5 \cdot 10^{-4} \quad \text{(Gl. 8.17 d)}$$

Im Beispiel beträgt dieser Wert für:

Edelstahlwärmeaustauscher: $8{,}75 \cdot 10^{-4}$
Rohre Edelstahl/Mantel P235: $10{,}5 \cdot 10^{-4}$

somit sind wesentliche Wärmespannungen vorhanden.

Falls diese Temperaturdifferenz zwischen Innenrohr und Mantel überschritten wird, muss eine Dehnungskompensation vorgesehen werden.

Typische Beispiele sind:

a) Dehnungskompensator im Mantelrohr (Bild 8.11 b),
b) Rohrbündel-Wärmeaustauschermitschwingendem Kopf (Bild 8.11c),
c) U-Rohr-Wärmeaustauscher (Bild 8.11d).

Stutzendurchmesser
Bei Konstruktion und Auslegung ist grundsätzlich darauf zu achten, dass:

I) Die Anschlussnennweiten so groß gewählt werden, dass die Einströmgeschwindigkeiten bei nicht siedenden Flüssigkeiten ca. 2 m/s und bei Gasen und Dämpfen ca. 20 m/s nicht übersteigen.

Um Erosionen von Rohrbündelkomponenten in den Ein- und Austrittsbereichen zu vermeiden, sollen nach [4.5] die folgenden dynamischen Druckwerte nicht überschritten werden:

$$p_{dyn} = \frac{\varrho}{2} \cdot \overline{w}^2 \cdot (\text{N/m2}) \quad \text{(Gl. 8.18)}$$

Eintrittsbereich

$p_{dyn,\,E} \leqq 1150\ \text{N/m}^2$

für nicht korrosive und nicht schleifende 1-phasige Fluide;

$\leqq 375\ \text{N/m}^2$ für alle anderen Flüssigkeiten sowie für Flüssigkeiten am Siedepunkt.

Für alle anderen Gase und Flüssigkeiten sowie alle gesättigten Dämpfe und Mischungen aus Dampf und Flüssigkeiten ist ein Prallblech am Eintritt vorzusehen oder aber, wenn die obigen Daten bei den genannten Medien ebenfalls überschritten werden.

Austrittsbereich

$p_{dyn,\,A} \leqq 3000\ \text{N/m}^2$

Die zugehörige Grenzgeschwindigkeit ergibt sich durch Umstellen der Gleichung 8.18 zu:

$$w = \sqrt{\frac{2 \cdot p_{dyn}}{\varrho}} \quad \text{(Gl. 8.19)}$$

Bei $p_{dyn} = 1150\ \text{N/m}^2$ ergibt sich:
für Wasser mit $\varrho = 1000\ \text{kg/m}^3$: $w \leq 1{,}5$ m/s
für Luft mit $\varrho = 1\ \text{kg/m}^3$: $w \leq 48$ m/s
bei Heißwasser ($p_{dyn} = 375\ \text{N/m}^2$)
mit $\varrho = 900\ \text{kg/m}^3$: $w \leq 1$ m/s
Austritt: Wasser; $w \leq 2{,}5$ m/s

II) Die Strömungsrichtung ist so zu wählen, dass der natürliche Auftrieb berücksichtigt wird. Dies bedeutet, dass kaltes Medium unten eintreten und oben austreten soll.
III) In jedem Kammerbereich sowie auch am gesamten Wärmeübertrager sollte eine Entlüftungs- und eine Entleerungsmöglichkeit vorgesehen werden.

Beachtungsmerkmale
Die Berechnung der Wärmeübertragerfläche ist noch problembeladen. Besonders der Einfluss der Verschmutzungsfaktoren ist noch durch praktische Erfahrungen zu ergründen. Das Verhältnis bekannter Zahlenwerte von praktisch sauberem Medium bis stark verschmutzten Flüssigkeiten umspannt die Proportion von 1:50. Oftmals wird die Größe der Übertragungsfläche nur von den Widerständen der Verschmutzung bestimmt. In die praktisch abgesicherten Berechnungsformeln

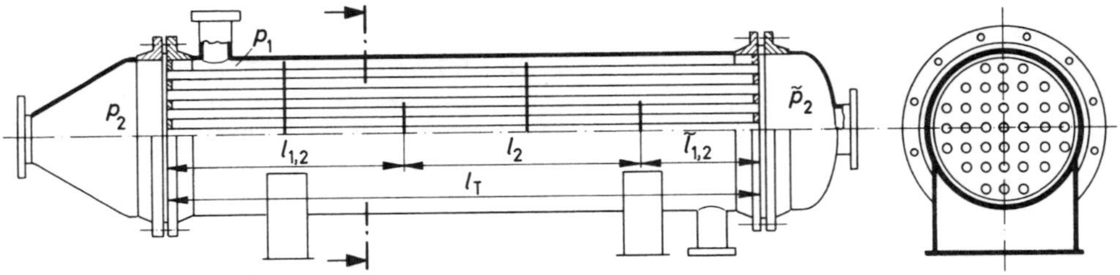

a) festes Rohrbündel ohne Kompensator – starre Konstruktion

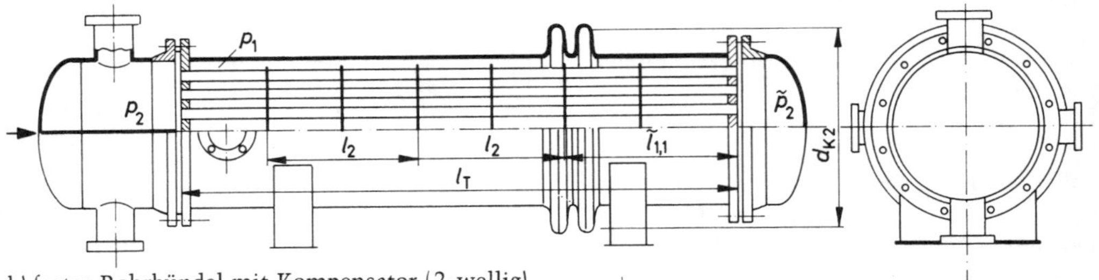

b) festes Rohrbündel mit Kompensator (2-wellig)

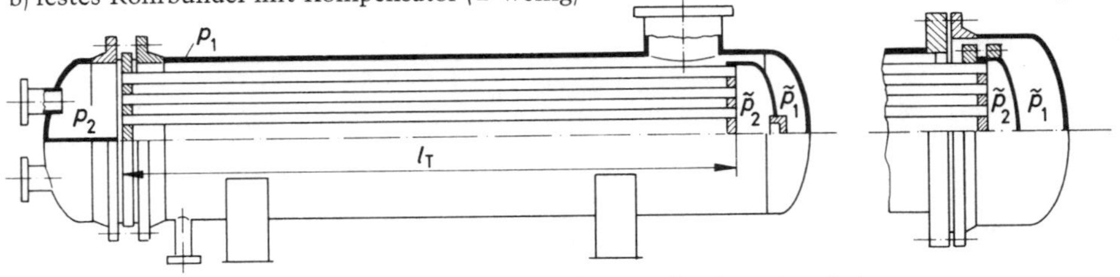

c) Schwimmkopf geschweißt (Variante rechts: Schwimmkopf geschraubt)

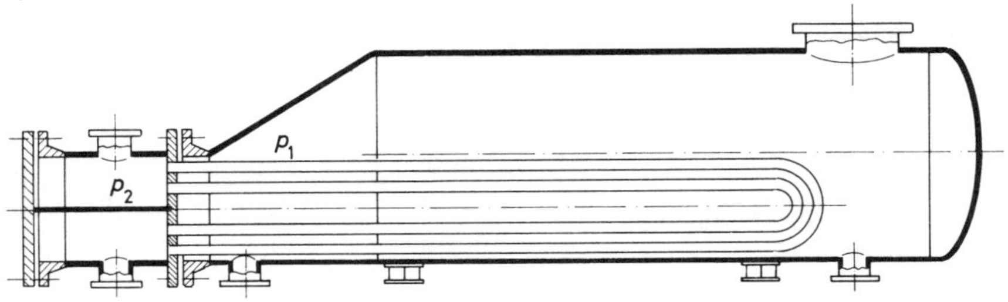

d) U-Rohre (Heizregister in größerem Behälter)

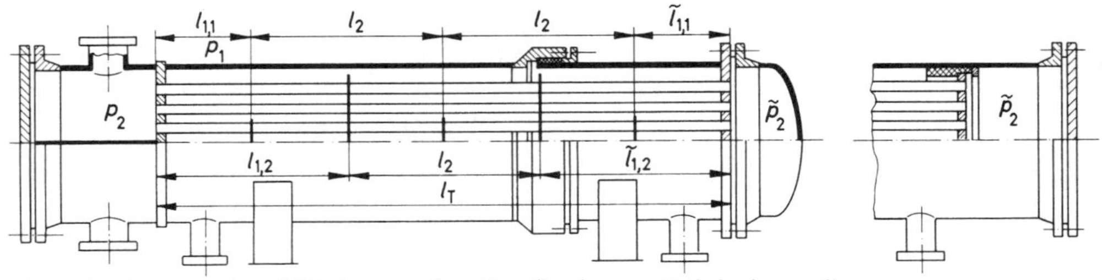

e) Stopfbuchse im Mantel (Variante rechts: Stopfbuchse am Rohrbodenrand)

Bild 8.11 Möglichkeiten der Dehnungsaufnahmen zwischen Rohrbündel und Gehäusemantel gehen die Verunreinigungen auf **beiden Seiten** der trennenden Rohrwand ein. Aus der Schmutzschichtdicke und deren Wärmeleitfähigkeit setzt sich der Widerstand zur Quotientenbildung zusammen (siehe Aufgabe 4.6). Erschwerend kommt hinzu, dass der Widerstandswert über die Betriebsdauer nicht konstant bleibt. Veränderte Strömungsverhältnisse führen ebenso wie geringfügige Produktwandlungen zu teilweise erheblichen Schwankungen der beabsichtigten Temperaturverhältnisse.

Der Grundaufbau eines Wärmeaustauschers nach DIN EN 247 bzw. in den USA nach TEMA [4.5] lässt erkennen, wie die Hauptoperationen des Wärmeaustauschers ablaufen.

Vereinfacht lassen sich die Anwendungsfelder mit dem erwarteten Ergebnis definieren. Diese Apparate arbeiten als Aufheizer, Kühler, Kondensator und Verdampfer.

Dabei ist zu bemerken, dass vom konstruktiven Aufbau und der verfahrenstechnischen Berechnung teilweise erhebliche Unterschiede bestehen. Ein Kühler kann nicht bedenkenlos als Kondensator eingesetzt werden, nur weil zufällig die stündlich übertragbaren Wärmemengen gleich sind.

Konstruktionselemente

An der Verbindungsstelle Rohr, Rohrboden, Flansch, Dichtung, Schraube sind folgende Einflussgrößen zu berücksichtigen:

Betriebsdruck (Überdruck oder Vakuum), Prozesstemperatur (Abfall der Streckgrenze), Werkstoffeigenschaften (z. B. DIN EN 13445-2). Besonderheiten beim Einsatz von Glas, Email, Keramik, Schweißbarkeit, Wärmedehnungen, Korrosionsverhalten, Änderung der Prozessdaten (z.B. des Aggregatzustands), Elementbildung, Dichtungsresistenz, Setzbeträge von Schraube und Dichtung, Montagebehandlung (torsionsfreies Anspannen), Schwingungseinflüsse, Prüfmöglichkeit (z. B. auf Dichtheit), Wartungsverhalten (z. B. Wiederberohrung), Reinigung von Rohr- und Mantelraum, Anfahr- und Abschaltbelastungen, Konservierungsmöglichkeiten in Unterbrechungsphasen, Dämmungsaufwand, Transportbelastungen, Verwendung von Normbauteilen, Fertigungseinflüsse (z. B. Drehen von Nut und Feder), Wärmebehandlungen, Risikominderung bei teilweisem Versagen der Rohreinschweißungen, Wiederbeschaffung von Ersatzteilen, unterschiedliche Berechnungsvorschriften, sicherheitstechnische Vorkehrungen (UVV) und Patentsituation.

Einige Konstruktionsbeispiele (Bild 8.12): Bild 8.12 a): Rohrbündel-Wärmeaustauscher, dicker Rohrboden aus Stabilitätsgründen, Rohre eingewalzt, zusätzliche Schweißraupe wegen Dichtheit, Ringnut am Rohrboden innen wegen Schweißanschluss an dünne Wand, dickere Rohrboden (Wanddickenverhältnis).

Bild 8.12 b): Rohrbündel-Wärmeaustauscher mit Ausdehnungskompensation, Stopfbuchsenkonstruktion am Mantelumfang, druckloser Betrieb, Rohre, Rohrboden und Haube aus austenitischem Werkstoff, lose Flanschverbindungen wegen schlechter Schweißmöglichkeit, Schraubenkraft wird durch geteilten Ring übertragen.

Bild 8.12 c): Rohrbündel-Wärmeaustauscher, Rohr, Rohrboden und Haube aus austenitischem Stahl, Rohre von aggressivem Medium durchströmt, zusätzliche Schweißdichtung (absolute Dichtheit).

Bild 8.12 d): Schwimmkopf-Wärmeaustauscher, Anwendung bei großen Temperaturschwankungen, freie Ausdehnungsmöglichkeit des Rohrbündels.

Bild 8.12 e): Rohrbündel-Wärmeaustauscher, Rohr und Rohrboden aus austenitischem Stahl, Hauben gummiert, aggressive Medien röhr- und mantelseitig.

Bild 8.12 f): Rohrbündel-Wärmeaustauscher mit Doppelboden, zweiter Boden als zusätzliche Sicherheit (giftige Medien), Bohrung zwischen den Böden als Kondensatableitung und Prüfbohrung.

Bild 8.12 g): Sicherheitsrohr als Doppelrohr mit Längskanälen im Außenrohr und 2 Rohrböden (meist mit Leckageüberwachung). Abdichtungsvarianten der Rohrplatten sind in Bild 8.13 dargestellt.

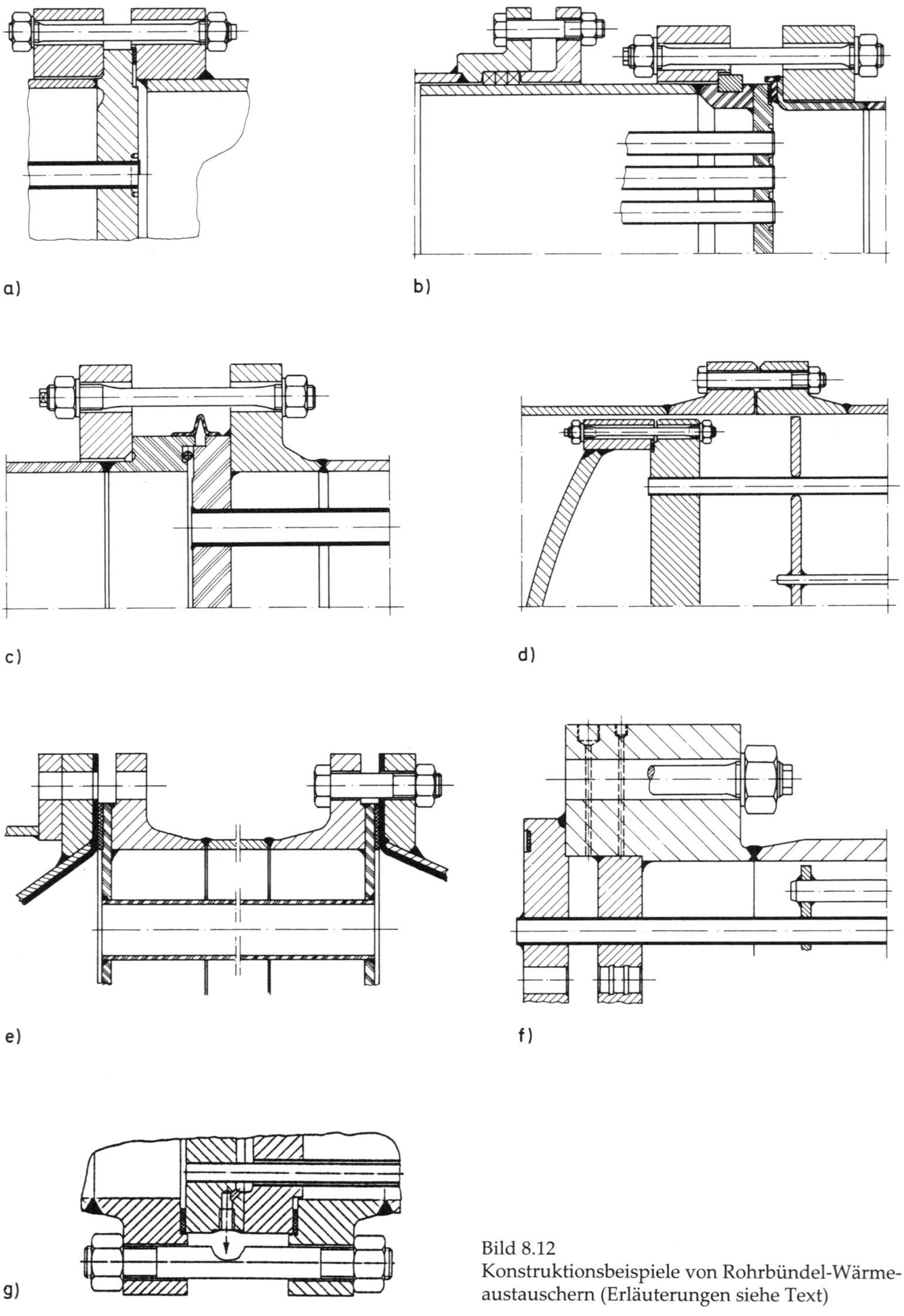

Bild 8.12
Konstruktionsbeispiele von Rohrbündel-Wärmeaustauschern (Erläuterungen siehe Text)

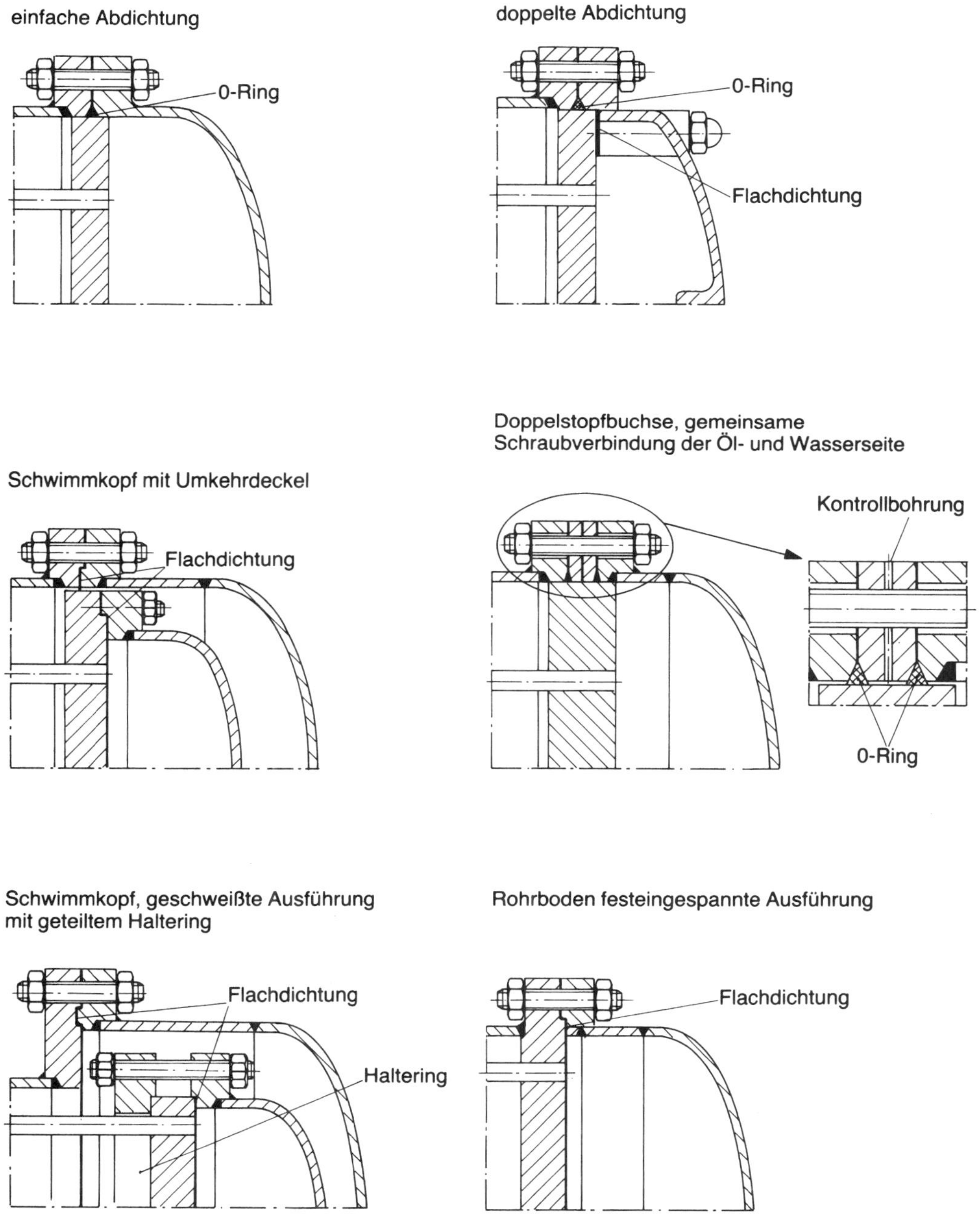

Bild 8.13 Abdichtungsvarianten der Rohrplatten bei Rohrbündel-Wärmeaustauschern (Fa. Oeltechnik)

8.3 Doppelrohr-Wärmeaustauscher

Wenn auf beiden Seiten mit etwa gleichen Volumenströmen zu rechnen ist und diese nicht zu groß sind, kann der Rohrbündelapparat auf einen Doppelrohrapparat reduziert werden (Bild 8.14a). Hierbei ist eine ideale Strömungsführung gegeben (z.B. reiner Gegenstrom). Wird der Apparat zu lang bzw. erhält er zu viele Umlenkungen, dann kann das Doppelrohr zu einem Rohrschlangensystem gebogen werden (Bild 8.14b). Eine Reinigungsmöglichkeit ist hierbei jedoch sehr schwierig und nur chemisch möglich.

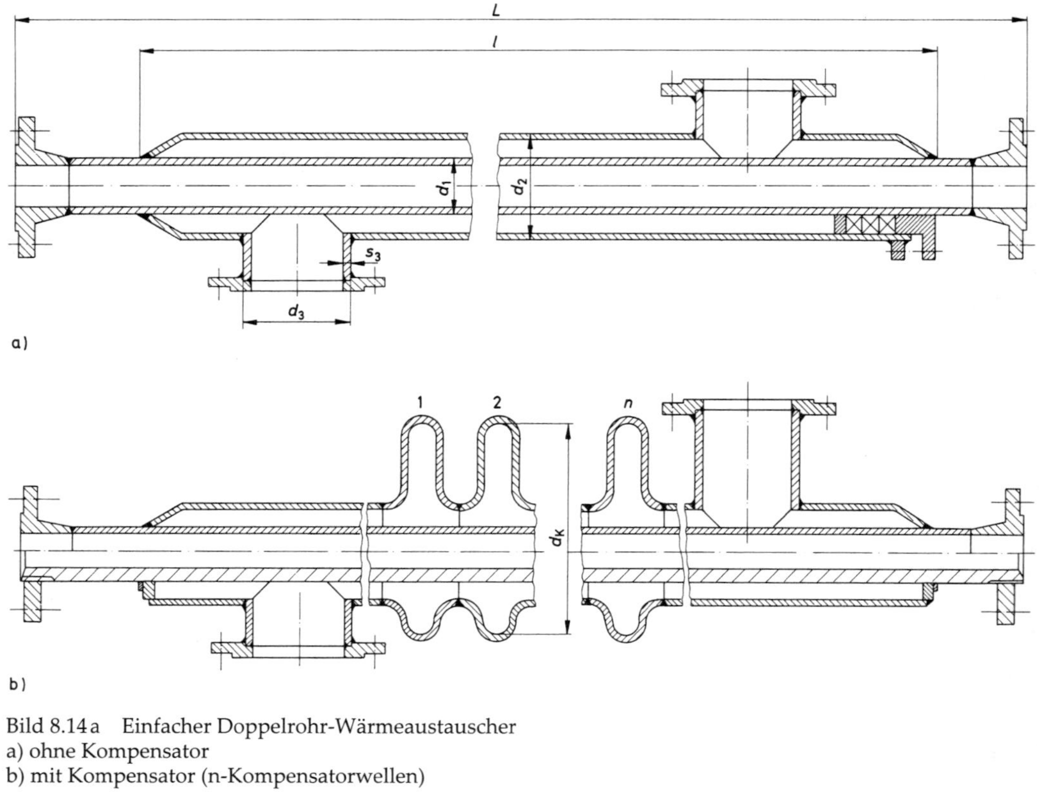

Bild 8.14a Einfacher Doppelrohr-Wärmeaustauscher
a) ohne Kompensator
b) mit Kompensator (n-Kompensatorwellen)

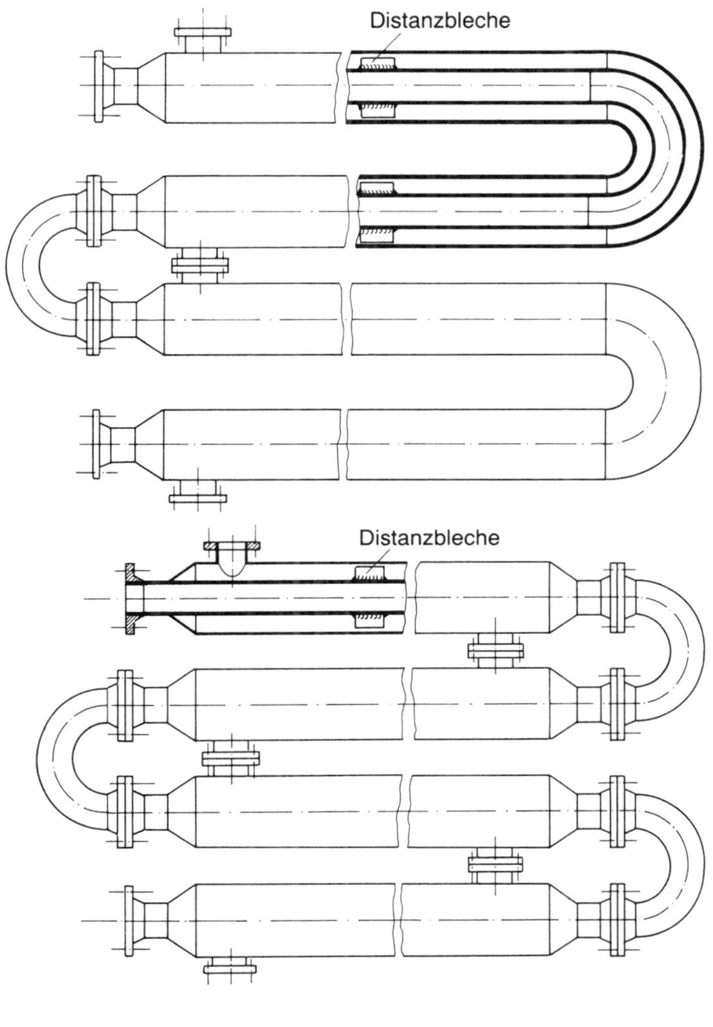

Bild 8.14b Doppelrohr-Wärmeaustauscher in Kaskadenbauweise

8.4 Rippenrohr-Wärmeaustauscher

Nehmen 2 Medien mit sehr unterschiedlichen α-Werten an der Wärmeübertragung teil, empfiehlt es sich, auf der Seite des Stoffes mit dem schlechteren α-Wert eine oberflächenvergrößernde Berippung der Grundfläche vorzusehen (Bild 8.15).

Diese Voraussetzung ist üblicherweise gegeben bei Gas-Flüssigkeits-Wärmeaustauschern. Um die Vorteile der Flächenvergrößerung zu erhalten, ist eine gute Verbindung von Rippenfläche mit dem Grundrohr erforderlich. Bei der Berechnung ist darauf zu achten, dass die Rippenfläche nicht beliebig vergrößert werden kann, sondern jede Rippenfläche einen Rippenwirkungsgrad besitzt, siehe [4.1].

Der Rippenabstand sollte bei Industrieluft minimal 4 mm (lichte Weite) betragen, wobei die Rippen auch fluchtend angeordnet sein müssen, um die Oberfläche reinigen zu können. Bei stark verschmutzten Gasen ist sogar mit einem Abstand von minimal 15 mm zu rechnen. In der Klimatechnik können auch Rippenabstände um 2 mm gewählt werden.

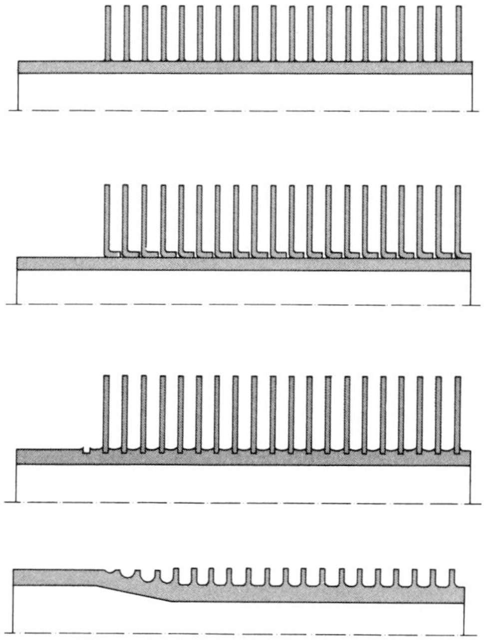

a)

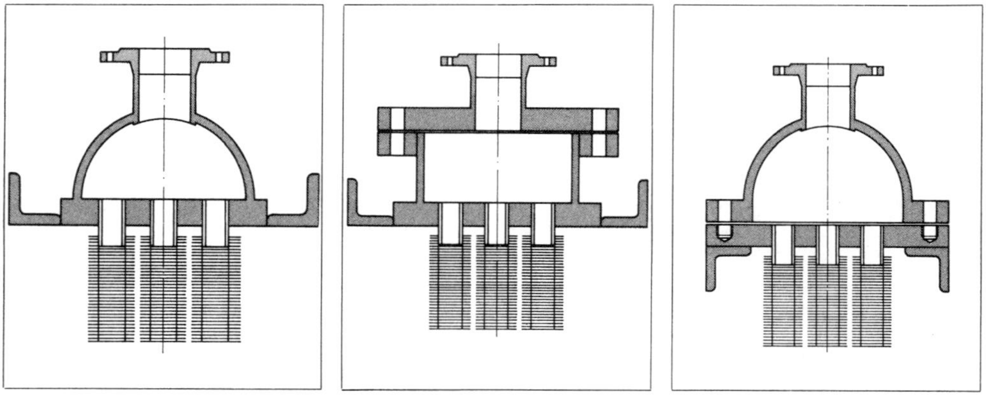

b) 1 2 3

Bild 8.15 Rippenrohr-Wärmeaustauscher
a) Rippenformen
b) Sammlerformen
1 Normausführung. Völlig geschweißte Konstruktion, Kammer und Rippenrohre verschweißt
2 Geschweißte Konstruktion mit abnehmbaren Kammerdeckeln. Die Rohre sind leicht von innen zu reinigen
3 Rippenrohre in Stahlböden eingewalzt, Kammer abnehmbar. Die Reinigung der Rohrinnenflächen sowie der Austausch von Rohren ist möglich

Bei der Berechnung des Wärmeübergangskoeffizienten an Rippenrohren ist zu beachten, dass bei hohem Rippenflächenanteil der α-Wert der überströmten Platte (Gl. 4.20) und bei kleinem Rippenflächenanteil dem des überströmten Rohres (Gl. 4.28) nahekommt. Für eine genaue Berechnung siehe [4.1 und 4.4]. Für den handelsüblichen Flächenbereich gilt (s. Abschnitt 5.7.5.1):

$$Nu_{\text{Rip}} \approx 0{,}5 \cdot Re_{\text{L}}^{0{,}55} \cdot Pr^{0{,}35} \qquad \text{(Gl. 8.20)}$$

gültig für:

$10^3 < Re_{\text{L}}' < 2 \cdot 10^4$

Die Entscheidung, ob man unverschweißte oder verschweißte Rippenrohre verwenden soll, hängt von vielen Einflussgrößen, insbesondere aber vom Temperaturniveau ab, bei dem die Rippenrohre eingesetzt werden. Bis zu ca. 350 °C lassen sich noch unverschweißte Rippenrohre verwenden, unabhängig davon, ob das wärmere Medium innen durch die Rohre strömt oder die Rohre außen umströmt. Oberhalb dieser Temperatur wird jedoch die Verwendung verschweißter Rippenrohre empfohlen. Durch Wahl einer größeren Rippendicke lässt sich die Temperaturgrenze noch zu erheblich höheren Werten verschieben. Hohe Gasgeschwindigkeiten können andererseits aber auch die Temperaturgrenze herabsetzen. Die höchstzulässige Temperatur für den Einsatz von Rippenrohren ist durch die Verzunderungsgrenze gegeben, die für übliche Kohlenstoffstähle bei ca. 520 °C liegt.

Eine Ablösung der Rippe vom Kernrohr wird in erster Linie dadurch verursacht, dass sich die Rippe aufgrund ihrer höheren Temperatur stärker ausdehnt als das Rohr. Maßgebend für die unterschiedliche Ausdehnung von Rippe und Rohr ist die Temperaturdifferenz, die zwischen Rippe und Rohr besteht. Einen Überblick über die Größe dieser Temperaturdifferenz erhält man mittels des Rippenwirkungsgrades η_{Rip}, der von den geometrischen Abmessungen der Rippe, der Wärmeleitfähigkeit des Rippenmaterials und des Wärmeübergangskoeffizienten abhängt. Auch auf der Flüssigkeitsseite müssen Temperaturdifferenzen beachtet werden (Bild 8.16a und 8.16b). Eine praktische Ausführung ist aus Bild 8.17a zu ersehen.

Bei Gas/Gas-Wärmeaustauschern können auch Rippenflächen verwendet werden. Jedoch müssen hierbei die Rippen auf beiden Seiten aufgebracht werden. Sind die Rippen hierbei noch ständig aufgeteilt, muss sich ständig die Grenzschicht neu bilden, und es ergeben sich höhere α-Werte (Bild 8.17b).

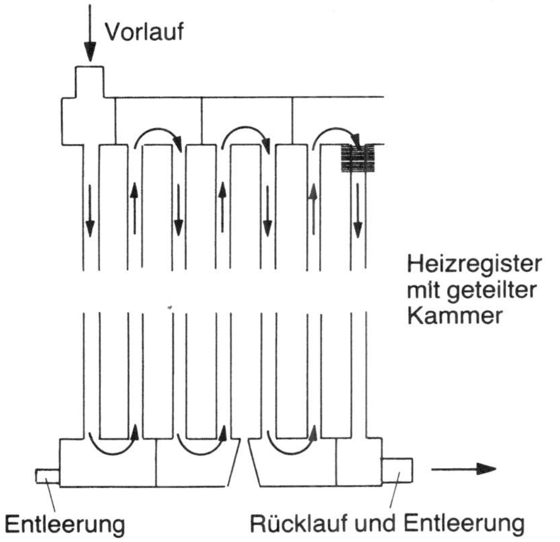

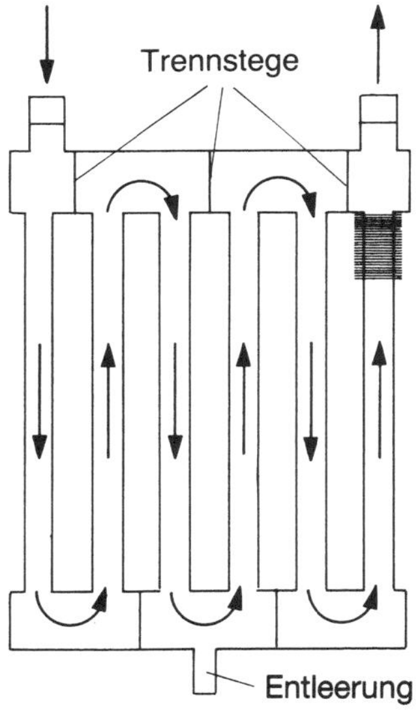

Bild 8.16a Beachtungsmerkmale beim Rippenrohr-Heizregister. Bei Wasserelementen sind in den Kammern Trennstege eingeschweißt, um eine größere Wassergeschwindigkeit und damit gute Wärmeübergangswerte zu erreichen, Entlüftung und Entleerung über kleine Bohrungen in den Trennstegen. Bei großer Temperaturdifferenz (40 °C und größer zwischen Vorlauf- und Rücklauftemperatur) werden Dehnungsunterschiede im Element durch geteilte Anschlussklammern berücksichtigt.

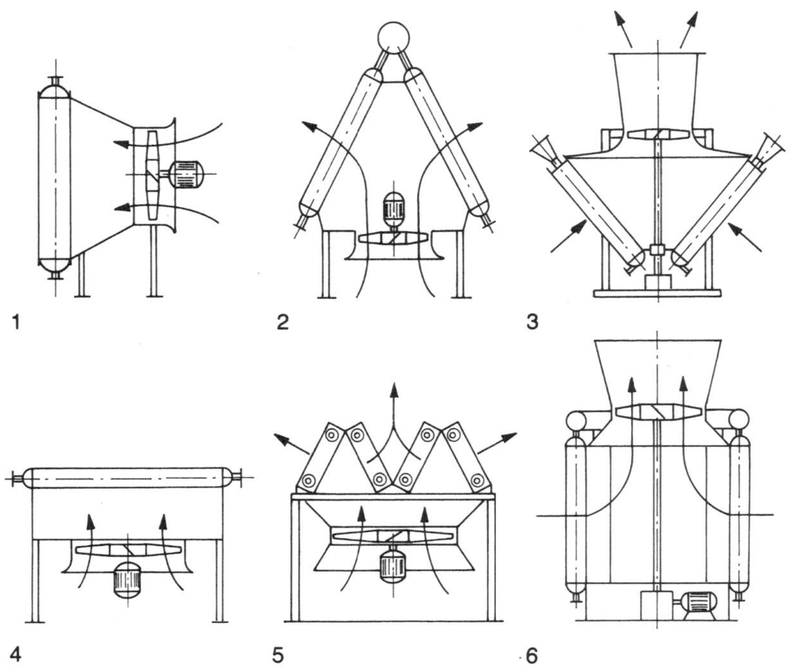

Bild 8.16b
Bau von luftgekühlten Wärmeaustauschern
1 stehende bzw. senkrechte Bauart;
2 Dachbauart;
3 V-Bauart;
4 Horizontalbauart;
5 Zick-Zack-Bauart;
6 Rundbauart

Bil 8.17a Praktische Ausführung von Rauchgas-Wasser-Wärmeaustauscher in Heizregister-Bauform (Fa. HTA)

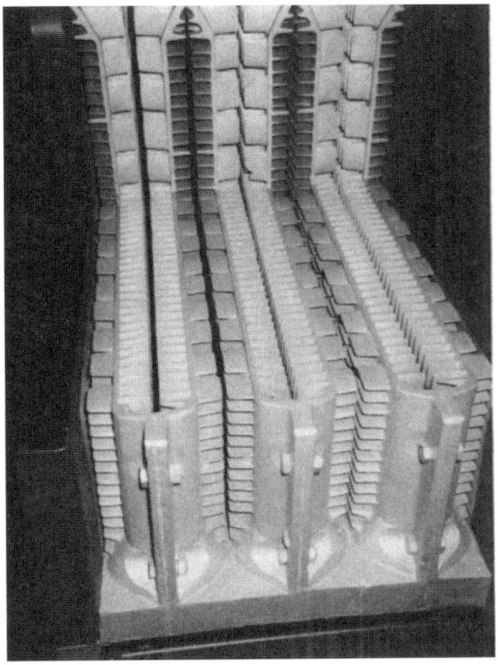

Bild 8.17b Doppel-Rippenplatten-Wärmeaustauscher für Gas/Gas (Fa. KABLITZ]

8.5 Kondensatoren

Durch Abkühlung kondensierbarer Dämpfe unter die Sättigungstemperatur bei zugehörigem Druck, tritt eine Aggregatzustandsänderung vom gasförmigen in den flüssigen Zustand ein.

Kondensatoren werden dort eingesetzt, wo:

1. ein möglichst hohes Vakuum benötigt wird, wie dies z. B. bei Dampfturbinen gewünscht wird;
2. die Wiedergewinnung des Kondensats erfolgen soll;
3. Niederschlag von Abdämpfen erforderlich wird;
4. das Kondensat zur Aufheizung bzw. zur Verdampfung dienen soll. Dies ist z. B. bei mit Dampf beheizten indirekt beheizten Dampferzeugern der Fall;
5. möglichst mit konstanter Temperatur geheizt werden soll.

Neben den Oberflächenkondensatoren (Bild 8.18a) gibt es auch Einspritzkondensatoren (Bild 8.18b).

Ein wichtiger Punkt ist das Entfernen von unkondensierbaren Gasen aus dem Kondensator. Diese reichern sich sonst an den Stellen niedrigsten Drucks (niedrigster Temperatur) an und bilden einen Wärmewiderstand. Da die Dämpfe hierdurch diffundieren müssen, um an die Kühlfläche zu gelangen, verringert sich der Dampfteildruck und damit das Temperaturgefälle. Kondensatoren sind daher bei Überdruck zu entlüften und bei Vakuumbetrieb durch Absaugen von Inertgasen freizuhalten. Als konstruktive Ausführung wird überwiegend die Form von liegenden Rohrbündelapparaten gewählt. Um etwa gleiche Dampfgeschwindigkeiten zu haben, wird der Dampf in keilförmige Gassen, die sich nach unten verjüngen, geführt.

Kühlwasserreinigungsmöglichkeit

Obwohl allgemein in Kühlwasserkreisläufen Vorreinigungsanlagen eingesetzt werden, trifft man immer wieder auf Kondensatoren, deren Rohrböden und Kühlrohre durch Grobteile verstopft sind.

Es handelt sich hierbei um 2 Arten von Grobteilen:

1. Tiere und Pflanzen, die in ihrem frühen Entwicklungsstadium wegen ihrer geringen Größe die Vorreinigungsanlagen passieren und dahinter wachsen; z. B. Muscheln und Algen.
   Muschel-Larven verankern sich mit Hilfe eines klebrigen Sekrets an den Rohr- und Kanalwänden hinter der Vorreinigungsanlage und wachsen dort auf Größen bis zu 100 mm.
   Sie werden durch den Kühlwasserstrom von den Wandungen abgelöst und in den Kondensator oder Wärmeaustauscher gespült. Dort verstopfen sie den Rohrboden und verklemmen sich in den Kühlrohren.
2. Grobteile, die durch defekte Abdichtungen der Siebbandanlagen, durch deren Überdruckklappe, als Carry-Over oder durch zu große Maschenweiten in die Kühlwasserkreisläufe gelangen.

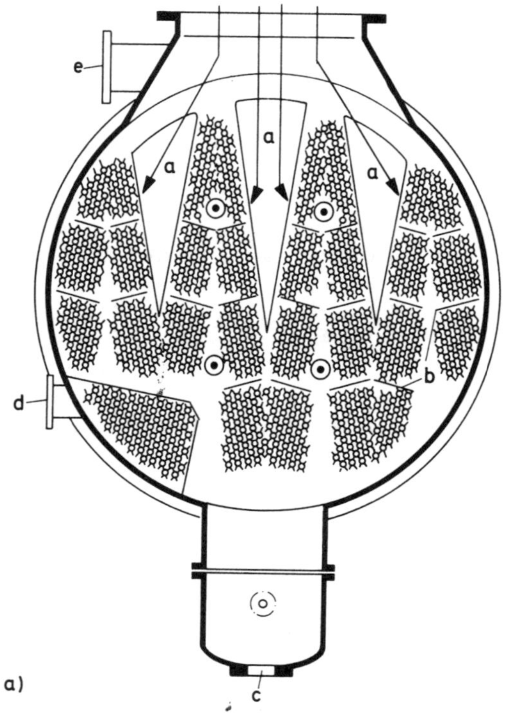

Bild 8.18a
Oberflächenkondensatoren
a) Dampfschlitze in der Rohrtragwand
b) Führungsbleche
c) Kondensataustritt
d) Luftsaugstutzen
e) Notauspuff

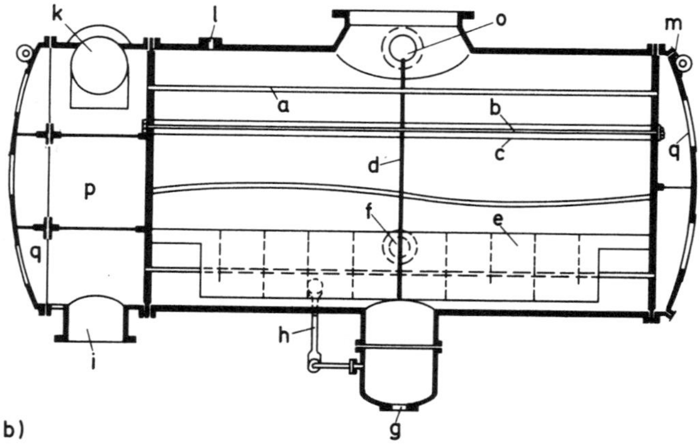

Bild 8.18b
Einspritzkondensatoren
a) Kühlrohre
b) Anker
c) Distanzrohre
d) Rohrtragwand
e) Luftkammer
f) Luftsaugstutzen
g) Kondensataustritt
h) Wasserstand
i) Wassereintritt
k) Wasseraustritt
l) Füllanschluss
m) Entlüftung
n) Entwässerung
o) Notauspuff
p) Wasserkammer
q) Putzöffnungen

Die Rohrboden- und Kühlrohrverstopfungen führen:

- zu einer Verminderung der verfügbaren Kühlflächen in den Kondensatoren und Wärmeaustauschern;
- zu einem Anstieg des Druckverlustes im Kondensator und Abnahme der Kühlwassermenge;
- zu einem Anstieg des Kondensatordruckes und damit Leistungsabfall des Turbosatzes
- zu einem Anstieg des Wärmeverbrauches;
- zur verstärkten Korrosion durch die anaerobe Zersetzung der in den verstopften Kühlrohren verbleibenden organischen Teile und Substanzen unter Bildung von Sulfiden und Ammoniak;

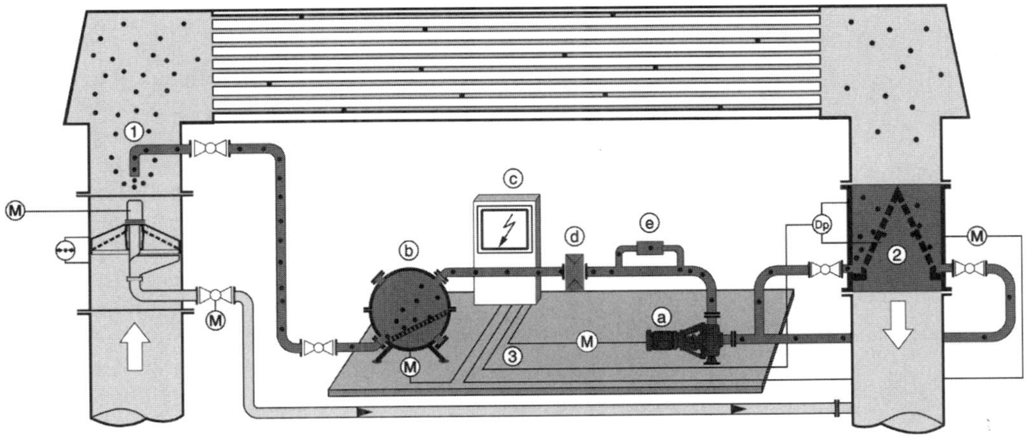

Bild 8.19a IN-TA-CT (R) für die Reinigung von Kondesatoren und Wärmeaustauschern
1 Kugeleinspeisung
2 Siebeinrichtung
3 Rückführaggregat

a Kugelrückführpumpe
b Kugelschleuse
c Steuerschrank
d Kugelumlaufüberwachung BRM
e Kugelwirksamkeitsüberwachung BEM

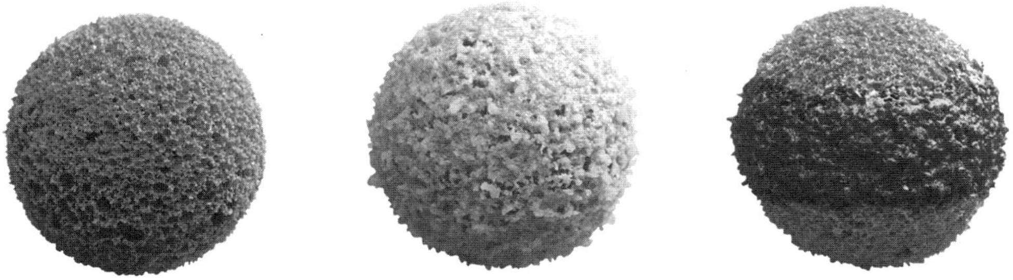

Bild 8.19b 3 Beispiele aus dem umfassenden TAPROGGE-Kugelsortiment für unterschiedliche Kühlrohrwerkstoffe, Temperaturen und Verschmutzungsarten

- zu einer Erosionskorrosion im Bereich des eingeklemmten Grobteiles im Kühlrohr durch turbulente Wasserströmung und erhöhte Wassergeschwindigkeit infolge Zerstörung der Schutzschicht.

Eine Lösung ergibt sich hierbei durch eine Kugelreinigungsanlage, wie sie Bild 8.19a zeigt. In Bild 8.19b ist das Kugelreinigungs-Sortiment dargestellt.

8.6 Verdampfer

Apparate, in denen eine Phasenumwandlung des Mediums von flüssig in dampfförmig erfolgt, nennt man Verdampfer. Sie stellen den umgekehrten Prozess dar wie die Kondensatoren in Abschnitt 8.5.

Ein großes Anwendungsgebiet stellen die reinen Dampferzeuger dar, die in den meisten Industriebetrieben eingesetzt werden.

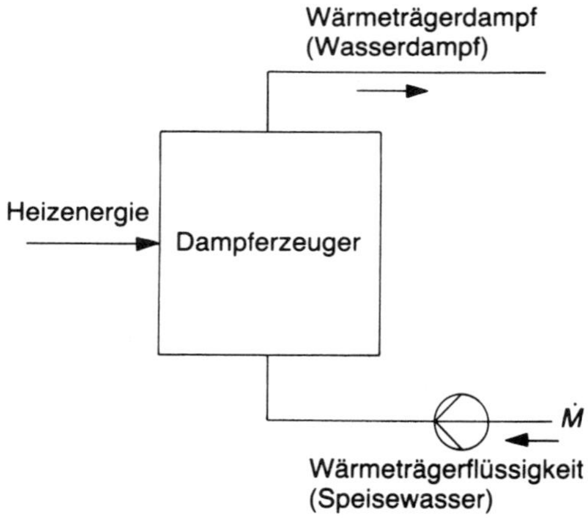

Bild 8.20 Grundschema eines Dampferzeugers

8.6.1 Dampferzeuger

Ein Dampferzeuger besteht im Wesentlichen (Bild 8.20) aus dem System Einspeiseflüssigkeit, (Wärmeträger), Verdampfer und Heizenergie. Die Heizquelle muss die Verdampfungsenthalpie zur Verdampfung der Flüssigkeit aufbringen.

Die Eignung eines Stoffes als Wärmeträger hängt neben vielen Faktoren insbesondere von der Wärmekapazität c und der Verdampfungsenthalpie Δh_v ab. Für die Wärmeübertragung ist die Wärmeleitfähigkeit eine der bestimmenden Größen. Wasser hat besonders günstige Voraussetzungen (siehe Tabelle 8.4).

8.6.1.1 Indirekt beheizte Dampferzeuger

Diese Art von Dampferzeuger (Bild 8.21 a) werden vorwiegend für industrielle Beheizung verwendet, wobei der Leistungsbereich von kleinsten Leistungen bis ca. 20 MW liegt.

Da bei dieser Form der Dampferzeugung, durch die fehlende Flammenstrahlung, die Verdampfung durch aufgeprägte Temperaturdifferenz $\Delta\vartheta = \vartheta_w - \vartheta_s$ erfolgt und nicht durch eine aufgeprägte Wärmestromdichte $\dot{q}$, können keine kritischen Verdampfungszustände mit Durchbrenngefahr der Rohre (Burnout) eintreten [4.1].

Dies ist wichtig, da selbst bei Filmverdampfung die Beheizungstemperatur die maximal mögliche Temperatur darstellt! Durch die geringe Wärmestromdichte sowie den genannten Selbstregeleffekt bestehen für diese Art von Dampferzeugern wesentlich geringere Sicherheitsanforderungen an Dampferzeuger-Überwachung sowie an die Wasserqualität. Ein Betrieb ohne besondere Beaufsichtung (BOB) ist sehr einfach möglich.

Eine praktische Ausführungsform zeigt Bild 8.21 b.

8.6.1.2 Befeuerte Dampferzeuger

Rauchrohrkessel

Für Drücke bis 25 bar und etwa 18 MW Leistung werden vorwiegend Flammrohr-Rauchrohrkessel eingesetzt. (Bild 8.22), bei denen die Rauchgase in den Rohren geführt werden.

Tabelle 8.4
Gegenüberstellung der physikalischen Daten der Wärmeträger: Wasser zu Diphenyl/Diphenyloxid

Medium	Spez. Wärmekapazität c_p	Spez. Verdampfungsenthalpie Δh_v	Wärme-leitfähigkeit λ
	kJ/(kg · K)	kJ/kg	W/(m · K)
Wasser (H_2O) $\vartheta_{Anw.} \approx 5 \ldots 700\,°C$	4,2	2257,3 bei 100 °C	0,65
Diphenyl/Diphenyloxid $\vartheta_{Anw.} \approx 20 \ldots 400\,°C$	2,1	ca. 300 bei 256 °C	0,10

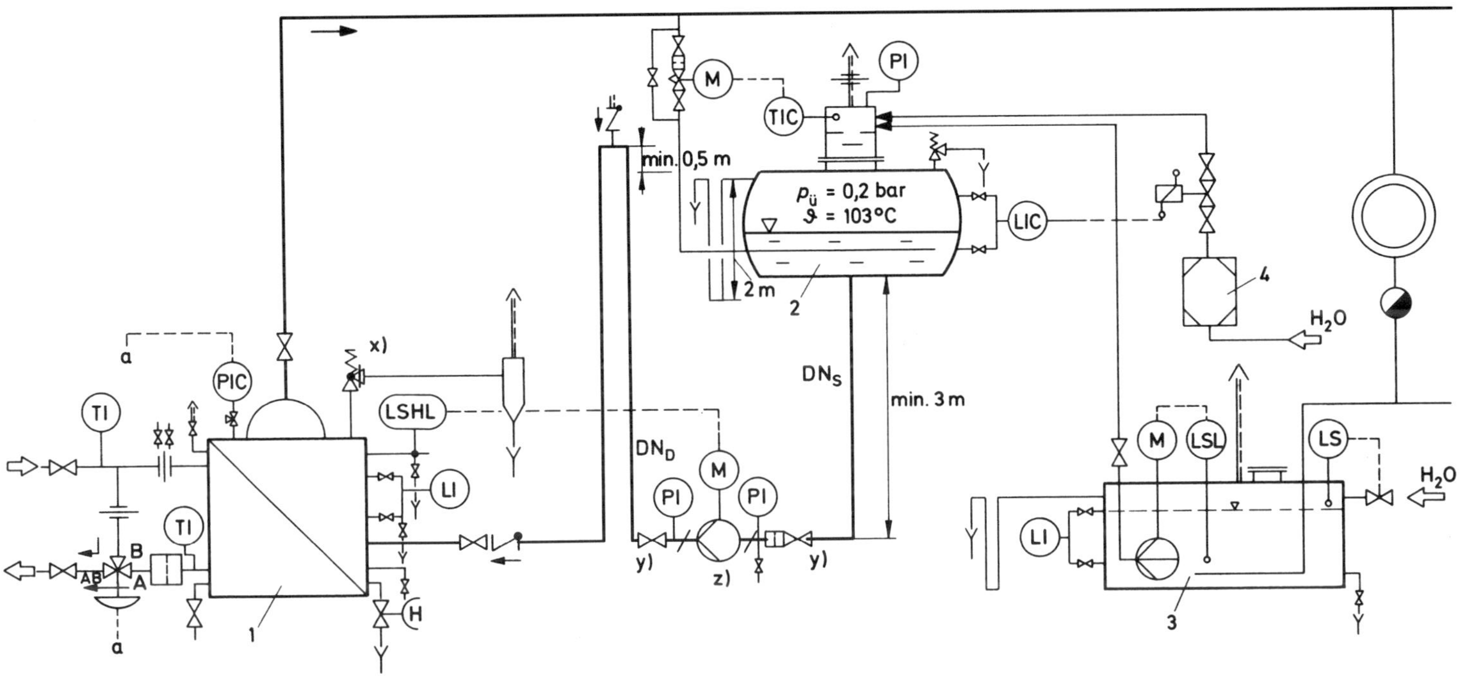

Bild 8.21a Indirekt beheizter Dampferzeuger
1 Dampferzeuger
2 Entgaser
3 Kondensatsammelbehälter
4 Speisewasseraufbereitung
Auslegungsrichtlinien
(Index: arb = max. Arbeitsdruck)

x) $p_{max} = \frac{p_{arb}}{0{,}88}$;

min. jedoch $p_{max} = p_{arb} + 3$ bar

y) Anhaltswerte für die Rohrleitungsnennweite; gegebenenfalls *NPSH*-Wert der Pumpe nachrechnen

Saugseite	$DN_s = DN_{s,\,Pumpe}$ + 2 Stufen
Druckseite	$DN_D = DN_{D,\,Pumpe}$ + 1 Stufe

z) Pumpendaten: $\dot{V}_p = 1{,}1 \cdot \dot{V}_{arb}$
$\Delta p = 1{,}1 \cdot p_{arb}$

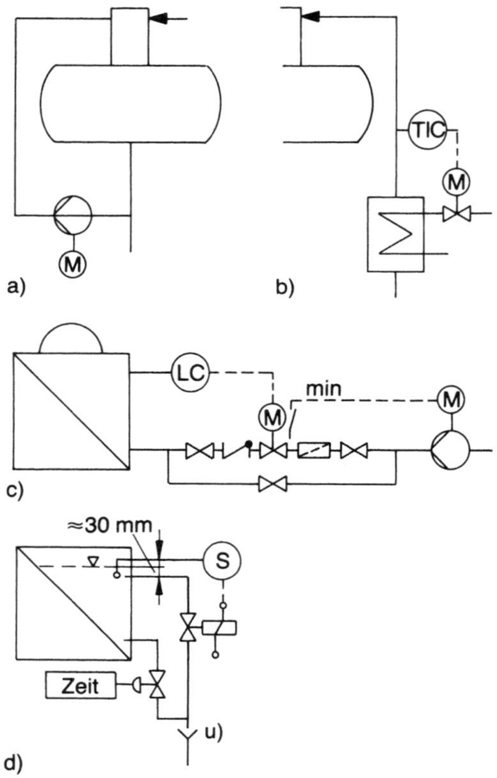

Ergänzung zu Bild 8.21 a
a) Entgaser mit Zirkulationspumpe zur Temperaturvergleichmäßigung
b) Speisewasservorwärmung
c) Stufenlose Dampferzeuger-Wassereinspeisung
d) Automatische Entsalzung und Entschlammung (S = Konzentration)
bei u) ist Wärmerückgewinnung möglich

Der Wasserinhalt ist im Verhältnis zur stündlich erzeugten Dampfmenge groß (Großwasserraumkessel) und erhöht die Speicherwirkung bei Druckschwankungen. Die Verdampferleistung ist auf 3,5 kg/s mit 1 und 7 kg/s mit 2 Flammenrohren begrenzt. Bei einer mittleren Heizflächenwärmestromdichte von $\dot{q} \approx 30\,000$ W/m^2 bei Öl- und Gasfeuerung ergeben sich somit Austauscherflächen bis 600 m^2.

Der Dampf kann auch durch zusätzliche Heizflächeneinbauten überhitzt werden bis ca. 450 °C. Der Überhitzer kann in die hintere Wendekammer (gegen Flammenstrahlung jedoch geschützt) als auch bei niedriger Überhitzung in die vordere Wendekammer (nach dem 2. Rauchrohrzug) eingebaut werden.

Wasserrohrkessel

Da Rauchrohrkessel für hohe Drücke und Temperaturen ungeeignet sind (z. B. große Wanddicken, Wärmespannungen), wurden die Wasserrohrkessel entwickelt. Beim Wasserrohrkessel wird – im Gegensatz zum Rauchrohrkessel – das zu verdampfende **Wasser in den Rohren** geführt.

Diese Rohre bilden Wand- und Bündelheizflächen, in denen die in der Feuerung freigesetzte Wärme an Wasser und Dampf übertragen wird. Die Kessel sind dabei so aufgebaut, dass ein Großteil der eingebrachten Wärme als Strahlungswärme übertragen wird (Strahlungskessel). Der Wasserinhalt ist geringer als beim vergleichbaren Rauchrohrkessel.

Die Siederohre der Wasserrohrkessel werden von einem Dampf-Wasser-Gemisch gekühlt, das im **Naturumlauf** durchströmt wird. Bei Naturumlaufkessel wird die Zirkulation im Verdampfer durch den Unterschied in der Dichte zwischen den beheizten und unbeheizten Rohren aufrechterhalten. Zum Vermeiden dadurch gegebener Einschränkungen der Konstruktion wurden die **Zwangumlaufkessel** entwickelt, bei denen das Wasser mit einer Umwälzpumpe durch die Rohre gedrückt wird. Bei beiden Bauarten muss das Dampf-Wasser-Gemisch in einer Trommel getrennt werden. Diese mit steigendem Druck und höherer Leistung immer teurer werdende Trommel entfällt beim **Zwangdurchlaufkessel**, bei dem ohne Wasserüberschuss verdampft wird. Wegen des verringerten Wasserinhalts sind diese Dampferzeuger schneller reaktionsfähig und im Aufbau einfacher. Grundform ist das beheizte Rohr – deshalb auch 1-Rohr-Kessel genannt –, in das Wasser eingespeist wird und aus dem (überhitzter) Dampf austritt. Der Durchfluss durch den Ekonomiser und Überhitzer wird bei allen Kesseltypen von der Speisepumpe aufrechterhalten.

Grundsätzlich unterscheidet man somit (Bild 8.23):

a) Naturumlaufkessel,
b) Zwangumlaufkessel,
c) Zwangdurchlaufkessel mit und ohne überlagertem Umlauf.

1) 

2) 

Bild 8.21 b Praktische Ausführungen von indirekt beheizten Dampferzeugern (Fa. HTT)
1) Mit Entgaser, Beheizung mittels Wärmeträgeröl (280 °C/240 °C)
2) Mit Kondensatwärme-Rückgewinnung zur Speisewasservorwärmung, Beheizung mittels Dampf (13 bar]

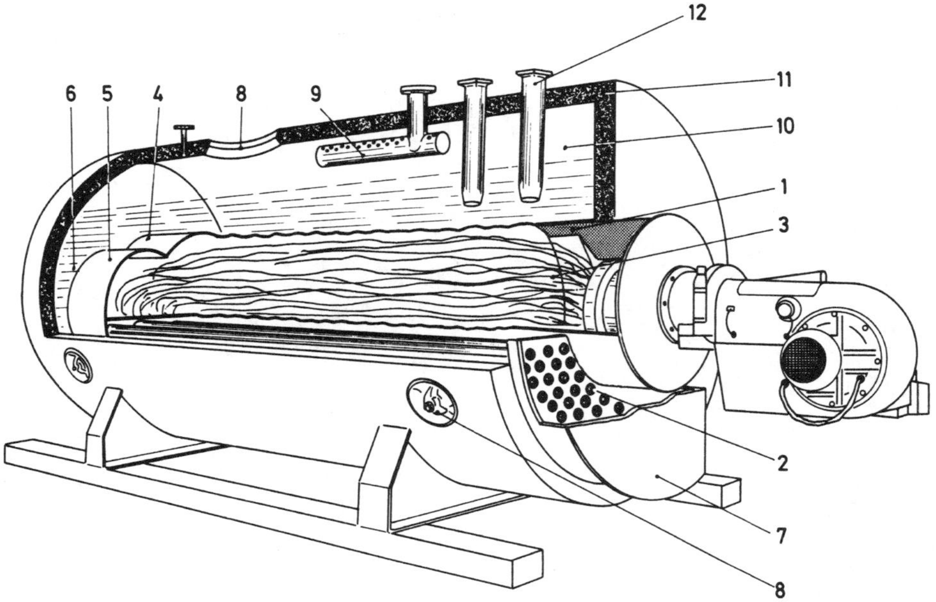

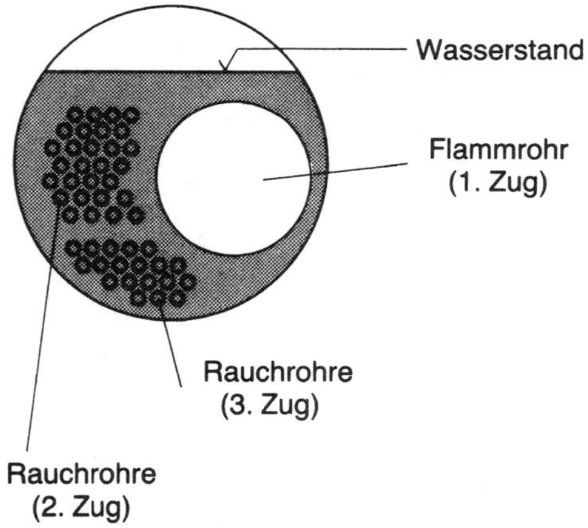

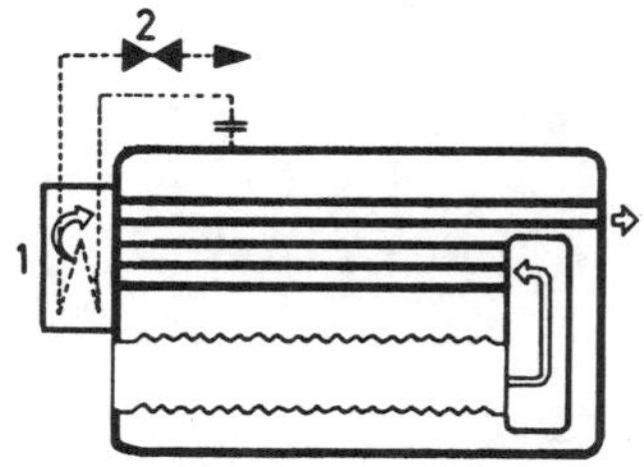

Möglichkeit der Überhitzeranordnung

1 Überhitzer
2 Heißdampfaustritt

Bild 8.22
Flammrohr-Rauchrohrkessel (3-Zug-Kessel) – Großwasserraumkessel (Fa. Loos, Offenbach)

1 Brennermuffel
2 Vordere Wendekammer (Ende 2. und Anfang 3. Rauchgaszug)
3 Flamme bzw. Flammrohr
4 Hintere Wendekammer (wassergekühlt)
5 Anschluss für Rauchrohre
6 Wasserraum
7 Reinigungsöffnung (rauchgasseitig)
8 Reinigungsöffnung (wasserseitig)
9 Dampfraumtrockner
10 Dampfraum
11 Wärmedämmung
12 Wasserstandsregler

Als weiteres Kriterium kann der Verdampferendpunkt, ob fest oder variabel, angesehen werden.

Naturumlaufkessel

Bei einem Wasserrohrkessel mit natürlichem Wasserumlauf müssen die beheizten Rohre so angeordnet sein, dass sich in ihnen – allein durch den Unterschied der Dichten in den beheizten Rohren und den unbeheizten Fallrohren – ein natürlicher Wasserumlauf bilden kann. Das heißt, das erwärmte Wasser oder die Dampfblasen müssen ohne Behinderung nach oben abströmen können.

Bild 8.24 zeigt solch einen Wasserrohrkessel mit natürlichem Wasserumlauf. Die Steigrohre sind beheizt; in ihnen strömt das Wasser nach oben.

Die Fallrohre, die das Wasser aus der Trommel – und beim Eckrohrkessel aus den Längs- und Quersammlern – den unteren Verteilern zuführen, sind in diesem Fall unbeheizt. Die Kessel sind etwa bis zur Trommelmitte mit Wasser gefüllt. Durch die Flamme und durch die Rauchgase wird das Wasser im Kessel erwärmt. Warmes Wasser hat eine kleinere Dichte als kaltes. Durch diese Unterschiede in den spezifischen Dichten steigt das warme Wasser nach oben, «kälteres» Wasser strömt nach. Wenn Dampfblasen entstehen, bildet sich ein Dampf-Wasser-Gemisch, dessen Dichte erheblich kleiner ist als das des Wassers, so dass ein intensiver Umlauf erfolgt.

Das heißt, das noch «stehende» Wasser wird erwärmt. Das wärmere Wasser steigt nach oben, kälteres Wasser strömt nach. Im Lauf der Zeit bilden sich Dampfblasen, die einen Teil des Wassers verdrängen. Der Umlauf beginnt. Die Entwicklung der Dampfblasen nimmt zu, und es entsteht ein Dampf-Wasser-Gemisch, das einen intensiven Wasserumlauf bewirkt.

In der Trommel, beim Eckrohrkessel schon in den Sammlern, findet die Trennung von Dampf und Wasser statt, und zwar dadurch, dass das Dampf-Wasser-Gemisch nicht mehr beheizt wird und durch den größeren Strömungsquerschnitt der Sammler und der Trommel so langsam strömt, dass eine Abscheidung des spezifisch schweren Wassers vom spezifisch leichteren Dampf erfolgen kann. Der entstandene Dampf wird aus der Trommel für die weitere Verwendung entnommen. Die Restwassermenge läuft weiter im Kessel um, d.h. Aufwärmung, Abziehen von Dampf usw. Das Verhältnis von umlaufender Wassermenge zur erzeugten Dampfmenge bezeichnet man als **Umwälzzahl**. Damit das Wasser im Kessel nicht weniger wird, wird die Menge, die an Dampf entnommen wird, an Wasser wieder nachgefüllt; man nennt das Nachspeisen.

Die Größe der umlaufenden Wassermenge ist abhängig vom Kesselsystem. Bei Naturumlaufkesseln liegt die Umwälzzahl zwischen 8 und 30, bei Zwangumlaufkesseln zwischen 3 und 12. Nur bei Durchlaufkesseln entspricht die nachgespeiste Wassermenge der entnommenen Dampfmenge. Das Wasser läuft nicht um, sondern durch: daher der Name des Kessels.

Konstruktionsrichtlinien

Fallrohrquerschnitt und Querschnitt der Überstromrohre zur Trommel sollten mindestens ⅓ bis ¼ des Querschnitts der zugehörigen Steigrohre betragen. Höhe der Gemischsäulen mit verschiedener Dichte möglichst groß dimensionieren (Beheizung der Steigrohre nur im oberen Teil vermeiden), äußerer Durchmesser der Steigrohre = 44,5 mm. Steigrohre mit stetiger Steigung versehen, da sonst Dampfsäcke und Strömungsunterbrechungen entstehen; die Steigung darf nicht zu flach gewählt werden (5…7° bei von unten, 10° bei von oben beheizten Rohren). Der Trommeldruck darf nicht zu hoch sein, da mit steigendem Druck die Differenz der Dichten von Wasser und Dampf geringer wird (um ausreichende Geschwindigkeit zu erzeugen, höchstens 180 bar). Ein Anschluss sehr verschieden beheizter Steigrohrsysteme an dasselbe Fallrohrsystem ist nicht ratsam (der stärker beheizte Teil zieht so viel Wasser ab, dass im schwächer beheizten Teil zu geringe oder sogar nach unten gerichtete Wassergeschwindigkeiten entstehen, sog. Umkehrrohre, in denen Dampfblasen nach oben steigen und Wasser nach unten strömt – bei großen Rohrbündeln nicht immer vermeidbar. Dadurch

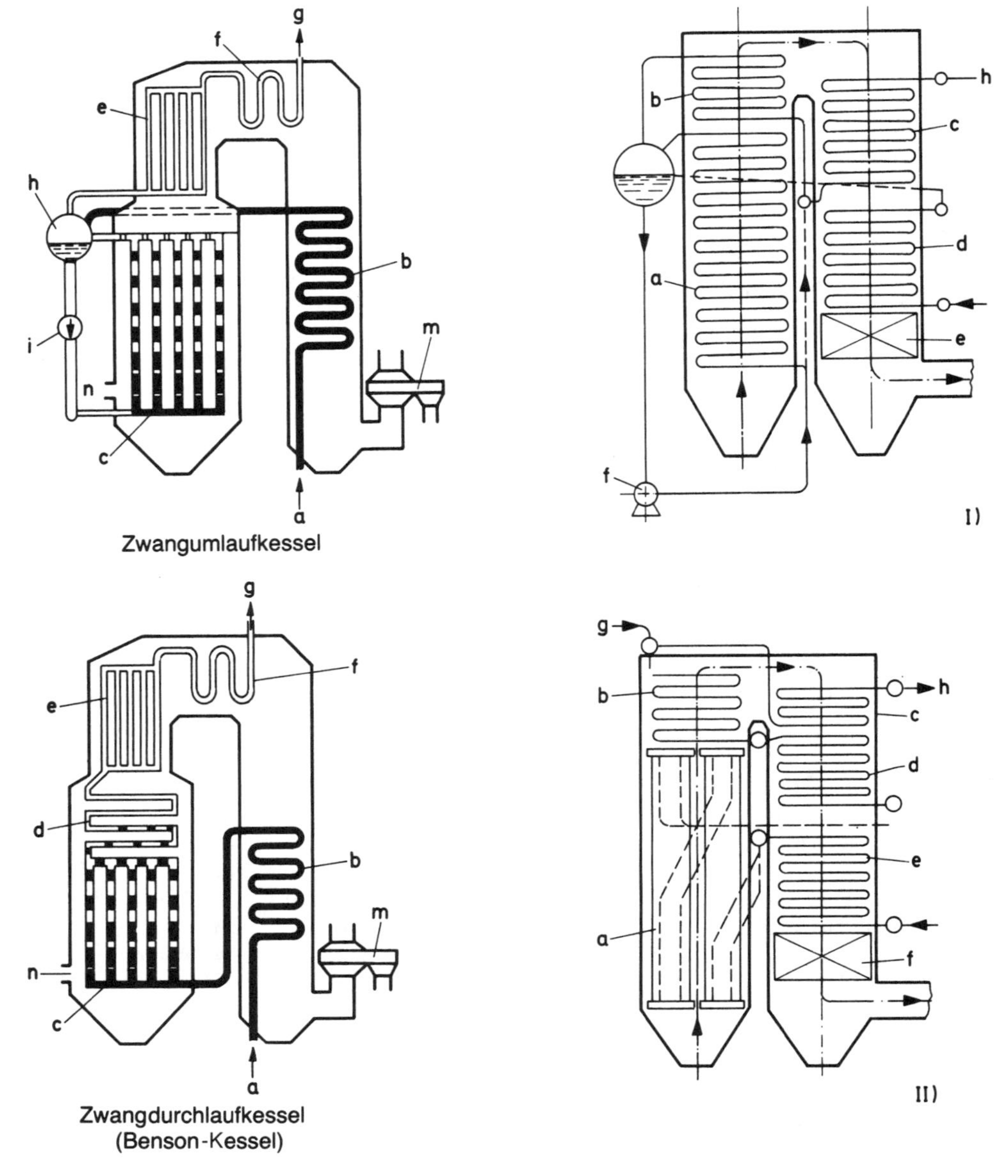

Bild 8.23 Wasserrohrkesselsysteme
a) Speisewasser
b) Speisewasservorwärmer
c) Verdampfer
d) Restverdampfer bzw. Überhitzer
e) Strahlungsüberhitzer
f) Berührungsüberhitzer
g) Dampf
h) Trommel
i) Umwälzpumpe
k) Wasserabscheider
l) Mischgefäß
m) Luftvorwärmer
n) Brenner

Zu I) Schematischer Aufbau eines Zwangumlaufkessels (La-Mont-Kessel)
a) Verdampfer
b) Strahlungsüberhitzer
c) Berührungsüberhitzer
d) Wasservorwärmer
e) Luftvorwärmer
f) Umwälzpumpe
h) Dampfaustritt

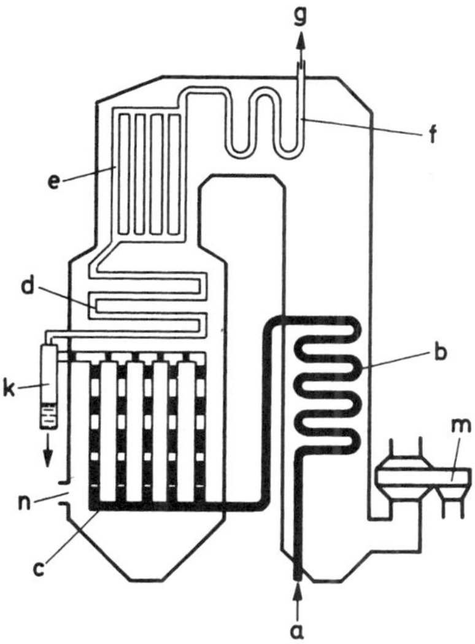

Zwangdurchlaufkessel
(Sulzerkessel)

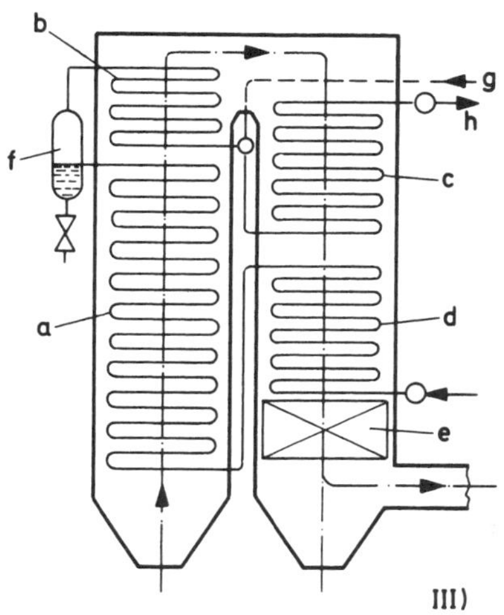

III)

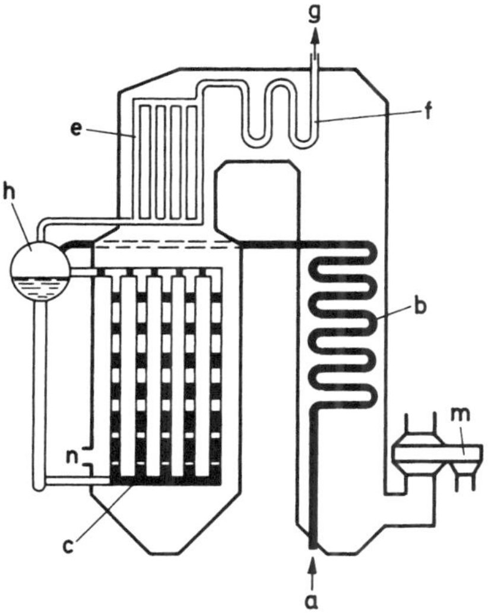

Naturumlaufkessel

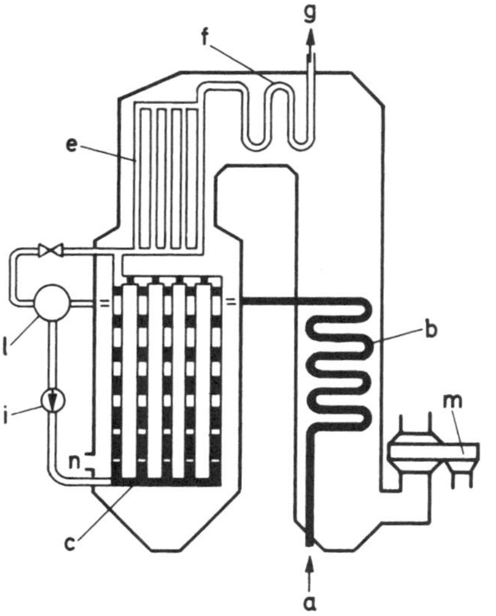

Combined Circulation-Kessel

Dampf — Dampf-Wasser-Gemisch — Wasser

Zu II) Schematischer Aufbau eines Benson-Kessels
- a) Verdampfer
- b) Strahlungsüberhitzer
- c) Berührungsüberhitzer
- d) Übergangsteil
- e) Wasservorwärmer
- f) Luftvorwärmer
- g) Einspritzwasser
- h) Dampfaustritt

Zu III) Schematischer Aufbau eines Sulzer-Kessels
- a) Verdampfer
- b) Strahlungsüberhitzer
- c) Berührungsüberhitzer
- d) Wasservorwärmer
- e) Luftvorwärmer
- f) Salzabscheider
- g) Einspritzwasser
- h) Dampfaustritt

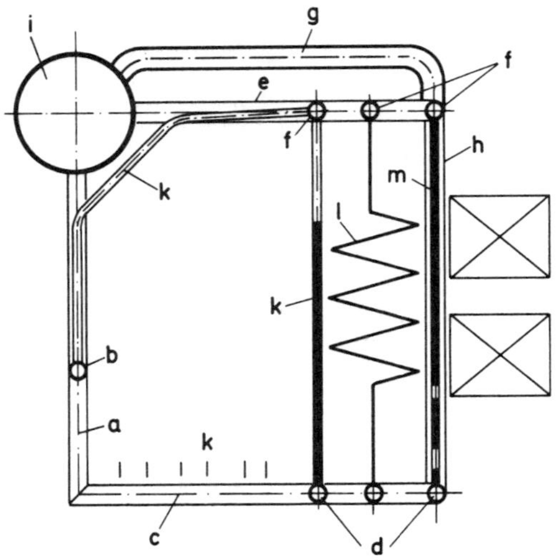

Bild 8.24 Naturumlaufkessl (Eckrohrkessel)
a) Fallrohre von der Trommel
b) Vorderwandverteiler
c) Längsverteiler, je Kesselseite 1
d) Rückwandverteiler
e) Längssammler, je Kesselseite 1
f) Quersammler
g) Überstromrohre
h) Rücklaufrohre
i) Trommel
k, l, m) beheizte Steigrohre

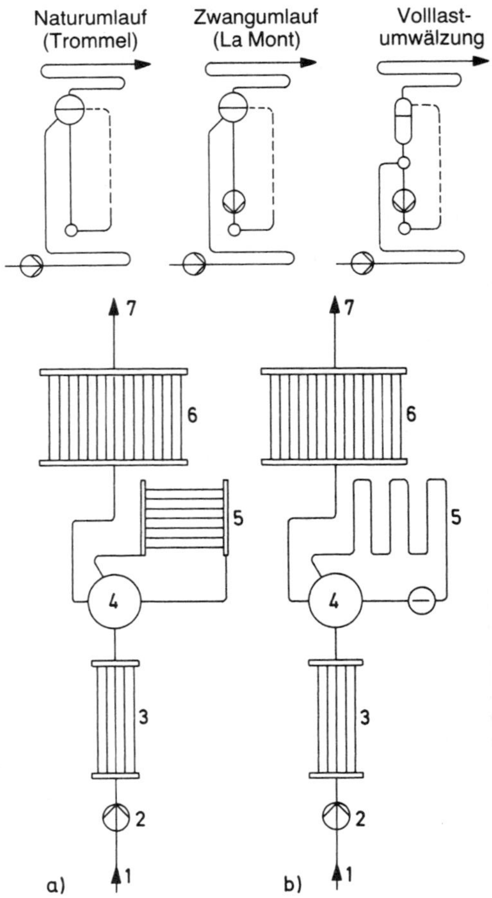

Bild 8.25 Dampferzeugungssysteme mit festem Verdampfungsendpunkt

besteht die Gefahr, dass Dampfblasen hängenbleiben und Rohre überhitzen).

Zwangumlaufkessel

Im Gegensatz zum Naturumlaufkessel erfolgt beim Zwangumlaufkessel der Wasserumlauf nicht durch den Unterschied der Dichten, sondern mittels einer Pumpe durch die Kesselrohre. Die erste praktische Entwicklung des Zwangumlaufkessels erhielt die Bezeichnung La-Mont-Kessel (Bild 8.25).

Das Umlaufwasser läuft aus der Trommel der Umwälzpumpe zu und wird in mehrere parallelgeschaltete Rohre der verschiedenen Heizflächen gedrückt. Das Dampf-Wasser-Gemisch gelangt in die Trommel, wo der Dampf vom Wasser getrennt und neues Speisewasser, dem Dampfverbrauch entsprechend, zugeführt wird. Durch die Aufteilung des Wasserstroms auf mehrere parallele Rohre wird erreicht, dass die Umwälzpumpe mit verhältnismäßig geringer Leistung und Förderhöhe auskommt. Ein besonderes Kennzeichen des La-Mont-Kessels ist, dass vor jedem der parallelgeschalteten Rohre eine Verteilerdüse angebracht ist, wodurch erreicht wird, dass jedem Verdampferrohr eine gewünschte Wassermenge zugeführt wird. Der Förderdruck der Umwälzpumpe liegt i. Allg. bei 2,5 bar.

Durch den durch die Umwälzpumpe hervorgerufenen Zwangumlauf ist man mit einem La-Mont-Kessel an keinerlei bauliche Gegebenheiten gebunden, d.h., man kann

Verdampferrohrschlangen, in denen der Dampf normalerweise das Bestreben hat, nach oben zu steigen, auch so anordnen, dass der Dampf die Rohre von oben nach unten durchströmt.

Konstruktionsrichtlinien

Zwischen Fall- und Steigrohren werden eine oder mehrere Umwälzpumpen geschaltet, die das Wasser durch die Steigrohre drücken. Ihr Förderstrom muss das 5- bis 8-fache des Dampfstroms betragen, damit die Geschwindigkeit in den Rohren die Mitnahme der Dampfblasen nach unten sicherstellt. Damit lassen sich Steigrohre auf- und abwärts führen (Mäanderbandwicklung) und äußere Durchmesser bis 32 mm verwenden (kleinere Wanddicke, Materialersparnis). Für die Trennung des Dampf-Wasser-Gemisches ist eine Trommel notwendig (nur für unterkritische Drücke brauchbar). Da der Umlauf nicht vom Druck abhängt, ist eine Annäherung des Drucks an den kritischen Druck eher möglich als mit Naturumlauf. Damit das Wasser gleichmäßig auf alle parallelgeschalteten Steigrohre verteilt wird, ist in den Eintritt jedes Steigrohrs eine Drosseldüse eingebaut. Ohne sie ist Instabilität möglich. Von Umwälzpumpen ausgehende Komplikationen sind in Kauf zu nehmen. Eine Reservepumpe muss aber vorhanden sein, die bei Ausfall einer Pumpe schnell und automatisch eingeschaltet wird. Der elektrische Antrieb der Pumpen erfordert bei einem Druckabfall in den Düsen und Steigrohren von maximal 3 bar ca. 0,4% der Turbinenleistung.

Wahl der Umwälzzahl

Sie ist definiert als das Verhältnis des umgewälzten Wassermassenstroms zu dem in der Heizfläche erzeugten Dampfmassenstrom. Sie liegt bei modernen Großkesseln zwischen 3 und 5. Die Massenstromdichte im Verdampferrohr sollte – je nach maximaler Wärmestromdichte und Druckbereich – zwischen 1000 und 2000 kg/(m^2 · s) gewählt werden. Den Einfluss der Umwälzzahl, der maximalen lokalen Wärmestromdichte auf die innere Rohrwandtemperatur, zeigt für eine bestimmte Massenstromdichte ein gewähltes Rohr und einen vorgegebenen Druck, Bild 8.26).

Auslegung der Drosselblenden

Die Verteilung des Umwälzwassers auf parallelgeschaltete Rohre erfolgt hauptsächlich durch Drosselstellen am Eintritt der Rohre.

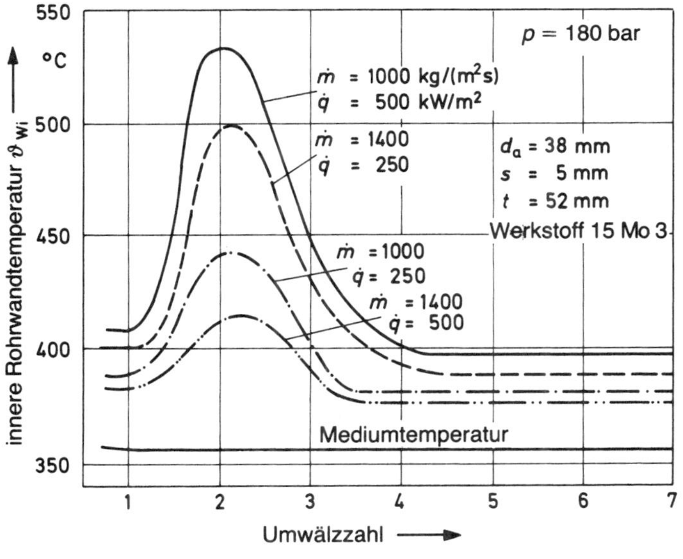

Bild 8.26
Einfluss der Umwälzzahl auf die innere Rohrwandtemperatur [8.1]

Blenden können außerdem in ihrem Durchmesser so variiert werden, dass die Massenstromdichte in verschiedenen Rohrgruppen einem gegebenen Wärmestromdichteprofil angepasst werden kann. Bei Großkesseln werden am Eintritt des Verdampferwandsystems sog. Verteilertrommeln mit lichten Durchmessern von 600...800 mm verwendet. Durch Begehung über einen Mannlochverschluss können die Drosseln auch nach der Inbetriebnahme relativ leicht ausgewechselt werden, wenn z.B. Rohrwandtemperaturmessungen zeigen, dass eine Korrektur notwendig ist.

Zwangdurchlaufkessel

Beim Zwangdurchlaufkessel tritt eine bestimmte Menge an Wasser (kg Wasser = kg Dampf) ein; die gleiche Menge an Dampf tritt aus. Das Wasser wird von einer Speisepumpe in den Speisewasservorwärmer gedrückt, danach durch den Verdampfer und dann durch den Überhitzer, d.h., die Speisepumpe muss den Widerstand des Vorwärmers, der Verdampferrohre und des Überhitzers überwinden (Bild 8.27). Als Zwangdurchlaufkessel sind der Benson- und der Sulzer-Kessel bekannt.

Die **Stabilität der Strömung** ist das Hauptproblem der Zwangdurchlaufkessel. Die beiden Bauarten – Benson- und Sulzer-Kessel – unterscheiden sich in der Art, wie die Stabilität der Strömung bei allen Lasten sichergestellt wird. Eine Strömung durch mehrere parallel zwischen Sammler und Verteiler geschaltete Rohre ist stabil, wenn die gleichmäßige Verteilung des Durchsatzes auf alle Rohre in allen Betriebszuständen eingehalten wird. Der Druckverlust in jedem Rohr ist immer gleich der Druckdifferenz zwischen Sammler und Verteiler. Bei gleichen Widerstandszahlen haben die einzelnen Rohre bei homogenem Medium auch gleichen Durchfluss. Bei Verdampfung (im Zwanglauf durchströmte Verdampferrohre oder Rohre von Speisewasservorwärmern) können aber auch bei gleichen Widerstandszahlen unterschiedliche Durchsätze in den einzelnen Rohren entstehen und dadurch Rohre mit kleinerem Durchsatz überhitzt und beschädigt werden. Der gleiche Druckverlust kann nämlich bei großem Durchsatz ohne oder mit geringer Verdampfung

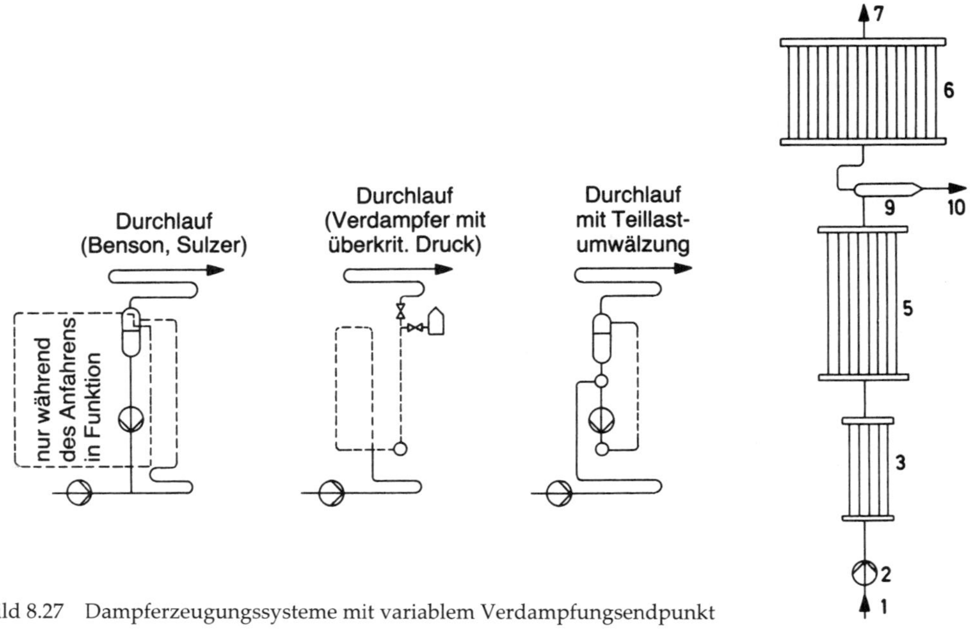

Bild 8.27 Dampferzeugungssysteme mit variablem Verdampfungsendpunkt

und bei kleinem Durchsatz mit starker Dampfbildung und der dabei eintretenden Volumenvergrößerung entstehen. Dadurch ist es möglich, dass sich in den einzelnen Rohren 2 (oder 3) stark unterschiedliche Durchsätze (d. h. eine instabile Strömung) einstellen, die durch ungleiche Widerstandszahlen und unterschiedliche Beheizung noch verstärkt werden. Ein genügend großer Druckverlust (wie beim Zwangumlaufkessel) oder eine geeignete Rohrführung verhindert Instabilität. Bei einer stabilen Rohrcharakteristik wächst im gesamten Durchflussbereich mit steigendem Durchsatz auch der Druckverlust; bei einer instabilen Charakteristik nimmt in einem Teil des Durchsatzbereichs mit wachsendem Durchsatz der Druckverlust ab.

Benson-Kessel

Beim Benson-Kessel wird das Wasser zunächst durch den Speisewasservorwärmer und dann durch den Verdampfer gedrückt. Der größte Teil des Wassers wird hier verdampft. Im ersten Teil des Überhitzers wird der Rest des Wassers verdampft; der erste Teil des Überhitzers wirkt als Restverdampfer. Sodann wird dieser Dampf überhitzt und seiner Verwendung zugeführt. Eine Kesseltrommel ist bei diesem System nicht erforderlich.

Sulzer-Kessel

Gegenüber dem Benson-Kessel hat der Sulzer-Kessel eine Wasserabscheideflasche zwischen Verdampferteil und Überhitzerteil. In den Überhitzer tritt also nur Dampf ein. So war die Entwicklung dieser beiden Zwangdurchlaufkesseltypen. Nach dem heutigen Stand der Technik gibt es zwischen beiden Kesseltypen praktisch keinen Unterschied mehr.

Die meisten Zwangdurchlaufkessel arbeiten nur im Lastbereich über 80% als reine Durchlaufkessel. Unterhalb 80% Dampfleistung ist dem Zwangdurchlauf ein Zwangumlauf überlagert, um bei Teillast noch einen ausreichenden Massenfluss in den Verdampferrohren zu haben und um bei Volllast Pumpenarbeit einzusparen. Zwangdurchlaufkessel können auch für überkritische Dampfdrücke eingesetzt werden.

Druck-, Temperatur- und Leistungsbereiche

Drücke

Der Nenndruck richtet sich bei **Industrieanlagen** ohne Stromerzeugung nach der benötigten Prozesstemperatur. Bei Stromerzeugung werden die Druckstufen 40, 64, 80 und 125 bar je nach dem gewünschten Strom-Wärme-Verhältnis und der Anlagengröße ausgeführt.

Für **Kraftwerke** wurden auch schon Trommelkessel mit 148 und 168 bar Nenndruck realisiert. Heute werden nur noch Zwangdurchlauf-Dampferzeuger für Kraftwerke gebaut. Bei ihnen wird als höchster zulässiger Betriebsdruck der Austrittsdruck plus 10% angegeben. Häufig ausgeführt werden 210 bar Betriebsdruck mit 190 bar Austrittsdruck. Wegen des großen Gesamtdruckgefälles (50...55 bar) dieser Bauarten wird für die Berechnung der Einzelteile der Betriebsdruck des betreffenden Teils plus 10% des Austrittsdrucks zugrunde gelegt. Für niedrigere Drücke werden diese Bauarten wegen des dann unwirtschaftlich hohen Druckverlusts kaum gebaut, dagegen sind sie die einzig mögliche Bauart bei überkritischem Druck. Hier wurden bereits 250, 300 und 350 bar Austrittsdruck ausgeführt.

Temperaturen

Sie sind durch den Dampfkreislauf bei Kraftwerken mit dem Druck gekoppelt. Bei den Nenndrücken 40, 64 und 125 bar werden die Frischdampftemperaturen 450, 500 und 540 °C ausgeführt. Höhere Dampftemperaturen erfordern austenitische Stähle. Eine zu hohe Endnässe in den letzten Turbinenstufen lässt sich vermeiden, wenn bei Drücken über 125 bar Zwischenüberhitzung auf Frischdampftemperaturen bei Drücken von 30...50 bar vorgesehen wird, bei überkritischem Hochdruck auch doppelte Zwischenüberhitzung.

Leistung

Im Kesselbau bedeutet «Dampfleistung» den erzeugten Massenstrom. Man unterscheidet höchste Dauerleistung oder Nennleistung des Kessels, für die er ausgelegt wird, kurzzeitig erzielbare Spitzenleistung (meist 10 % über der maximalen Dauerleistung) und Regel- oder Normaleistung, die 80 % der höchsten Dauerleistung beträgt und die Leistung mit dem günstigsten Wirkungsgrad ist. Die größte ausgeführte Nennleistung beträgt z.z. 1000 kg/s (Bild 8.28).

Bestimmte Leistungsstufen haben sich bei Industrie-Dampferzeugern nicht herausgebildet. Die Nennleistung richtet sich nach der Zahl der Einheiten und dem Gesamtbedarf. Die maximale Leistung beträgt ca. 100 kg/s. Für Kraftwerke, die heute nur in Blockschaltung mit einem Dampferzeuger und einer Turbine je Block gebaut werden, sind für 300, 600 und 740 MW Turbinenleistung ca. 255…280, 500…525 und 600 kg/s Dampfleistung notwendig.

Wärme- u. strömungstechnische Berechnung
Bei der **wärmetechnischen Berechnung** der Heizflächengröße gelten die in Kapitel 4 sowie in [4.1 und 4.2] dargelegten Ausführungen. Zu beachten ist jedoch, dass durch die Feuerungen ein wesentlicher Teil des Wärmestroms durch Flammen- und/oder Gasstrahlung erfolgt. Im Flammenraum muss mit 800…1600 °C gerechnet werden. Selbst bei den Berührungsheizflächen mit entsprechend großem Heizflächenabstand ist der Anteil der Gasstrahlung noch bis ca. 600 °C Gastemperatur zu beachten.

Die Entwicklung eines mathematischen Modells zur Vorausberechnung der Vorgänge in gekühlten Brennkammern ist ohne Zweifel eines der schwierigsten Probleme im Dampferzeugerbau. Das Hauptziel eines derartigen Modells ist die Ermittlung der Wärmeströme, die von den Wänden absorbiert werden, die Bestimmung der Temperatur- und der Wärmestromdichteverteilung in der Brennkammer und am Feuerraumaustritt.

Bei der Entwicklung eines mathematischen Modells geht man stufenweise vor. Die 1. Stufe ist das Modell einer **1-dimensionalen** Brennkammer, bei der vorausgesetzt wird, dass das Brennstoff-Luft-Gemisch an einem Ende der Brennkammer eintritt und dort augenblicklich verbrennt; die Gastemperatur ändert sich nur in axialer Richtung, der Wärmeaustausch erfolgt senkrecht zur Strömungsrichtung. Die 2. Stufe ist ein **2-dimensionales Modell**, das beispielsweise die Vorausbestimmung der Geschwindigkeitsverteilung, der Temperatur, des Gehalts an festen Teilchen in einer längs der Achse einer gekühlten Brennkammer gerichteten turbulenten Flamme sowie die Wärmeübertragung zu den Wänden ermöglicht.

Festlegen der Feuerraumabmessungen
Zur Berechnung teilt man den Feuerraum auf in den Brennraum, das ist der von der Flamme erfüllte Raum, und den Strahlraum, den flammfreien Raum, der zwischen Flamme und Berührungsheizfläche liegt. Bei hochbelasteten Feuerräumen kann der Brennraum mit dem Feuerraum identisch sein.

Den Brennraum legt man fest, indem man die erwartete Flammenausbreitung einzeichnet und gegebenenfalls Anzahl und Anordnung der Brenner den konstruktiven Möglichkeiten der Brennraumdimensionierung so lange anpasst, bis eine ungestörte Flammenausbreitung möglich ist.

Der Strahlraum hat die Aufgabe, den vollständigen Ausbrand sicherzustellen und die Rauchgase auf eine für die Berührungsheizfläche zulässiges Maß abzukühlen.

Aus der Flammendicke sowie dem Verhältnis der Flammenober-/Heizfläche bestimmt man die Strahlungsaustauschzahl $C_{F,W}$, und man erhält den Wärmestrom im Brennraum (Bild 8.29):

$$\dot{Q}_F = C_{F,W} \cdot A \cdot (\bar{T}_F^4 - \bar{T}_W^4) \qquad \text{(Gl. 8.21)}$$

mit:
A projizierte Heizfläche

Für technische Feuerungen liegt $C_{F,W}$ bei:

- Ölfeuerungen (Kleinkesseln)
  $C_{F,W} \approx 2{,}5 \ldots 3 \cdot 10^{-8}\ \mathrm{W/(m^2 \cdot K^4)}$
- Ölfeuerungen (Großkessel)
  $C_{F,W} \approx 3 \ldots 4 \cdot 10^{-8}\ \mathrm{W/(m^2 \cdot K^4)}$
- Gasfeuerungen
  $C_{F,W} \approx 1{,}5 \ldots 2{,}5 \cdot 10^{-8}\ \mathrm{W/(m^2 \cdot K^4)}$

Die Feuerraumendtemperatur beträgt:

$$\vartheta_K = \vartheta_{F,th} - \frac{\dot{Q}_F}{\dot{M}_B \cdot V_{a,f} \cdot \bar{c}_p} \qquad \text{(Gl. 8.22)}$$

mit:

$V_{A,f}$ spezifische feuchte Rauchgasmenge

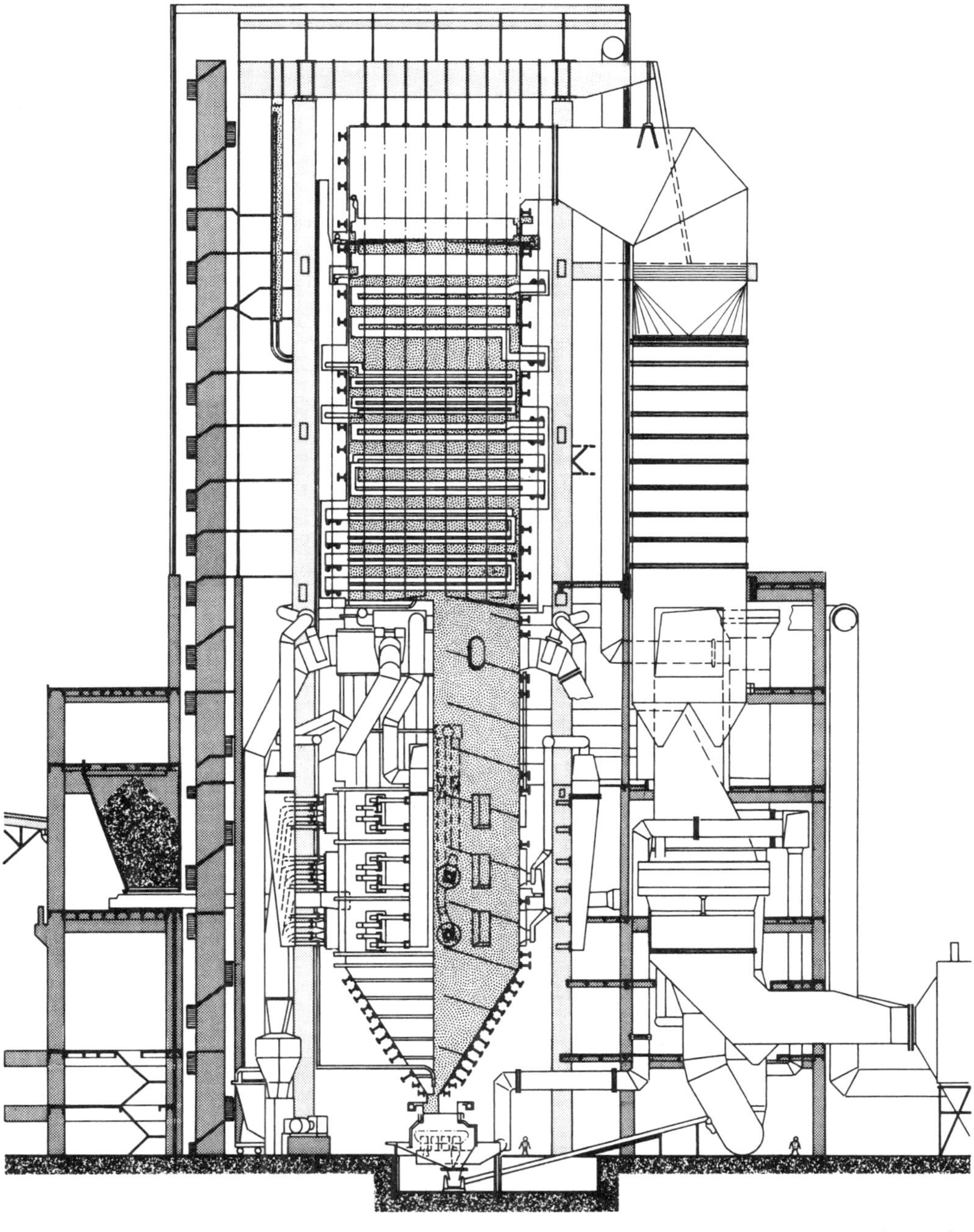

Bild 8.28 Zwangdurchlaufkessel (Fa. Sulzer). Dampfstrom MD = 1900 t/h mit 186 bar und 545 °C/545 °C für eine Dampfturbine mit einer Turbogeneratorleistung von 600 MW

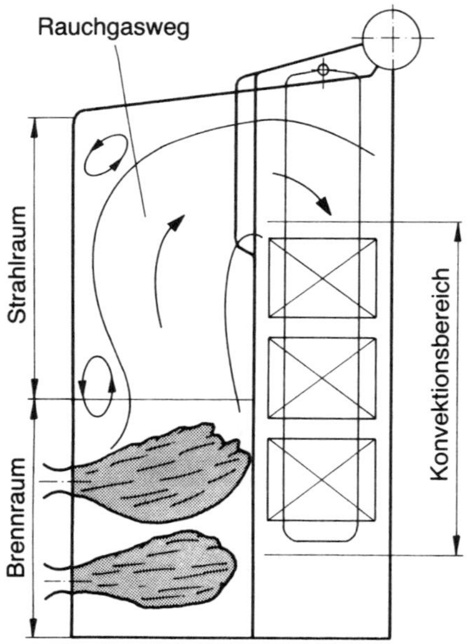

Bild 8.29 Aufteilung eines Feuerraums im Brenn- und Strahlraum

Mit ϑ_K liegt die Eintrittstemperatur im Konvektionsbereich vor, und man kann mit den Gleichungen aus Kapitel 3 den Wärmeübergang berechnen.

Die **strömungstechnische Berechnung** enthält im Wesentlichen die Bestimmung der Druckverluste auf der Abgasseite sowie auf der Wasserdampfseite. Auch hier kann auf die Literatur [4.10] bzw. Kapitel 6 verwiesen werden.

Festigkeitsberechnungen

Die Festigkeitsberechnungen sind in DIN EN 12952 festgelegt. Hier kann jedoch auch als Ergänzung [8.3] zugrunde gelegt werden.

Wärmespannungen

Mit Gl. 8.16 errechnet man die Wärme-Spannung:

$$\sigma_\vartheta = E \cdot \beta \cdot \Delta\vartheta$$

Die Querkontraktion erhöht die Spannung:

$$\sigma_{\vartheta,\,\max} = \frac{E}{1-\mu} \cdot \beta \cdot \Delta\vartheta \qquad \text{(Gl. 8.23)}$$

mit:

μ Querkontraktionszahl ≈ 0,3

Die werkstoffabhängigen Größen können zu einer Stoffwertfunktion f_w zusammengefasst werden, und man erhält die Wärmespannung:

$$\sigma_{\vartheta,\,\max} = f_w \cdot \Delta\vartheta \qquad \text{(Gl. 8.24)}$$

Darin ist:

$$f_w = \frac{E \cdot \beta}{1-\mu} \qquad \text{(Gl. 8.25)}$$

Diese Funktion ist in Bild 8.30 für einige Werkstoffe und Kesselbaustähle dargestellt. Diese Spannung ist die höchstmögliche Wärmespannung und tritt auf, wenn zum Beispiel ein heißes Bauteil plötzlich abgeschreckt wird. In der Praxis tritt jedoch eine Abminderung durch den äußeren Wärmeübergang und die Wärmeleitfähigkeit des Bauteils auf.

Das Verhältnis von Wärmeübergang und Wärmeleitung stellt die Biotzahl *Bi* dar.

$$Bi = \frac{\alpha \cdot s}{\lambda_w} \qquad \text{(Gl. 8.26)}$$

Mit Hilfe der Biotzahl kann aus Bild 8.31 der Abminderungsfaktor fBi bestimmt werden.

$$\sigma_\vartheta = \frac{E \cdot \beta}{1-\mu} \cdot (\vartheta_1 - \vartheta_2) \cdot f_{Bi} \qquad \text{(Gl. 8.27)}$$

Rohre

Bei kleinen Durchmesserverhältnissen (dünnwandiges Rohr) gilt bei linearem Temperaturverlauf (Bild 8.32):

$$L = d_m \cdot \pi \qquad \text{(Gl. 8.28)}$$

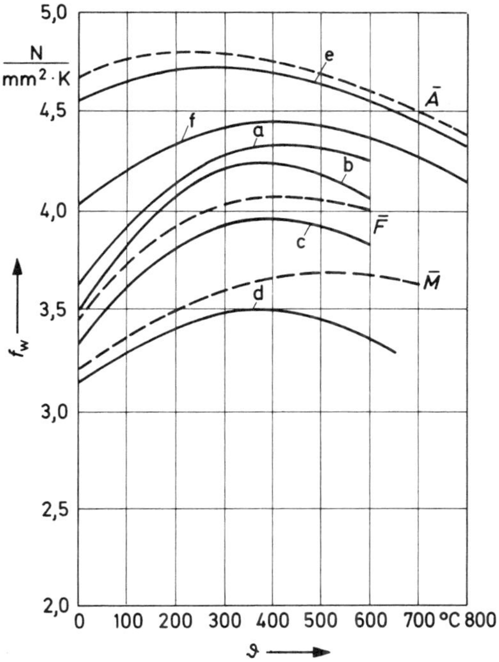

Bild 8.30 Stoffwertfunktion f_w zur Bestimmung der Wärmespannung von Kesselbaustählen und Mittelwerte von: A für austenitische Stähle, F für ferritische Stähle und M für martensitische Stähle

a) P 235 G1TH
b) 13 CrMo 4-5
c) 10 CrMo 9-10
d) X 20 CrMoV 11-1
e) X 8 CrNiNb 16-13
f) X 10 NiCrAlTi 32 20

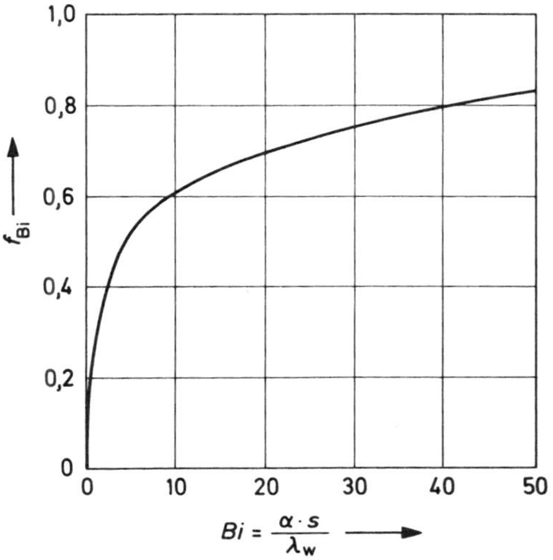

Bild 8.31 Abminderungsfaktor der Thermoschockspannung bedingt durch den endlichen Wärmeübergang [8.4]

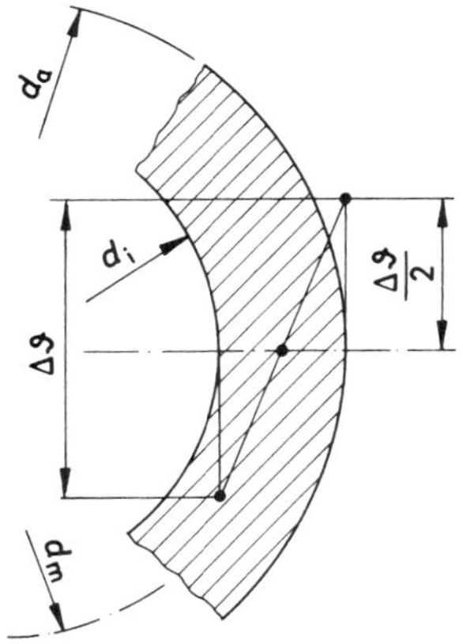

Bild 8.32
Temperaturverteilung im dünnwandigen Rohr

$$\Delta L_a = d_a \cdot \pi \cdot \frac{\Delta\vartheta}{2} \qquad \text{(Gl. 8.29)}$$

$$\Delta L_i = d_i \cdot \pi \cdot \frac{\Delta\vartheta}{2} \qquad \text{(Gl. 8.30)}$$

mit:

$$\Delta L \approx \pm\, d_m \cdot \pi \cdot \frac{\Delta\vartheta}{2} \qquad \text{(Gl. 8.31)}$$

ergibt sich analog der Ableitung zu Gl. 8.23:

$$\sigma_{\vartheta,\,\text{Rohr}} \approx \pm \frac{1}{2} \cdot \frac{E\,.\,\beta}{1-\mu} \cdot \Delta\vartheta \qquad \text{(Gl. 8.32)}$$

oder aber mit der Stoffwertfunktion f_w (Gl. 8.25):

$$\sigma_{\vartheta,\,\text{Rohr}} \approx \pm \frac{1}{2} \cdot f_w \cdot \Delta\vartheta \qquad \text{(Gl. 8.33)}$$

Auf der wärmeren Seite entstehen Druck- und auf der kälteren Seite Zugspannungen. Solche Wärmespannungen, die sich den Innendruckspannungen überlagern, können bei entsprechenden Lastwechseln zu Schäden führen.

Die Temperaturdifferenz erhält man aus der Wärmestromdichte $\dot{q}$ zu:

$$\Delta\vartheta \approx \frac{\dot{q} \cdot s}{\lambda_w} \quad \text{(Gl. 8.34)}$$

Damit wird die Wärmespannung im Rohr:

$$\sigma_{\vartheta,\text{ Rohr}} \approx \pm \frac{1}{2} \cdot \frac{E \cdot \beta}{1-\mu} \cdot \frac{\dot{q} \cdot s}{\lambda_w} \quad \text{(Gl. 8.35)}$$

und mit der Stoffwertfunktion:

$$\sigma_{\vartheta,\text{ Rohr}} \approx \pm \frac{1}{2} \cdot f_w \cdot \frac{\dot{q} \cdot s}{\lambda_w} \quad \text{(Gl. 8.36)}$$

Die Umfangsspannung σ_u aus Innendruck beträgt nach dem Flächenvergleichsverfahren:

$$p \cdot A_p = \sigma_u \cdot A_{\sigma u}$$

und eingesetzt:

$$\sigma_u = \frac{p \cdot d_i}{2 \cdot s} \quad \text{(Gl. 8.37)}$$

Die Betriebsspannung an der Innenfaser ergibt sich vereinfacht durch Überlagerung beider Einzelspannungen zu:

$$\sigma_{ges} = \sigma_\vartheta + \sigma_u \quad \text{(Gl. 8.38)}$$

$$\sigma_{ges} = \frac{1}{2} \cdot \frac{E \cdot \beta}{1-\mu} \cdot \frac{\dot{q} \cdot s}{\lambda_w} + \frac{p \cdot d_i}{2 \cdot s}$$

Auch hier kann wieder die Stoffwertfunktion eingesetzt werden. Wärmespannungen entstehen auch durch Aufheiz- und Abkühlvorgänge [8.5].

Kesselwerkstoffe

In heutigen Kesselanlagen kommt eine recht begrenzte Zahl von Werkstoffen zur Anwendung. Aus der Vielzahl möglicher Baustähle decken die in Bild 8.33 aufgeführten Stähle weitgehend den Bedarf. Es beginnt mit dem unlegierten Kohlenstoffstahl P235GH am unteren Ende der Skala, es folgen dann in der Regel 16Mo3, 13CrMo4-5 und 10CrMo9-10. Diese Stähle sind seit Jahrzehnten im Kesselbau im Einsatz und bieten bei der Verarbeitung keine besonderen Probleme.

Der martensitische Chromstahl X 20 CrMoNiV11-1 bildet im Moment die Obergrenze der eingesetzten Kesselstähle. Bei der Verarbeitung verlangt er genau einzuhaltende Wärmebehandlungen und Wärmeführungen. Während des Schweißens ist es wichtig, die richtige Vorwärmtemperatur zu beachten, und grundsätzlich erfordert jede Naht, auch Hilfsnaht, eine Glühung, um Rissbildung bei Wasserbenetzung zu vermeiden, die bei hoher Härte und Feuchtigkeit wasserstoffinduziert abläuft.

Bei Wanddicken über 10 mm darf sich der Stahl nach dem Schweißen nicht auf Raumtemperatur abkühlen, weil sonst Schrumpfrisse auftreten. Genauso wenig ist jedoch zulässig, direkt aus der Schweißwärme auf Anlasstemperatur zu erwärmen, da der Martensitpunkt zwischen 100...300 °C recht niedrig liegt und sich der Martensit erst bei der Abkühlung von der Anlasstemperatur bilden würde. Üblich ist daher, bei Wanddicken ab 10 mm aus der Schweißwärme erst auf 100...150 °C abzukühlen und nachfolgend anzulassen.

Anwendungsbereich der Kesselwerkstoffe

Tabelle 8.5 enthält Grenztemperaturen für die Anwendung der aufgeführten Stähle bei fossil gefeuerten Dampferzeugern.

Die Grenztemperaturen wurden hinsichtlich der Zunderbeständigkeit der Stähle festgelegt. Sie sind daher nicht in jedem Fall identisch mit den oberen Anwendungstemperaturen für drucktragende Wandungen nach den Regelwerken (z. B. DGRL- und EN-Normen).

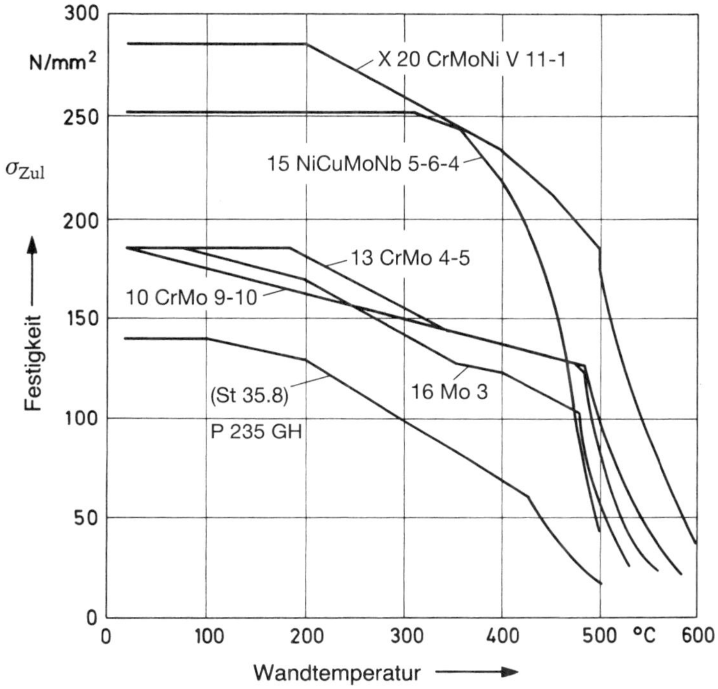

Bild 8.33
Zulässige Spannungswerte von einigen üblichen Kesselbaustählen

Tabelle 8.5 Grenzwerte von Kesselbaustählen, gegeben durch die Zunderbeständigkeit (Anwendungsgrenzen s. DGRL- und EN-Normen)

Grenztemperatur in °C	Stahlsorte	
	Werkstoff-Nr.	Kurzname
520	1.0035 1.0305 1.0037 1.0044 1.0050 1.0570 1.0060 1.0070 1.0425	S 185 P 235 G1TH S 235 JR S 275 J2 E 295 S 355 J2G3 E 335 E 360 P 235 PH
530	1.5415 1.6368	16 Mo 3 15 NiCuMoNb 5-6-4
560	1.7715	14 MoV 6-3
570	1.7335	13 CrMo 4-5
600	1.7380	10 CrMo 9-10

Tabelle 8.5 (Fortsetzung)

Grenztemperatur in °C	Stahlsorte	
	Werkstoff-Nr.	Kurzname
680	1.7386	11 CrMo 9-10
700	1.4922	X 20 CrMoV 11-1
800	1.4301 1.4401 1.4406 1.4541 1.4550 1.4571 1.4713 1.4910 1.4948 1.4961	X 5 CrNi 18-10 X 5 CrNiMo 17-12-2 X 2 CrNiMoN 17-11-2 X 6 CrNiTi 18-10 X 6 CrNiNb 18-10 X 6 CrNiMoTi 17-13-3 X 10 CrAlSi 7 X 3 CrNiMo3N 17-13-3 X 6 CrNi 8-10 X 8 CrNiNb 16-13
1000	1.4742 1.4828	X 10 CrAlSi 18 X 15 CrNiSi 20-12
1150	1.4762 1.4841	X 10 CrAlSi 25 X 15 CrNiSi 25-21

Aufgabe 8.1

Ein Wärmeaustauscher-Rohr aus 1.4571 ist dem inneren Betriebsüberdruck von $p = 100$ bar ausgesetzt. Die Betriebstemperatur beträgt $\vartheta = 300\,°C$, und die Rohrabmessungen betragen 12 mm × 2 mm.
Wie hoch ist die zulässige Wärmestromdichte $\dot{q}$?

Lösung

Stoffwerte bei $\vartheta = 300\,°C$:
$\sigma_{ges} = \sigma_{1\,\%} = 175\ N/mm^2$
$E = 1{,}75 \cdot 10^5\ N/mm^2$, $\beta = 19{,}5 \cdot 10^{-6}\ 1/K$;
$\lambda_w = 19\ W/(m \cdot K)$
Querkontraktionszahl $\mu = 0{,}3$.

Der Sicherheitsbeiwert ist $S = 1{,}5$ und der Überdruck $p = 100\ bar = 10\ N/mm^2$.

Nach Gleichung 8.38 beträgt:

$$\frac{\sigma_{1\,\%}}{S} \geqq \frac{1}{2} \cdot \frac{E \cdot \beta}{1-\mu} \cdot \frac{\dot{q} \cdot s}{\lambda_w} + \frac{p \cdot d_i}{2 \cdot s}$$

und nach der Wärmestromdichte aufgelöst

$$\dot{q} \leqq \frac{\left(\frac{\sigma_{1\,\%}}{S} - \frac{p \,.\, d_i}{2 \cdot s}\right) \cdot 2 \cdot (1-\mu) \cdot \lambda_w}{E \cdot \beta \cdot s}$$

bzw.:

$$\dot{q} \leqq \frac{2 \cdot (1 \cdot \mu) \,.\, \lambda_w}{E \cdot \beta \cdot s} \cdot \left(\frac{\sigma_{1\,\%}}{S} - \frac{p \cdot d_i}{2 \cdot s}\right)$$

Setzt man nun die Werte ein, erhält man für die zulässige Wärmestromdichte:

$\dot{q} \leqq 376\,753\ W/m^2$

Verdampferbauteile

Als Rohre werden warmfeste Rohre nach DIN EN 10216 (nahtlose) bzw. DIN EN 10217 (geschweißt) verwendet. Diese werden gasdicht zusammengeschweißt, wobei sie somit zugleich die raugasdichte Außenwand darstellen (Membranwand). Die Rohre sind in Form von Flossenrohren ausgeführt (Bild 8.34). Die Flossen- bzw. Stegbreite zwischen den Rohren wird so gewählt, dass bei Beheizung die Übertemperatur am Flossenkopf bzw. in Stegmitte nicht zur Verzunderung führt und die Spannungen nicht über dem zulässigen Wert der Zeitstandsfestigkeit liegen. Als Richtwerte gelten hierbei $\Delta\vartheta \leq 40$ K für den Dauerbetrieb.

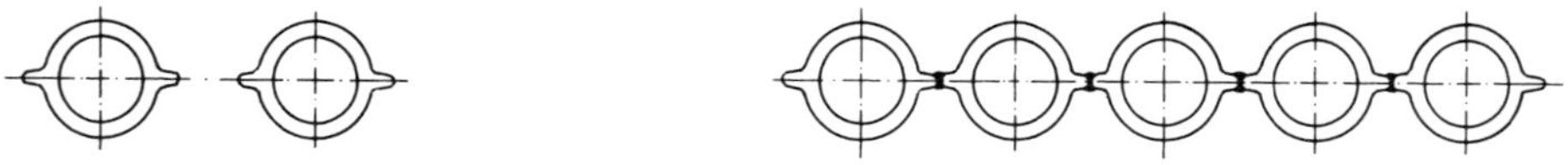

a) aus Flossenrohren

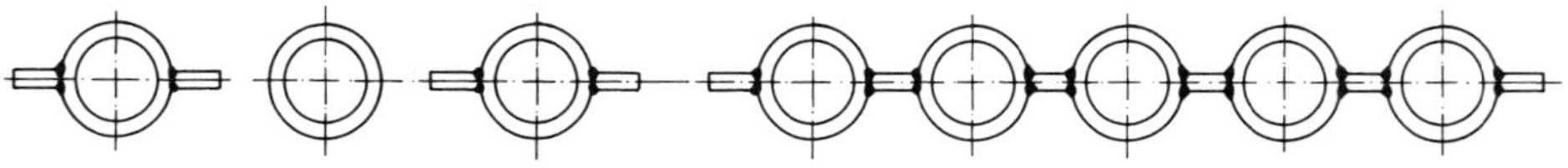

b) Kombination Flossenrohr—Rohr—Flossenrohr

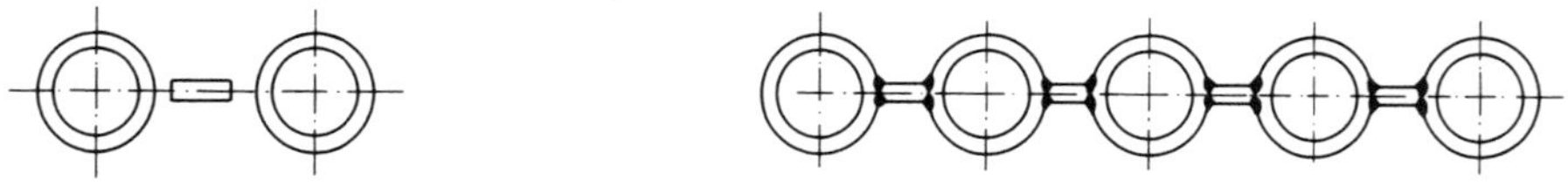

c) Kombination Rohr—Steg—Rohr

Bild 8.34 Möglichkeiten der Herstellung von gasdichten Rohrwänden

Die äußere Rohrwandtemperatur kann hierbei (ohne Flosse) nach Kapitel 4 ermittelt werden (Bild 8.35):

$$\vartheta_{W,a} = \vartheta_D + \dot{q}_a \cdot \left(\frac{d_a}{2 \cdot \lambda_w} \ln \frac{d_a}{d_i} + \frac{1}{\alpha_i} \cdot \frac{d_a}{d_i} \right)$$

Die Stegtemperatur ermittelt man aus den Rippengleichungen [4.1].

Berechnung des Verdampfers

Auslegung und Konstruktion des Verdampfers bei hohen unter- sowie überkritischen Drücken und hohen Wärmebelastungen setzen die genaue Kenntnis der inneren Wärmeübergangsbedingungen α_i (bei verschiedenen Werten von Wärmebelastung, Massenfluss und Druck) in den Verdampferrohren voraus. Da außerdem der mediumseitige Wärmeübergang in engem Zusammenhang mit der lokalen Wärmebelastung steht, ist es für die richtige Wahl des Rohrmaterials unerlässlich, auch die Verteilung der Wärmebelastung über dem Verdampferrohr und deren maximale Werte im Voraus zu bestimmen.

In Bild 8.36 sind qualitativ diese Äußerungen für die Beispiele der freien Konvektion bei 1 bar und der Zwangskonvektion bei 100 bar dargestellt. Die Temperatur einer Wand mit aufgeprägter Heizflächenbelastung geht bei freier Konvektion und niedrigem Druck unmittelbar von A in B (Bild 8.36) über, wenn man die kritische Heizflächenbelastung überschreitet. Bei B ist die Temperatur dann so hoch, dass die meisten für Heizflächen verwendeten Materialien schmelzen bzw. verzundern (Burnout), also einem Durchbrennen der Heizfläche. Aus der Sicht der Fluiddynamik aber ist festzuhalten, dass der Burnout lediglich eine Folge der Siedekrisis sein kann.

Bei hohen Drücken und Zwangskonvektion verläuft die Kurve jenseits der kritischen Heizflächenbelastung flacher, und die Temperaturerhöhung der Heizfläche kann wesentlich geringer ausfallen.

Der Kurvenzug A—D repräsentiert den Bereich des Übergangssiedens. Dieser Wärmetransportmechanismus lässt sich an einer Heizfläche nur dann gewährleisten, wenn man nicht die Heizflächenbelastung, sondern die Heizflächentemperatur vorgibt. Dementsprechend muss man bei der Definition der Siedekreise auch zwischen diesen beiden Beheizungsbedingungen unterscheiden. Für eine Fläche mit aufgeprägter Heizflächenbelastung wird als Siedekrise derjenige Zustand bezeich-

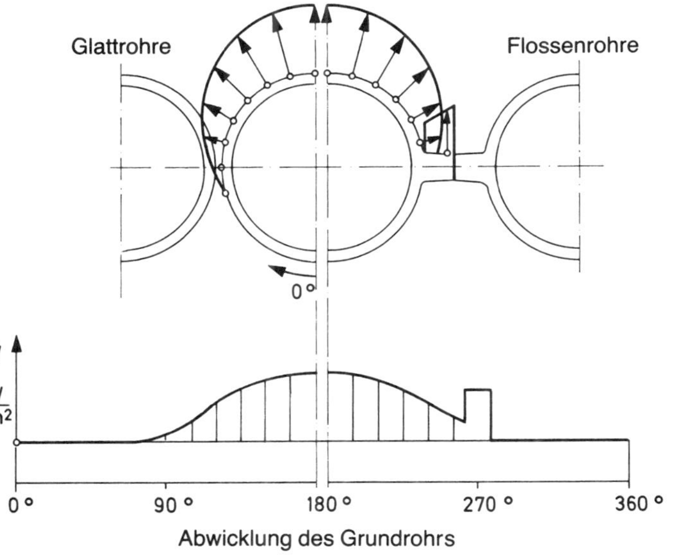

Bild 8.35
Vergleich der Wärmeeinstrahlung in Glatt- und Flossenrohren

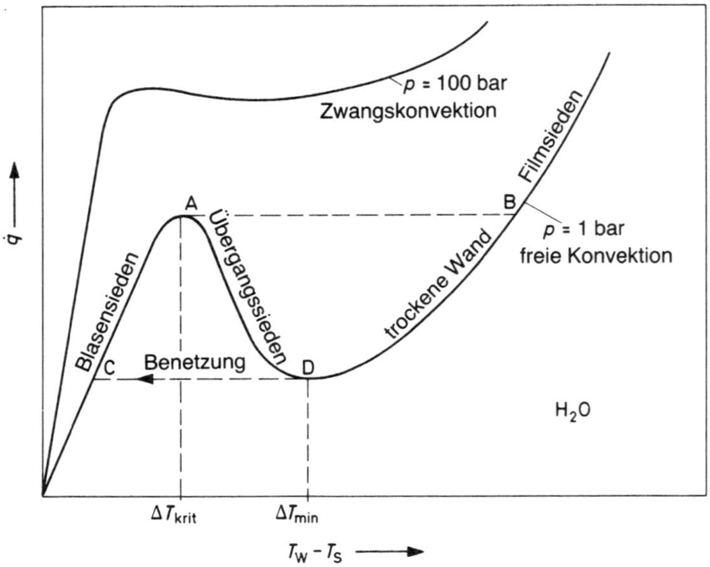

Bild 8.36
Temperaturdifferenz zwischen Rohrwand ϑ_w und der Siedetemperatur von Wasser in Abhängigkeit der Heizflächenbelastung $\dot{q}$ bei $p = 1$ und 100 bar [8.3]

net, bei dem eine geringfügige Erhöhung des Wärmeflusses zu einem außerordentlichen Anstieg der Wandtemperatur führt.

Für eine Heizfläche, der die Temperatur vorgegeben ist – z. B. durch kondensierenden Dampf auf der anderen Seite der Wand –, wird die Siedekrise als derjenige Zustand definiert, bei dem eine geringfügige Erhöhung der Wandtemperatur zu einer starken Erniedrigung des Wärmeflusses führt. Der Begriff Siedekrise steht dabei verallgemeinernd für die Bezeichnung Departure from Nucleare Boiling und Dryout. In Bild 8.37 sind die Verdampfungsvorgänge dargestellt.

Verdampfungsvorgang

Filmverdampfung

Bild 8.38 erläutert die Begriffe bei den Verdampfungsvorgängen und deren Mechanismus: Punkt x = DNB (Departure Nuclear Boiling) entspricht dem Dampfgehalt an der Stelle des Rohrs, an der sich der Wärmeübergang verschlechtert und die innere Rohrwandtemperatur zu steigen beginnt. Dieser Wert x = DNB ist eine Funktion von Druck p, Wärmebelastung $\dot{q}$, Massenstromdichte $\dot{m}$ und Dampf-

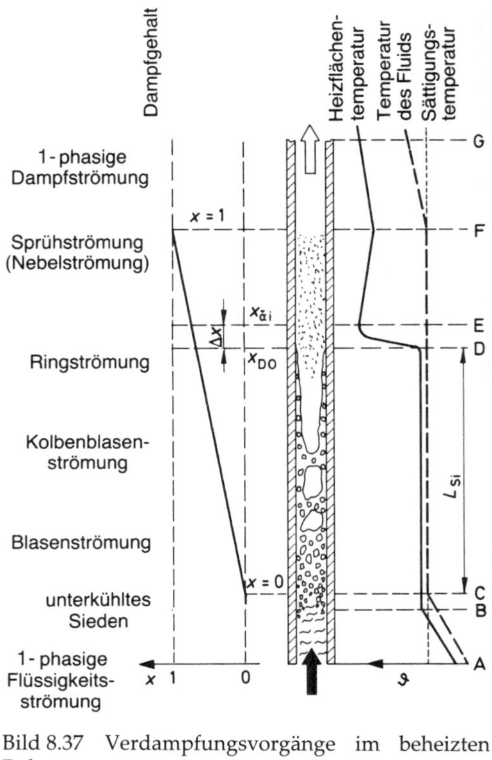

Bild 8.37 Verdampfungsvorgänge im beheizten Rohr

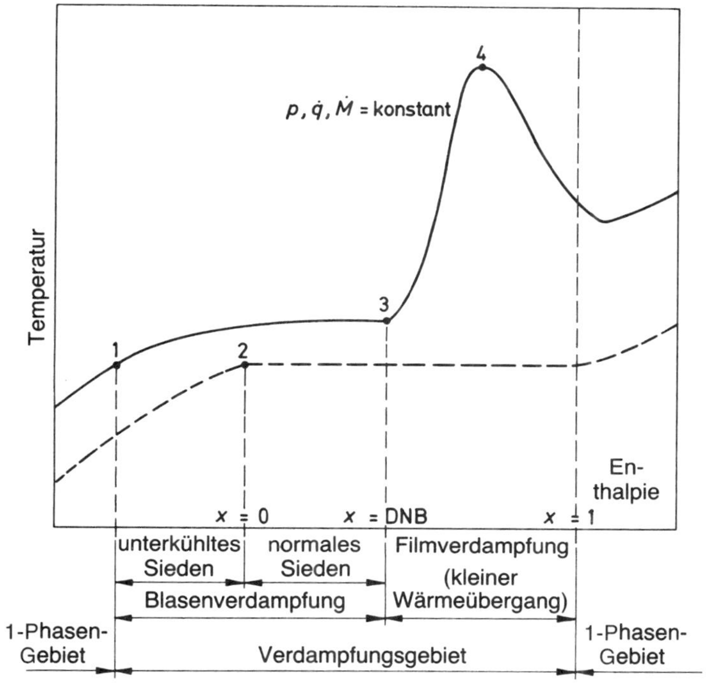

Bild 8.38
Begriffe des Wärmeübergangs beim Sieden für Zwangdurchlauf in einem Rohr [8.6]
— Rohrinnenwand
- - - Wasser
1 Beginn des unterkühlten Siedens
2 Beginn des normalen Siedens
3 Beginn der Filmverdampfung (departure nuclear boiling)
4 minimaler Wärmeübergang

gehalt x. Diese Verschlechterung des Wärmeübergangs muss nicht immer auftreten. Für gegebenen Massenfluss und Druck gibt es eine Wärmebelastung $\dot{q}_{DNB}$ (auch ($\dot{q}_{kritisch}$ oder $\dot{q}_{burnout}$), unter der die Filmverdampfung nicht auftritt. Diese Wärmebelastung ist auch eine Funktion von Druck, Massenstromdichte und Dampfgehalt sowie in gewissem Maße vom Rohrinnendurchmesser.

Im Bereich des unterkühlten Siedens ist die Innenwandtemperatur des Rohrs größer als die Sattdampftemperatur des Mediums. Die sich hier bildenden Dampfblasen werden nach Erreichen einer bestimmten Größe vom Wasser mitgerissen und kondensieren im unterkühlten Medium. Dadurch wird eine intensive Turbulenz in der Grenzschicht erzeugt und der Wärmeübergang wesentlich begünstigt. Es findet keine reine Dampferzeugung statt. Im Bereich des normalen Siedens ist die Sattdampftemperatur des Mediums erreicht und die Erzeugung der Dampfblasen verstärkt. Bei sehr kleinen Werten verläuft der Prozess ähnlich wie beim unterkühlten Sieden, jedoch ohne Kondensation der Dampfblasen. Später entstehen durch Zusammenschmelzen einzelner Dampfblasen die Dampfpfropfen in der Mitte des Rohrs, und daraus bildet sich in der Rohrmitte ein Strom aus einer Dampf-Wasser-Emulsion.

Am Ende entsteht eine ringförmige Strömung, in deren Mitte Dampf strömt. Rundherum, entlang des Rohrs, strömt mit kleinerer Geschwindigkeit ein dünner Wasserfilm. Wird dieser Wasserfilm an der Rohrwand unterbrochen, so wird auch der Wärmeübergang schlechter, und die Filmverdampfung beginnt. Hierbei ist zu beachten, dass sich die Strömungsformen je nach Kombination von Druck, Wärmebelastung und Massenstromdichte ändern und der physikalische Mechanismus der Wärmeübertragung gegenüber dem normalen Sieden nicht identisch bleibt.

Sobald der Wasserfilm vom Dampffilm ersetzt wird (Punkt x = DNB), geht die Wärme gleich wie bei der 1-phasigen Dampfströmung über. Die Geschwindigkeit des Dampffilms bleibt jedoch wesentlich kleiner als die mittlere Geschwindigkeit des Mediums. Die Rohrwandtemperatur steigt dann weiter bis zu einem Wert, bei dem die Geschwindigkeit des Dampffilms groß genug ist, um die Rohrwand entsprechend zu kühlen. Unter dieser Bedingung weist auch der Wärmeübergangskoeffizient den kleinsten Wert α_{min} auf. In diesem Moment beginnt die Rohrwandtemperatur zu sinken, und zwar so lange, bis die Geschwindigkeit des Dampffilms die gleichen Werte wie bei der 1-phasigen Dampfströmung hat. $x \cdot \alpha_{min}$ ist grundsätzlich eine Funktion der Wärmebelastung $\dot{q}$ und des Drucks p und nimmt bei konstanter Massenstromdichte mit steigendem Druck und steigender Wärmebelastung ab. Änderungen der Massenstromdichte (oberhalb gewisser Grenzen) bei konstantem Druck und konstanter Wärmebelastung haben bei horizontalen Rohren einen relativ kleinen Einfluss auf $x \cdot \alpha_{min}$. Bei vertikalen Rohren, besonders im Bereich höherer Wärmebelastungen, hat der Massenstrom eine scheinbar unregelmäßige Wirkung auf den $x \cdot \alpha_{min}$-Wert: α_{min} steigt mit steigender Massenstromdichte und nimmt mit steigender Wärmebelastung ab.

Beim überkritischen Verdampfer (in der Nähe des kritischen Punkts), bei dem es keine 2 Phasen gibt, konnte ein der Filmverdampfung ähnliches Phänomen festgestellt werden: Bei einer bestimmten Kombination des Massenflusses und der Wärmebelastung zerstört ein sehr starker Temperaturgradient die Stabilität der Grenzschicht. Dies ist auf die **starke Temperaturabhängigkeit der Stoffwerte** zurückzuführen.

Versuche zur Filmverdampfung ergaben folgende Zusammenhänge:

- Das Auftreten der Filmverdampfung ist ein rein lokales Phänomen, das von Druck, Wärmebelastung, Massenstromdichte und Dampfgehalt abhängt.
- Der Einfluss der Randbedingungen, wie Beheizen des Rohrumfanges über 180 und 360°, Verwenden von Flossenrohren und unregelmäßiges Wärmebelastungsprofil über dem Rohrumfang, spielt nur eine unwesentliche Rolle, solange man die lokalen Bedingungen genau berücksichtigt.
- Der kritische Dampfgehalt $x = \text{DNB}$ zeigt eine unregelmäßige Abhängigkeit von Druck, Massenfluss und Wärmebelastung. Je nach Strömungsbereich kann der Einfluss eines jeden Parameters eine andere Größenordnung und Richtung aufweisen. Allgemein sinkt $x = \text{DNB}$ mit steigender Wärmebelastung und steigendem Druck, es kann jedoch als Funktion der Massenstromdichte sinken oder steigen (Bild 8.39).
- Die zu Beginn der Filmverdampfung auftretenden Temperaturschwankungen klingen mit steigendem Dampfgehalt ab. Im Bereich von α_{min} ist die Filmverdampfung stabil. Die Amplitude der Schwankungen hängt stark von der Massenstromdichte ab. Bei den in der Praxis verwendeten Massenstromdichten sind diese Amplituden unbedeutend.
- α_{min} hängt vorwiegend von der Wärmebelastung und dem Massenstrom ab. Die Abhängigkeit vom Druck ist nur für kleinere Drücke von Bedeutung.

Druckabfallberechnung bei 2-Phasen-Strömung

(Hydrodynamische Stabilität)

Durch instabile Strömungsverhältnisse kann der gesamte Verdampferteil gefährdet werden. Der Zusammenhang von Druckabfall und Massenstrom ergibt im Gegensatz zu der 1-Phasen-Strömung eine Abhängigkeit 3. Grades:

$$\Delta p = b_0 \cdot (b_1 \cdot \dot{M} - b_2 \cdot \dot{M} + b_3 \cdot \dot{M}^3) \quad \text{(Gl. 8.40)}$$

Wird b_2 negativ, so steigt die Kurve an, d.h. einem bestimmten Druckabfall Δp ist nur ein bestimmter Massenstrom $\dot{M}$ zugeordnet: Die Kennlinie ist stabil (Bild 8.40).

Ist dagegen $b_2 > 0$ und genügend groß, dann ist die Gefahr einer instabilen Strömung gegeben. Die Druckabfallkurve weist dann einen sattelförmigen Verlauf auf, d.h., bei gleichem Δp ergeben sich für den Massenstrom $\dot{M}$ 3 Schnittpunkte. Von diesen sind allerdings nur Punkt 1 und Punkt 3 stabile Betriebspunkte. Stellt sich bei instabiler Kennlinie in einem

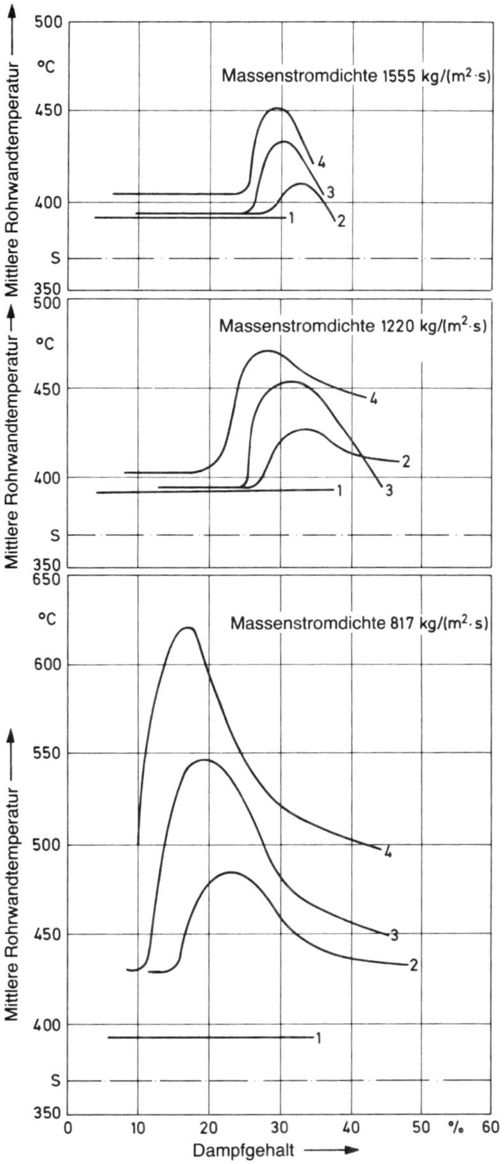

Bild 8.39 Mittlere Rohrwandtemperatur als Funktion des Dampfgehalts bei verschiedenen Wärmestromdichten, Druck 210 bar

1 Wärmestromdichte 198 000 W/m²
2 Wärmestromdichte 232 000 W/m²
3 Wärmestromdichte 302 000 W/m²
4 Wärmestromdichte 325 000 W/m²
5 Sattdampftemperatur 365 °C

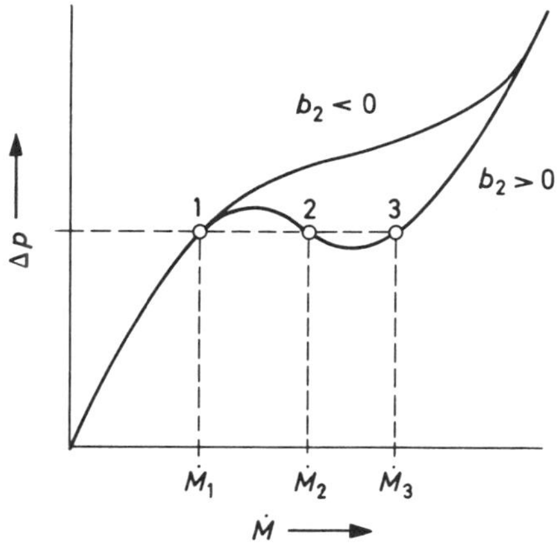

Bild 8.40 Druckverlustkennlinie bei der 2-Phasen-Strömung

Rohr der Massenstrom $\dot{M}$ ein, dann ist es u. U. möglich, dass der zur genügenden Kühlung des Rohrs erforderliche Mindestmassenstrom unterschritten wird. Eine Zerstörung des Rohrs, verursacht durch Überhitzung, ist die Folge.

Mit Hilfe von Bild 8.41 kann der Druckverlust der 2-Phasen-Strömung aus dem Druckverlauf der 1-Phasen-Strömung überschlägig berechnet werden, wobei die 2-Phasen-Strömung nur als «flüssige» 1-Phasen-Strömung betrachtet wird.

Bei beheizten Rohren sind *Mittelwerte* für Dampfgehalt und Druck einzusetzen (zwischen Ein- und Austritt).

Ausdampftrommel

Bei Natur- und Zwangumlaufkesseln ist eine Ausdampftrommel notwendig, um das Dampf-Wasser-Gemisch zu trennen.

Die zulässige Dampfraumbelastung beträgt, wobei als Dampfraum der Raum oberhalb des Wasserspiegels zu rechnen ist:

$$V_{\mathrm{D,\,spez}} = \frac{259}{p^{0{,}7} \cdot L^{0{,}61}} \left(\frac{1}{s}\right) \qquad \text{(Gl. 8.41)}$$

Diese stellt die reziproke Aufenthaltszeit dar und damit ergibt sich die Dampfraumgröße:

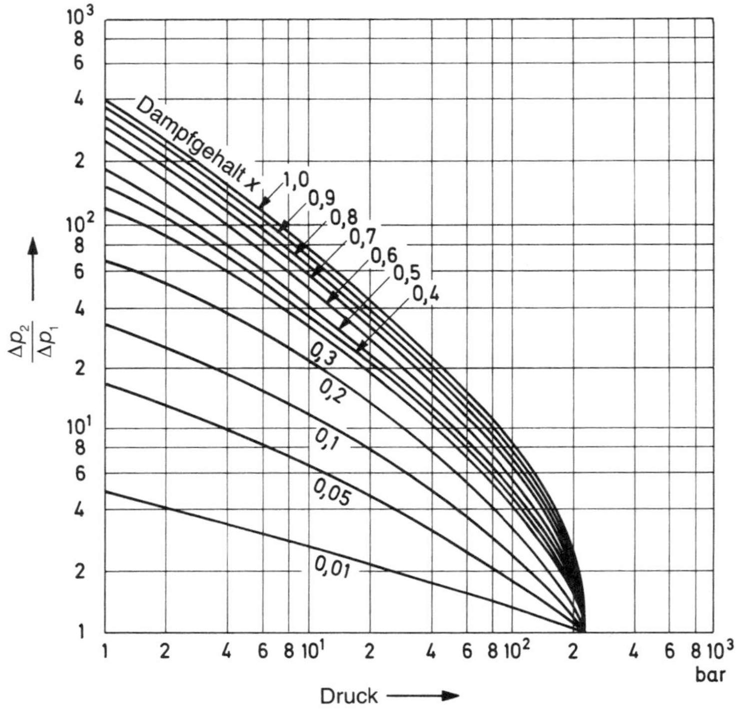

Bild 8.41
Druckverlustverhältnis 2-Phasen-1-Phasen-Strömung über dem Druck [8.1]
Δp_1 Druckverlust der 1-Phasen-Strömung
Δp_2 Druckverlust der 2-Phasen-Strömung
Bei beheizten Rohren, sind Mittelwerte für Dampfgehalt und Druck einzusetzen (zwischen Ein- und Austritt).
Der bezogene Reibungsdruckabfall über die Rohrlänge ΔL mit $x_1 = 0$ und $x_2 = X$ gilt für:

- ❑ horizontale Rohre mit gleichbleibendem Durchmesser,
- ❑ Fluid am Anfang mit Siedetemperatur,
- ❑ konstante Wärmestromdichte,
- ❑ Fluid strömt turbulent: $Re > 2000$

$$V_D = \frac{\dot{M}_D}{\varrho'' \cdot V_{D,\,spez}} \qquad \text{(Gl. 8.42)}$$

mit:

p Trommeldruck in (bar)
L Leitfähigkeit des Kesselwassers in (µS/cm)

Gültig für L = 2000…10 000 µS/cm (n. FDBR-Richtlinie 156).

Um eine möglichst große Oberfläche zu erlangen, werden die Trommeln waagerecht installiert. Zur zusätzlichen Abscheidung von Wassertropfen werden Zyklonenabscheider mit nachgeschalteten Dampftrocknern eingebaut.

Überhitzer
Überhitzer stellen (wärmeübergangsmäßig) gasgekühlte Rohre dar, die mit Abgasen beheizt werden.

Strahlungsüberhitzer: Sie werden bei Drücken über etwa 120 bar benötigt und befinden sich in den Feuerraumwänden. Durch die geringe Verdampfungswärme sind diese erforderlich.

Schottüberhitzer: Im Abstand von 400…1000 mm werden diese «Einhängewände» im Übergangsbereich von Strahlungs- und Konvektionsraum über die ganze Kesselbreite angebracht. Sie liegen im Temperaturbereich der Abgase von maximal 1200 °C bis am Ende von 800 °C und nehmen den größten Teil ihrer Wärme durch Gasstrahlung auf.

Berührungsüberhitzer: Diese werden im Abgastemperaturbereich ab 800 °C bis herunter auf 500 °C eingesetzt. Der größte Teil der Wärmeübertragung erfolgt hierbei durch Konvektion (Berührung). Üblicherweise werden die Rohre wegen der besseren Reinigungsmöglichkeit (und geringen Verschmutzungsgefahr) in **fluchtender** Anordnung ausgeführt.

Zwischenüberhitzer: Bei hohen Drücken ist ein Zwischenüberhitzer nötig, um den Wirkungsgrad zu verbessern.

Luftvorwärmer (Luvo)
Luvos stellen eine gute Möglichkeit dar, die Abgastemperatur zu reduzieren und damit

den Wirkungsgrad zu verbessern. Die Luftvorwärmung bringt darüber hinaus auch noch Vorteile in der Verbrennung. Bedingt durch die niedrigen α_i- und α_a-Werte der Luft- und Abgasseite werden große Heizflächen benötigt. Es muss unbedingt darauf geachtet werden, dass die Taupunkttemperatur nicht unterschritten wird.

Rekuperativluvo
Hier wird die Luft vom Abgas mittels Wärmeübertragung durch feste Wände erwärmt: in Form von Stahlröhren, Platten- und Doppelgussrippenluvo.

Regenerativluvo
Hier nehmen Speichermassen die Abgaswärme auf und geben sie später an die Luft ab.

Heizflächenreinigung
Die Rückstände aus der Verbrennung werfen bei den Kesseln häufig erhebliche Probleme auf. Durch die Beläge, die sich auf den Heizflächen bilden, werden Leistungen und Wirkungsgrad herabgesetzt. Ist keine Reinigungsanlage vorhanden, die es gestattet, während des Betriebs zu reinigen, müssen die Kessel außer Betrieb gesetzt werden. Diese Reinigung kann während des Betriebs durch Rußbläser oder aber im Konvektionsteil auch mittels Kugelregenanlage erfolgen.

Rußbläser (Bild 8.42)
Rußbläser können mit Dampf, Luft oder Wasser betrieben werden. Bei gleichem Druck ist die Druckluft dem Heißdampf in der Reinigungswirkung überlegen. Da jedoch die Aufstellung einer besonderen Drucklufterzeugungsanlage erhebliche Investitionskosten erfordert, wird Heißdampf bevorzugt als Blasmittel eingesetzt.

Mit Wasser als Blasmittel lässt sich bei hoher Rauchgastemperatur und starker Verschmutzung die beste Reinigungswirkung erzielen. Ihre Anwendung ist aber auf Heizflächen beschränkt, bei denen die Thermoschockwirkung durch den Wasserstrahl die Lebensdauer der Heizfläche nicht unzulässig beeinflusst.

Für die verschiedenen Heizflächen sind folgende Rußbläser verwendbar:

- Strahlungsheizfläche: Vorschubbläser und Wasserbläser,
- Schottenheizfläche: Lanzenschraubbläser,
- Bündelheizfläche glatt: Lanzenschraubbläser und Drehrohrbläser aus hitzebeständigem Werkstoff,
- Bündelheizflächen mit Rippen: Traversenbläser aus hitzebeständigem Werkstoff.

Kugelregenanlage (Bild 8.43)
Hierbei wird die kinetische Energie von Metallkugeln zur Reinigung genutzt. Die Kugeln werden gleichmäßig über die Heizflächenpakete verteilt, die in einem senkrechten Abgaszug angeordnet sind. Aufgrund ihres Eigengewichts fallen sie durch die Rohrgassen, wobei sie mehrfach auf die verschmutzten Rohre auftreffen und den Staub an der Oberfläche lösen.

Im Trichter unterhalb des Rauchgaszuges werden die Kugeln gesammelt, aus dem Rauchgaszug entfernt und vom Staub getrennt. Die Kugeln werden anschließend wieder nach oben gefördert, so dass sie erneut für die Reinigung zur Verfügung stehen. Das Verteilen der Kugeln wird vorzugsweise mit Verteilern vorgenommen, die senkrecht durch die Decke des Heizfächenzugs geführt werden. Der Prallkörper besteht aus einem auswechselbarem, verschleißfestem Material.

Die Verwendung von Kugelregenanlagen ist dann besonders vorteilhaft, wenn folgende Voraussetzungen vorliegen:

- In einem senkrechten Rauchgaszug sollten viele Heizflächenpakete übereinander angeordnet sein.
- Der Querschnitt des Rauchgaszuges sollte eine gleichmäßige Beaufschlagung der Heizflächen ermöglichen.
- Die Temperatur der Rauchgase sollte so niedrig liegen, dass die Festigkeit der Heizflächenrohre und die der Bauteile des Kugelregens nicht nachteilig beeinflusst wird.
- Die Verschmutzungen sollten möglichst staubförmiger Natur sein.
- Der Staubgehalt sollte bestimmte Maximalwerte nicht überschreiten.

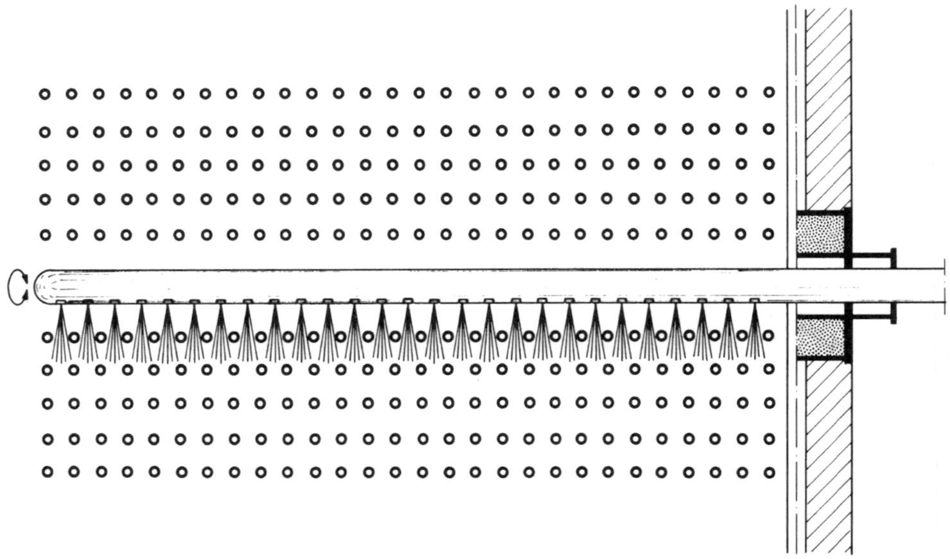

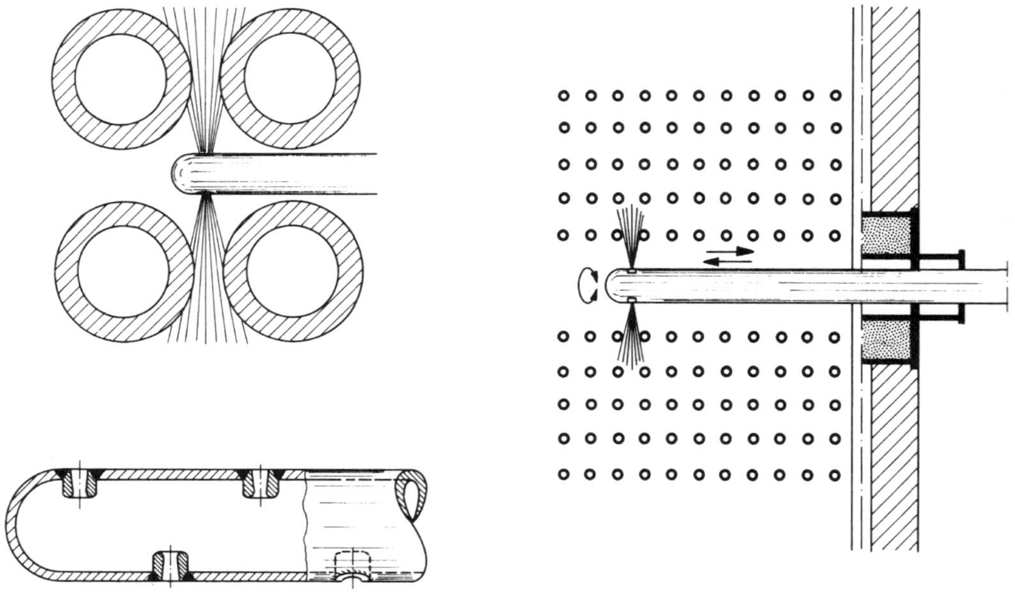

Bild 8.42 Rußbläser
a) Drehrohrbläser
b) Lanzenschraubbläser

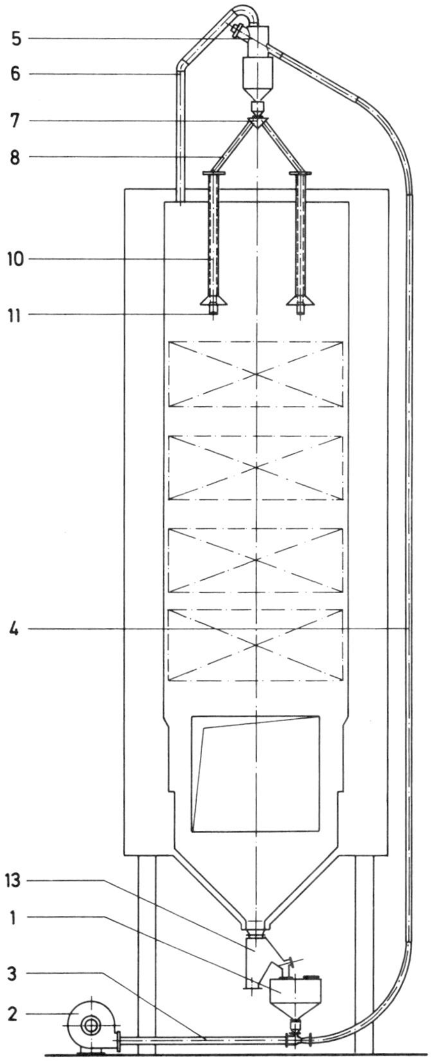

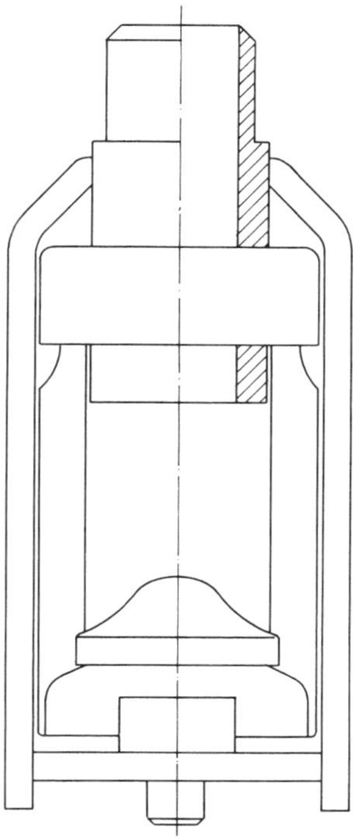

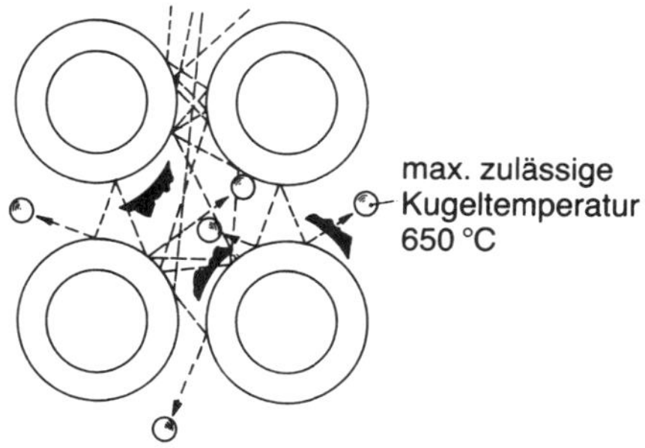

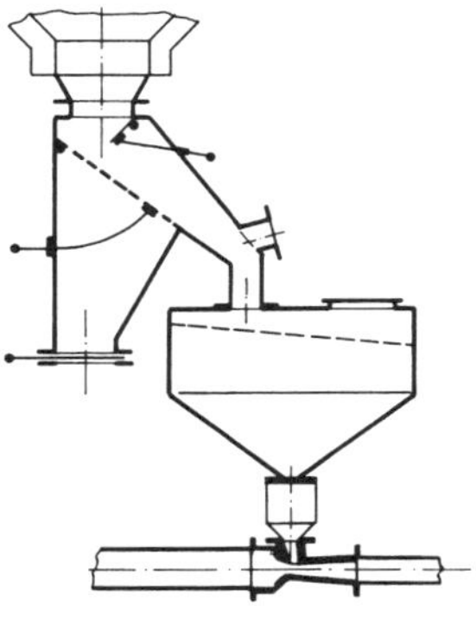

Bild 8.43 Kugelregenanlage mit senkrechten Verteilern
1 Kugelsammelbehälter mit Absperrorgan und Förderdüse
2 Förderluftgebläse
3 Förderluftleitung
4 Kugelförderleitung
5 Kugelabscheider
6 Abluftleitung
7 Kugelverteiler
8 Verteilerrohr
10 Zulauf mit Mantelrohr
11 senkrechter Verteiler mit Prallkörper
13 Kugelstaub-Separator

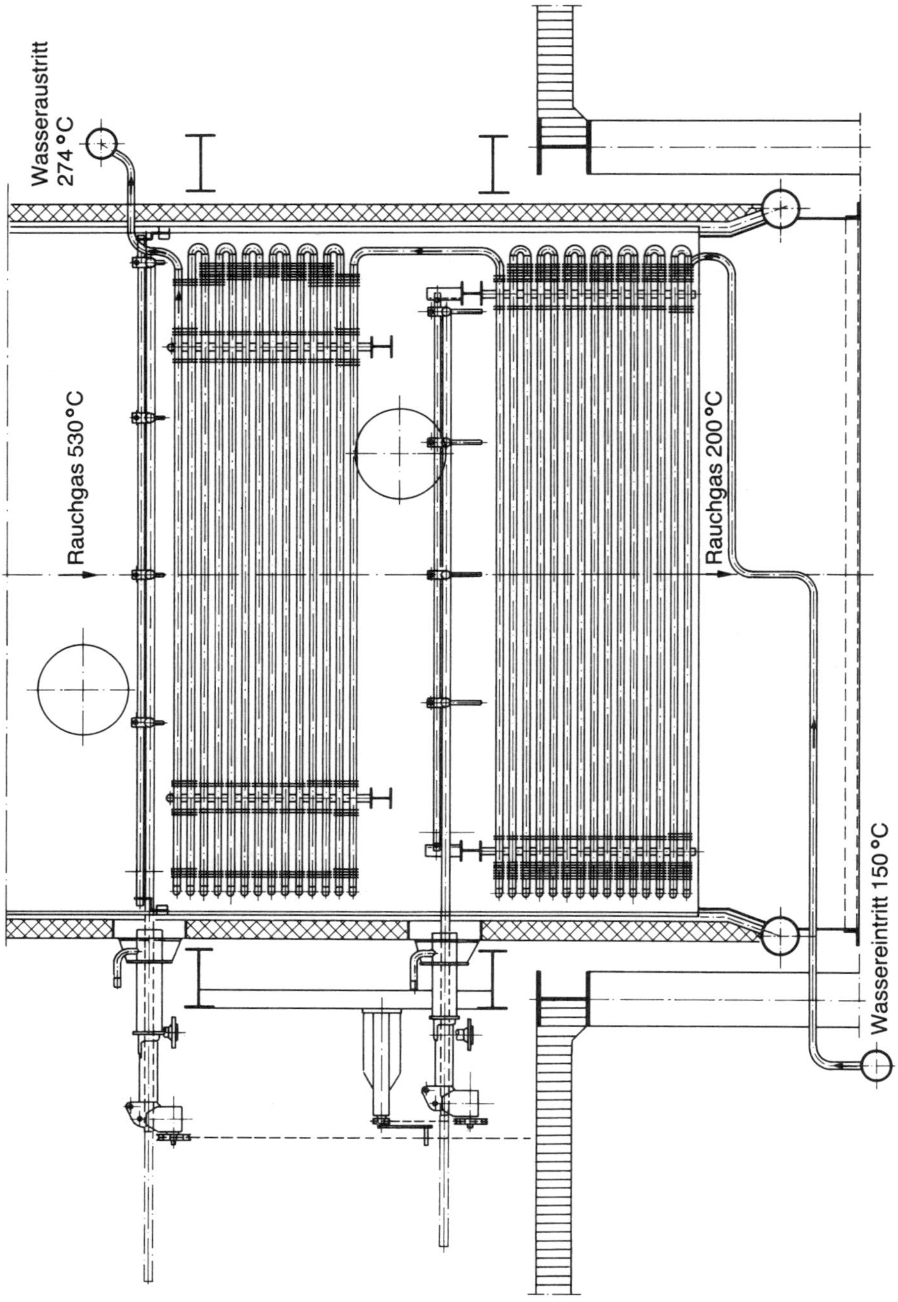

Bild 8.44 Stahlrippen-Doppelrohr-Vorverdampfer zwischen den Flossenrohrwänden einer Dampfkesselanlage
Dampfleistungskessel: 50 t/h; Kesselbetriebsdruck: 46 bar; Nutzwärmeleistung: 5,7 MW

- ❑ Die Oberflächentemperatur im kalten Teil der Heizfläche muss noch über dem Taupunkt liegen.

Hilfssysteme
Die Hilfssysteme eines Kessels enthalten:

- ❑ das Wasserzubringsystem,
- ❑ das Heizenergieversorgungs- und gegebenenfalls Entaschungssystem,
- ❑ das Abgassystem sowie
- ❑ das Regelsystem.

Wasserzubringsystem
Dieses System besteht im Wesentlichen aus Kondensator oder Dampfverbraucher sowie Speisewasserbehälter und den zugehörigen Kondensat- und Speisepumpen. Zur Verbesserung des Wirkungsgrads werden auch noch Speisewasservorwärmer (Ecos) zwischen Speisepumpe und Kessel geschaltet, die mit Abgas oder aber Turbinenabdampf beheizt werden (Bild 8.44).

Im *T*-*s*-Diagramm wird die Verbesserung der Wärmeausnutzung durch Speisewasservorwärmung mittels Anzapfdampf für den Fall 3-stufiger Vorwärmung durch Bild 8.45 für verlustlosen Prozess gezeigt. Diese übliche Darstellung berücksichtigt die Änderung der Mengen durch Änderung der Flächen für *Q*, während sonst die *T*-*s*-Diagramme für konstante Mengen des arbeitenden Mittels gelten. Schwache Krümmung der Begrenzung rechts unten eine Folge der Krümmung der unteren Grenzkurve. Bei unendlicher Stufenzahl verliefe der Kreisprozess nach der gestrichelten Linie, nähert sich also für das Nassdampfgebiet dem Idealfall des Carnot'schen Prozesses dadurch, dass Flächen zwischen Abszissenachsen und Kurven gleich werden.

Das Speisewasser muss unbedingt entgast werden, und das Zusatzwasser (mindestens 5%) ist aufzubereiten (Abschlämmverluste).

Die Kupplungsleistung der Pumpen berechnet sich aus:

$$P = \frac{\dot{V} \cdot \Delta p}{\eta} \quad \text{(Gl. 8.43)}$$

mit:

$\dot{V}$ Förderstrom
Δp Druckerhöhung
η Wirkungsgrad der Pumpe

Heizenergie-Versorgungs- und Entaschungssystem
Das Heizenergie-Versorgungssystem besteht im Wesentlichen aus der Brennstoffversorgung und der Bereitstellung der zugehörigen Luftmenge.

Bei festen Brennstoffen (inbesondere bei Kohle) ist mit einem Aschegehalt zu rechnen, der bis zu 30 Mass.-% des Brennstoffs annehmen kann. Hier ist ein Entaschungssystem ein wichtiges und zum Teil sehr kostspieliges Hilfssystem.

Abgassystem
Dies besteht bei Unterdruck im Feuerraum aus einem Saugzuggebläse mit Feuerraumunterdruckregelung (z. B. Regelklappe oder Drallregler) sowie dem Abgaskanal, Entstaubereinrichtung und Kamin.

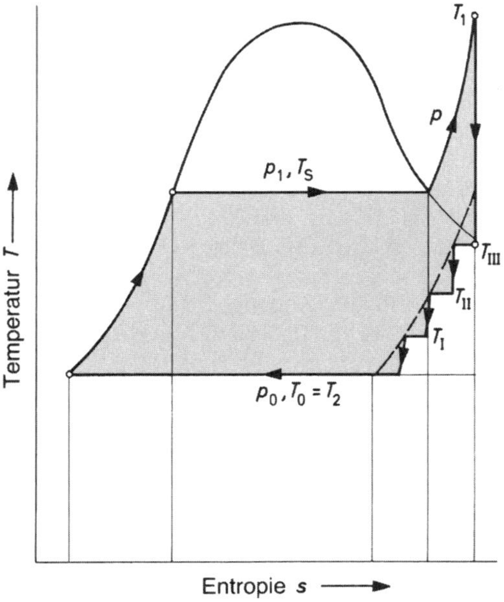

Bild 8.45 Verlustloser Wasserdampf-Kreisprozess mit 3-stufiger Speisewasservorwärmung im *T*-*s*-Diagramm

Die Abgasgeschwindigkeit in den Kanälen sollte ca. maximal 15 m/s betragen. Strömungstechnische Berechnung sowie Kaminberechnung siehe [4.10].

Wasserqualität

Verunreinigungsarten

Das Speisewasser für Durchlaufkessel, das Speise- und Kesselwasser von Umlaufkesseln sowie Einspritzwasser zur Dampftemperaturregelung müssen bestimmte Qualitätsanforderungen erfüllen, damit sowohl die Dampferzeuger sicher und wirtschaftlich betrieben werden können als auch die für Überhitzer und nachgeschaltete Turbinen bzw. Verbraucher erforderliche Dampfreinheit erzielt wird. Wenn das Betriebsmittel im Kreislauf geführt wird, dürfen Wasser- und Dampfrichtwerte nicht im Hinblick auf einzelne Anlagenteile betrachtet werden, sondern stets nur im Zusammenhang mit dem gesamten Wasser-Dampf-Kreislauf. Teilweise ergeben sich daraus Forderungen, die über das hinausgehen, was für den einzelnen Anlagenteil speziell verlangt werden müsste.

Der korrosive Angriff von Wasser oder Dampf auf Stahl, bei dem Eisenoxide entstehen, unterliegt nur dann einer Selbsthemmung, wenn sich auf der Stahloberfläche eine **Schutzschicht** bildet, d. h. eine mit dem Untergrund fest verwachsene, dichte und gleichmäßig ausgebildete Deckschicht. Sie besteht aus Magnetit, auf dem unter besonderen Bedingungen auch Oxide des 3-wertigen Eisens aufwachsen. Derartige Schutzschichten behindern Diffusionsvorgänge und Reaktionen zwischen der Stahloberfläche und dem Wasser bzw. Dampf, wodurch die Metallabgaberate dem möglichen Minimum nahe kommt (Deckschichtpassivität).

Gelöste Korrosionsprodukte, besonders die des Eisens, deren Löslichkeit mit steigender Temperatur abnimmt, neigen dazu, übersättigte Lösungen zu bilden. An Stellen hoher Turbulenz, wie sie in Kesselregelorganen herrscht, oder an thermisch hochbelasteten Heizflächen scheiden sich aus solchen Lösungen kristalline Ablagerungen aus. Sie verursachen Querschnittsverengungen bzw. behindern den Wärmeübergang an Siederohren, was zur Überhitzung und Schädigung des Werkstoffs führt.

Ungelöste, suspendierte Korrosionsprodukte, die mit dem Speisewasser in den Kessel eingetragen werden oder im Kessel selbst entstanden sind, können verschiedenartige Ablagerungen an thermisch belasteten Rohrwandungen bilden. Findet an der wasserberührten Wand Blasensieden statt, so sind die Ablagerungen locker porös und weisen Dampfgassen auf; solche Ablagerungen hemmen den Wärmeübergang wenig. Dennoch stellen sie eine Gefährdung für Siederohre dar, weil sich gelöste Elektrolyte in den Poren konzentrieren und einen chemischen Angriff am Rohrwerkstoff oder an der Schutzschicht auslösen können. Die Anreicherung von Elektrolyten ist von der Wärmestromdichte (Verdampfungsintensität) und der Elektrolytkonzentration im Kesselwasser abhängig. Deshalb wird auch für Umlaufkessel der Betrieb mit salzfreiem Speisewasser empfohlen, wenn mit lokalen Wärmestromdichten $\dot{q}$ > **250 kW/m²** zu rechnen ist.

Unter Umständen, bei denen Blasensieden nicht möglich ist – also im überkritischen Zustand oder bei höherem Dampfanteil, d. h. bei einer Wasser-in-Dampf-Verteilung, wie sie für Zwangdurchlaufkessel typisch ist – können ebenfalls poröse Ablagerungen aus Korrosionsprodukten entstehen, die hier jedoch geschlossen sind und keine Dampfgassen aufweisen. In Abhängigkeit von der Schichtdicke und der Mikroporenstruktur beeinträchtigen sie den Wärmedurchgang und verursachen einen Anstieg der Rohrwandtemperatur, der bis zur Überhitzung und zu Rohrreißern durch Überschreiten der Warm- oder Zeitstandfestigkeit führt.

Verunreinigungen im Dampf, die in Spuren allerdings nicht vermeidbar sind und nach Art und Herkunft sehr unterschiedlich sein können, verursachen Korrosion und Ablagerungen in Überhitzern, Regelorganen und an Turbinenschaufeln sowie Überhitzer- und Turbinenversalzung.

Als **gasförmige**, in wässriger Lösung korrosive **Dampfverunreinigungen** kommen Kohlensäure, unter bestimmten Voraussetzungen auch andere anorganische sowie organische Säuren vor. Kohlensäure ist stets im Anfahrbereich vorhanden und tritt bei Umlaufkesseln, die mit enthärtetem Zusatzwasser gespeist werden, selbst im Dauerbetrieb durch Spaltung von Natriumhydrogencarbonat auf. Sie beeinflusst den pH-Wert des Dampfkondensats und kann in Wärmeübertragern und im Kondensatsystem Säurekorrosion hervorrufen. Anorganische und organische Säuren können als Hydrolyseprodukte anorganischer Salze bzw. als Zersetzungsprodukte organischer Substanzen entstehen und ebenfalls Säurekorrosion verursachen.

Gelöste Feststoffe gelangen aufgrund ihrer Dampflöslichkeit oder durch mitgerissene Wassertröpfchen in den Dampf. Die Löslichkeit wasserlöslicher Feststoffe im Dampf ist druck- und temperaturabhängig. Sie ist für hier interessierenden Stoffen beim Sattdampfzustand am höchsten, entsprechend einer Übersättigung bei anderen Druck- und Temperaturzuständen des Dampfs im Wasser-Dampf-Kreislauf. Daher können gelöste Feststoffe in Überhitzern und auf Turbinenschaufeln abgeschieden werden, Ablagerungen bilden und – soweit es sich um Elektrolyte handelt – in Gegenwart von Wasser oder als Schmelzen Korrosionen hervorrufen. Geringe Belagsbildung auf den Turbinenschaufeln ist auch bei Einhaltung der Richtwerte unvermeidbar.

Im Fall unzureichender Wasser-Dampf-Trennung in den Trommeln von Umlaufkesseln kommt es zum Mitreißen von Kesselwassertröpfchen in den Dampf, bei schnellem Druckabfall sogar zum Überreißen von Kesselwasser. Im Prinzip muss eine einwandfreie Trennung von Wasser und Dampf durch konstruktive Maßnahmen gewährleistet sein, jedoch kann sie durch erhöhte Schaumneigung des Kesselwassers gestört werden. Beispielsweise fördern suspendierte Feststoffe sowie gelöste oder emulgierte organische Substanzen die Schaumneigung des Kasselwassers und damit die Gefahr einer Verunreinigung des Dampfes.

Auswirkungen der Verunreinigungen

Neben den Ablagerungen in Turbinen, Kondensator und in den nicht Wärme führenden Stellen sind die Wärmestau bewirkenden Beläge von ausschlaggebender Bedeutung für die Sicherheit der Dampferzeugeranlage.

Durch allmähliches Wachsen der Ablagerungsschicht treten durch Wärmestau Rohrwandtemperaturen auf, die weit über das zulässige Maß ansteigen und zu Dampfspaltungserscheinigungen Anlass geben, die später zu Rohraufweitungen oder sogar zu Rohrreißern führen. Für das Entstehen dieser Ablagerungen sind verschiedenste Einflüsse verantwortlich, die als Einzelfaktoren meist harmlos sind, im Zusammenwirken aber zu sehr ernsten Kesselschäden führen können.

Von den Wasserbegleitstoffen sind die aus Kieselsäureverbindungen bestehenden Silikate besonders ungünstig, da sie Ablagerungen bilden, die durch besonders niedrige Wärmeleitzahlen gekennzeichnet sind. Während die aus den Härtebildnern Mg und Ca hervorgegangenen Kesselsteinschichten i. Allg. Wärmeleitzahlen aufweisen, die zwischen 1 und 3 W/(m · K) liegen, sind die der Silikatkesselsteine besonders niedrig ($\lambda = 0{,}1\ldots0{,}3$ W/(m · K)).

Für die Sicherheit der Verdampferrohre ist die unterschiedliche Wärmeleitfähigkeit von besonderer Bedeutung, da sie den Wärmestau an der Rohrwand und damit die Rohrwandtemperatur selbst sehr nennenswert beeinflusst.

Der durch das Auftreten von Belägen entstehende Wärmestau lässt sich aus der Beziehung ableiten:

$$\Delta\vartheta \approx \frac{\dot{q}}{\lambda/s} \qquad \text{(Gl. 8.44)}$$

wenn

$\dot{q}$ Wärmestromdichte,
λ Wärmeleitfähigkeit,
s Belagstärke ist.

Bild 8.46 zeigt, wie sich die unterschiedlichen Wärmeleitzahlen auf den Wärmestau an der Rohrwand auswirken. Es zeigt für gestaffelte Wärmeflüsse den durch die unterschiedliche Wärmeleitfähigkeit des Belags ausgelöste Rohrwandübertemperatur $\Delta\vartheta$. Während z. B.

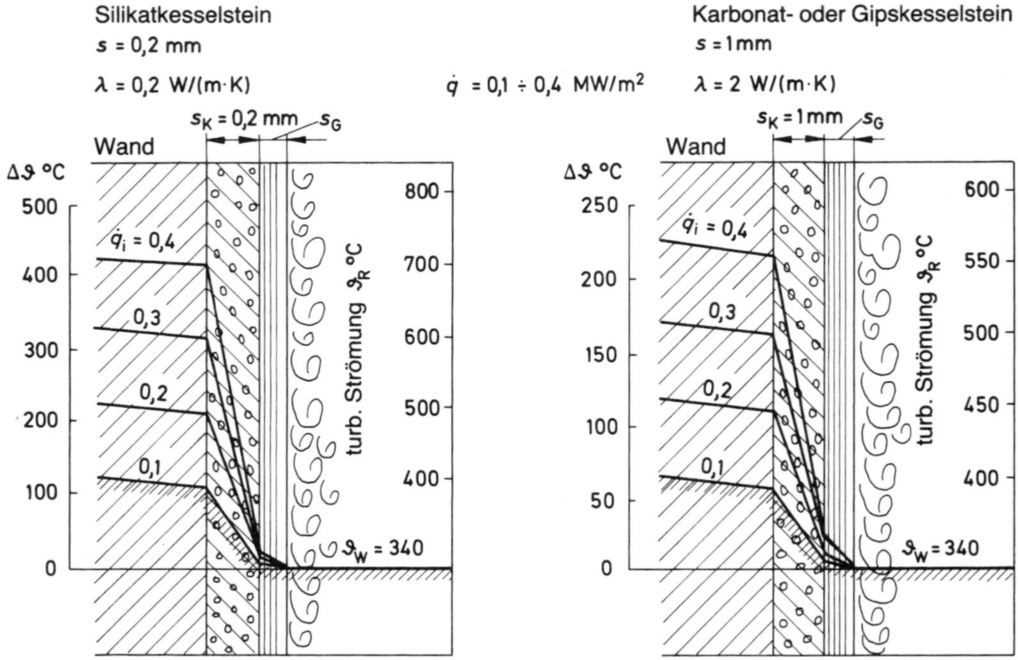

Bild 8.46 Temperaturerhöhungen in der Rohrwand durch Kesselsteinablagerungen

bei einem Wärmestrom von $\dot{q} = 0{,}2$ MW/m² bei Vorhandensein einer Karbonat- oder Gipskesselsteinschicht von 1 mm Stärke ein Temperaturstau von $\Delta\vartheta = 110\,°C$ erzeugt wird, der für die Berohrung gerade noch als zulässig angesehen werden kann, entsteht bei einer Belagstärke von nur 0,2 mm bei der gleichen Wärmestromdichte die doppelte Übertemperatur an der Rohrwand, wenn es sich um einen Silikatkesselstein handelt. Addiert man zu diesem Wärmestau noch eine Übertemperatur, die durch schlechten Wärmeübergang infolge eingetretener Filmverdampfung hervorgerufen wird, ist mit der Zerstörung des Rohrwerkstoffs in kürzester Zeit zu rechnen.

Verhinderung der Verunreinigungen

Hinreichender Korrosionsschutz an allen wasser- und dampfberührten Anlagenteilen eines Wasser-Dampf-Kreislaufs kann nur mit Hilfe chemischer Maßnahmen sichergestellt werden. In der Praxis sind 2 unterschiedliche Verfahren gebräuchlich, die Anwendung von Alkalisierungsmitteln (alkalische Fahrweise) bzw. von Oxidationsmitteln (neutrale Fahrweise). Beiden ist gemeinsam, dass sie die Einhaltung eines Mindest-pH-Wertes sowie einiger weiterer Bedingungen erfordern und dass durch Zugabe bestimmter Chemikalien die Ausbildung von Deckschichten mit hohem Korrosionswiderstand auf metallischen Oberflächen gefördert wird.

Günstige technische und wirtschaftliche Ergebnisse sind mit kombinierter Konditionierung erzielt worden, wenn in das Speisewasser vor den Niederdruck-Vorwärmern gasförmiger Sauerstoff und Ammoniak in solcher Konzentration dosiert werden, dass bei geschlossenem Entgaser im Speisewasser vor Kesseleintritt ein pH-Wert (25 °C) zwischen 8,0 und 8,5 und Sauerstoffgehalte zwischen 0,15 und 0,30 mg/l gemessen werden. Diese Angaben beziehen sich auf Blockanlagen mit Durchlaufkesseln, deren Vorwärmer mit ferritischen Stählen (P 235 GH, 16 Mo 3) und deren

Kondensatoren mit Kupferwerkstoffen (CuZn 28 Sn, CuZn 20 Al) berohrt sind.

Entsalzung

Damit die für das Kesselwasser höchstzulässigen Werte (*p*-Wert, Kieselsäuregehalt und Leitfähigkeit) nicht überschritten werden, ist das Kesselwasser zu entsalzen. Die erforderliche Entsalzungsmenge beträgt

$$E_D = (1 - K) \cdot \frac{100 \cdot V_s}{V_k - V_s} \qquad \text{(Gl. 8.45)}$$

$$E_w = \frac{100 \cdot E_D}{100 + E_D} \qquad \text{(Gl. 8.46)}$$

E_D Entsalzungsmenge in % der Dampfleistung des Kessels,
E_w Entsalzungsmenge in % der Speisewassermenge,
K Verhältnis der zurückkommenden Kondensatmenge zur erzeugten Dampfmenge,
V_s *p*-Wert oder Kieselsäuregehalt oder Leitfähigkeit des Speisewassers,
V_K zulässiger p-Wert oder Kieselsäuregehalt oder Leitfähigkeit des Kesselwassers.

Entgasung

Zur Austreibung der im Wasser gelösten Gase (O_2 und CO_2) dienen mechanische oder chemische Entgasungen sowie ihre Kombination. Die mechanische Entgasung ist meist mit einer zusätzlichen Aufwärmung des Wassers verbunden. Die Löslichkeit von Sauerstoff und Kohlensäure in Wasser ist abhängig vom Partialdruck. Bei der thermischen Entgasung wird das zu entgasende Wasser mittels Heizdampf zum Sieden gebracht. Damit wird der Partialdruck für Sauerstoff und Kohlendioxid gesenkt. Die frei werdenden Gase werden in die Atmosphäre abgeführt. Die thermische Entgasung kann unter Überdruck ($\vartheta \approx 102\,°C$) oder bei Vakuum vorgenommen werden. Der erzielbare Gehalt an Restsauerstoff beträgt 0,007…0,02 mg/kg.

Bild 8.47 zeigt eine Entgasungsanlage mit Speisewasserbehälter und Gasschutzeinrichtung. Das zu entgasende Wasser wird dem oberen Teil des Entgaserdomes zugeführt und durchläuft ihn von oben nach unten. Eingebaute Rieselbleche verteilen das Wasser, so dass es durch Dampf, der in den unteren Teil des Entgasers eingeführt wird, möglichst rasch den Siedezustand erreicht. Die Dampfzufuhr wird über einen Dampfdruckregler gesteuert. Mit Hilfe dieses Reglers kann selbst

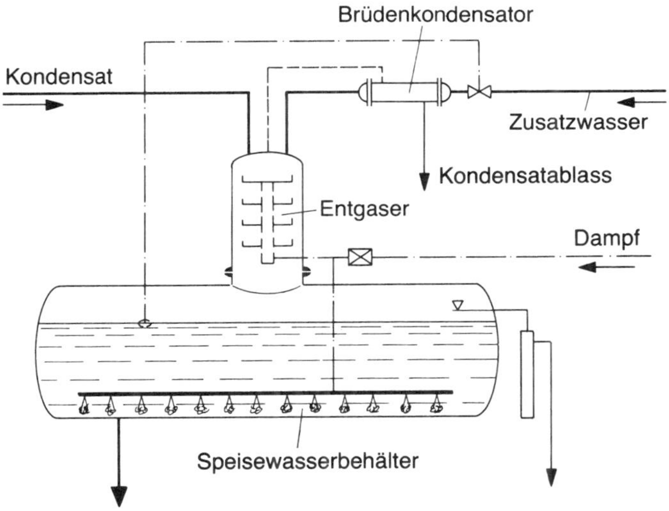

Bild 8.47
Entgasungsbehälter

bei Lastschwankungen der Siedezustand stets eingehalten werden. Zum Schutz des gespeicherten Wassers erhält der Speisewasserbehälter ein Düsenrohr, durch das ständig etwas Dampf zugeführt wird, damit das gespeicherte Wasser in einem ständigen Siedezustand bleibt.

Anforderungen an die Wasser- und Dampfqualität
Wegen der unterschiedlichen Art der Wasserführung im Dampferzeuger und den daraus resultierenden, stark unterschiedlichen Anforderungen an die Qualität des Speisewassers wird in den Anforderungen zwischen Umlaufkesseln (Wasserrohr- und Großwasserraumkessel) und Durchlaufkesseln unterschieden.

Eine weitere Einteilung erfolgt nach dem Betriebsüberdruck der Dampferzeuger.

Aufgrund wasserchemischer Unterschiede muss außerdem zwischen «alkalischer Fahrweise», «neutraler Fahrweise» und «kombinierter Fahrweise» differenziert werden.

Anforderungen für Speisewasser, Kesselwasser und Dampf von Dampferzeugern sind festgelegt in Abhängigkeit von Druck und Kesselbauart in:

1. DIN EN 12952-12 Wasserrohrkessel
2. DIN EN 12953-12 Großwasserraumkessel

Zum Verständnis der Begriffe in den Anforderungstabellen gelten folgende Definitionen für die **Wasserarten**:

Rohwasser
bezeichnet das vor der Zusatzwasser-Aufbereitungsanlage zur Verfügung stehende Wasser, unabhängig von einer eventuellen vorhergehenden außerbetrieblichen Behandlung.

Zusatzwasser
nennt man zur Ergänzung von Wasserverlusten aufbereitetes Rohwasser. Je nach Aufbereitungsverfahren ist zu unterscheiden zwischen:

Weichwasser: durch Ionenaustausch von Erdalkalien befreites (enthärtetes) Wasser;

teilentsalztes Wasser: durch Entcarbonisierung um den Gehalt an Hydrogencarbonat wesentlich vermindertes und durch Ionenaustausch von Erdalkalien befreites Wasser; durch Umkehrosmose erzeugtes salzarmes Wasser (Permeat);

vollentsalztes Wasser: durch Ionenaustausch von dissoziierten gelösten Stoffen befreites Wasser, gekennzeichnet durch eine elektrische Leitfähigkeit < 0,2 μS/cm und einen Kieselsäuregehalt <0,02 mg SiO_2/l.

Kondensat
ist kondensierter Dampf, ohne Vermischung mit Fremdwasser.

Speisewasser
bezeichnet man zur Speisung des Dampferzeugers verwendetes, in der Regel aus Zusatzwasser und Kondensat bestehendes Wasser nach vollständiger Aufbereitung und Konditionierung; Probenahmestelle möglichst vor Kesseleintritt;

salzhaltiges Speisewasser: ist ein Wasser mit einem Elektrolytgehalt entsprechend einer Leitfähigkeit <0,2 μS/cm, gemessen hinter einem stark saurem Probenahme-Kationaustauscher;

salzfreies Speisewasser: ist ein Wasser mit einem Elektrolytgehalt entsprechend einer Leitfähigkeit ≥0,2 μS/cm, gemessen hinter einem stark saurem Probenahme-Kationenaustauscher. Vorausgesetzt wird, dass nicht freie Basen, z. B. Natriumhydroxid, als Verunreinigungen vorhanden sind.

Kesselwasser
kennzeichnet das in Natur- und Zwangumlaufkesseln befindliche Wasser, das durch Eindickung während des Betriebes eine vom Speisewasser abweichende Beschaffenheit aufweist.

Einspritzwasser
heißt im Heißdampfkühler zur Senkung der Temperatur des überhitzten Dampfs eingespritztes Wasser.

8.6.2 Eindampfapparate

Eindampfanlagen werden zum Eindicken von Lösungen eingesetzt, wobei die Lösungen aus

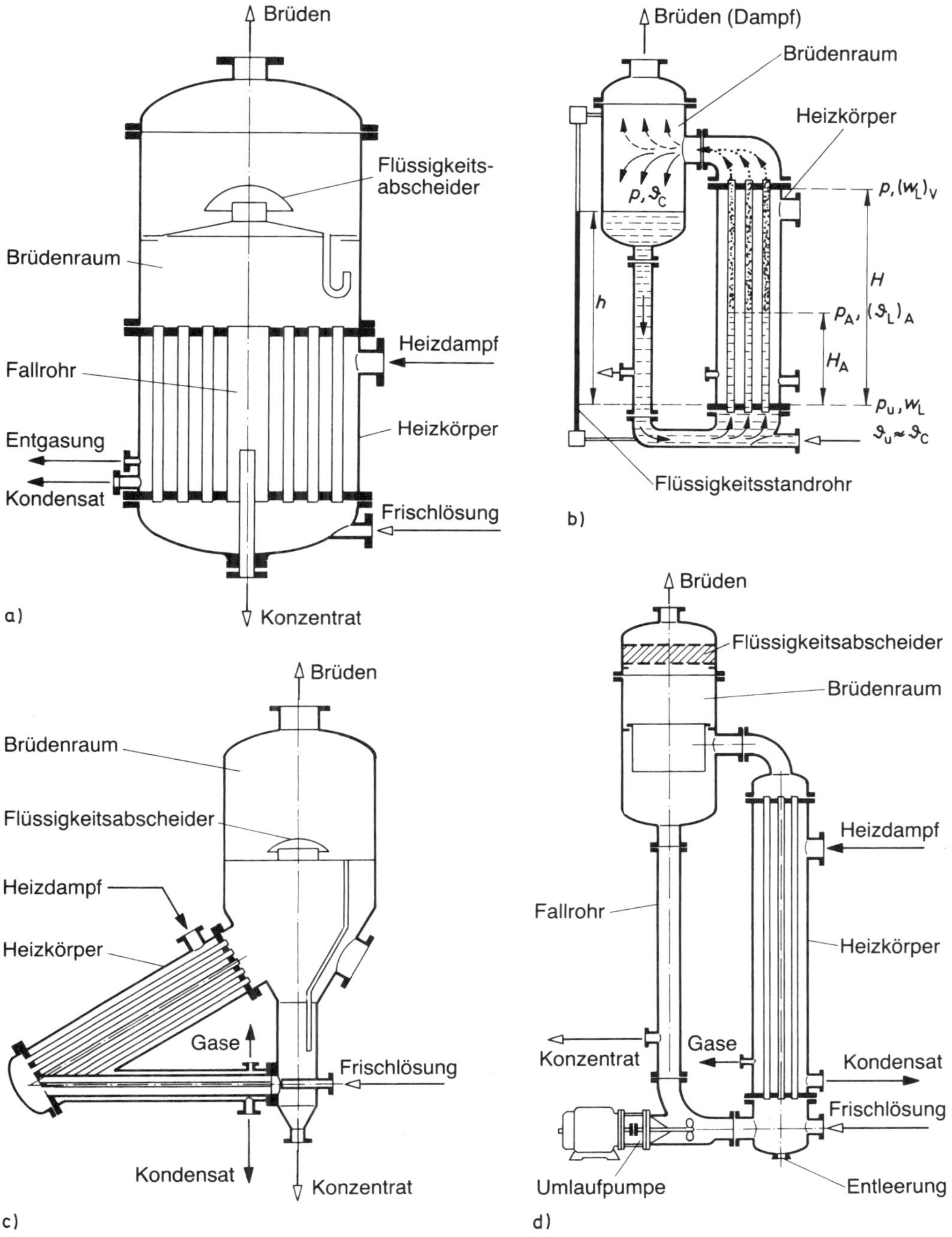

Bild 8.48 Verdampferformen
a) Robert-Verdampfer
b) Eindampfer mit außenliegendem Heizkörper und den charakteristischen Betriebsgrößen
c) Schrägrohrverdampfer, System Vogelbusch
d) Verdampfer mit Zwangumlauf

Feststoff und flüssigem Lösungsmittel bestehen. Lösungen, die aus 2 Flüssigkeiten bestehen, werden in Rektifikationsanlagen konzentriert, während Lösungen aus Flüssigkeiten und Gasen in üblichen Wärmeübertragern entgast werden können.

Als Grundtyp ist der Robert-Verdampfer nach Bild 8.48 a) anzusehen. Der Verdampfer besitzt vertikale Rohre und arbeitet durch das im Zentrum des Rohrbündels angeordnete Fallrohr als Selbstumlaufverdampfer.

Ein weiterer Umlaufverdampfer liegt in dem Verdampfer gemäß Bild 8.48 b) vor, dessen Heizelement neben dem Brüdenraum mit Fallrohr angeordnet ist. Der Heizkörper dieses Verdampfers ist einfacher zu reinigen als der Robert-Verdampfer.

Sollen temperaturempfindliche Lösungen eingedampft werden, deren chemische oder physikalische Eigenschaften sich bei zu langen Verweilzeiten bei hohen Temperaturen unerwünscht verändern, sind Umlaufverdampfer wegen des mehrmaligen Durchlaufens des einzudampfenden Gutes nicht mehr verwendbar.

In diesem Fall werden Filmverdampfer in Form von Kletterfilmverdampfern oder aber Fallfilmverdampfern verwendet, wobei die Lösung den Verdampfer nur einmal durchläuft.

Eine Spezialform des Filmverdampfers ist der Dünnschichtverdampfer (Bild 8.49) mit Wischer. Bei dieser Konstruktion wird die eingebrachte Lösung durch eine Wischerkonstruktion auf die Innenwand eines Rohrs als Film verteilt.

8.7 Spiralband-Wärmeaustauscher

Diese werden aus 2 gleich breiten Blechbändern, die aufgebrauchte Abstandsstifte besitzen, spiralförmig um einen mit Anschlussstutzen versehenen Mittelkörper gewickelt (Bild 8.50).

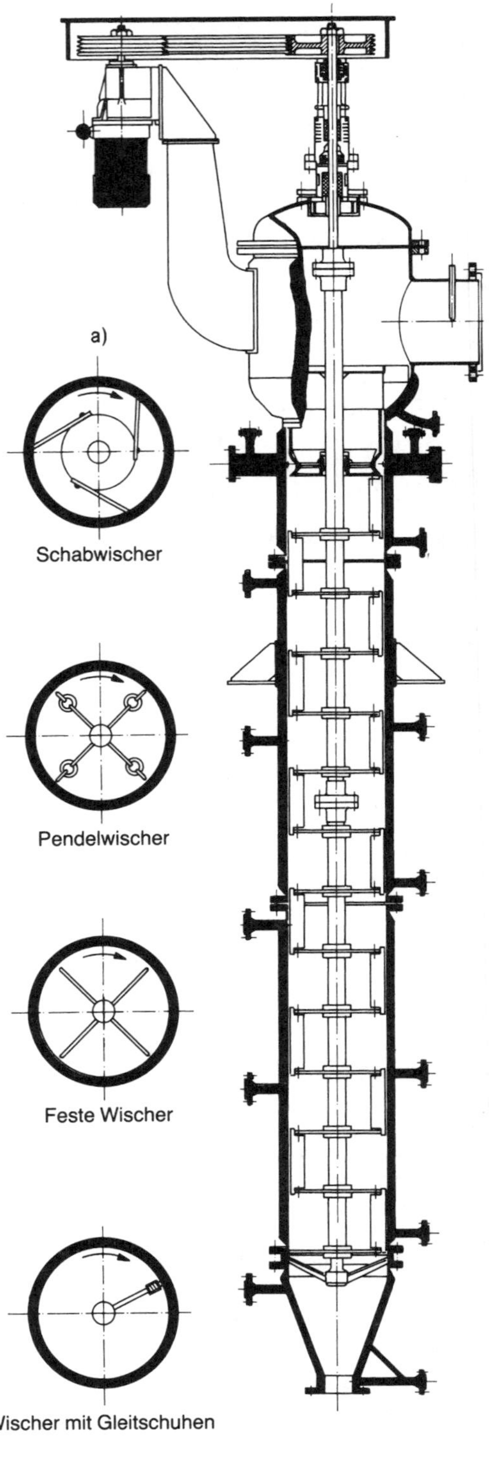

Bild 8.49 Dünnschichtverdampfer
a) Wischerausführungen

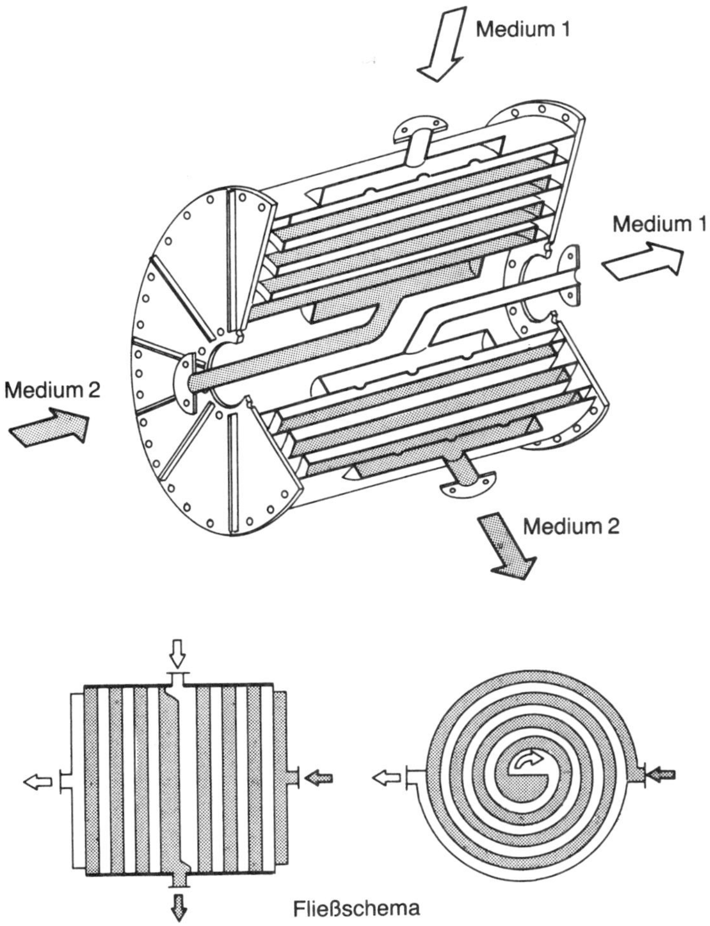

Bild 8.50
Spiralband-Wärmeaustauscher

8.8 Platten-Wärmeaustauscher

Ein Platten-Wärmeaustauscher gemäß Bild 8.51 besteht aus mehreren hintereinander angeordneten Platten, die verschiebbar auf 2 Führungsrohren angebracht und durch 2 Druckplatten mit Schrauben verspannt sind. Durch die Konstruktion ist gute Austauschbarkeit bzw. Ergänzung des Plattenpakets durch weitere Platten zur Leistungserhöhung möglich. Wegen der leichten Demontage ist die Reinigung der Platten auf relativ einfache Weise möglich. Die Platten sind zum Versteifen und zum Erreichen eines hohen Wärmeübergangs in verschiedener Weise je nach Fabrikat geprägt. Die Strömungswege der Platten werden durch Dichtungen voneinander getrennt, wobei auf der Vorder- bzw. Rückseite die an der Wärmeübertragung beteiligten Stoffe geführt werden. Die Zu- und Ablauföffnungen für die Fluide sind in den Druckplatten eingesetzt. Der Plattenabstand liegt üblicherweise zwischen 4…6 m, die Plattendicke zwischen 1…1,5 mm.

Platten-Wärmeaustauscher sind wärmetechnisch und kommerziell hochinteressante Apparate (preisgünstig). Bei sehr kompakter Bauform lassen sich große Wärmeströme übertragen. Nachteile sind die geringe Druckfestigkeit der Platten im Vergleich zu Rohren. In neuerer Zeit werden diese Apparate auch bereits bei Temperaturen von ca. 600 °C für die Abgaskühlung eingesetzt. Die Platten ha-

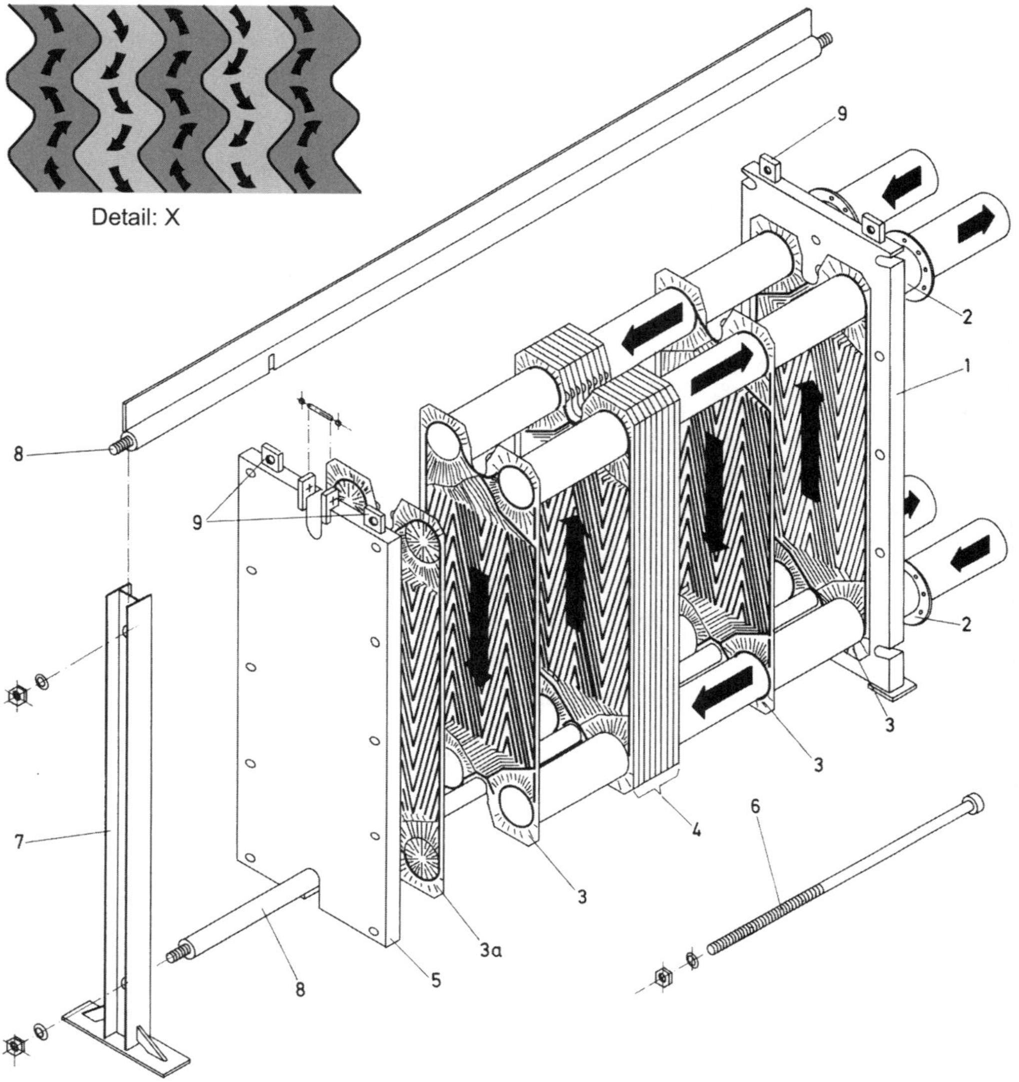

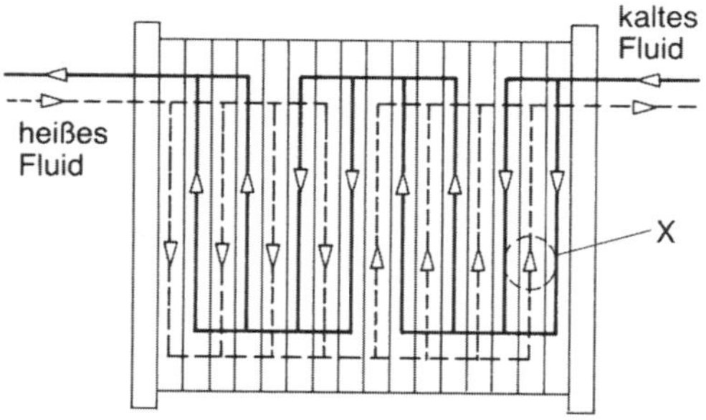

Bild 8.51
Platten-Wärmeaustauscher als Gegenstromapparat

1 Gestellplatte
2 Anschlussstutzen
3 Wärmeaustauschplatte
3a Endplatte
4 Plattenpaket
5 beweglicher Deckel
6 Spannschraube
7 Gestellstütze
8 Tragwellen
9 Transportösen

ben spezielle geometrische Einprägungen, um den Wärmeübergang zu verbessern.

Es sei erwähnt, dass sehr viele Möglichkeiten für die Stromführung möglich sind. Die Wärmeübergangskoeffizienten und Druckverlustbeiwerte sind nicht allgemein gültig darstellbar, da sehr viele verschiedene Plattenprägungen möglich sind. Die Hersteller solcher Apparate müssen selbst experimentelle Untersuchungen durchführen und diese Werte den Kunden zur Verfügung stellen.

8.9 Sonderbauformen

8.9.1 Rührwerksbehälter

Diese Apparate werden im Wesentlichen durch die Rühranker- und die Beheizungsform unterschieden. Bild 8.52 zeigt einige typische Bauformen. Die Abmessungen sind nach DIN 28110 zu wählen.

8.9.2 Glasrohr-Wärmeaustauscher

Bei chemisch beanspruchten Wärmeaustauscherflächen (z.B. für den Säuretaupunkts-Temperaturbereich) können bis Temperaturen von 260 °C Glasrohre eingesetzt werden (Borosilikatglas).

Mit dem Werkstoff Borosilikatglas 3.3 entsprechend DIN-ISO 3585 bestehend aus 81% Siliziumoxid (SiO_2), 13% Borsäure (B_2O_3), 4% Natrium- bzw. Kaliumoxid (Na_2O/K_2O) und 2% Aluminiumoxid (Al_2O_3) wurde ein Material geschaffen, das in der chemischen und pharmazeutischen sowie anderen verwandten Industrien vielen Einsatzbedingungen gerecht wird.

Zu den hervorstechendsten Merkmalen des Borosilikatglases gehören die nahezu absolute chemische Resistenz (lediglich Flusssäure, hocherhitzte Phosphorsäure und alkalische Lösungen greifen mit steigender Konzentration und Temperatur die Glasoberfläche zunehmend an) und der kleine lineare Wärmeaus-

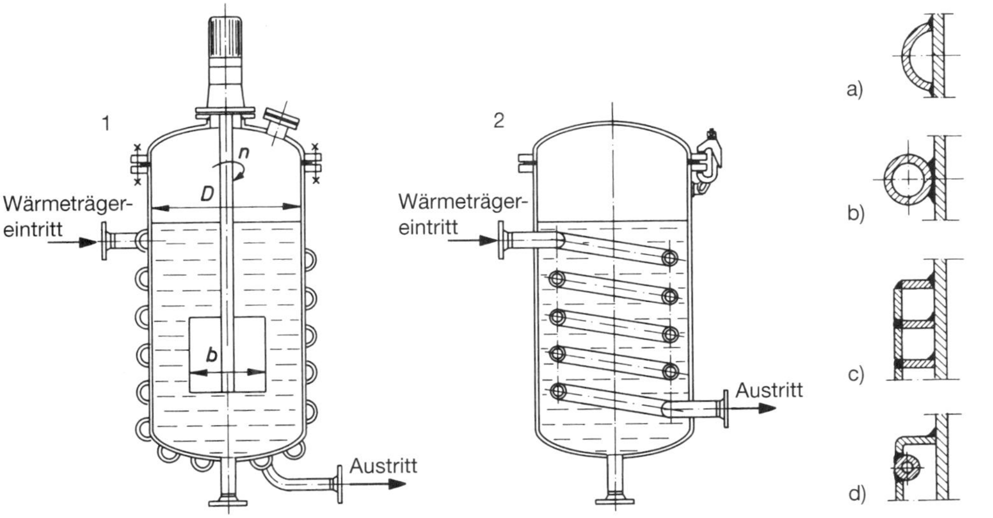

Bild 8.52 Rührwerksbehälter
1 Rühr-Behälter mit außenliegender Halbrohrheizschlange
Einzelheiten der Beheizung:
a) aufgeschweißtes Halbrohr
b) aufgeschweißtes Vollrohr
c) aufgeschweißte Rechteckkanäle
d) tangentiale Einströmung in einen Doppelmantel. Hierbei ist jedoch auf eine Abstimmung von Einströmimpuls und Ringkammerabmessungen zu achten
2 Behälter mit innenliegender Heizschlange

dehnungskoeffizient von $3{,}3 \times 10^{-6} \cdot K^{-1}$ zwischen 20 °C...300 °C (im Vergleich dazu hochlegierter Stahl XCrNiTi 18,9 = $16{,}0 \times 10^{-6} \cdot K^{-1}$). Eine 3. Eigenschaft, die Glas von allen anderen gebräuchlichen Wärmeaustauscherwerkstoffen unterscheidet, ist seine Durchsichtigkeit. Dadurch kann man alle in den Glasapparaten stattfindenden Vorgänge während des Betriebes beobachten und Ablagerungen oder drohende Verstopfung, wie sie z. B. durch Auskristallisation unterkühlter Lösungen im Wärmeaustauscher eintreten, rechtzeitig bemerken und beseitigen.

Die physikalischen Daten von Borosilikatglas können aus Tabelle 8.6 entnommen werden.

Konstruktive Merkmale

Glas-Rohrbündel-Wärmeaustauscher sind standardmäßig in verschiedenen Größen von 2,5...50 m² Austauschfläche lieferbar, deren Abstufung der Normzahlreihe R 10 entspricht. Die Nennweiten des Mantels betragen DN 150, 200, 300 und 450. Der Mantel und die Austauscherrohre bestehen aus Borosilikatglas, die Hauben aus Borosilikatglas oder Edelstahl 1.4301, die Stirnplatten, Abdichtungen und Umlenksegmente aus PTFE. Die Innenrohre sind einzeln durch Bohrungen der Stirnplatten geführt und dauerhaft abgedichtet.

Das Bündel ist aus Austauschrohren mit 14 mm Außendurchmesser und 1,5 mm Wanddicke in Dreieckteilung aufgebaut. Die Abstützung erfolgt durch Umlenksegmente, deren Bohrungen genau dem Außendurchmesser der gezogenen Rohre entsprechen. Dadurch erhält man ein kompaktes Rohrbündel, das als Gesamtheit ein großes Widerstandsmoment hat, so dass das gefürchtete Rohrschwingen und damit Brüche praktisch nicht auftreten.

Die Innenrohre sind einzeln durch Bohrungen der Stirnplatten geführt, mit Stopfbuchsen befestigt und abgedichtet. Durch diese Konstruktion wird der Rohrbündel-Wärmeaustauscher servicefreundlich. Schadhaft gewordene Rohre können entweder blind gestopft oder verhältnismäßig leicht an Ort und Stelle ausgewechselt werden. Schnelle Temperaturänderungen in den Medien sind ungefährlich und Temperaturunterschiede zwischen Mantelrohr und Innenrohren ergeben dank der kleinen Wärmeausdehnungszahl von Borosilikatglas keine gefährlichen relativen Längenänderungen. Ein Kompensator im Mantel ist überflüssig.

Tabelle 8.6
Physikalische Daten von Borosilikatglas 3.3

Dichte	ϱ	= 2230 kg/m³
Elastizitätsmodul	E	= 63 kN/mm²
linearer Ausdehnungskoeffizient	β	= $3{,}3 \times 10^{-6}$ K⁻¹
spez. Wärmekapazität (20 °C ... 300 °C)	c_p	= 840 J/(kg · K)
Wärmeleitfähigkeit (bei 20 °C)	λ	= 1,63 W/(m · K)
max. Gebrauchstemperatur	ϑ_{max}	= 200 °C
Temperaturwechselbeständigkeit	ΔT	= 120 K

Eigenschaften von Borosilikatglas

- chemisch beständig gegen fast alle Medien, besonders gegen Schwefelsäure, nicht beständig gegen Flusssäure, konzentrierter Phosphorsäure und konzentrierten heißen Laugen;
- hohe Druckfestigkeit trotz geringer Zugfestigkeit;
- niedriger Ausdehnungskoeffizient;
- geringe Verschmutzung.

Das wichtigste Konstruktionselement ist die Verbindung zwischen den Glasrohren und den Stahlrohrplatten. Die durch Versuche und im Betrieb erprobte PTFE-Dichtung bietet hierfür die beste Lösung. Dadurch ist gewährleistet:

- dauerhafte Wasser- und Gasdichtheit zwischen den wärmeaustauschenden Medien;
- Schutz der Glasrohre gegen mechanische Beanspruchungen wie Zug, Biegung, Verdrehung;
- freie Ausdehnung eines jeden Rohres bei gleich bleibender Dichtheit;

- ❑ Ausgleich von Rohrdurchmesser-Toleranzen;
- ❑ Befestigung der PTFE-Folie an den Rohrplatten;
- ❑ einfacher, schneller Ein- und Ausbau der Rohre.

Der Glasrohr-Wärmeaustauscher (Bild 8.53) besteht aus einem stabilen Stahlgerüst, mit dem die mit PTFE-Folie geschützten Rohrplatten und die Rohrlängsverkleidung (bei besonderen Einsatzgebieten auch mit PTFE-Folie geschützt) gasdicht verschraubt sind. Die Glasrohre, 50 × 2,5 mm Durchmesser, lagern gasdicht in PTFE-Dichtungen.

Das aufzuwärmende Medium wird durch die Rohre und das abzukühlende Medium um die Rohre geführt. Der Grundrahmen ist eben-

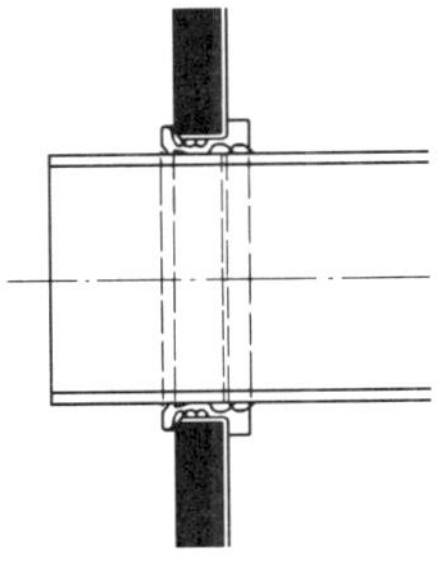

Bild 8.53 Glasrohr-Wärmeaustauscher
Erläuterungen s. Text (Fa. KABLITZ)

falls mit PTFE-Folie korrosionsgeschützt. Für die Reinigung ist über dem Wärmeaustauscher eine Wasserwaschharke installiert.

8.9.3 Grafit-Wärmeaustauscher

Elektrografit ist ein gegen Korrosion außerordentlich beständiges Material mit sehr hoher Wärmeleitfähigkeit. Er ist jedoch herstellungsbedingt porös. Durch eine Imprägnierung mit modifizierten Kunstharzen oder Wachsen erhält man einen gas- und flüssigkeitsdichten Werkstoff, der für spezielle Probleme im chemischen Apparatebau, insbesondere für die Fertigung korrosionsfester Wärmeübertrager, geeignet ist. Die technisch physikalischen Werte für kunstharzimprägnierten Elektrografit zeigen die Tabellen 8.7 und 8.8. Die angegebenen Festigkeiten sind von Form, Abmessung und Qualität der Halbzeuge abhängig. Das in den Poren eingelagerte Kunstharz erhöht die Festigkeit des Materials. Bei steigenden Temperaturen ist jedoch durch Abbauerscheinungen des eingeschlossenen Harzes wieder ein Abfall, im Grenzfall bis auf die Grundwerte des Grafits, zu verzeichnen. Die Temperaturbeständigkeit von Apparatebaugrafit wird durch das verwendete Imprägniermittel und der Art des beaufschlagenden Mediums bestimmt. Sie liegt bei den vorwiegend verwendeten Kunstharzen bei ca. 165 °C

Tabelle 8.7 Physikalische Werte von Elektrografit (Fa. SIGRI)

Eigenschaften[1)] (Richtwerte)			**Blockmaterial aller Abmessungen**					
			DIABON O	DIABON N	DIABON OS 1	DIABON NS 1	DIABON OS 2	DIABON NS 2
Rohdichte	g/cm^3		1,58	1,85	1,65	1,93	1,75	1,89
Porosität, offen	%		25	–	24	–	12	–
Dyn. E-Modul	kN/mm^2	∥	7	16	6	16	10	16
		⊥	4	14	5	14	9	13
Biegefestigkeit	N/mm^2	∥	7	24	9	26	35	52
		⊥	4	20	8	25	30	42
Druckfestigkeit	N/mm^2	∥	15	65	20	75	65	130
		⊥	14	64	20	75	65	130
Zugfestigkeit	N/mm^2	∥		14	6	16	19	25
		⊥		12	5	14	15	28
lin. Ausdehnungskoeffizient (20...200 °C)	1/K	∥	$0,5 \cdot 10^{-6}$	$7 \cdot 10^{-6}$	$1,5 \cdot 10^{-6}$	$8 \cdot 10^{-6}$	$2,5 \cdot 10^{-6}$	$7 \cdot 10^{-6}$
		⊥	$1,8 \cdot 10^{-6}$	$9 \cdot 10^{-6}$	$2,3 \cdot 10^{-6}$	$8 \cdot 10^{-6}$	$2,8 \cdot 10^{-6}$	$8 \cdot 10^{-6}$
Wärmeleitfähigkeit	W/mK^2	∥	130	130	130	130	85	85
		⊥	110	110	115	115	80	80
Permeabilitätskoeffizient	cm^2/s			$8 \cdot 10^{-6}$	$7 \cdot 10^{0}$	$5 \cdot 10^{-6}$	$1 \cdot 10^{-1}$	$1 \cdot 10^{-6}$
Asche	%		< 1		< 1		< 0,15	

1) DIABON ist eingetragenes Warenzeichen der SIGRI GmbH.

Tabelle 8.8
Physikalische Werte von Elektrografit (Fa. SIGRI)

Eigenschaften (Richtwerte)		**Rohre 32 × 5 / 37 × 6 / 50 × 6,5**		
		DIABON OS 1	DIABON NS 1	DIABON HF 1
Rohdichte	g/cm^3	1,70	1,94	1,94
Porosität, offen	%	22	–	–
Dyn. E-Modul	kN/mm^2 ‖	14	26	26
Biegefestigkeit	N/mm^2 ‖	25	50	50
Druckfestigkeit	N/mm^2	35	90	86
lin. Ausdehnungs-koeffizient (20…200 °C)	1/K	$0{,}8 \cdot 10^{-6}$	$4 \cdot 10^{-6}$	$4 \cdot 10^{-6}$
Wärmeleit-fähigkeit	W/mK^2	80	80	80
Permeabilitäts-koeffizient	cm^2/s	$4 \cdot 10^{-1}$	$3 \cdot 10^{-6}$	$3 \cdot 10^{-6}$
Asche	%	< 0,2		
Berstdruck bar*	20 °C	45	75	100
	150 °C	45	70	110

* Aufgrund der geometrischen Verhältnisse liegt der Berstdruck für Rohre 22 x 5 ca. 10% unter und für Rohre 50 x 6,5 ca. 10% über den hier angegebenen Werten.

und lässt sich in Sonderfällen durch den Einsatz temperaturbeständiger Imprägniermittel, z. B. PTFE-Wachse, auf über 200 °C erhöhen.

Kunstharzimprägnierter Elektrografit ist gegen fast alle korrodierenden anorganischen und organischen Medien beständig. Eine Ausnahme bilden stark oxidierende Stoffe, wie z. B. Salpetersäure, Oleum, elementares Brom und Fluor sowie Hypochlorite. Durch Sonderimprägnierungen, z. B. mit PTFE-Wachs, lassen sich auch noch teilweise diese Probleme beherrschen.

Eigenschaften von Grafit

Festigkeit

Die Druckfestigkeit ist bei Grafit ca. 3- bis 5-mal so hoch wie die **Zugfestigkeit**. Dies hat wesentliche Bedeutung für den Einsatz von Grafit als Konstruktionswerkstoff im chemischen Apparatebau. Neben der werkstoffspezifischen Kennzeichnung müssen Festigkeitsprüfverfahren angewandt werden, die die Übertragung der im Versuch ermittelten Messdaten auf ein Konstruktionsteil gestatten. Dabei sind die für keramische Werkstoffe gültigen Regeln zu beachten.

Die für den Grafit-Apparatebau geltenden Vorschriften sind im AD-Merkblatt N2 enthalten.

Durch die **Kunstharzimprägnierung** erhöht sich die Festigkeit von Grafit etwa um den Faktor 2…3. Dies ist darauf zurückzuführen, dass die für die Bruchauslösung verantwortlichen Mikrorisse durch das Kunstharz ausgefüllt werden.

Bestimmend für den **Grad der Festigkeit** eines imprägnierten Grafits sind

- die Grundfestigkeit,
- die Porengröße,
- die gleichmäßige Verteilung der Poren.

Die Temperaturabhängigkeit der Zugfestigkeit von nicht imprägniertem Grafit unterscheidet sich von der der meisten anderen Werkstoffe. Die Festigkeit erhöht sich nämlich mit steigender Temperatur bis ca. 2500 °C beträchtlich (s. Bild 8.54).

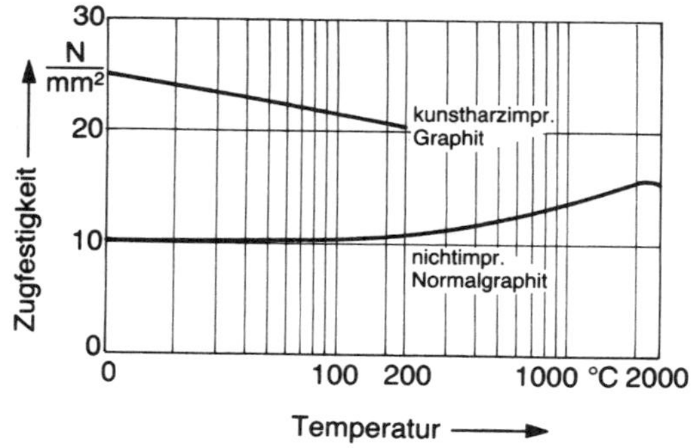

Bild 8.54 Zugfestigkeit verschiedener Grafitrohrqualitäten in Abhängigkeit von der Temperatur

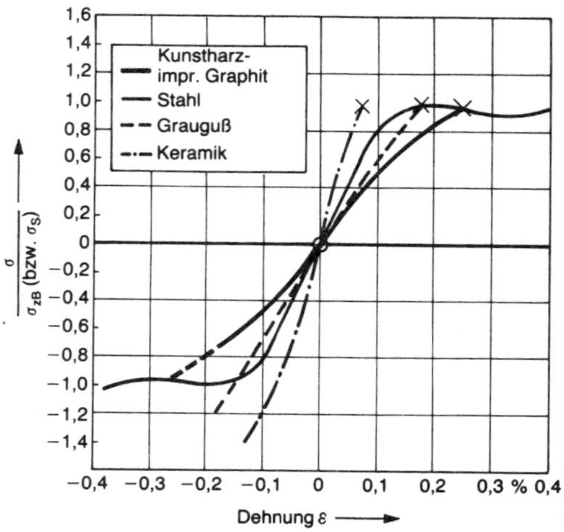

Bild 8.55 Spannungs-Dehnungsverhalten von Grafit im Vergleich zu anderen Werkstoffen

Bei imprägniertem Grafit überwiegt hingegen der Einfluss des Kunstharzes, so dass sich ein geringer Festigkeitsabfall ergibt.

Spannungs-Dehnungsverhalten
Bild 8.55 zeigt das Spannungs-Dehnungsverhalten für kunstharzimprägnierten Grafit im Vergleich zu anderen Werkstoffen. Grafit und Kohlenstoff haben eine Bruchdehnung von 0,2...0,3%.

Das Spannungs-Dehnungs-Diagramm weist praktisch keinen Bereich plastischer Verformung auf. Grafit zeigt deshalb ein keramischen Werkstoffen ähnliches Bruchverhalten, liegt aber in der Bruchdehnung um ca. das 5-fache höher als übliche Keramiken.

Wärmeleitfähigkeit
Die Wärmeleitfähigkeit von Kohlenstoff ist mit 5 W/(K · m) verhältnismäßig klein.

Die Wärmeleitfähigkeit von Grafit beträgt bei 20 °C für Rohre im Mittel 80 W/(K · m), für Blöcke 120 W/(K · m) und ist damit höher als die Wärmeleitfähigkeit vieler Metalle.

Die Wärmeleitfähigkeit wird durch die Kunstharzimprägnierung nicht beeinträchtigt.

Wärmeausdehnung
Der thermische Ausdehnungskoeffizient hat im Temperaturbereich von 20...200 °C für imprägnierten Grafit folgende Werte:

	in Richtung der Formgebung	quer dazu
stranggepresst	$7 \cdot 10^{-6}$/K	$9 \cdot 10^{-6}$/K
vibrationsgeformt	$8 \cdot 10^{-6}$/K	$8 \cdot 10^{-6}$/K

Spezifische Wärmekapazität
Die mittlere spezifische Wärmekapazität von imprägniertem Grafit beträgt im Bereich bis 200 °C ca. c = 1 kJ/(kg · K).

Grafitwärmeaustauscher – Bauformen – Ausführungsbeispiele
Rohrbündel-Wärmeaustauscher und Blockwärmeaustauscher sind die am häufigsten eingesetzten Apparate mit größeren Wärmeaustauschflächen. Darüber hinaus werden von den verschiedenen Herstellern eine Reihe von Sonderapparaten für die unterschiedlichsten verfahrenstechnischen Aufgaben angeboten, die sich jedoch in folgenden Gruppen zusammenfassen lassen:

- Plattenwärmeaustauscher,
- Blockwärmeaustauscher,
- Rohrbündel-Wärmeaustaucher,
- Einbau- oder Tauchwärmeaustauscher.

Der maximal zulässige Betriebsdruck von Blockwärmeaustauschern reicht in der Regel bis 20 bar, Rohrbündelapparate werden bis 10 bar eingesetzt. Die zulässigen Betriebstemperaturen liegen zwischen –60 °C und 200 °C.

Blockwärmeaustauscher
Blockwärmeaustauscher bestehen aus zylindrischen oder kubischen Blockelementen, die mit sich kreuzenden Bohrungssystemen versehen sind, wobei in der Regel das korrosive Medium durch die vertikalen (axialen), das Heiz- oder Kühlmedium durch die horizontalen Bohrungen strömt.

Die aus diesen Blockmodulen unter Verwendung von PTFE-Dichtungen baukastenförmig zusammengesetzte Blocksäule wird am oberen und unteren Ende durch Kopfstücke (Produktsammler) abgeschlossen, die gleichzeitig als Auflage für das Spannsystem der gesamten Säule dienen.

Das **Betriebsmedium** (Kühlwasser oder Dampf) strömt durch einen die Blocksäule umgebenden **Stahlmantel** (zylindrische Apparate) oder durch gegeneinander verflanschte **Stahlhauben**, die durch Rohrkrümmer miteinander verbunden sind (kubische Ausführung).

Durch entsprechende Ausführung der Kopfstücke ist ein **mehrfacher Durchgang** des Produkts möglich. Bei Schwefelsäureverdünnern sind Kopfstücke mit **eingebautem Mischkopf** vorgesehen.

Die unterschiedliche Wärmedehnung von Grafit- und Stahlteilen wird durch Schraubenfedern im Verspannungssystem kompensiert (Bild 8.56).

Rohrbündel-Wärmeaustauscher
Die wichtigsten Wärmeaustauschertypen sind die Rohrbündel-Wärmeaustauscher. Sie wer-

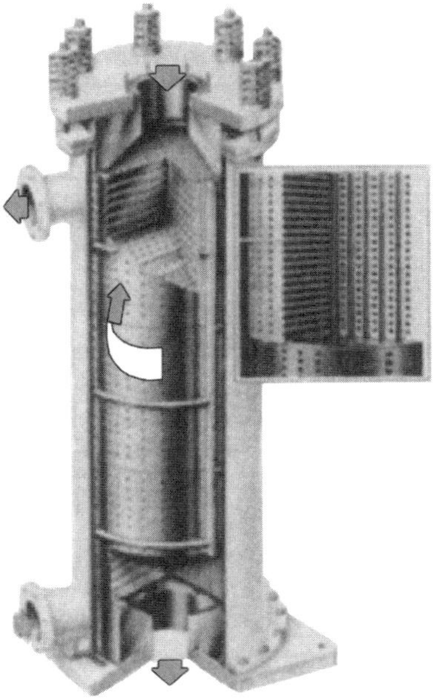

Bild 8.56 Schematischer Aufbau eines Blockwärmeaustauschers (Fa. SIGRI)

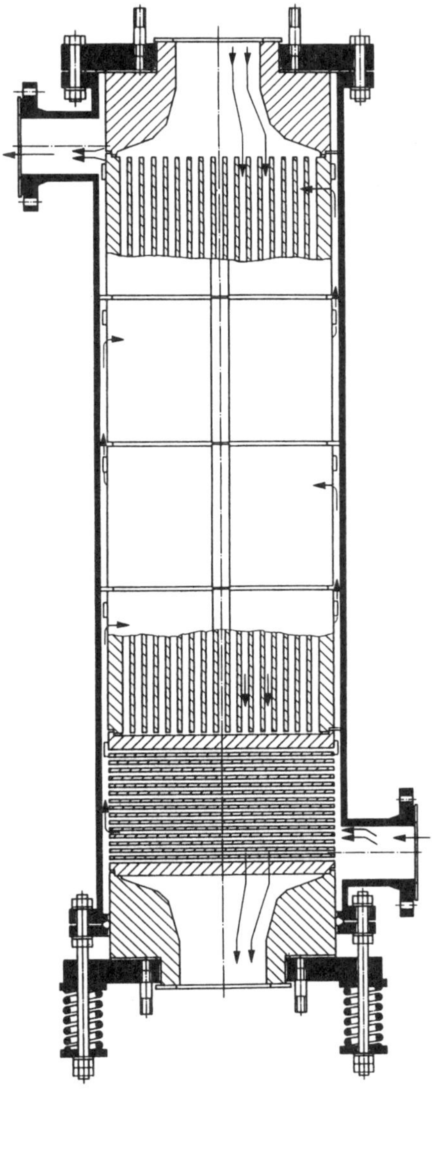

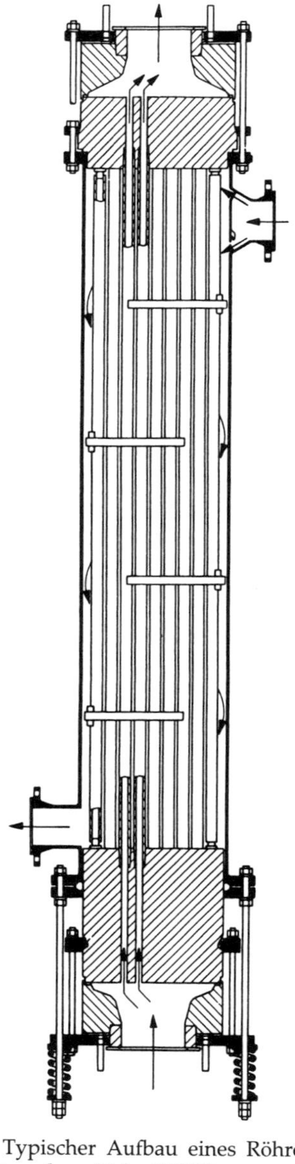

Bild 8.57 Typischer Aufbau eines Röhrenbündelwärmeaustauschers (Fabr. SIGRI)

den für den Wärmeaustausch zwischen Flüssigkeiten, Flüssigkeiten und Gasen oder Dämpfen und zwischen Gasen verwendet. Rohrbündel aus Grafit werden mit einem Stahlmantel umgeben, der im Fall einer korrosiven Beanspruchung ausgekleidet, emailliert oder beschichtet sein kann.

Den prinzipiellen Aufbau eines Standard-Rohrbündel-Wärmeaustauschers zeigt Bild 8.57. Der keramische Charakter des Werkstoffes Grafit bestimmt die Konstruktion des Apparates mit folgenden Merkmalen: Kompensation der unterschiedlichen Längenausdehnung von Stahl und Grafit durch federbelastete Verspannung zwischen Rohrbündel und Stahlmantel, relativ starke Rohrböden mit darin eingekitteten Rohren, Vermeidung von Kerben und Aufbau von Druckvorspannung im Grafit. Für die Rohrbündel werden üblicherweise Rohre der Abmessung 25 × 4,5 mm, 32 × 5 mm, 37 × 6 mm, 50 × 6,5 mm und 70 × 10 mm verwendet. Die Länge der Rohre ist durch Zusammenkitten aus den Halbzeugen frei wählbar und wird üblicherweise bis ca. 7500 mm ausgeführt.

Aufgabe 8.2

Ein Rohrbündel-Luft/Luft-Wärmeaustauscher soll nachgerechnet werden. Die konstruktiven Daten siehe Bild 8.58 zu dieser Aufgabe.

1. Wärmestrom

$$\dot{Q} = \dot{M} \cdot c \cdot \Delta\vartheta = \dot{Q}_1 = \dot{Q}_2$$

(Bei Vernachlässigung der Wärmedämmverluste).

Massenströme

$$\dot{M}_1 = \dot{V}_{n,1} \cdot \varrho_{n,1} = \frac{1947\ \text{m}^3}{3600\ \text{s}} \cdot 1{,}293\ \frac{\text{kg}}{\text{m}^3} = 0{,}7\ \text{kg/s}$$

$$\dot{M}_2 = \dot{V}_{n,2} \cdot \varrho_{n,2} = \frac{4279}{3600} \cdot 1{,}293 = 1{,}7\ \text{kg/s}$$

$$\dot{Q}_1 = \dot{M}_1 \cdot c_1 \cdot \Delta\vartheta_1 = 0{,}7 \cdot 1{,}013 \cdot 200 = 141{,}8\ \text{kW}\ \left(\frac{\text{kJ}}{\text{s}}\right)$$

$$\dot{Q}_1 = 141{,}8\ \text{kW}$$

$$\Delta\vartheta_2 = \frac{\dot{Q}_2}{\dot{M}_2 \cdot C_2} = \frac{141{,}8}{1{,}7 \cdot 1{,}034} = 80\ \text{K}$$

$$\vartheta_2'' = \vartheta_2' - \Delta\vartheta_2 = 290 - 80 = 210\ °\text{C}$$

Berechnung von α_a

$$\dot{V}_{1,m} = \dot{V}_{1,n} \cdot \frac{\varrho_n}{\varrho_{m,a}} = 1947 \cdot \frac{1{,}293}{0{,}876} = 2874\ m^3/h \triangleq 0{,}798\ m^3/s$$

$$w_0 = \frac{\dot{V}_{1,m}}{A} = \frac{\dot{V}_{1,m}}{D_i \cdot S} = \frac{0{,}798}{0{,}77 \cdot 0{,}545} = 1{,}9\ m/s$$

s. a. Bild 8.59 zum Beispiel.

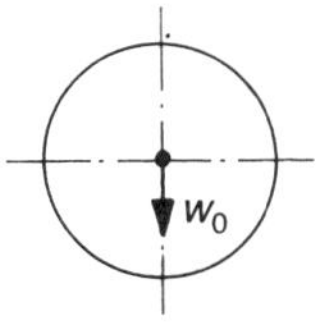

Bild 8.59

$$b = \frac{s_2}{d_a} = \frac{34{,}7}{33{,}7} = 1{,}03; \qquad a = \frac{s_1}{d_a} = \frac{44{,}7}{33{,}7} = 1{,}326$$

$$\psi = 1 - \frac{\pi}{4 \cdot a} = 1 - \frac{\pi}{4 \cdot 1{,}326} = 0{,}4077$$

$$w_\psi = \frac{w_0}{\psi} = \frac{1{,}9}{0{,}4077} = 4{,}66\ m/s$$

$$L' = d_a \cdot \frac{\pi}{2} = 0{,}0337 \cdot \pi/2 = 0{,}053\ m$$

$$Re_{L',\psi} = \frac{w_\psi \cdot L'}{\nu_{m,a}} = \frac{4{,}66 \cdot 0{,}053}{26{,}4} \cdot 10^6 = 9355$$

Anordnungsfaktor

$$f_{A,vers} = 1 + \frac{2}{3 \cdot b} = 1 + \frac{2}{3 \cdot 1{,}03} = 1{,}65$$

Anzahl der Rohre: $n_{Reihe} > 10$

Genaue Berechnung

$$Nu_{L',lam} = 0{,}664 \cdot \sqrt{Re_{L',\psi}} \cdot \sqrt[3]{Pr_{m,a}} = 0{,}664 \cdot \sqrt{9355} \cdot \sqrt[3]{0{,}697} = 56{,}94$$

$$Nu_{L',turb} = \frac{0{,}037 \cdot Re_{L',\psi}^{0,8} \cdot Pr_{m,a}}{1 + 2{,}443 \cdot Re_{L',\psi}^{-0,1} \cdot (Pr_{m,a}^{2/3} - 1)} = \frac{0{,}037 \cdot 9355^{0,8} \cdot 0{,}697}{1 + 2{,}443/9355^{0,1} \cdot (0{,}697^{2/3} - 1)} = 49{,}01$$

$$Nu_{L',o} = 0{,}3 + \sqrt{Nu_{L',lam}^2 + Nu_{L',turb}^2} = 75{,}43$$

$$\alpha_{a,o} = Nu_{L',o} \cdot \frac{\lambda_{m,a}}{L'} = 75{,}43 \cdot \frac{0{,}0336}{0{,}053} = 47{,}8\ W/(m^2 \cdot K)$$

Näherungen

a) $$\alpha_{a,o} = 0{,}185 \cdot \frac{w_\psi^{0,67}}{L'^{\,0,33}} \cdot f_{M,ü}$$

$$= 0{,}185 \cdot \frac{4{,}66^{0,67}}{0{,}053^{0,33}} \cdot 34 = 46{,}3\ W/(m^2 \cdot K)$$

b) $$\alpha_{a,o} = 6{,}5 \cdot \left(1 - \frac{0{,}42}{1000} \cdot \vartheta_{m,a}\right) \cdot \frac{w_\psi^{0,67}}{L'^{\,0,33}}$$

$$= 6{,}5 \cdot \left(1 - \frac{0{,}42}{1000} \cdot 130\right) \cdot 7{,}39 = 45{,}4\ W/(m^2 \cdot K)$$

Für Projektierung

c) $\alpha_{a,o} \approx 20 \cdot w_{\psi}^{0,67} = 56$ W/(m² · K)

Mit Durchmesser-Korrektur $f \approx 0,9$ wird: $\alpha_a \approx 50$ W/(m² · K)

$\alpha_a = f_{A,vers} \cdot \alpha_{a,o} = 1,65 \cdot 47,8 = 78,9$ W/(m² · K)

Rohrbündel-Wärmeaustauscher mit Segment-Umlenkblechen

$\alpha_{a,WT} = f_{WT} \cdot \alpha_a$

f_G:

$$R_G = \frac{n_{F,o+u}}{n_{ges}} = \frac{96}{266} = 0,37$$

s. a. Bild 8.60 zum Beispiel.

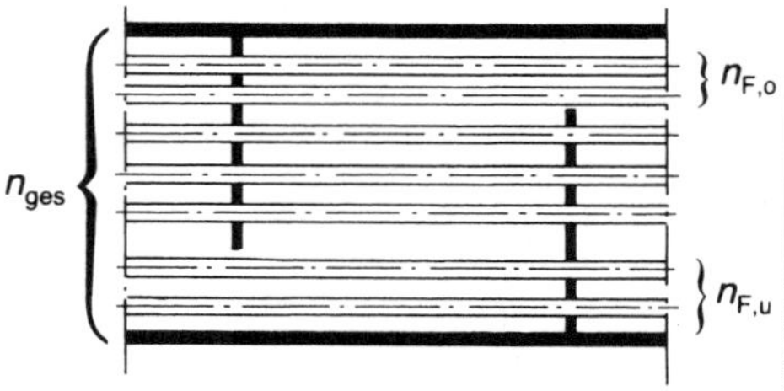

Bild 8.60

$$\frac{S}{D_i} = \frac{545}{770} = 0,7$$

$$f_G = 1 - 0,37 + 0,524 \cdot 0,37^{0,32} = 1,01$$

f_L:

$$A_{SRU} = \left(n_{ges} - \frac{n_{F,o+u}}{2}\right) \cdot \frac{\pi}{4} \cdot (d_B^2 - d_a^2)$$

$$= \left(266 - \frac{98}{2}\right) \cdot \frac{\pi}{4} \cdot (0,0342^2 - 0,0337^2)$$

s. a. Bild 8.61 zum Beispiel.

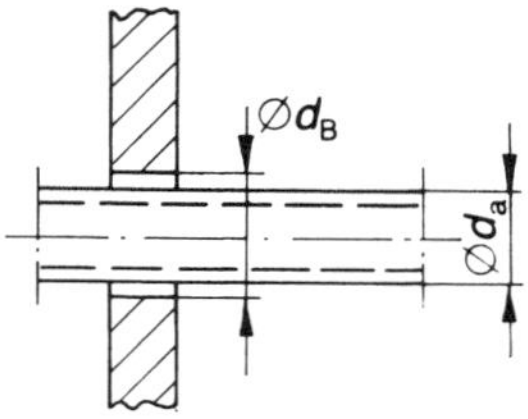

Bild 8.61

$A_{SRU} = 0,0058$ m²

$$A_{SMU} = \frac{\pi}{4} \cdot (D_i{}^2 - D_i{}^2) \cdot \frac{360 - \gamma}{360}$$

mit: $\gamma = 2 \arccos\left(1 - \frac{2 \cdot H}{D_1}\right) = 120°$

$H = 190$ mm

$D_1 = 760$ mm

s. a. Bild 8.62 zum Beispiel.

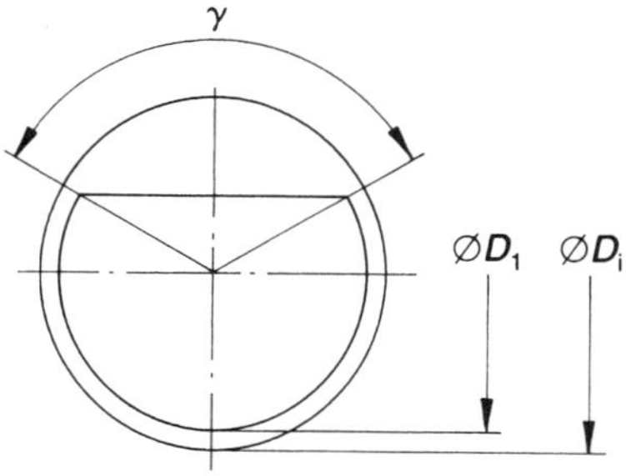

Bild 8.62

$$= \frac{\pi}{4} \cdot (0,77^2 - 0,76^2) \cdot \frac{360 - 120}{360} = 0,008 \text{ m}^2$$

$A_{SMU} = 0,008$ m²

$A_{SG} = 0,0058 + 0,008 = 0,0138$ m²

$A_E = S \cdot L_E = S \cdot (2 \cdot e_1 + \sum e)$

s. a. Bild 8.63 zum Beispiel.

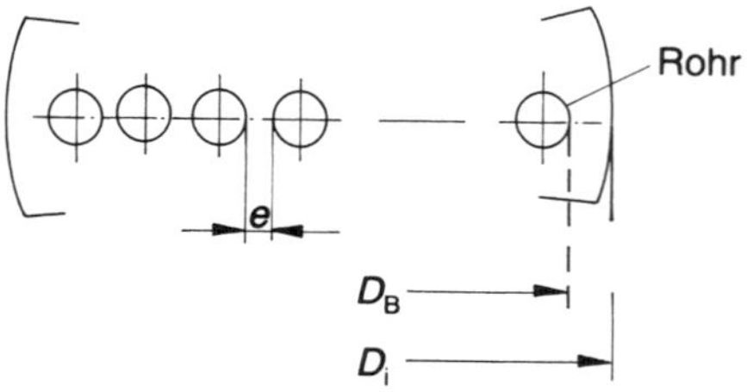

Bild 8.63

$$b = 1{,}03 \geq \frac{1}{2} \cdot \sqrt{2\,a + 1} = \frac{1}{2} \cdot \sqrt{2 \cdot 1{,}326 + 1} = 0{,}955$$

$$L_E = D_i - n \cdot d_a = 770 - 17 \cdot 33{,}7 = 197{,}1 \text{ mm}$$

$$A_E = 0{,}545 \cdot 0{,}1971 = 0{,}1074 \text{ m}^2$$

$$R_L = \frac{0{,}0138}{0{,}1074} = 0{,}128$$

$$\frac{A_{SRU}}{A_{SG}} = \frac{0{,}0058}{0{,}0138} = 0{,}42$$

$$f_L = 0{,}4 \cdot 0{,}42 + (1 - 0{,}4 \cdot 0{,}42) \cdot \exp(-1{,}5 \cdot 0{,}128) = 0{,}85$$

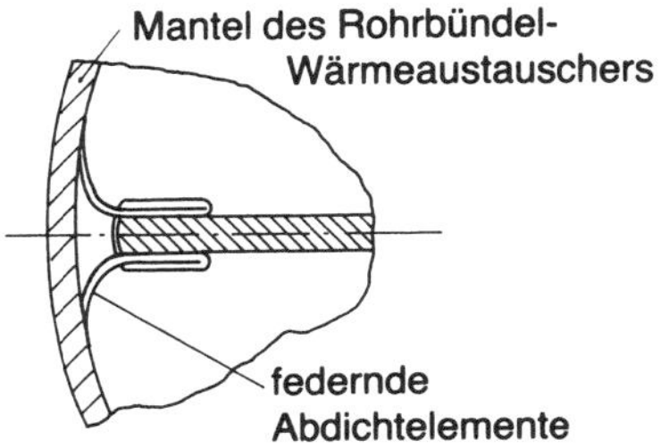

Bild 8.64

f_B: ohne Abdichtstreifen (s. Bild 8.64 zum Beispiel)

$$D_B = (n_{Mitte} - 1) \cdot s_1 + d_a$$

$$D_B = (17 - 1) \cdot 44{,}7 + 33{,}7 = 748{,}9 \text{ mm}$$

$$D_i - D_B = 770 - 748{,}9 = 21{,}1 \text{ mm}$$

$$e = s_1 - d_a = 44{,}7 - 33{,}7 = 11 \text{ mm}$$

$$A_B = S \cdot (D_i - D_B - e) = 0{,}545 \cdot (0{,}77 - 0{,}7489 - 0{,}011) = 0{,}005 \text{ m}^2$$

$$R_B = \frac{A_B}{A_E} = \frac{0{,}0055}{0{,}1074} = 0{,}05$$

$$f_B = \exp(-1{,}35 \cdot R_B) = 0{,}935$$

$$f_{WT} = f_G \cdot f_L \cdot f_B = 1{,}01 \cdot 0{,}85 \cdot 0{,}935 = 0{,}8$$

$$\alpha_{a,WT} = 0{,}8 \cdot 78{,}9 = 63$$

$$\boxed{\alpha_a = 63 \text{ W/(m}^2 \cdot \text{K)}}$$

Wärmedurchgangskoeffizient

$$k_a = \frac{1}{\frac{1}{\alpha_i} \cdot \frac{A_a}{A_i} + \underbrace{\frac{s}{\lambda} \cdot \frac{A_a}{A_m}}_{} + \frac{1}{\alpha_a}}$$

→ vernachlässigbar

$$k_a = \frac{1}{\frac{1}{\alpha_i} \cdot \frac{d_a}{d_i} + \frac{1}{\alpha_a}} = \frac{1}{\frac{1}{43{,}5} \cdot \frac{33{,}7}{29{,}7} + \frac{1}{63}}$$

$$\boxed{k_a = 23{,}83 \text{ W/(m}^2 \cdot \text{K)}}$$

Mittlere Temperaturdifferenz

a) Gegenstrom (s. a. Bild 8.65 zum Beispiel)

$$\Delta\vartheta_m = \frac{\Delta\vartheta_{gr} - \Delta\vartheta_{kl}}{\ln \frac{\Delta\vartheta_{gr}}{\Delta\vartheta_{kl}}} = \frac{180 - 60}{\ln \frac{180}{60}}$$

$$\Delta\vartheta_m = 109{,}2 \text{ K}$$

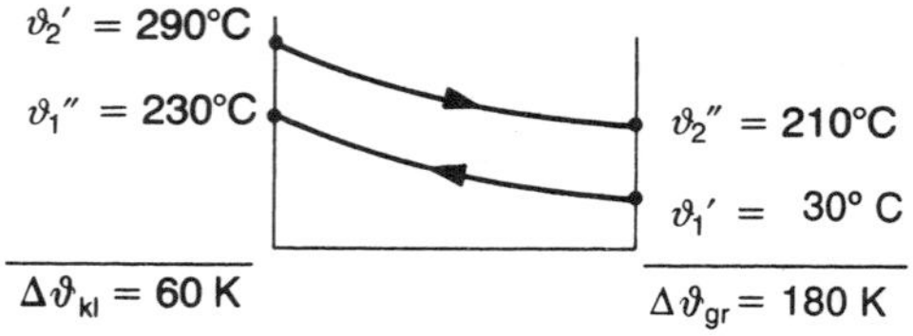

Bild 8.65

b) Kreuzstrom

$$\Delta\vartheta_{m,\,Kreuz} = \Theta \cdot (\vartheta_1' - \vartheta_2') = \Theta \cdot (290 - 30) = \Theta \cdot 260$$

Fluid 1 $\quad \frac{\vartheta_1' - \vartheta_1''}{\vartheta_1' - \vartheta_2'} = \frac{290 - 210}{290 - 30} = \frac{80}{260} = 0{,}307$

Fluid 2 $\quad \frac{\vartheta_2'' - \vartheta_2'}{\vartheta_1' - \vartheta_2'} = \frac{230 - 30}{290 - 30} = \frac{200}{260} = 0{,}77$

$\Bigg\}\ \Theta = 0{,}37$

$$\Delta\vartheta_{m,\,Kreuz} = 0{,}37 \cdot 260 \text{ K} = 96{,}2 \text{ K}$$

c) Kreuz-Gegenstrom

$$\Delta\vartheta_{m,\,Kreuz,\,z} = \sqrt[z]{\Delta\vartheta_{m,\,Kreuz}} \cdot (\Delta\vartheta_{m,\,geg})^{\left(1 - \frac{1}{z}\right)}$$

$$= \sqrt[4]{96{,}2} \cdot (109{,}2)^{\left(1 - \frac{1}{4}\right)}$$

$$\boxed{\Delta\vartheta_{m,\,Kreuz,\,z} = 105{,}8 \text{ K}}$$

Erforderliche Wärmeaustauscherfläche

$$A_{a,\,erf} = \frac{\dot{Q}}{k_a \cdot \Delta\vartheta_m} = \frac{141\,800 \text{ (W)}}{23{,}83 \cdot 105{,}8} = 56 \text{ m}^2$$

Vorhandene Wärmeaustauscherfläche

$$A_{a,vorh} = d_a \cdot \pi \cdot L \cdot n = 0{,}0337 \cdot \pi \cdot 2{,}21 \cdot 266 = 56 \text{ m}^2$$

Am Beispiel Wärmeaustauscher soll das Verhalten im reinen und verschmutzten Zustand untersucht werden:

$$NTU_1 = \frac{k_a \cdot A_a}{\dot{W}_1} = \frac{23{,}84 \cdot 56}{709} = 1{,}88$$

$$\dot{W}_1 = \dot{M}_1 \cdot c_1 = 0{,}7 \cdot 1{,}013 = 0{,}709 \text{ kW/K} \triangleq 709 \text{ W/K}$$

$$\dot{W}_2 = \dot{M}_2 \cdot c_2 = 1{,}7 \cdot 1{,}034 = 1{,}757 \text{ kW/K} \triangleq 1757 \text{ W/K}$$

$$\frac{\dot{W}_1}{\dot{W}_2} = \frac{709}{1757} = 0{,}4$$

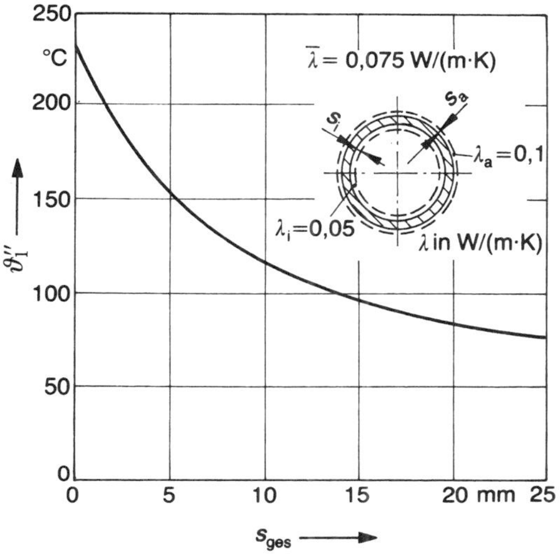

Bild 8.66

mit: NTU_1 und $\dot{W}_1/\dot{W}_2$

$\Phi = 0{,}77$

damit erhält man:

$$\Phi = \frac{\vartheta_1' - \vartheta_1''}{\vartheta_1' - \vartheta_2'} = \frac{30 - \vartheta_1''}{30 - 290}$$

$$-260 \cdot \Phi = 30 - \vartheta_1''$$

$$\vartheta_1'' = 30 + 260 \cdot \Phi$$

$$\vartheta_1'' = 30 + 200 = 230\,°\text{C}$$

Mit Verschmutzung ($s_i = s_a = 0{,}5$ mm):

$$\varphi = \frac{1}{1 + k_{a,o} \sum \frac{s}{\lambda}} = \frac{1}{1 + k_{a,o} \cdot \left(\frac{s_i}{\lambda_i} + \frac{s_a}{\lambda_a}\right)}$$

$$\varphi = \frac{1}{1 + 23{,}84 \cdot \left(\frac{0{,}5 \cdot 10^{-3}}{0{,}05} + \frac{0{,}5 \cdot 10^{-3}}{0{,}1}\right)}$$

$$k_a = 0{,}74 \cdot 23{,}84 = 17{,}6\ \text{W}/(\text{m}^2 \cdot \text{K})$$

Mit: $k = 17{,}6$ W/(m² · K) und $\dot{W}_1/\dot{W}_2 = 0{,}4$ ergibt sich:

$$NTU_1 = \frac{17{,}6 \cdot 56}{709} = 1{,}39$$

$$\Phi = 0{,}69$$

$$\vartheta_1'' = 30 + 260 \cdot 0{,}69 = 30 + 179 = 209\,°\text{C}$$

$$\dot{Q}_1 = W_1 \cdot \Delta\vartheta_1 = 709 \cdot (209 - 30) = 126\,911\ \text{W} \mathrel{\hat{=}} 127\ \text{kW}$$

$$\Delta\vartheta_2 = \frac{\dot{Q}_2}{\dot{W}_2} = \frac{126\,911}{1757} = 72\ \text{K}$$

$$\vartheta_2'' = \vartheta_2' - \Delta\vartheta_2 = 290 - 72 = 218\,°\text{C}$$

Rechnet man die Ablufttemperatur auch noch mit anderen Schmutzschichtdicken durch, dann ergibt sich Bild 8.66 zum Beispiel.

9 Konstruktions- und Fertigungsrichtlinien

Die Grundelemente eines Wärmeaustauschers sind: Rohre, Rohrplatte, Flanschverbindungen sowie Abschlussböden.

Diese Bauteile lassen sich üblicherweise nach folgenden technischen Regelwerken dimensionieren:

- ❑ DGRL
- ❑ TEMA
- ❑ ASME
- ❑ DIN EN 13445 Unbefeuerte Druckbehälter
  - Teil 1: Allgemeines
  - Teil 2: Werkstoffe
  - Teil 3: Konstruktion
  - Teil 4: Herstellung
  - Teil 5: Inspektion und Prüfung

Da die Herstellungskosten mit dem Durchmesser überproportional ansteigen, wird man den Wärmeaustauscher so lang wie nur möglich gestalten. Gegebenenfalls wird man auf Reihen-, bzw. Parallelschaltung von Wärmeaustauschern übergehen.

In dem Buch «Festigkeitsberechnungen im Apparate- und Rohrleitungsbau» [8.5] sind viele Beispiele aufgeführt, die als Muster für alle wesentlichen Apparateelemente benutzt werden können.

10 Betriebscharakteristik von Wärmeaustauschern

Bei vorgegebenem Wärmeaustauscher oder aber veränderten Betriebsdaten können mit Hilfe der mittleren Temperaturdifferenz nicht die Austrittstemperaturen bestimmt werden. Es ist daher erforderlich, z. B. Gleichung 4.67 auf die Austrittstemperaturen aufzulösen.

10.1 Gleich- und Gegenstrom-Wärmeaustauscher

Gleichstrom-Wärmeaustauscher

Aus Gleichung 4.67 und Bild 4.13

$$\ln\frac{\Delta\vartheta_A}{\Delta\vartheta_E} = -k\cdot A\cdot\left(\frac{1}{\dot{M}_1\cdot c_1}+\frac{1}{\dot{M}_2\cdot c_2}\right)$$

mit den Wärmekapazitätsströmen $\dot{W} = \dot{M}\cdot c$:

$\dot{W}_1 = \dot{M}_1\cdot c_1;\ \dot{W}_2 = \dot{M}_2\cdot c_2$

wird:

$$\ln\frac{\Delta\vartheta_A}{\Delta\vartheta_E} = -k\cdot A\cdot\left(\frac{1}{\dot{W}_1}+\frac{1}{\dot{W}_2}\right)$$

$$\ln\frac{\Delta\vartheta_A}{\Delta\vartheta_E} = -\frac{k\cdot A}{\dot{W}_1}\cdot\left(1+\frac{\dot{W}_1}{\dot{W}_2}\right)$$

und mit:

$\ln a = b$ und umgeformt $a = e^b$ ergibt sich:

$$\frac{\Delta\vartheta_A}{\Delta\vartheta_E} = \exp\left(-\frac{k\cdot A}{\dot{W}_1}\cdot\left(1+\frac{\dot{W}_1}{\dot{W}_2}\right)\right) \qquad \text{(Gl. 10.1)}$$

Wählt man folgende Größen:

$\dot{W}_1 \leqq \dot{W}_2$

Hiermit ergibt sich ein Bereich von:

$$0 \leqq \frac{\dot{W}_1}{\dot{W}_2} \leqq 1 \qquad \text{(Gl. 10.2)}$$

$$\frac{k\cdot A}{\dot{W}_1} = NTU_1 \qquad \text{(Gl. 10.3)}$$

(Number of Transfer Units)

kann Gl. 10.1 allgemein gültig für Gleichstrom umgeschrieben werden:

$$\frac{\vartheta_1'' - \vartheta_2''}{\vartheta_1' - \vartheta_2'} = \exp\left(-NTU_1\cdot\left(1+\frac{\dot{W}_1}{\dot{W}_2}\right)\right) \qquad \text{(Gl. 10.4)}$$

Als obersten **Grenzwert** erhält man für $\dot{W}_1/\dot{W}_2 = 0$ die max. Temperaturveränderung für das Medium 1. Für **Verdampfer und Kondensatoren** mit $\vartheta_2' = \vartheta_2'' = \vartheta_2$ wird $\dot{W}_2 \to \infty$ und somit $\dot{W}_2/\dot{W}_2 = 0$.

Aus Gleichung 10.4 ergibt sich damit unmittelbar:

$$\vartheta_1'' = \vartheta_2 + (\vartheta_1' - \vartheta_2)\cdot e^{-NTU_1} \qquad \text{(Gl. 10.5)}$$

gültig für:

$\frac{\dot{W}_1}{\dot{W}_2} = 0$; bei Verdampfer und Kondensatoren

Will man die allgemein gültige Gleichung aufstellen, muss weiter umgeformt werden.

Die Wärmekapazitätsströme verhalten sich gemäß der Basisgleichung:

$$\dot{Q} = \dot{W}_1\cdot(\vartheta_1' - \vartheta_1'') = \dot{W}_2\cdot(\vartheta_2'' - \vartheta_2')$$

$$\frac{\dot{W}_1}{\dot{W}_2} = \frac{\vartheta_2'' - \vartheta_2'}{\vartheta_1' - \vartheta_1''} \qquad \text{(Gl. 10.5)}$$

Daraus erhält man die Austrittstemperatur ϑ_2'':

$$\vartheta_2'' = \frac{\dot{W}_1}{\dot{W}_2}\cdot(\vartheta_1' - \vartheta_1'') + \vartheta_2' \qquad \text{(Gl. 10.7)}$$

Ersetzt man in Gleichung 10.4 auf der linken Seite die Temperatur ϑ_2' durch Gleichung 10.7:

$$\frac{\vartheta_1'' - \vartheta_2''}{\vartheta_1' - \vartheta_2'} = \frac{\vartheta_1'' - \frac{\dot{W}_1}{\dot{W}_2} \cdot (\vartheta_1' - \vartheta_1'') - \vartheta_2'}{\vartheta_1' - \vartheta_2'} \qquad \text{(Gl. 10.8)}$$

kann die noch fehlende Austrittstemperatur ϑ_1'' und danach ϑ_2' nach einigem Umformen ermittelt werden:

$$\vartheta_1'' = \vartheta_1' - \varepsilon \cdot (\vartheta_1' - \vartheta_2') \qquad \text{(Gl. 10.9)}$$

und

$$\vartheta_2'' = \vartheta_2' + \varepsilon \frac{\dot{W}_2}{\dot{W}_1} \cdot (\vartheta_1' - \vartheta_2') \qquad \text{(Gl. 10.10)}$$

mit dem Faktor ε für:

Gleichstrom:

$$\varepsilon_{gl} = \frac{1 - \exp\left(-NTU_1 \cdot \left(1 + \frac{\dot{W}_1}{\dot{W}_2}\right)\right)}{1 + \frac{\dot{W}_2}{\dot{W}_1}} \qquad \text{(Gl. 10.11)}$$

Gegenstrom:

$$\varepsilon_{geg} = \frac{1 - \exp\left(-NTU_1 \cdot \left(1 - \frac{\dot{W}_1}{\dot{W}_2}\right)\right)}{1 - \frac{\dot{W}_2}{\dot{W}_1} \cdot \exp\left(-NTU_1 \cdot \left(1 - \frac{\dot{W}_1}{\dot{W}_2}\right)\right)} \qquad \text{(Gl. 10.12)}$$

Die Einzelermittlung der Austrittstemperaturen bei veränderlichen Betriebsbedingungen ist umständlich. Es ist daher günstiger, **dimensionslose Kennwerte** oder Diagramme aufzustellen, aus denen die Veränderung leicht zu ermitteln oder abzulesen ist.

Aus:

$$\dot{Q} = k \cdot A \cdot \Delta\vartheta_m = \dot{W}_1 \cdot (\vartheta_1' - \vartheta_1'')$$

ergibt sich:

$$NTU_1 \equiv \frac{k \cdot A}{\dot{W}_1} = \frac{\vartheta_1' - \vartheta_1''}{\Delta\vartheta_m}$$

! Danach ist der NTU_1-Wert auch gleich dem Verhältnis von Temperaturänderung des Stoffes 1 zur mittleren treibenden Temperaturdifferenz zwischen Fluid 1 und Fluid 2.

10.2 *NTU*-Methode für alle Bauarten von Wärmeaustauschern

10.2.1 Definitionen

Wie beschrieben, ist die Anwendung der mittleren log. Temperaturdifferenz relativ einfach, wenn die Austrittstemperaturen bekannt sind. Falls aber nur die Eintrittstemperaturen gegeben sind (z.B. Nachrechnung eines Apparates) wäre ein iterativer Prozess erforderlich. Die nachstehende Berechnungsmethode ist dann aber erheblich einfacher.

Hierzu muss man einen sog. Wärmeaustauscherwirkungsgrad ε definieren.

Wärmeaustauscher-Wirkungsgrad:

$$\varepsilon = \frac{\dot{Q}}{\dot{Q}_{max}} \qquad \text{(Gl. 10.13)}$$

In Gleichung 10.13 ist $\dot{Q}$ die effektive Wärmeübertragungsleistung und $\dot{Q}_{max}$ die maximal mögliche Übertragungsleistung eines Apparates. Bei Kenntnis des Wirkungsgrades lässt sich also die effektive Leistung sofort berechnen. Bevor man zur Berechnung des Wirkungsgrades kommt, muss zunächst erläutert werden, wie sich die Leistung $\dot{Q}_{max}$ bestimmen lässt. Hierzu betrachtet man den Temperaturverlauf in einen Gegenströmer (Bild 10.1a). Maximal viel Wärme würde in einem unendlich langen Apparat übertragen werden. Die maximale Austrittstemperatur des warmen bzw. des kalten Fluids wäre:

$$\lim_{A \to \infty} \vartheta_2 = \vartheta_1' \quad \text{oder} \quad \lim_{A \to \infty} \vartheta_1 = \vartheta_2'$$

d. h., die maximal mögliche Temperaturänderung eines Fluids wäre

$$\Delta\vartheta_{max} = \vartheta_1' - \vartheta_2' \qquad \text{(Gl. 10.14)}$$

Es hängt von den Wärmekapazitätsströmen

$$\dot{W}_1 = \dot{M}_1 \cdot c_{p1} \quad \text{bzw.} \quad \dot{W}_2 = \dot{M}_2 \cdot c_{p2}$$

ab, bei welchem der Fluide diese Temperaturdifferenz erreicht werden kann.

Anschaulich: Das Fluid mit der kleineren «Wärmeaufnahmefähigkeit» ändert seine Temperatur stärker und bestimmt die Maximalleistung des Apparates.

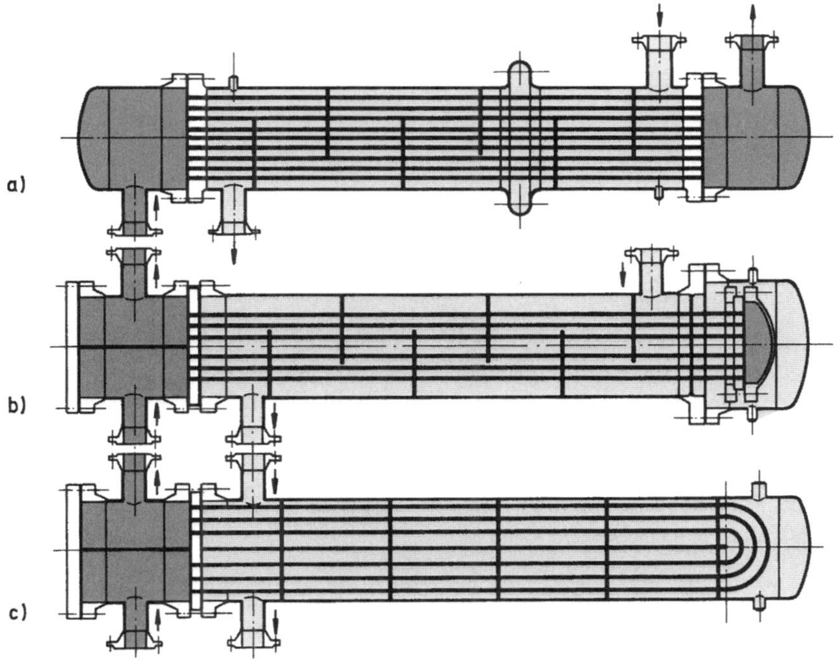

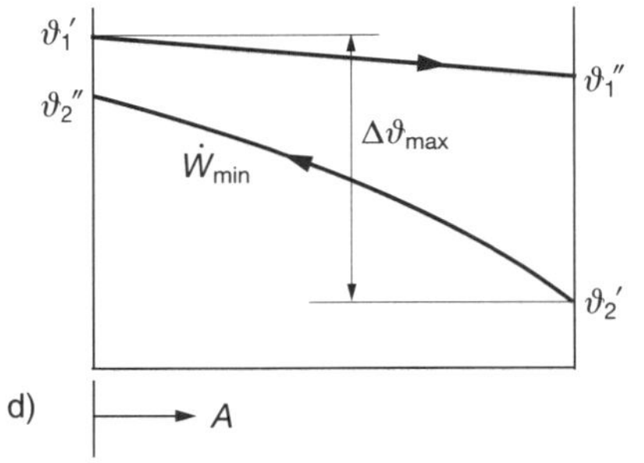

Bild 10.1a
Typische Formen von Flüssigkeitswärmeaustauschern
a) Festplattenaustauscher
b) Schwimmkopfaustauscher
c) U-Rohr-Austauscher
d) Grundschema für die Betriebscharakteristik von Wärmeaustauschern

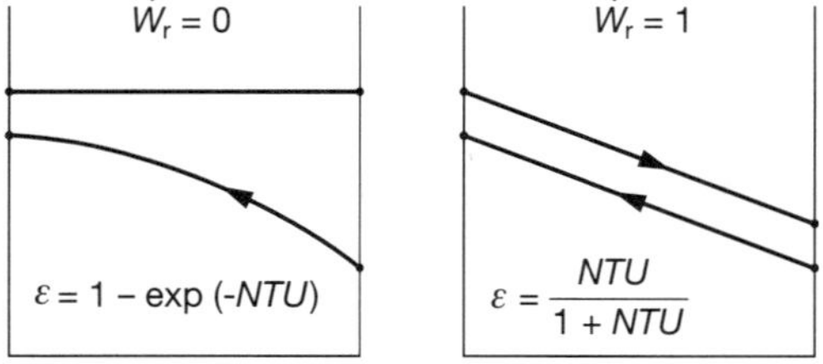

Allgemein:

$$\varepsilon = \frac{\vartheta_1' - \vartheta_1''}{\vartheta_1' - \vartheta_2'}, \quad \text{wenn: } (\dot{M}_1 \cdot c_1)_{min}$$

$$\varepsilon = \frac{\vartheta_2'' - \vartheta_2'}{\vartheta_1' - \vartheta_2'}, \quad \text{wenn: } (\dot{M}_2 \cdot c_2)_{min}$$

Bild 10.1b
Grenzfälle und Wirkungsgraddefinition

Somit folgt:

$$\dot{W}_1 < \dot{W}_2: \ \dot{Q}_{max} = \dot{W}_1 \cdot (\vartheta_1' - \vartheta_2') \qquad \text{(Gl. 10.15)}$$

$$\dot{W}_2 < \dot{W}_1: \ \dot{Q}_{max} = \dot{W}_2 \cdot (\vartheta_1' - \vartheta_2') \qquad \text{(Gl. 10.16)}$$

Allgemein kann man also schreiben:

$$\dot{Q}_{max} = \dot{W}_{min} \cdot (\vartheta_1' - \vartheta_2') \qquad \text{(Gl. 10.17)}$$

In Gleichung 10.17 ist $\dot{W}_{min} = \min(\dot{W}_1, \dot{W}_2)$ der kleinere Wärmekapazitätsstrom. Somit kann der Wirkungsgrad (effectiveness) des Wärmeaustauschers definiert werden durch:

$$\varepsilon \equiv \frac{\dot{Q}}{\dot{Q}_{max}} \qquad \text{(Gl. 10.18)}$$

oder:

$$\varepsilon = \frac{\dot{W}_1 \cdot (\vartheta_1' - \vartheta_1'')}{\dot{W}_{min} \cdot (\vartheta_1' - \vartheta_2')} = \frac{\dot{W}_2 \cdot (\vartheta_2'' - \vartheta_2')}{\dot{W}_{min} \cdot (\vartheta_1' - \vartheta_2')} \qquad \text{(Gl. 10.19)}$$

In der Praxis ist der Wirkungsgrad eines Wärmeaustauschers durch das Nutzfluid festgelegt, d.h. das Fluid, das erwärmt oder gekühlt wird und für das $\dot{M} \cdot c$ nicht unbedingt das Minimum ist. Es hat jedoch nur der Wirkungsgrad physikalische Bedeutung, der vom Fluid bestimmt wird, bei dem das $\dot{M} \cdot c$ das Minimum ist. Somit ist ε gleich dem thermischen Wirkungsgrad η_ϑ gemäß EN 305: $\varepsilon = \eta_\vartheta$.

Bei Kenntnis des Wirkungsgrades ε kann dann die Leistung eines Wärmeaustauschers sofort bestimmt werden:

$$\dot{Q} = \varepsilon \cdot \dot{W}_{min} \cdot (\vartheta_1' - \vartheta_2') \qquad \text{(Gl. 10.20)}$$

Es müssen also nur Gleichungen für den Wirkungsgrad von Wärmeaustauschern für verschiedene Stromführungen bekannt sein, um die Berechnungen durchführen zu können.

Zur allgemeinen Beschreibung der Wärmeübertragungseigenschaften eines Wärmeaustauschers wird daher zunächst folgende Größe definiert :

$$NTU \equiv \frac{k \cdot A}{\dot{W}_{min}} = \frac{1}{\dot{W}_{min}} \int_0^A k \cdot dA \qquad \text{(Gl. 10.21)}$$

Die Definition von *NTU* erweist sich als außerordentlich sinnvoll, denn man kann zeigen, dass für **jeden Wärmeaustauscher** eine Gleichung der Form

$$\varepsilon = f\left(\frac{\dot{W}_{min}}{\dot{W}_{max}}, NTU\right)$$

bzw.

$$NTU = f\left(\frac{\dot{W}_{min}}{\dot{W}_{max}}, \varepsilon\right)$$

aufgestellt werden kann.

Wichtig ist, dass praktisch für jede Art von Stromführungen in Wärmeaustauschern solche Gleichungen für *NTU* bzw. für den Wirkungsgrad ε vorhanden sind.

Bei Anwendung der alternativen Berechnungsmethode mit der mittleren Temperaturdifferenz ist die Berechnung erheblich aufwendiger. Hier wird zunächst die mittlere logarithmische Temperaturdifferenz verwendet.

Bei anderen Stromführungen als Gleich- oder Gegenstrom muss diese log. Temperaturdifferenz mit Korrekturfaktoren multipliziert werden. Diese Korrekturfaktoren liegen meist aber nur in Diagrammform vor.

10.2.2 Beispiele für ε-*NTU*-Beziehungen

Speziell für einen Gegenstrom-Wärmeaustauscher ergibt sich:

Gegenstrom:

$$NTU = \frac{1}{1-\dot{W}_r} \cdot \ln\left(\frac{1-\varepsilon}{1-\varepsilon \cdot \dot{W}_r}\right) \qquad \text{(Gl. 10.22)}$$

$$\varepsilon = \frac{1-\exp\left[-NTU \cdot \left(1-\dot{W}_r\right)\right]}{1-\dot{W}_r \cdot \exp\left[-NTU \cdot \left(1-\dot{W}_r\right)\right]} \qquad \text{(Gl. 10.23)}$$

mit der Abkürzung

$$\dot{W}_r \equiv \frac{\dot{W}_{min}}{\dot{W}_{max}} \qquad \text{(Gl. 10.24)}$$

Häufig werden auch Sonderfälle der Gleichungen 10.22 und 10.23 benötigt:

Grenzwert für $\dot{W}_r = 1$

$$\varepsilon = \frac{NTU}{1+NTU} \quad \text{oder} \quad NTU = \frac{\varepsilon}{1-\varepsilon} \qquad \text{(Gl. 10.25)}$$

Grenzwert für $\dot{W}_r = 0$

$$\varepsilon = 1 - \exp(-NTU) \qquad \text{(Gl. 10.26)}$$

$$NTU = -\ln(1-\varepsilon) \qquad \text{(Gl. 10.27)}$$

siehe auch hierzu Bild 10.1b.

Für einen **Gleichstrom-Wärmeaustauscher**:

Gleichstrom:

$$NTU = \frac{\ln\left[1-\varepsilon \cdot \left(1+\dot{W}_r\right)\right]}{1+\dot{W}_r} \qquad \text{(Gl. 10.28)}$$

$$\varepsilon = \frac{1-\exp\left[-NTU \cdot \left(1+\dot{W}_r\right)\right]}{1+\dot{W}_r} \qquad \text{(Gl. 10.29)}$$

Z. B.: bei Werten *NTU* > 1,5…2 verlaufen die Kurven relativ flach. Das bedeutet in der Praxis, dass zur Vergrößerung der Wärmeübertragerleistung die Heizfläche überproportional vergrößert werden muss.

Apparate mit Kreuzstromführung

Querströmung, beide Fluide unvermischt:

$$\varepsilon = 1-\exp\left[\frac{1}{\dot{W}_r} NTU^{0,22}\left\{\exp\left[-\dot{W}_r \cdot NTU^{0,78}\right]-1\right\}\right] \qquad \text{(Gl. 10.30)}$$

Gleichung 10.30 kann nicht explizit nach *NTU* aufgelöst werden.

Querströmung, $\dot{W}_{max}$ vermischt, $\dot{W}_{min}$ unvermischt:

$$\varepsilon = \frac{1}{\dot{W}_r} \cdot \left[1-\exp\left(-\dot{W}_r \cdot \left[1-\exp(-NTU)\right]\right)\right] \qquad \text{(Gl. 10.31)}$$

$$NTU = -\ln\left[1+\frac{1}{\dot{W}_r} \cdot \ln\left(1-\varepsilon \cdot \dot{W}_r\right)\right] \qquad \text{(Gl. 10.32)}$$

Querströmung, $\dot{W}_{min}$ vermischt, $\dot{W}_{max}$ unvermischt:

$$\varepsilon = 1-\exp\left(-\frac{1}{\dot{W}_r} \cdot \left(1-\exp\left[-\dot{W}_r \cdot NTU\right]\right)\right) \qquad \text{(Gl. 10.33)}$$

$$NTU = -\frac{1}{\dot{W}_r} \cdot \ln\left[\dot{W}_r \cdot \ln(1-\varepsilon)+1\right] \quad \text{(Gl. 10.34)}$$

Sonderfälle:

Alle Wärmeaustauscher mit $\dot{W}_r = 0$ (Verdampfer, Kondensatoren)

$$\varepsilon = 1 - \exp(-NTU) \quad \text{(Gl. 10.35)}$$

$$NTU = -\ln(1-\varepsilon) \quad \text{(Gl. 10.36)}$$

Gleich-/Gegenstromwärmeaustauscher mit mehreren Mantel- und Rohrdurchgängen (1-N-Apparate)

Die prinzipielle Stromführung eines 1-N-Apparates ist im Bild 10.2 dargestellt. Hier sind nur 2 Rohrdurchgänge vorhanden. Diese sog. Gleich-/Gegenstromanordnung ist in der Praxis relativ häufig anzutreffen. Im allgemeinen Fall können aber auch mehrere Rohrdurchgänge vorhanden sein. Unter der Annahme, dass der Rohraußenstrom vermischt ist, wurde von BOWMAN, MUELLER und NAGEL [10.2] eine Beziehung zur Berechnung von ε für 2 Rohrdurchgänge angegeben:

$$\varepsilon = \frac{2}{(1+\dot{W}_r) + \sqrt{1+\dot{W}_r^2} \cdot \frac{1+e^{-\psi}}{1-e^{-\psi}}} \quad \text{(Gl. 10.37)}$$

mit

$$\psi = NTU \cdot \sqrt{1+\dot{W}_r^2} \quad \text{(Gl. 10.38)}$$

Gleichung 10.38 gilt für einen Apparat mit 2 Rohrdurchgängen. Es zeigt sich aber, dass die bei 4, 6, 8... Rohrdurchgängen berechneten Werte nicht wesentlich von Gleichung 10.38 abweichen. Es kann daher auf die relativ komplizierten Gleichungen verzichtet werden. Gleichung 10.38 ist also auch auf solche Konfigurationen anwendbar.

Nun können auch auf der Mantelseite mehrere Durchgänge vorhanden sein. Bild 10.3 zeigt schematisch die Stromführung bei einem Apparat mit 2 Rohr- und 2 Manteldurchgängen. Es können auch für derartige Apparate relativ einfach ε-NTU-Beziehungen hergeleitet werden.

Unter der Annahme, dass die Stoffströme zwischen den einzelnen Durchgängen jeweils als vermischt angesehen werden können und dass sich NTU gleichmäßig auf die einzelnen Durchgänge verteilt, gilt:

$$\varepsilon = \frac{\left(\frac{1-\varepsilon_D \cdot \dot{W}_r}{1-\varepsilon_D}\right)^n - 1}{\left(\frac{1-\varepsilon_D \cdot \dot{W}_r}{1-\varepsilon_D}\right)^n - \dot{W}_r} \quad \text{(Gl. 10.39)}$$

In Gleichung 10.39 ist n die Zahl der identischen Durchgänge in der Gegenstromanordnung und ε_D ist der Wirkungsgrad eines Ein-

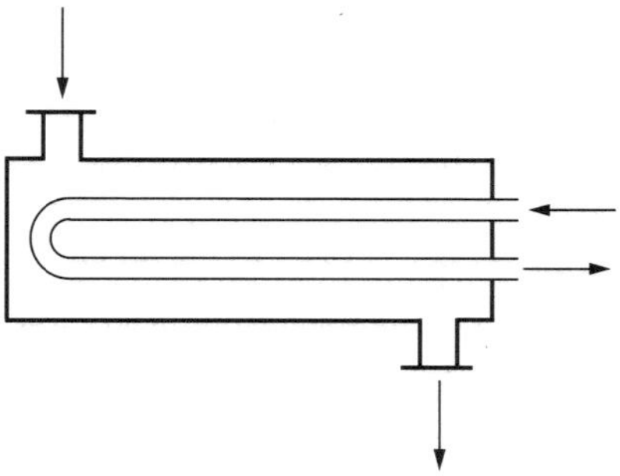

Bild 10.2 1-2-Apparat

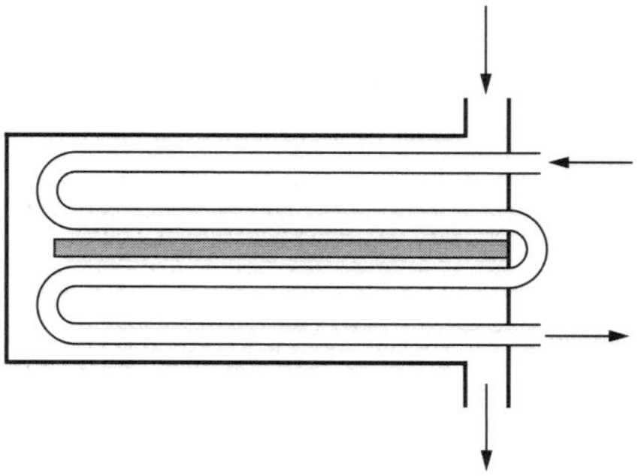

Bild 10.3 2-2-Apparat

zeldurchgangs. Es sei darauf hingewiesen, dass die Einzeldurchgänge jede beliebige Stromführung haben können, sie müssen aber alle identisch sein.

Für den Sonderfall $\dot{W}_r = 1$ lautet Gleichung 10.39

$$\varepsilon = \frac{n \cdot \varepsilon_D}{1 + (n-1) \cdot \varepsilon_D} \qquad \text{(Gl. 10.40)}$$

In den Bildern 10.4 bis 10.13 sind die wichtigsten Gleichungen und Diagramme für den Wärmeaustauscher-Wirkungsgrad dargestellt.

10.2.3 ε-ψ-Methode (Apparate mit Phasenänderung)

Es existiert neben der bekannten ε-*NTU*-Methode u. a. ein weiteres Verfahren, das besonders bei der Berechnung von Apparaten mit Phasenänderung sinnvoll einsetzbar ist.

Es wird eine erstmals von MUELLER [10.2] eingeführte Größe definiert:

$$\psi \equiv \frac{\varepsilon}{NTU} \qquad \text{(Gl. 10.41)}$$

Gleichung 10.20 lautet dann:

$$\dot{Q} = \psi \cdot NTU \cdot \dot{W}_{min} \cdot (\vartheta_1' - \vartheta_2') \qquad \text{(Gl. 10.42)}$$

Unter Beachtung von Gleichung 10.21 folgt dann aus Gleichung 10.42:

$$\dot{Q} = \psi \cdot k \cdot A \cdot (\vartheta_1' - \vartheta_2') \qquad \text{(Gl. 10.43)}$$

Gleichung 10.43 eignet sich besonders gut für das Zellenmodell, wenn auf einer oder auf beiden Seiten Phasenänderungen auftreten. Es muss z. B. gelten, wenn auf einer Seite Kondensation, auf der anderen Seite Verdampfung auftritt:

$$\psi = 1 \text{ wenn } \dot{W}_1 \to \infty \text{ und } \dot{W}_2 \to \infty \qquad \text{(Gl. 10.44)}$$

$$\varepsilon = \psi \cdot NTU \qquad \text{(Gl. 10.45)}$$

$$\dot{Q} = \psi \cdot NTU \cdot \dot{Q}_{max} \qquad \text{(Gl. 10.46)}$$

Beziehungen für wichtige Stromführungen
Es sollen nun ε-ψ-Beziehungen für die wichtigsten Stromführungen hergeleitet werden.

Gleichströmer:
Annahme: $\dot{W}_1 = \dot{W}_{min}$

Es erweist sich als sinnvoll, wenn folgende Größen definiert werden:

$$NTU_1 \equiv \frac{k \cdot A}{\dot{W}_1} \qquad \text{(Gl. 10.47)}$$

$$NTU_2 \equiv \frac{k \cdot A}{\dot{W}_2} \qquad \text{(Gl. 10.48)}$$

Aus Gleichung 10.28 folgt dann:

$$\psi = \frac{1 - \exp\left[-NTU_1\left(1 + \frac{\dot{W}_1}{\dot{W}_2}\right)\right]}{NTU_1\left(1 + \frac{\dot{W}_1}{\dot{W}_2}\right)} = \frac{1 - \exp(NTU_1 + NTU_2)}{NTU_1 + NTU_2} \qquad \text{(Gl. 10.49)}$$

Bei der Wahl von $\dot{W}_2 = \dot{W}_{min}$ folgt ebenso die allgemein gültige Beziehung (für Gleichströmer):

$$\psi = \frac{1 - \exp\left[-(NTU_1 + NTU_2)\right]}{NTU_1 + NTU_2} \qquad \text{(Gl. 10.50)}$$

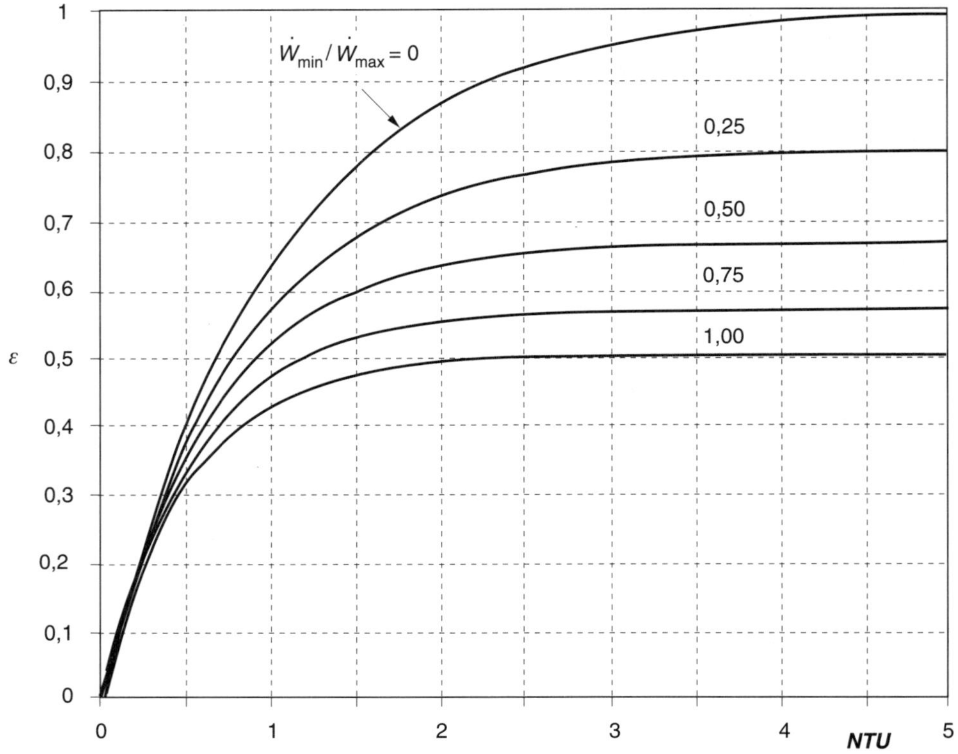

Schema:

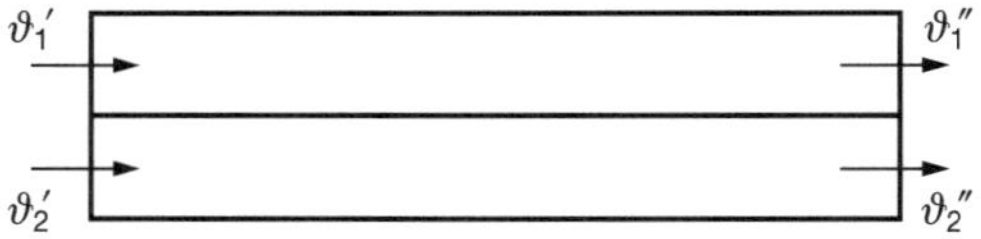

Gleichungen:

$$NTU = \frac{\ln\left[1 - \varepsilon\left(1 + \dot{W}_r\right)\right]}{1 + \dot{W}_r}$$

$$\varepsilon = \frac{1 - \exp\left[-NTU\left(1 + \dot{W}_r\right)\right]}{1 + \dot{W}_r}$$

Anmerkung:

$$\varepsilon \equiv \frac{\dot{Q}}{\dot{Q}_{max}}$$

$$NTU \equiv \frac{k \cdot A}{\dot{W}_{min}}$$

$$\dot{Q}_{max} = \dot{W}_{min} \cdot (\vartheta_1' - \vartheta_2')$$

$$\dot{W}_{min} = (\dot{M} \cdot c_p)_{min}$$

$$\dot{W}_{max} = (\dot{M} \cdot c_p)_{max}$$

$$\dot{W}_r \equiv \frac{\dot{W}_{min}}{\dot{W}_{max}}$$

$$\vartheta_1'' = \vartheta_1' - \frac{\dot{Q}}{\dot{W}_1}$$

$$\vartheta_2'' = \vartheta_2' + \frac{\dot{Q}}{\dot{W}_2}$$

Bild 10.4
Wirkungsgrad-Schaubild für einen Gleichstrom-Wärmeaustauscher

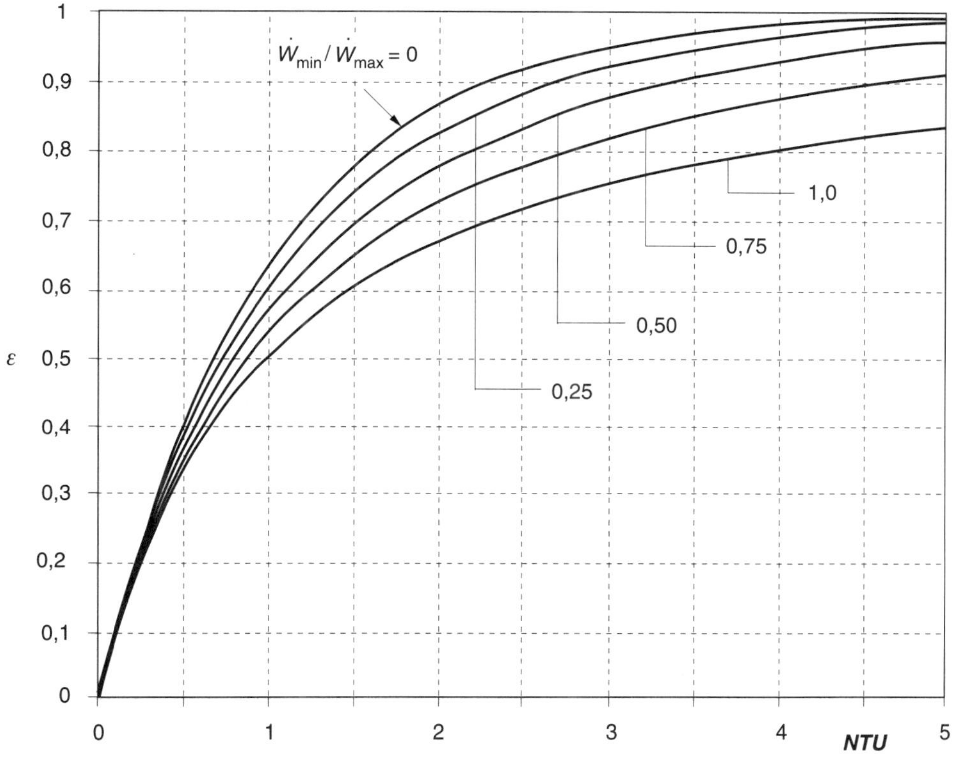

Schema:

Gleichungen: $NTU = \frac{1}{\dot{W}_r - 1} \ln\left(\frac{\varepsilon - 1}{\varepsilon \cdot \dot{W}_r - 1}\right)$

$$\varepsilon = \frac{1 - \exp\left[-NTU\left(1 - \dot{W}_r\right)\right]}{1 - \dot{W}_r \exp\left[-NTU\left(1 - \dot{W}_r\right)\right]}$$

Grenzwert: für $\dot{W}_r = 1$

$$\varepsilon = \frac{NTU}{1 + NTU}$$

Anmerkung:

$$\varepsilon \equiv \frac{\dot{Q}}{\dot{Q}_{max}}$$

$$NTU \equiv \frac{k \cdot A}{\dot{W}_{min}}$$

$$\dot{Q}_{max} = \dot{W}_{min} \cdot (\vartheta_1' - \vartheta_2')$$

$$\dot{W}_{min} = (\dot{M} \cdot c_p)_{min}$$

$$\dot{W}_{max} = (\dot{M} \cdot c_p)_{max}$$

$$\dot{W}_r \equiv \frac{\dot{W}_{min}}{\dot{W}_{max}}$$

$$\vartheta_1'' = \vartheta_1' - \frac{\dot{Q}}{\dot{W}_1}$$

$$\vartheta_2'' = \vartheta_2' + \frac{\dot{Q}}{\dot{W}_2}$$

Bild 10.5
Wirkungsgrad-Schaubild für einen Gegenstrom-Wärmeaustauscher

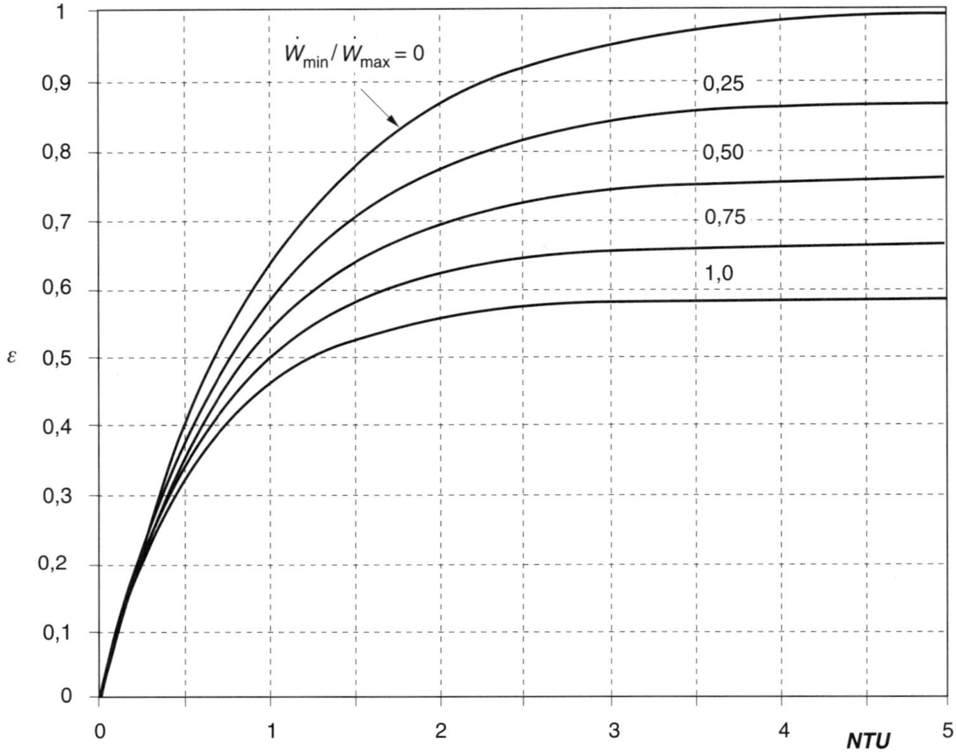

Schema:

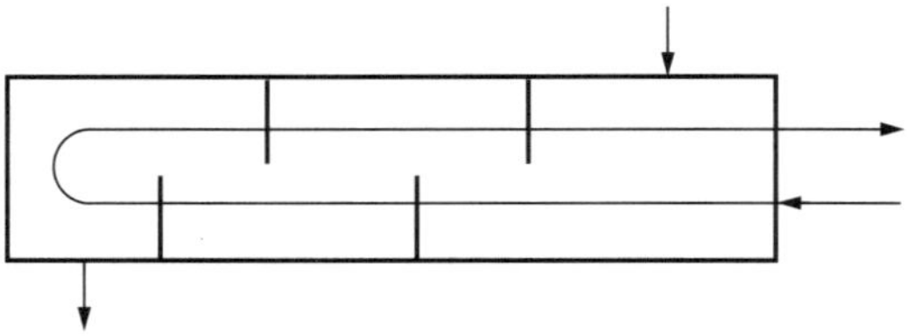

Anmerkung:

$$\varepsilon \equiv \frac{\dot{Q}}{\dot{Q}_{max}}$$

$$NTU \equiv \frac{k \cdot A}{\dot{W}_{min}}$$

$$\dot{Q}_{max} = \dot{W}_{min} \cdot (\vartheta_1' - \vartheta_2')$$

$$\dot{W}_{min} = (\dot{M} \cdot c_p)_{min}$$

$$\dot{W}_{max} = (\dot{M} \cdot c_p)_{max}$$

$$\dot{W}_r \equiv \frac{\dot{W}_{min}}{\dot{W}_{max}}$$

$$\vartheta_1'' = \vartheta_1' - \frac{\dot{Q}}{\dot{W}_1}$$

$$\vartheta_2'' = \vartheta_2' + \frac{\dot{Q}}{\dot{W}_2}$$

Gleichungen*):

$$NTU = -1 \cdot \left(1 + \dot{W}_r^2\right)^{-1/2} \cdot \ln\left(\frac{E-1}{E+1}\right)$$

$$E = \frac{2/\varepsilon - \left(1 + \dot{W}_r\right)}{\left(1 + \dot{W}_r^2\right)^{1/2}}$$

$$\varepsilon = \varepsilon_1 = 2\left\{1 + \dot{W}_r + \left(1 + \dot{W}_r^2\right)^{1/2} \cdot \frac{1 + \exp\left[-NTU \cdot \left(1 + \dot{W}_r^2\right)^{1/2}\right]}{1 - \exp\left[-NTU \cdot \left(1 + \dot{W}_r^2\right)^{1/2}\right]}\right\}^{-1}$$

*): *NTU* pro Manteldurchgang, *NTU*-gesamt = *NTU* × Anzahl Manteldurchgänge

Bild 10.6
Wirkungsgrad-Schaubild für einen Rohrbündel-Wärmeaustauscher (ein äußerer Durchgang, gerade Anzahl innerer Durcgänge)

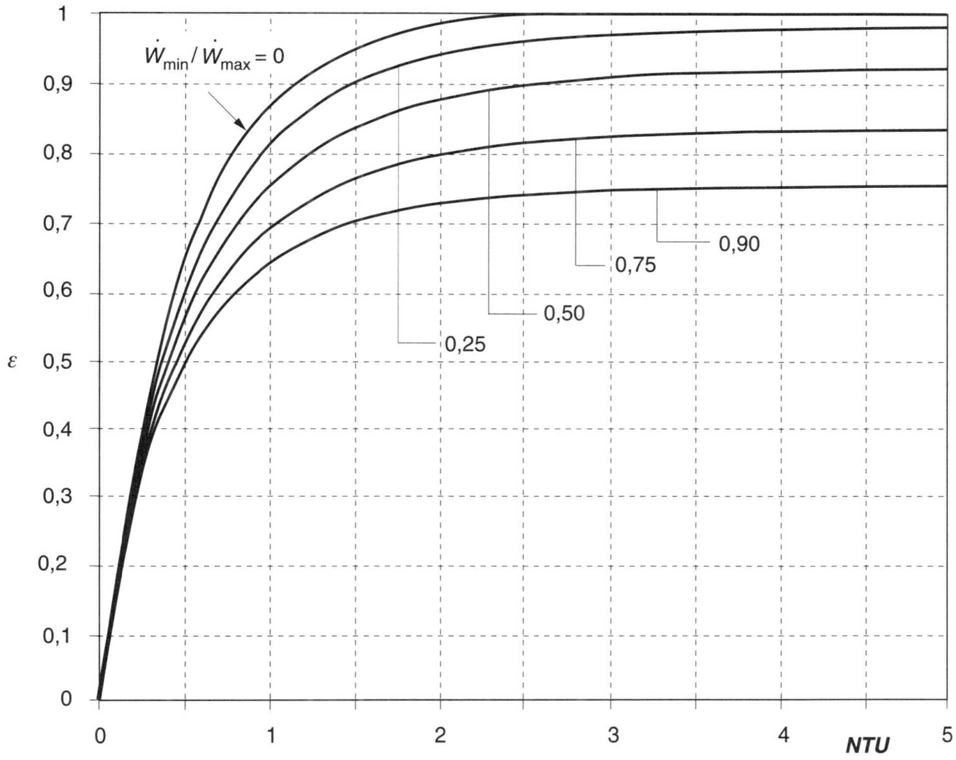

Schema:

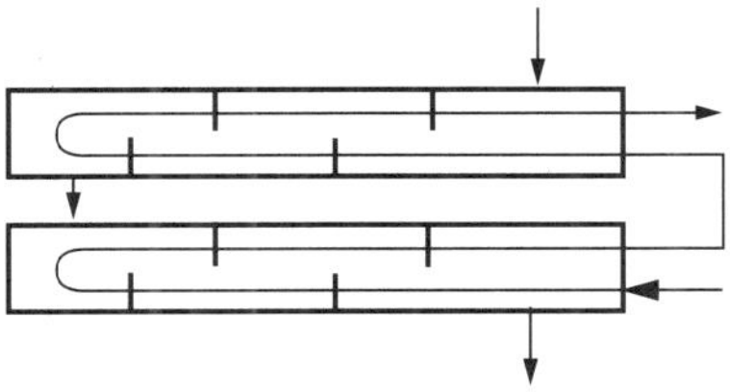

Anmerkung:

$$\varepsilon \equiv \frac{\dot{Q}}{\dot{Q}_{max}}$$

$$NTU \equiv \frac{k \cdot A}{\dot{W}_{min}}$$

$$\dot{Q}_{max} = \dot{W}_{min} \cdot (\vartheta_1' - \vartheta_2')$$

$$\dot{W}_{min} = (\dot{M} \cdot c_p)_{min}$$

$$\dot{W}_{max} = (\dot{M} \cdot c_p)_{max}$$

$$\dot{W}_r \equiv \frac{\dot{W}_{min}}{\dot{W}_{max}}$$

$$\vartheta_1'' = \vartheta_1' - \frac{\dot{Q}}{\dot{W}_1}$$

$$\vartheta_2'' = \vartheta_2' + \frac{\dot{Q}}{\dot{W}_2}$$

Gleichungen*): NTU nach Gleichung in Bild 10.6, aber mit:

$$E = \frac{\left[2\left(F - \dot{W}_r\right)/(F-1)\right] - \left(1 + \dot{W}_r\right)}{\left(1 + \dot{W}_r^2\right)^{1/2}}$$

$$F = \left(\frac{\varepsilon \cdot \dot{W}_r - 1}{\varepsilon - 1}\right)^{1/n}$$

$$\varepsilon = \left[\left(\frac{1 - \varepsilon_1 \cdot \dot{W}_r}{1 - \varepsilon_1}\right)^n - 1\right] \cdot \left[\left(\frac{1 - \varepsilon_1 \cdot \dot{W}_r}{1 - \varepsilon_1}\right)^n - \dot{W}_r\right]^{-1}$$

Bei der Berechnung von ε_1 wird *NTU* pro Manteldurchgang verwendet, d.h. *NTU*/n

*): *NTU* pro Manteldurchgang, *NTU*-gesamt = *NTU* × Anzahl Manteldurchgänge

Bild 10.7
Wirkungsgrad-Schaubild für einen Rohrbündel-Wärmeaustauscher
(*n* äußere Durchgänge, 2*n*, 4*n*,… innere Durchgänge)

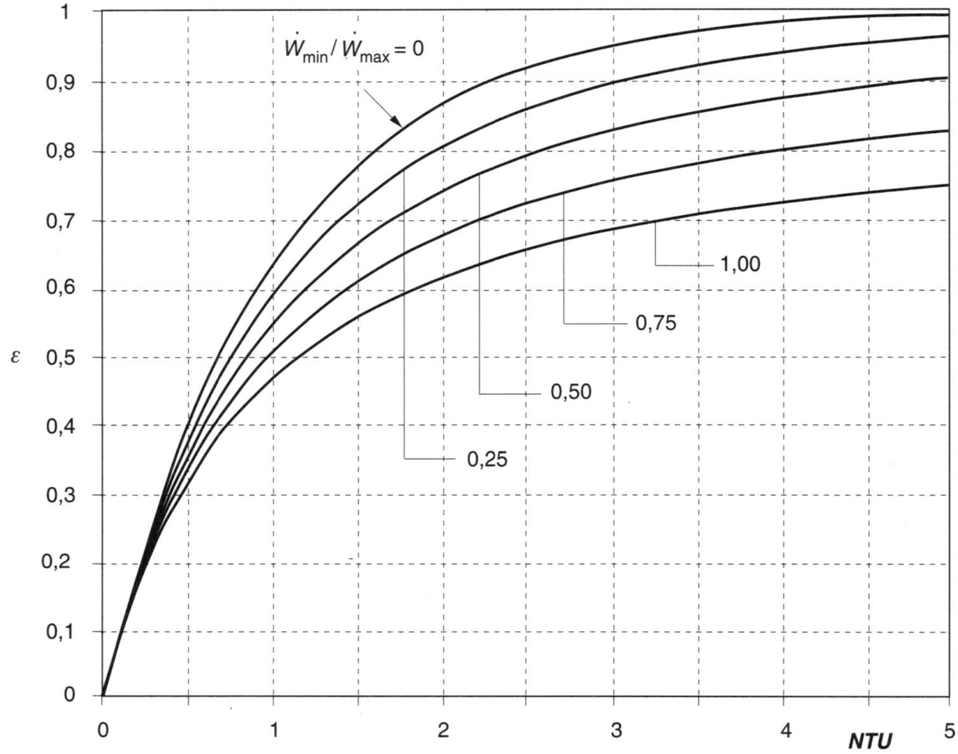

Schema:

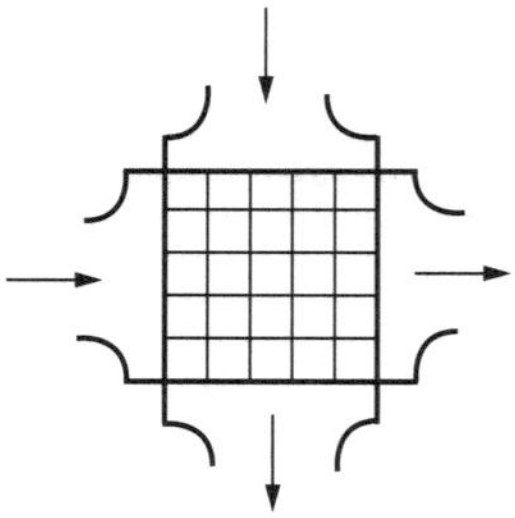

Gleichungen: $\varepsilon = 1 - \exp\left[\left(\frac{1}{\dot{W}_r}\right) \cdot (NTU)^{0,22} \cdot \left\{\exp\left[-\dot{W}_r \cdot (NTU)^{0,78}\right] - 1\right\}\right]$

Grenzwert: Für $\dot{W}_r = 0$

$\varepsilon = 1 - \exp\left[-NTU\right]$

Anmerkung:

$$\varepsilon \equiv \frac{\dot{Q}}{\dot{Q}_{max}}$$

$$NTU \equiv \frac{k \cdot A}{\dot{W}_{min}}$$

$$\dot{Q}_{max} = \dot{W}_{min} \cdot (\vartheta_1' - \vartheta_2')$$

$$\dot{W}_{min} = (\dot{M} \cdot c_p)_{min}$$

$$\dot{W}_{max} = (\dot{M} \cdot c_p)_{max}$$

$$\dot{W}_r \equiv \frac{\dot{W}_{min}}{\dot{W}_{max}}$$

$$\vartheta_1'' = \vartheta_1' - \frac{\dot{Q}}{\dot{W}_1}$$

$$\vartheta_2'' = \vartheta_2' + \frac{\dot{Q}}{\dot{W}_2}$$

Bild 10.8
Wirkungsgrad-Schaubild für einen Kreuzstrom-Wärmeaustauscher (beide Fluidströme unvermischt)

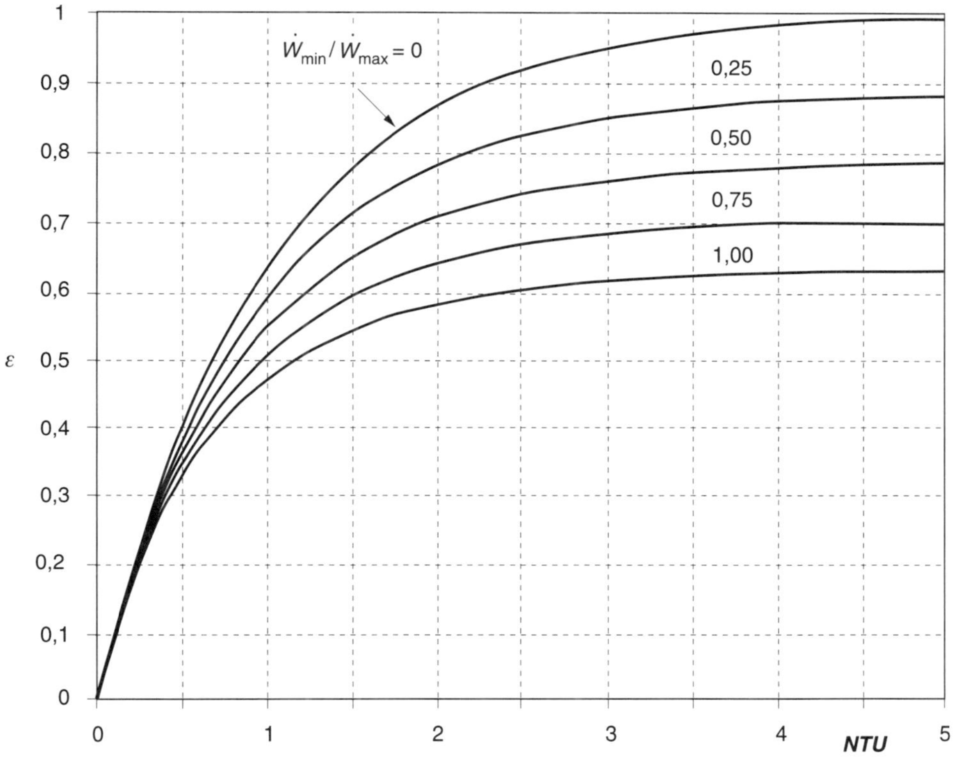

Schema:

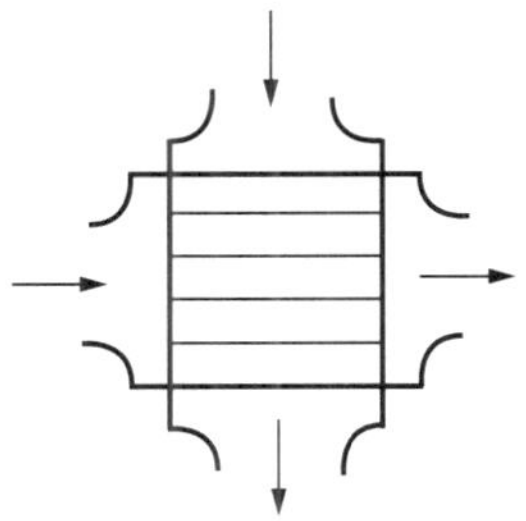

Gleichungen:

$$NTU = -\ln\left[1 + \left(\frac{1}{\dot{W}_r}\right) \ln\left(1 - \varepsilon \cdot \dot{W}_r\right)\right]$$

$$\varepsilon = \left(\frac{1}{\dot{W}_r}\right)\left(1 - \exp\left\{-\dot{W}_r \cdot \left[1 - \exp\left(-NTU\right)\right]\right\}\right)$$

Grenzwert: Für $\dot{W}_r = 0$

$$\varepsilon = 1 - \exp\left[-NTU\right]$$

Anmerkung:

$$\varepsilon \equiv \frac{\dot{Q}}{\dot{Q}_{max}}$$

$$NTU \equiv \frac{k \cdot A}{\dot{W}_{min}}$$

$$\dot{Q}_{max} = \dot{W}_{min} \cdot (\vartheta_1' - \vartheta_2')$$

$$\dot{W}_{min} = (\dot{M} \cdot c_p)_{min}$$

$$\dot{W}_{max} = (\dot{M} \cdot c_p)_{max}$$

$$\dot{W}_r \equiv \frac{\dot{W}_{min}}{\dot{W}_{max}}$$

$$\vartheta_1'' = \vartheta_1' - \frac{\dot{Q}}{\dot{W}_1}$$

$$\vartheta_2'' = \vartheta_2' + \frac{\dot{Q}}{\dot{W}_2}$$

Bild 10.9
Wirkungsgrad-Schaubild für einen Kreuzstrom-Wärmeaustauscher ($\dot{W}_{max}$ vermischt, $\dot{W}_{min}$ unvermischt)

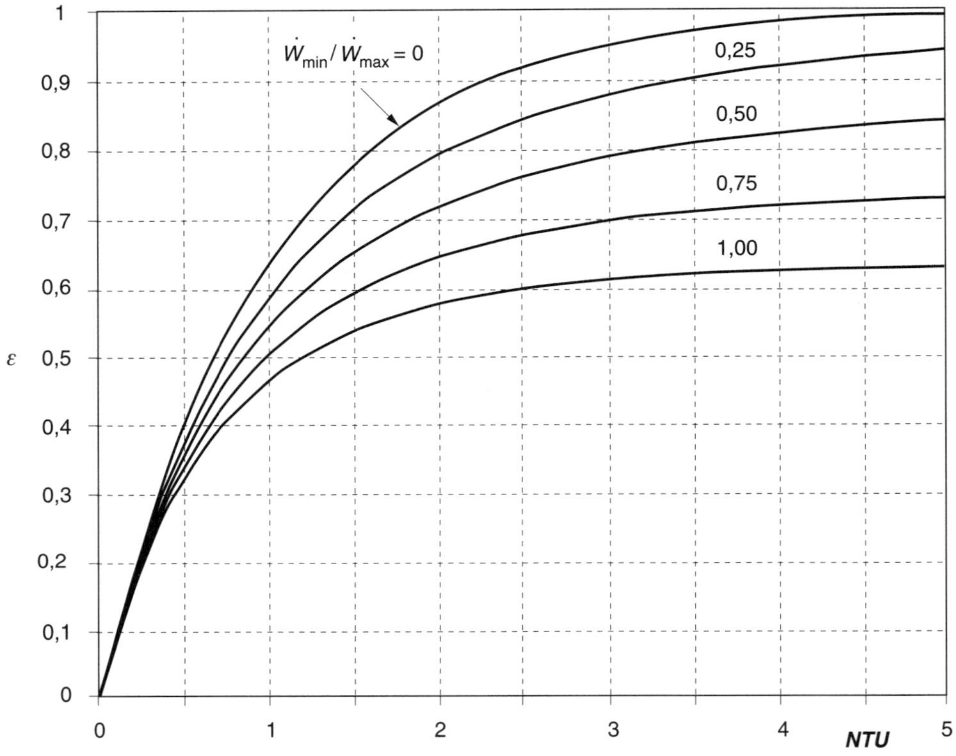

Schema:

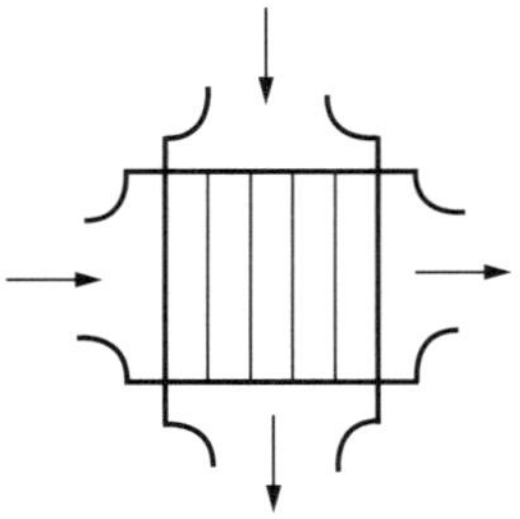

Gleichungen:

$$NTU = -\left(\frac{1}{\dot{W}_r}\right) \cdot \ln\left[\dot{W}_r \cdot \ln(1-\varepsilon)+1\right]$$

$$\varepsilon = 1 - \exp\left(-\dot{W}_r^{-1} \cdot \left\{1 - \exp\left[-\dot{W}_r \cdot (NTU)\right]\right\}\right)$$

Grenzwert:

Für $\dot{W}_r = 0$

$$\varepsilon = 1 - \exp\left[NTU\right]$$

Anmerkung:

$$\varepsilon \equiv \frac{\dot{Q}}{\dot{Q}_{max}}$$

$$NTU \equiv \frac{k \cdot A}{\dot{W}_{min}}$$

$$\dot{Q}_{max} = \dot{W}_{min} \cdot (\vartheta_1' - \vartheta_2')$$

$$\dot{W}_{min} = (\dot{M} \cdot c_p)_{min}$$

$$\dot{W}_{max} = (\dot{M} \cdot c_p)_{max}$$

$$\dot{W}_r \equiv \frac{\dot{W}_{min}}{\dot{W}_{max}}$$

$$\vartheta_1'' = \vartheta_1' - \frac{\dot{Q}}{\dot{W}_1}$$

$$\vartheta_2'' = \vartheta_2' + \frac{\dot{Q}}{\dot{W}_2}$$

Bild 10.10
Wirkungsgrad-Schaubild für einen Kreuzstrom-Wärmeaustauscher ($\dot{W}_{max}$ unvermischt, $\dot{W}_{min}$ vermischt)

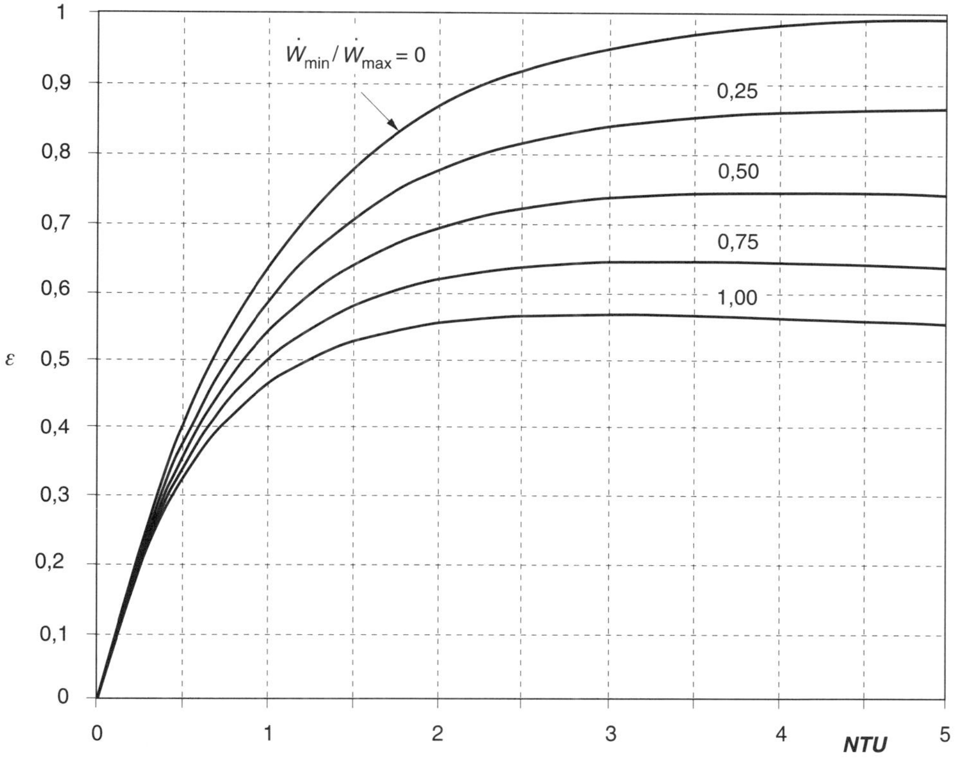

Schema:

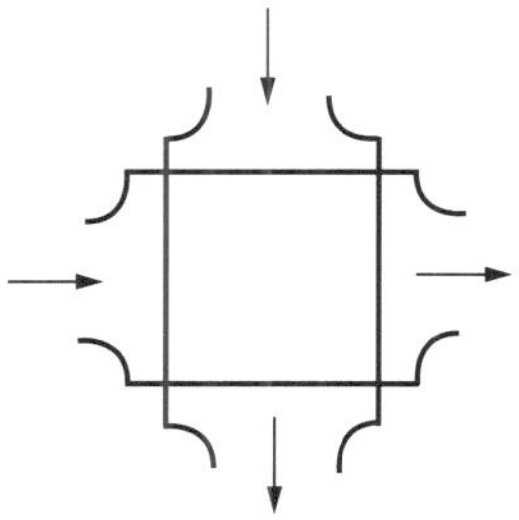

Gleichungen: $\varepsilon = \dfrac{1}{\dfrac{1}{1-\exp(-NTU)} + \dfrac{\dot{W}_r}{1-\exp\left(-NTU\cdot\dot{W}_r\right)} - \dfrac{1}{NTU}}$

Grenzwert: Für $\dot{W}_r = 0$

$\varepsilon = 1 - \exp\left[-NTU\right]$

Anmerkung:

$\varepsilon \equiv \dfrac{\dot{Q}}{\dot{Q}_{max}}$

$NTU \equiv \dfrac{k \cdot A}{\dot{W}_{min}}$

$\dot{Q}_{max} = \dot{W}_{min} \cdot (\vartheta_1' - \vartheta_2')$

$\dot{W}_{min} = (\dot{M} \cdot c_p)_{min}$

$\dot{W}_{max} = (\dot{M} \cdot c_p)_{max}$

$\dot{W}_r \equiv \dfrac{\dot{W}_{min}}{\dot{W}_{max}}$

$\vartheta_1'' = \vartheta_1' - \dfrac{\dot{Q}}{\dot{W}_1}$

$\vartheta_2'' = \vartheta_2' + \dfrac{\dot{Q}}{\dot{W}_2}$

Bild 10.11
Wirkungsgrad-Schaubild für einen Kreuzstrom-Wärmeaustauscher (beide Fluidströme vermischt)

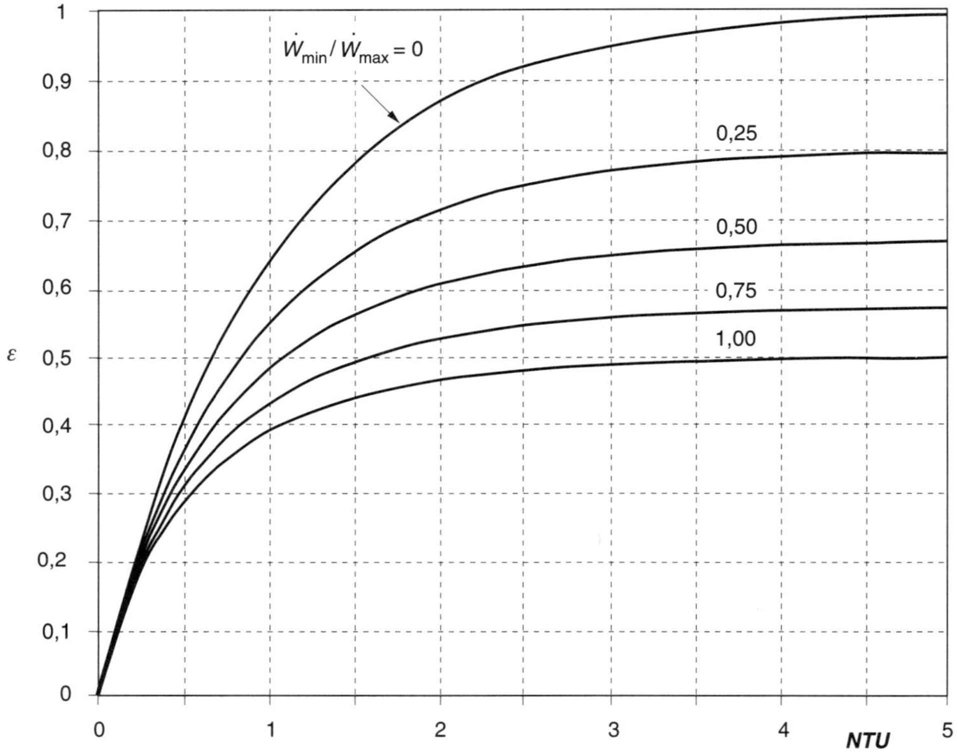

Schema:

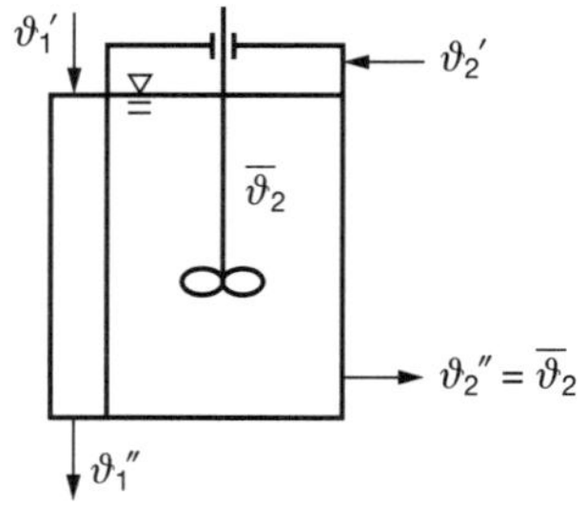

Gleichungen:

$$NTU = -\ln\left(1 - \frac{\varepsilon}{1 - \dot W_r \cdot \varepsilon}\right)$$

$$\varepsilon = \frac{1}{\dot W_r + \dfrac{1}{1 - \exp(-NTU)}}$$

Anmerkung:

$$\varepsilon \equiv \frac{\dot Q}{\dot Q_{max}}$$

$$NTU \equiv \frac{k \cdot A}{\dot W_{min}}$$

$$\dot Q_{max} = \dot W_{min} \cdot (\vartheta_1' - \vartheta_2')$$

$$\dot W_{min} = (\dot M \cdot c_p)_{min}$$

$$\dot W_{max} = (\dot M \cdot c_p)_{max}$$

$$\dot W_r \equiv \frac{\dot W_{min}}{\dot W_{max}}$$

$$\vartheta_1'' = \vartheta_1' - \frac{\dot Q}{\dot W_1}$$

$$\vartheta_2'' = \vartheta_2' + \frac{\dot Q}{\dot W_2}$$

Bild 10.12
Wirkungsgrad-Schaubild für einen einseitigen Rührbehälter

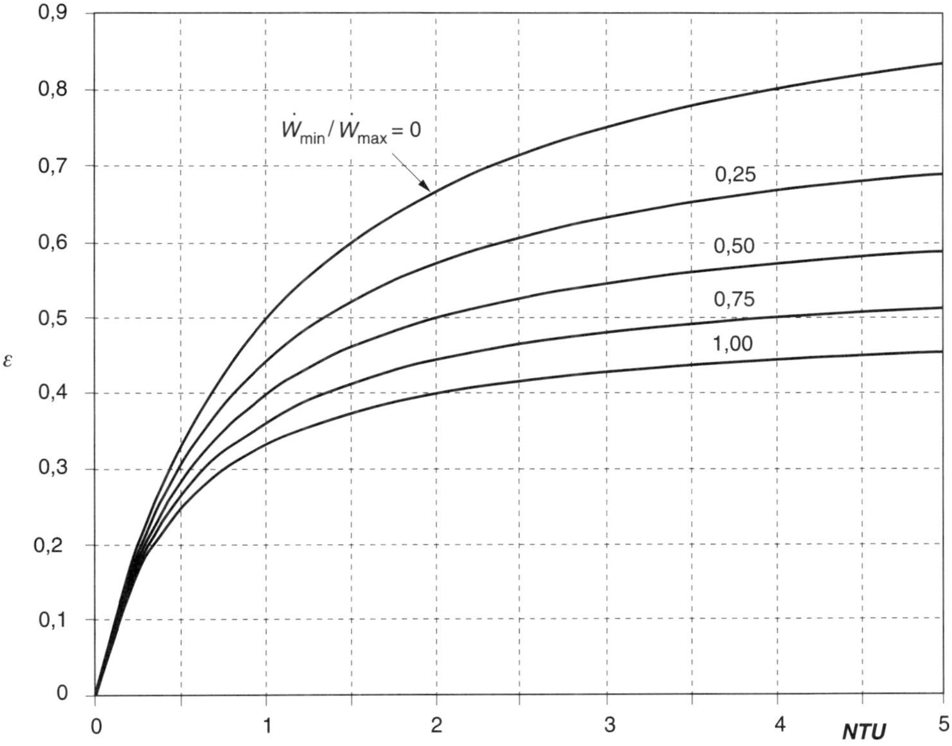

Schema:

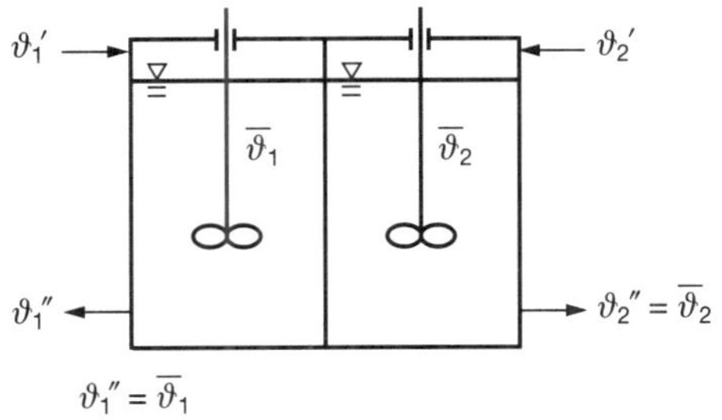

Anmerkung:

$$\varepsilon \equiv \frac{\dot{Q}}{\dot{Q}_{max}}$$

$$NTU \equiv \frac{k \cdot A}{\dot{W}_{min}}$$

$$\dot{Q}_{max} = \dot{W}_{min} \cdot (\vartheta_1' - \vartheta_2')$$

$$\dot{W}_{min} = (\dot{M} \cdot c_p)_{min}$$

$$\dot{W}_{max} = (\dot{M} \cdot c_p)_{max}$$

$$\dot{W}_r \equiv \frac{\dot{W}_{min}}{\dot{W}_{max}}$$

$$\vartheta_1'' = \vartheta_1' - \frac{\dot{Q}}{\dot{W}_1}$$

$$\vartheta_2'' = \vartheta_2' + \frac{\dot{Q}}{\dot{W}_2}$$

Gleichungen:

$$NTU = \frac{\varepsilon}{1 - \varepsilon\left(1 + \dot{W}_r\right)}$$

$$\varepsilon = \frac{NTU}{1 + NTU\left(1 + \dot{W}_r\right)}$$

Bild 10.13
Wirkungsgrad-Schaubild für einen beidseitigen Rührbehälter

Gegenströmer:
Annahme: $\dot{W}_1 = \dot{W}_{min}$. Aus Gl. 10.22 folgt:

$$\psi = \frac{1}{NTU_1} \cdot \frac{1-\exp\left[-NTU\cdot\left(1-\frac{\dot{W}_1}{\dot{W}_2}\right)\right]}{1-\frac{\dot{W}_1}{\dot{W}_2}\cdot\exp\left[-NTU\cdot\left(1-\frac{\dot{W}_1}{\dot{W}_2}\right)\right]} = \frac{1-e^{NTU_1+NTU_2}}{NTU_1 - NTU_2\cdot e^{NTU_1+NTU_2}} \quad \text{(Gl. 10.51)}$$

Durch Umformung lautet Gleichung 10.51 in symmetrischer Form:

$$\psi = \frac{e^{NTU_1} - e^{NTU_2}}{NTU_1\cdot e^{NTU_1} - NTU_2\cdot e^{NTU_2}} \quad \text{(Gl. 10.52)}$$

$$\psi = \frac{\exp(NTU_1)-\exp(NTU_2)}{NTU_1\cdot\exp(NTU_1)-NTU_2\cdot\exp(NTU_2)} \quad \text{(Gl. 10.53)}$$

Sonderfälle, $\dot{W}_1$ oder $\dot{W}_2 \to \infty$
Unabhängig von der Stromführung gilt für alle Wärmetauscher, wenn $\dot{W}_r = 0$:

$$\varepsilon = 1 - \exp(-NTU) \quad \text{(Gl. 10.54)}$$

Dies ist gleichbedeutend mit:

$$\psi = \frac{1}{NTU_1}\left(1-\exp(-NTU_1)\right) \quad \text{wenn} \quad \dot{W}_2 = \infty \quad \text{(Gl. 10.55)}$$

$$\psi = \frac{1}{NTU_2}\left(1-\exp(-NTU_2)\right) \quad \text{wenn} \quad \dot{W}_1 = \infty \quad \text{(Gl. 10.56)}$$

10.3 Zellenmodell

Die Leistung von Wärmeaustauschern mit komplizierteren Stromführungen kann auch mit Hilfe eines sog. Zellenmodells numerisch berechnet werden. Dieses Zellenmodell ist eine Kombination von analytischem Lösungsverfahren und einer numerischen Berechnung. Die Hauptidee besteht darin, den Apparat in kleine Zellen (lokale Wärmeaustauscher) aufzuteilen. Für jede dieser Zellen oder Elemente wird dann lokal die *NTU*-Methode verwendet.

Man betrachtet zunächst einen Apparat mit einer willkürlichen Stromführung (Bild 10.14).

Bei dem in Bild 10.14 dargestellten Beispiel besteht der Apparat aus 4 Einzelzellen. Man muss nun bei der Bezeichnung der Temperaturen zwischen den lokalen und den globalen Ein- und Austrittstemperaturen unterscheiden.

Abweichend von der bisher üblichen Kennzeichnung bezeichnet man die Eintritts- und Austrittstemperaturen des Apparates (globale Temperaturen) mit ϑ_1^E, ϑ_2^E und ϑ_1^A, ϑ_2^A.

Die lokalen Ein- und Austrittstemperaturen des Einzelapparates (Zelle) werden wie bisher durch die entsprechenden Indizes gekennzeichnet.

Dies wird zusammenfassend auch in Bild 10.15 verdeutlicht. In Bild 10.15 ist angenommen, dass aus einem Apparat (Gegenströmer) ein fiktives Element als Einzelzelle behandelt wird.

Es können nun die Berechnungsgleichungen hergeleitet werden: Für jeden der Einzelapparate kann der früher schon definierte Übertragerwirkungsgrad ε eingeführt werden:

$$\varepsilon = \frac{\dot{W}_1\left(\vartheta_1' - \vartheta_1''\right)}{\dot{W}_{min}\left(\vartheta_1' - \vartheta_2'\right)} = \frac{\dot{W}_2\left(\vartheta_2'' - \vartheta_2'\right)}{\dot{W}_{min}\left(\vartheta_1' - \vartheta_2'\right)} \quad \text{(Gl. 10.57)}$$

Da man diesen Wirkungsgrad für jedes Element benötigen, kennzeichnet man die Werte durch den Index «j» für die Zelle j:

$$\varepsilon_j = \frac{\dot{W}_{1j}\left(\vartheta_{1j}' - \vartheta_{1j}''\right)}{\dot{W}_{min,j}\left(\vartheta_{1j}' - \vartheta_{2j}'\right)} = \frac{\dot{W}_{2j}\left(\vartheta_{2j}'' - \vartheta_{2j}'\right)}{\dot{W}_{min,j}\left(\vartheta_{1j}' - \vartheta_{2j}'\right)} \quad \text{(Gl. 10.58)}$$

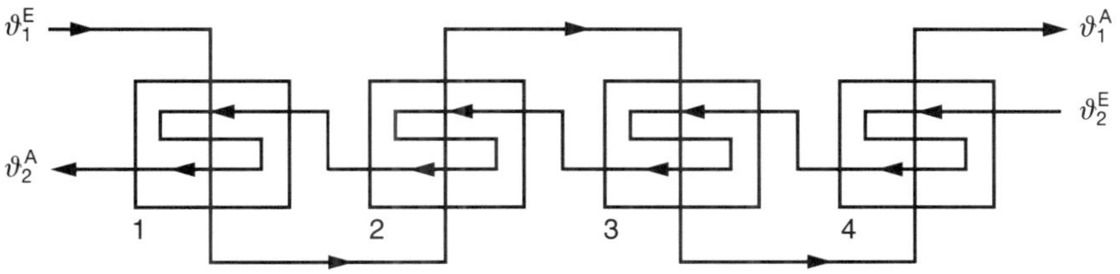

Bild 10.14 Zellenmodell

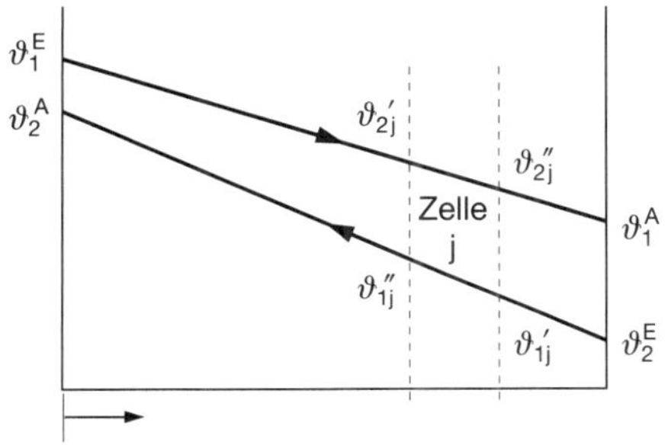

Bild 10.15 Bezeichnungen, Zellenmodell

Nun werden folgende Abkürzungen definiert:

$$\varepsilon_{1j}^* \equiv \varepsilon_j \cdot \frac{\dot{W}_{min,j}}{\dot{W}_{1j}} = \frac{\left(\vartheta_{1j}' - \vartheta_{1j}''\right)}{\left(\vartheta_{1j}' - \vartheta_{2j}'\right)} \qquad \text{(Gl. 10.59)}$$

$$\varepsilon_{2j}^* \equiv \varepsilon_j \cdot \frac{\dot{W}_{min,j}}{\dot{W}_{2j}} = \frac{\left(\vartheta_{2j}'' - \vartheta_{2j}'\right)}{\left(\vartheta_{1j}' - \vartheta_{2j}'\right)} \qquad \text{(Gl. 10.60)}$$

Bei den durch die Gleichungen 10.59 und 10.60 definierten Wirkungsgraden handelt es sich um die Wirkungsgrade der einzelnen Zellen. Der Gesamtwirkungsgrad des Apparates ist mit den vereinbarten Bezeichnungen definiert durch:

$$\varepsilon = \frac{\dot{W}_1 \cdot \left(\vartheta_1^E - \vartheta_1^A\right)}{\dot{W}_{min} \cdot \left(\vartheta_1^E - \vartheta_2^E\right)} \qquad \text{(Gl. 10.61)}$$

Die Gleichungen 10.59 und 10.60 können nun nach der jeweiligen Austrittstemperatur aufgelöst werden:

$$\vartheta_{1j}'' = \left(1 - \varepsilon_{1j}^*\right) \cdot \vartheta_{1j}' + \varepsilon_{1j}^* \cdot \vartheta_{2j}' \qquad \text{(Gl. 10.62)}$$

$$\vartheta_{2j}'' = \left(1 - \varepsilon_{2j}^*\right) \cdot \vartheta_{2j}' + \varepsilon_{2j}^* \cdot \vartheta_{1j}' \qquad \text{(Gl. 10.63)}$$

Bei Kenntnis der Eintrittstemperaturen können die Austrittstemperaturen der einzelnen Zellen sofort berechnet werden, wenn der Übertragerwirkungsgrad bekannt ist. Als weitere Bedingungsgleichung ergibt sich für jedes Fluid, dass die Austrittstemperatur ϑ_j'' der Zelle j gleich der Eintrittstemperatur ϑ_k' der im Strömungsweg folgenden Zelle k ist.

Prinzipiell ist also der Lösungsweg bekannt: Ausgehend von den Eintrittstemperaturen werden die Austrittstemperaturen der Zellen bestimmt. Diese Austrittstemperaturen sind dann die Eintrittstemperaturen der im Strömungsweg folgenden Zelle.

Aus praktischen (numerischen) gründen ist es sinnvoll, die Gleichungen 10.62 und 10.63 zu normieren und dimensionslose Temperaturen einzuführen. Man definiert daher folgende Größen:

$$\Theta_1 \equiv \frac{\vartheta_1^E - \vartheta_1}{\vartheta_1^E - \vartheta_2^E} \qquad \text{(Gl. 10.64)}$$

$$\Theta_2 \equiv \frac{\vartheta_2 - \vartheta_2^E}{\vartheta_1^E - \vartheta_2^E} \qquad \text{(Gl. 10.65)}$$

Aus der Definition folgt:

$$0 \le \Theta_1 \le 1; \; 0 \le \Theta_2 \le 1$$

Aus den Gleichungen 10.64 und 10.65 folgt auch:

$$\Theta'_{1j} \equiv \frac{\vartheta_1^E - \vartheta'_{1j}}{\vartheta_1^E - \vartheta_2^E}; \quad \Theta''_{1j} \equiv \frac{\vartheta_1^E - \vartheta''_{1j}}{\vartheta_1^E - \vartheta_2^E} \qquad \text{(Gl. 10.66)}$$

$$\Theta'_{2j} \equiv \frac{\vartheta'_{2j} - \vartheta_2^E}{\vartheta_1^E - \vartheta_2^E}; \quad \Theta''_{2j} \equiv \frac{\vartheta''_{2j} - \vartheta_2^E}{\vartheta_1^E - \vartheta_2^E} \qquad \text{(Gl. 10.67)}$$

Einsetzen der Gleichungen 10.66 und 10.67 in 10.62 und 10.63 liefert:

$$\Theta''_{1j} = (1 - \varepsilon^*_{1j}) \cdot \Theta'_{1j} + \varepsilon^*_{1j} \cdot \Theta'_{2j} \qquad \text{(Gl. 10.68)}$$

$$\Theta''_{2j} = (1 - \varepsilon^*_{2j}) \cdot \Theta'_{2j} + \varepsilon^*_{1j} \cdot \Theta'_{2j} \qquad \text{(Gl. 10.69)}$$

Ergänzt werden die Gleichungen 10.68 und 10.69 durch die Kopplung zwischen Austritts- und Eintrittstemperaturen zwischen den im Strömungsweg hintereinander liegenden Zellen.

$$\Theta'_{1j} = \Theta''_{1i} \qquad \text{(Gl. 10.70)}$$

i: im Strömungsweg von Fluid 1 vor j liegend

$$\Theta'_{2j} = \Theta''_{2k} \qquad \text{(Gl. 10.71)}$$

k: im Strömungsweg von Fluid 2 vor j liegend

Mit Hilfe der Gleichungen 10.68 und 10.69 kann die Temperaturverteilung innerhalb eines Apparates bestimmt werden. Neben der prinzipiell möglichen Lösung des vollständig aufgebauten Gleichungssystems (die Gleichungen werden für alle Zellen aufgestellt und simultan gelöst) bietet sich eine iterative Lösung an.

Ausgehend von einer Anfangstemperaturverteilung (Eintrittstemperaturen) wird für jedes Fluid längs des Strömungsweges eine neue Temperatur berechnet. Diese neue Temperatur dient dann wieder als Vorgabe für den nächsten Iterationsschritt.

10.4 Kaskadenschaltungen

10.4.1 Herleitung von ε-Beziehungen

Es wird hier exemplarisch ein Wärmeaustauscher mit 4 Manteldurchgängen und einer beliebigen Anzahl von Rohrdurchgängen betrachtet. Die noch herzuleitenden Ergebnisse führen zu einer allgemeinen Beziehung, die für eine beliebige Anzahl von Manteldurchgängen anwendbar ist. Das prinzipielle Schaltbild ist im Bild 10.16 dargestellt.

Die einzelnen Abschnitte sind im Bild 10.16 mit 1...5 durchnummeriert. In jedem Durchgang kann prinzipiell jede beliebige Stromführung verwendet werden, wenn folgende Voraussetzung erfüllt ist:

$$\varepsilon_{12} = \varepsilon_{23} = \varepsilon_{34} = \varepsilon_{45} = \varepsilon^* \qquad \text{(Gl. 10.72)}$$

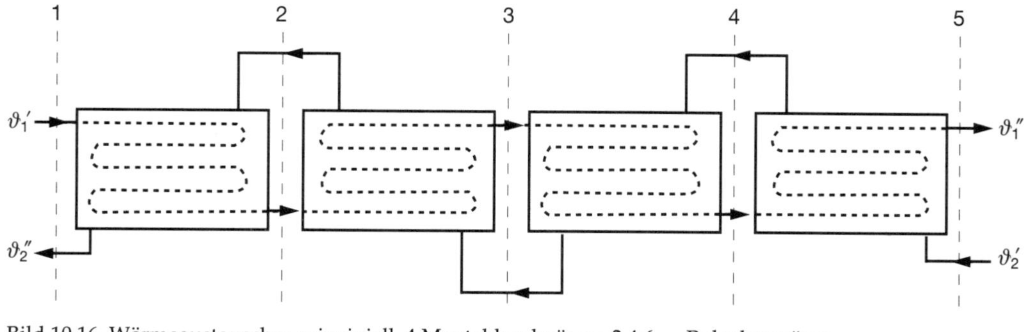

Bild 10.16 Wärmeaustauscher prinzipiell, 4 Manteldurchgänge, 2,4,6,... Rohrdurggänge

Es wird also vorausgesetzt, dass der Übertragerwirkungsgrad für jedes Teilelement gleich ist. Das zugehörige Gleichgewichtsdiagramm für diesen Apparat ist im Bild 10.17 dargestellt. Für den Gesamtwärmeaustauscher gilt, ($\dot{W}_1 = \dot{W}_{min}$):

$$\varepsilon = \frac{\dot{Q}}{\dot{Q}_{max}} = \frac{\vartheta_1' - \vartheta_1''}{\vartheta_1' - \vartheta_2'} = \frac{\Delta\vartheta_1}{\Delta\vartheta_{max}} \quad \text{(Gl. 10.73)}$$

Mit Hilfe des Bildes 10.17 sieht man, dass folgende Relation gültig ist:

$$\frac{a_5}{a_1} = \frac{\Delta\vartheta_{max} - \Delta\vartheta_1}{\Delta\vartheta_{max} - \frac{\Delta\vartheta_1}{m_0}} = \frac{1-\varepsilon}{1-\frac{\varepsilon}{m_0}} \quad \text{(Gl. 10.74)}$$

Aus Gleichung 10.74 folgt durch Umformung:

$$\varepsilon = \frac{1-\frac{a_5}{a_1}}{1-\frac{1}{m_0}\cdot\frac{a_5}{a_1}} \quad \text{(Gl. 10.75)}$$

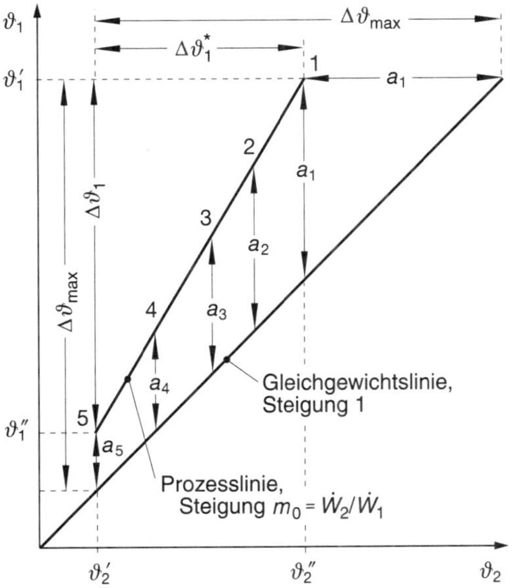

Bild 10.17
Gleichgewichtsdiagramm, $\dot{W}_1 = \dot{W}_{min}$

Es muss nun der Übertragerwirkungsgrad ε als Funktion der Übertragerwirkungsgrade ε^* der einzelnen Durchgänge angegeben werden.

Es ist offensichtlich, dass für die Einzeldurchgänge, analog zu Gleichung 10.75 die folgenden Beziehungen gelten:

$$\varepsilon_{12} = \frac{1-\frac{a_2}{a_1}}{1-\frac{1}{m_0}\cdot\frac{a_2}{a_1}} \quad \text{(Gl. 10.76)}$$

$$\varepsilon_{23} = \frac{1-\frac{a_3}{a_2}}{1-\frac{1}{m_0}\cdot\frac{a_3}{a_2}} \quad \text{(Gl. 10.77)}$$

$$\varepsilon_{34} = \frac{1-\frac{a_4}{a_3}}{1-\frac{1}{m_0}\cdot\frac{a_4}{a_3}} \quad \text{(Gl. 10.78)}$$

$$\varepsilon_{45} = \frac{1-\frac{a_5}{a_4}}{1-\frac{1}{m_0}\cdot\frac{a_5}{a_4}} \quad \text{(Gl. 10.79)}$$

Somit folgt:

$$\frac{a_2}{a_1} = \frac{a_3}{a_2} = \frac{a_4}{a_3} = \frac{a_5}{a_4} = \frac{1-\varepsilon^*}{1-\frac{\varepsilon^*}{m_0}} \quad \text{(Gl. 10.80)}$$

Damit ergibt sich:

$$\frac{a_5}{a_1} = \frac{a_5}{a_4}\cdot\frac{a_4}{a_3}\cdot\frac{a_3}{a_2}\cdot\frac{a_2}{a_1} = \left\{\frac{1-\varepsilon^*}{1-\frac{\varepsilon^*}{m_0}}\right\}^4 \quad \text{(Gl. 10.81)}$$

Einsetzen von Gleichung 10.81 in 10.75 liefert nach Umformung:

$$\varepsilon = \frac{\left\{\dfrac{1-\varepsilon^*/m_0}{1-\varepsilon^*}\right\}^4 - 1}{\left\{\dfrac{1-\varepsilon^*/m_0}{1-\varepsilon^*}\right\}^4 - \dfrac{1}{m_0}} \qquad \text{(Gl. 10.82)}$$

oder mit $\dfrac{1}{m_0} = \dfrac{\dot{W}_{min}}{\dot{W}_{max}} \equiv \dot{W}_r$, allgemein:

$$\varepsilon = \frac{\left\{\dfrac{1-\varepsilon^* \cdot \dot{W}_r}{1-\varepsilon^*}\right\}^n - 1}{\left\{\dfrac{1-\varepsilon^* \cdot \dot{W}_r}{1-\varepsilon^*}\right\}^n - \dot{W}_r} \qquad \text{(Gl. 10.83)}$$

Gleichung 10.82 kann auf *n* Durchgänge verallgemeinert werden. Die bisherige Herleitung galt auch nur für $\dot{W}_1 = \dot{W}_{min}$. Es kann aber leicht gezeigt werden, dass auch für $\dot{W}_2 = \dot{W}_{min}$ die gleiche Beziehung resultiert, wenn für m_0 die richtige Beziehung eingesetzt wird.

10.5 Instationäre Behälteraufheizung

Bei der Auslegung von Wärmeaustauschern wurden bisher immer stationäre Bertriebszustände vorausgesetzt. Es wird nun die Berechnung der instationären Aufheizung oder Abkühlung von Fluiden in Behältern untersucht (batch heat transfer processes). Bei solchen Prozessen kann die Fluidmenge im Behälter konstant sein oder auch zeitlich variieren. Das Heiz- bzw. Kühlfluid kann direkt durch im Behälter angebrachte Rohre die Wärme austauschen. oder es kann auch ein separater Wärmeaustauscher vorgeschaltet sein. Es zeigt sich, dass die bisher hergeleiteten Beziehungen zur Auslegung von Wärmeaustauschern auch einfach auf diese instationären Vorgänge übertragen lassen.

10.5.1 Konstante Temperatur des Heiz-/Kühlmediums

Hier wird vorausgesetzt, dass die Austrittstemperatur des Heiz- bzw. Kühlfluids gleich der Eintrittstemperatur ist, d.h. $\vartheta_F'' = \vartheta_F'$, (Bild 10.18). Technisch realisierbar ist dieser Vorgang z.B. durch die Verwendung von kondensierendem Dampf oder durch ein verdampfendes Fluid. Dieser Fall ist sehr einfach zu behandeln. Es ergibt sich eine Analogie zu der bereits früher behandelten Aufheizung und Abkühlung von Festkörpern.

Eine Energiebilanz ergibt für die zeitliche Temperaturänderung:

$$\varrho_B \cdot c_{pB} \cdot V_B \cdot \frac{d\vartheta_B}{dt} = c_{pB} \cdot M_B \cdot \frac{d\vartheta_B}{dt} = k \cdot A \cdot (\vartheta_F - \vartheta_B) \qquad \text{(Gl. 10.84)}$$

Nach Einführung der Definition

$$\Theta \equiv (\vartheta_F' - \vartheta_B) \qquad \text{(Gl. 10.85)}$$

lautet Gl. 10.84

$$\frac{d\Theta}{\Theta} = -\frac{k \cdot A}{c_{pB} \cdot M_B} \cdot dt \qquad \text{(Gl. 10.86)}$$

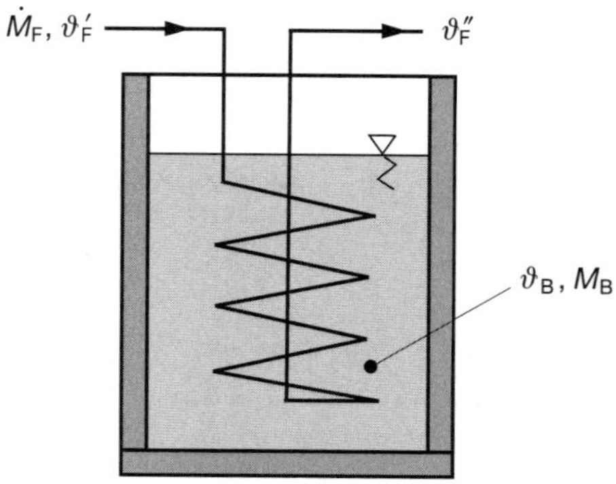

Bild 10.18 Behälteraufheizung

Gleichung 10.86 kann integriert werden, wenn der Wärmedurchgangskoeffizient k und die Stoffwerte als konstant vorausgesetzt werden können. Es folgt dann:

$$\ln\left(\frac{\Theta}{\Theta_0}\right) = -\frac{k \cdot A}{c_{pB} \cdot M_B} \cdot \Delta t \qquad \text{(Gl. 10.87)}$$

Je nach Aufgabenstellung kann aus Gleichung 10.87 entweder die gesuchte Zeit bei vorgegebenen Temperaturen oder die Endtemperatur bei vorgegebener Zeit berechnet werden.

Falls die Stoffwerte oder der Wärmedurchgangskoeffizient nicht als konstant vorausgesetzt werden können, sind folgende Möglichkeiten denkbar:

- Aufteilung des Zeitintervalls in mehrere Schritte, dann Lösung wie zuvor
- alternativ: direkte Anwendung von Gleichung 10.86 und Ersetzen der Differentiale durch Differenzen.

10.5.2 Veränderliche Temperatur des Heiz-/Kühlmediums

Bei diesem allgemeineren Fall kann sich die Temperatur des Heiz-/Kühlfluids ändern. Die Temperatur innerhalb des Behälters ist zeitlich variabel, zu einem Zeitpunkt aber stets einheitlich. Der Vorgang ist im Bild 10.18 schematisch dargestellt. Die Energiebilanz lautet:

$$d\dot{Q} = c_{pB} \cdot M_B \cdot \frac{d\vartheta_B}{dt} = \dot{M}_F \cdot c_{pB} \left(\vartheta_F' - \vartheta_F''\right) \qquad \text{(Gl. 10.88)}$$

Die von dem Fluid im Behälter aufgenommene Wärme wird vom dem Fluid in den Heizrohren abgegeben. Es handelt sich hier also um die gleiche Aufgabenstellung wie bei der «normalen» Berechnung von Wärmeaustauschern, wenn man folgende Voraussetzungen macht:

- quasistationärer Ablauf der Wärmeübertragung von der Heiz-/Kühlschlange an das Fluid im Behälter,
- Vernachlässigung der instationären Wärmeleitung in den Heizflächen (Rohren).

Es bleibt noch das Problem, wie die einheitliche Temperatur des Fluids im Behälter zu berücksichtigen ist. Bei den Berechnungen von Wärmeaustauschern waren 2 Sonderfälle behandelt worden, bei denen die Temperatur auf einer Fluidseite ebenfalls konstant blieb: Kondensator bzw. Verdampfer. Mathematisch wurde dies in den Berechnungsgleichungen durch die Bedingung

$$\dot{W}_r \equiv \frac{\dot{W}_{min}}{\dot{W}_{max}} = 0 \qquad \text{(Gl. 10.89)}$$

erfasst. Unter den genannten Voraussetzungen können die Grundgleichungen aufgestellt werden. Aus den Gleichungen für Gleich- oder Gegenstromwärmetauscher folgt mit Gl. 10.89:

$$\varepsilon = \frac{\dot{Q}}{\dot{Q}_{max}} = 1 - \exp(-NTU) \qquad \text{(Gl. 10.90)}$$

$$NTU = \frac{k \cdot A}{\dot{W}_{min}} = \frac{k \cdot A}{\dot{M}_F \cdot c_{pF}} \qquad \text{(Gl. 10.91)}$$

Für den Wärmestrom $\dot{Q}_{max}$ ergibt sich (auf die richtigen Vorzeichen muss man bei der Energiebilanzgleichung achten):

$$\dot{Q}_{max} = \dot{M}_F \cdot c_{pF} \cdot (\vartheta_F' - \vartheta_B) \qquad \text{(Gl. 10.92)}$$

Somit lautet die Energiebilanz:

$$\begin{aligned} c_{pB} \cdot M_B \cdot \frac{d\vartheta_B}{dt} &= d\dot{Q} = \varepsilon \cdot d\dot{Q}_{max} \\ &= \varepsilon \cdot \dot{M}_F \cdot c_{pF} \cdot \left(\vartheta_F' - \vartheta_B\right) \end{aligned} \qquad \text{(Gl. 10.93)}$$

Mit der Definition

$$\Theta \equiv (\vartheta_F' - \vartheta_B) \quad \text{(Gl. 10.94)}$$

lautet Gleichung 10.93

$$\frac{d\Theta}{dt} = -\frac{\dot{M}_F \cdot c_{pF}}{c_{pB} \cdot M_B} \cdot \Theta \cdot (1 - \exp(-NTU)) \quad \text{(Gl. 10.95)}$$

bzw.

$$\frac{d\Theta}{\Theta} = -\frac{\dot{M}_F \cdot c_{pF}}{c_{pB} \cdot M_B} \cdot (1 - \exp(-NTU)) \cdot dt \quad \text{(Gl. 10.96)}$$

Gleichung 10.96 kann numerisch oder analytisch integriert werden. Eine analytische Integration ist möglich, wenn die Stoffwerte, der Wärmedurchgangskoeffizient und die Massen bzw. Massenströme konstant bleiben oder zumindest für das Integrationsintervall durch geeignete Mittelwerte ersetzt werden können. Dann folgt aus Gl. 10.96

$$\ln\left(\frac{\Theta}{\Theta_0}\right) = -\frac{\dot{M}_F \cdot c_{pF}}{c_{pB} \cdot M_B} \cdot (1 - \exp(-NTU)) \cdot t \quad \text{(Gl. 10.97)}$$

Aus Gleichung 10.97 kann je nach Aufgabenstellung die gesuchte Fluidtemperatur im Behälter bei gegebener Zeit oder die gesuchte Zeit bei gegebener Behältertemperatur berechnet werden.

10.5.3 Anordnung mit separatem Wärmeübertrager

Als nächste Anordnung wird die Aufheizung bzw. Abkühlung eines Behälterfluids mit einem separat angeordneten Wärmetauscher untersucht. Die prinzipielle Anordnung ist im Bild 10.19 schematisch dargestellt.

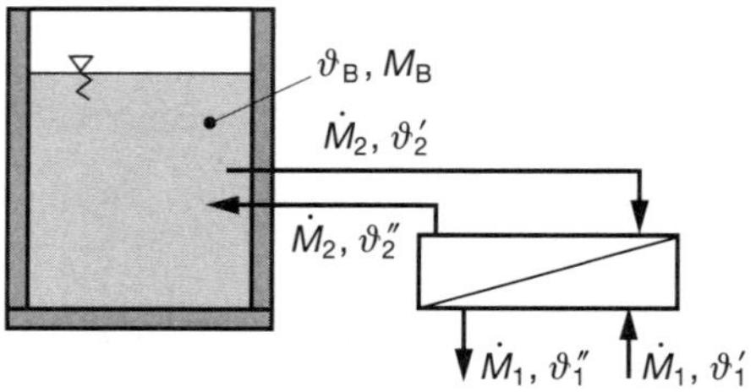

Bild 10.19
Behälterbeheizung mit seperatem Wärmeübertrager

Im Behälter befindet sich das Fluid mit der Masse M_B und der (zeitlich veränderlichen) momentanen Temperatur ϑ_B. Dem Behälter wird kontinuierlich ein Massenstrom $\dot{M}_2$ mit der Temperatur $\vartheta_2' = \vartheta_B$ entnommen. (Hinweis: die Bezeichnungen im Bild 10.19 entsprechen der bereits früher eingeführten Konvention, d.h., der kalte Fluidstrom erhält den Index 2, d.h., Bild 10.19 gilt für einen Aufheizvorgang). Das Fluid durchströmt einen außerhalb angebrachten Wärmetauscher, wird auf die Temperatur ϑ_2'' aufgeheizt und wieder dem Behälter zugeführt. Die folgenden Herleitungen gelten für folgende Voraussetzungen:

- der Vorgang verläuft quasistationär,
- instationäre Aufheizvorgänge innerhalb des Wärmeaustauschers werden vernachlässigt; (Die instationäre Aufheizung des Wärmeaustauschers kann prinzipiell ebenfalls, zumindest näherungsweise, berücksichtigt werden, wenn die Masse des Apparates sowie die spez. Wärmekapazität bekannt ist).
- Wärmeverluste durch Konvektion am Behälter und den Rohrleitungen werden vernachlässigt; (Die Berücksichtigung von Wärmeverlusten kann einfach durch Hinzunahme eines entsprechenden Terms in der Energiebilanzgleichung erfolgen).

Die Energiebilanz für den Behälter lautet dann:

$$M_B \cdot c_{pB} \cdot \frac{d\vartheta_B}{dt} = -\dot{M}_2 \cdot c_{p2} \cdot \vartheta_2' + \dot{M}_2 \cdot c_{p2} \cdot \vartheta_2'' = \dot{M}_2 \cdot c_{p2} \cdot (\vartheta_2'' - \vartheta_2') \quad \text{(Gl. 10.98)}$$

Zu beachten ist, dass die Eintrittstemperatur für den Wärmetauscher gleich der momentanen Fluidtemperatur des Behälters ist, d. h.

$$\vartheta_2' = \vartheta_B \qquad \text{(Gl. 10.99)}$$

Unter Zuhilfenahme der bereits bekannten Beziehungen für den Übertragerwirkungsgrad folgt dann:

$$\begin{aligned}\dot{Q} &= \varepsilon \cdot \dot{Q}_{max} = \varepsilon \cdot \dot{W}_{min}\,(\vartheta_1' - \vartheta_2') \\ &= \dot{W}_{min}\,(\vartheta_F' - \vartheta_B)\end{aligned} \qquad \text{(Gl. 10.100)}$$

Außerdem gilt:

$$\dot{Q} = \dot{M}_2 \cdot c_{p2} \cdot (\vartheta_2'' - \vartheta_2') \qquad \text{(Gl. 10.101)}$$

Einsetzen von Gleichung 10.100 bzw. 10.101 in Gleichung 10.98 ergibt:

$$\begin{aligned}M_B \cdot c_{pB} \cdot \frac{d\vartheta_B}{dt} &= \varepsilon \cdot \dot{W}_{min} \cdot \left(\vartheta_1' - \vartheta_2'\right) \\ &= \varepsilon \cdot \dot{W}_{min} \cdot \left(\vartheta_1' - \vartheta_B\right)\end{aligned} \qquad \text{(Gl. 10.102)}$$

Mit der Definition

$$\Theta \equiv \vartheta_1' - \vartheta_B \qquad \text{(Gl. 10.103)}$$

ergibt sich:

$$\frac{d\Theta}{dt} = -\frac{\varepsilon \cdot \dot{W}_{min}}{M_B \cdot c_{pB}} \cdot \Theta \qquad \text{(Gl. 10.104)}$$

Bei konstanten Stoffwerten und Massenströmen kann Gleichung 10.104 sofort integriert werden:

$$\ln\left(\frac{\Theta}{\Theta_0}\right) = -\frac{\varepsilon \cdot \dot{W}_{min}}{M_B \cdot c_{pB}} \cdot t \qquad \text{(Gl. 10.105)}$$

Eine weitere Auswertung von Gleichung 10.105 setzt die Spezifikation eines Wärmeaustauschers voraus, da der Übertragerwirkungsgrad eine Funktion von *NTU* und der Bauart ist. Prinzipiell kann aber ein beliebiger Apparat verwendet werden.

Die hier durchgeführte Herleitung galt für die Aufheizung des Behälterfluids. Der andere Fall, d.h., die Abkühlung des Fluids mit Hilfe eines separat angebrachten Wärmeübertragers, wird analog durchgeführt.

In Bild 10.20 ist eine Zusammenfassung der Gleichungen für das Aufheizen und Abkühlen von Behältern dargestellt.

10.6 Doppelrohrapparat als Einbauwärmeübertrager

Die dimensionslose Temperaturänderung *P* eines Heiz- oder Kühlmediums mit dem Wärmekapazitätsstrom $\dot{W}$, das einen Doppelrohrapparat mit geschlossenem Rohrende durchströmt «Heizkerze», Bild 10.21 kann nach folgender Gleichung berechnet werden [10.3]:

$$P = 2 \cdot \frac{1 - e^{-\mu NTU}}{1 + \mu + (\mu - 1) \cdot e^{-\mu NTU}} \qquad \text{(Gl. 10.106)}$$

mit:

$$P = \frac{\vartheta' - \vartheta''}{\vartheta' - \vartheta_S} \qquad NTU = \frac{(k \cdot A)_a}{\dot{W}}$$

$$\mu = \sqrt{1 + 4 \cdot \frac{(k \cdot A)_i}{(k \cdot A)_a}} \qquad \text{(Gl. 10.107)}$$

Dabei ist vorausgesetzt, dass die Temperatur ϑ_S des zu heizenden oder zu kühlenden Mediums konstant ist (vollständige Durchmischung oder Phasenänderung). $(k \cdot A)_a$ ist das Produkt aus Wärmedurchgangskoeffizient und Fläche am Außenrohr, $(k \cdot A)_i$ das entsprechende Produkt für das Innenrohr. Gleichung 10.106 gilt unabhängig davon, ob das Heiz- oder Kühlmedium am Innen- oder Außenrohr eintritt.

1. Energiezufuhr konstant

$$\vartheta_B = \vartheta_B' + \frac{\dot{Q}}{M_B \cdot c_B} \cdot t$$

$\dot{Q}$ z.B. elektrische Beheizung

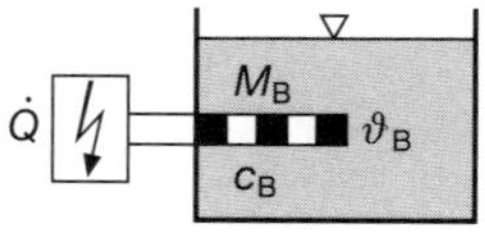

2. Heiztemperatur konstant

$$\frac{k \cdot A}{M_B \cdot c_B} \cdot t = \ln\left(\frac{\vartheta_F - \vartheta_B'}{\vartheta_F - \vartheta_B''}\right)$$

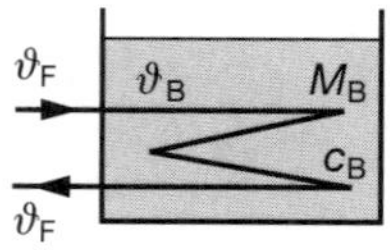

3. Heiztemperatur-Austritt veränderlich

$$-\frac{k \cdot A}{\dot{M}_F \cdot c_F} = \ln\left(1 - \frac{M_B \cdot c_B}{\dot{M}_F \cdot c_F \cdot t} \cdot \ln\left(\frac{\vartheta_B' - \vartheta_F'}{\vartheta_B'' - \vartheta_F'}\right)\right)$$

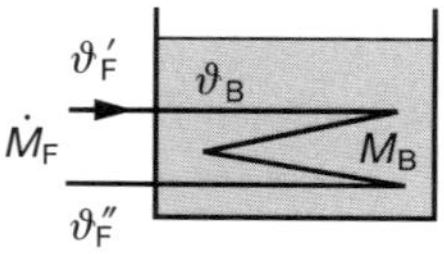

4. Kühlung bei Wärmeeinbringung durch Rührwerk oder Reaktion (sonst wie 3.)

$$b = \dot{M}_F \cdot c_F \cdot \left(1 - \exp\left(-\frac{k \cdot A}{\dot{M}_F \cdot c_F}\right)\right)$$

$$-\frac{k \cdot A}{\dot{M}_F \cdot c_F} = \ln\left(1 - \frac{M_B \cdot c_B}{\dot{M}_F \cdot c_F \cdot t} \cdot \ln\left(\frac{b \cdot \left(\vartheta_B' - \vartheta_F\right) - \dot{Q}_0}{b \cdot \left(\vartheta_B'' - \vartheta_F\right) - \dot{Q}_0}\right)\right)$$

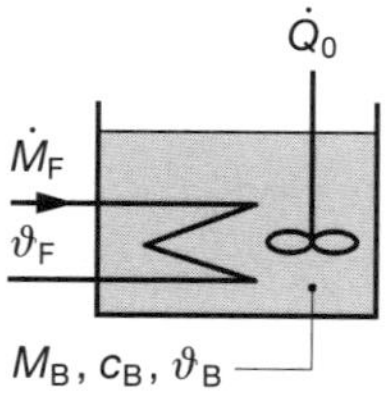

Bild 10.20 Aufheizen und Abkühlen von Behältern

Anmerkungen:

- Die Behälterfluidtemperatur sei gleichmäßig vermischt,
- Wärmeverluste werden vernachlässigt,
- *k*-Wert, *c*-Werte und Eintrittstemperatur der Beheizung sei konstant.

5. Heizung eines Behälters mit externem Wärmeaustauscher
(sonst wie 3.)

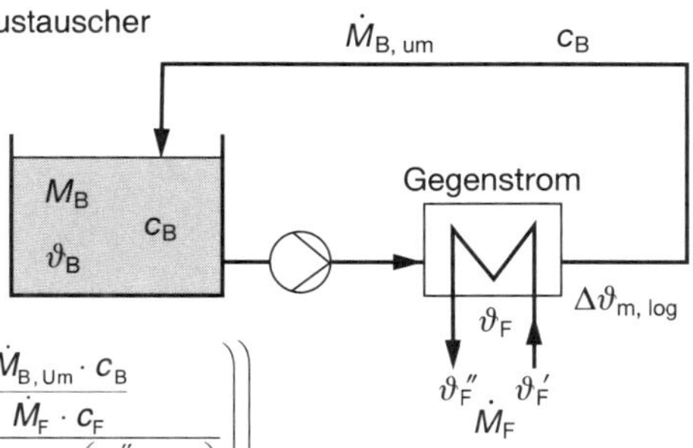

$$-k \cdot A = \frac{\dot M_{B,Um} \cdot c_B}{1-\frac{\dot M_{B,Um} \cdot c_B}{\dot M_F \cdot c_F}} \cdot \ln\left(\frac{\dot M_F \cdot c_F}{\dot M_{B,Um} \cdot c_B} \cdot \left(1-\frac{1-\frac{\dot M_{B,Um} \cdot c_B}{\dot M_F \cdot c_F}}{1+\frac{M_B \cdot c_B}{\dot M_F \cdot c_F \cdot t} \cdot \ln\left(\frac{\vartheta_B'' - \vartheta_F}{\vartheta_B' - \vartheta_F}\right)}\right)\right)$$

Grenzwerte:

a) Dampfbeheizung ($\dot M_F \cdot c_F \to \infty$)

$$-\frac{k \cdot A}{\dot M_{B,Um} \cdot c_B} = \ln\left(1-\frac{M_B \cdot c_B}{\dot M_{B,Um} \cdot c_B \cdot t} \cdot \ln\left(\frac{\vartheta_F - \vartheta_B'}{\vartheta_F - \vartheta_B''}\right)\right)$$

b) $\dot M_{B,\,Um} \cdot c_B = \dot M_F \cdot c_F$

$$-\frac{k \cdot A}{\dot M_{B,Um} \cdot c_B} = \frac{\frac{M_B \cdot c_B}{\dot M_{B,Um} \cdot c_B \cdot t} \cdot \ln\left(\frac{\vartheta_B'' - \vartheta_F}{\vartheta_B' - \vartheta_F}\right)}{1+\frac{M_B \cdot c_B}{\dot M_{B,Um} \cdot c_F \cdot t} \cdot \ln\left(\frac{\vartheta_B'' - \vartheta_F}{\vartheta_B' - \vartheta_F}\right)}$$

- Verweilzeit im externen Kreis vernachlässigt
- Gegenstrom-Wärmeaustauscher
- $\Delta\vartheta_m$ = *LMTD* anwendbar

5.1 Es wird in den Behälter eine konstante Leistung eingebracht
(sonst wie 4. und 5.)

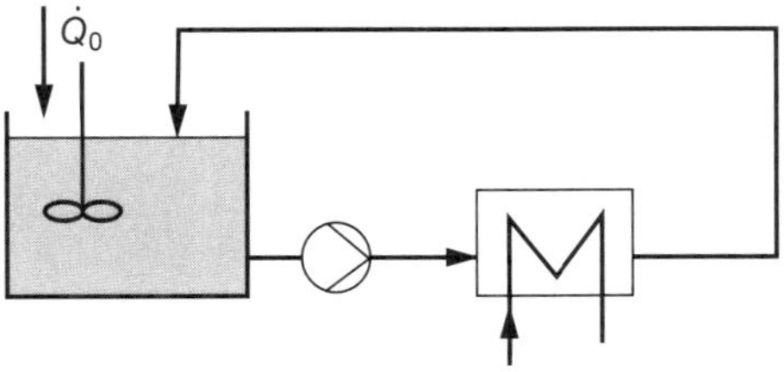

$$B \cdot t = \ln\left(\frac{B \cdot \left(\vartheta_B' - \vartheta_F\right) - \frac{\dot Q_0}{M_B \cdot c_B}}{B \cdot \left(\vartheta_B'' - \vartheta_F\right) - \frac{\dot Q_0}{M_B \cdot c_B}}\right)$$

mit:

$$B = \frac{\dot M_F \cdot c_F}{M_B \cdot c_B} \cdot \left(1-\frac{1-\frac{\dot M_{B,Um} \cdot c_F}{\dot M_F \cdot c_F}}{1-\frac{\dot M_{B,Um} \cdot c_B}{\dot M_F \cdot c_F} \cdot \exp\left(-\frac{k \cdot A}{\dot M_F \cdot c_F}\right) \cdot \left(1-\frac{\dot M_{B,Um} \cdot c_B}{\dot M_F \cdot c_F}\right)}\right)$$

Bild 10.20 (Fortsetzung)

6. Behälter mit einem externen Wärmeaustauscher und konstanter Heiztemperatur (Dampfkondensation) mit Zugabe eines Massenstromes $\dot{M}_{Zu}$

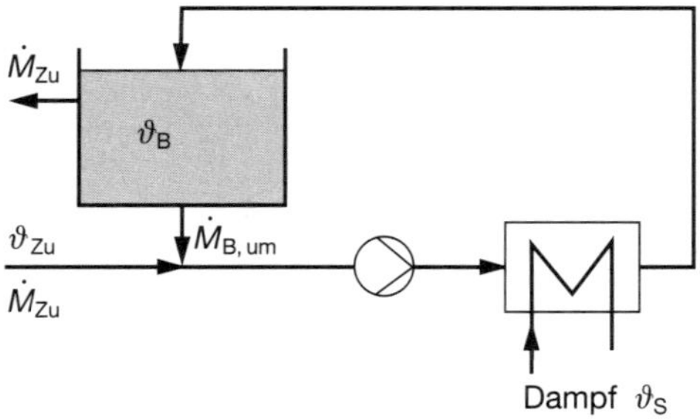

$$-\frac{k\cdot A}{\dot{M}_{B,Um}\cdot c_B+\dot{M}_{Zu}\cdot c_{Zu}}=\ln\left(1-\frac{M_B\cdot c_B}{\dot{M}_{B,Um}\cdot c_B\cdot t}\cdot\ln\left(\frac{\vartheta_S-\vartheta_{Zu}+\frac{\dot{M}_{B,Um}\cdot c_B}{\dot{M}_{Zu}\cdot c_{Zu}}\cdot\left(\vartheta_S-\vartheta_B'\right)}{\vartheta_S-\vartheta_{Zu}+\frac{\dot{M}_{B,Um}\cdot c_B}{\dot{M}_{Zu}\cdot c_{Zu}}\cdot\left(\vartheta_S-\vartheta_B''\right)}\right)\right)$$

7. Behälter mit konstanter Beheizungseiztemperatur und einem konstanten Durchfluss durch den Behälter

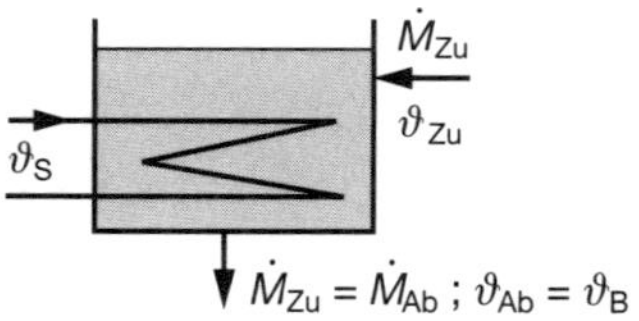

$$t\cdot\frac{k\cdot A+\dot{M}_{zu}\cdot c_{Zu}}{M_B\cdot c_B}=\ln\left(\frac{k\cdot A\cdot\left(\vartheta_S-\vartheta_B'\right)-\dot{M}_{zu}\cdot c_{Zu}\cdot\left(\vartheta_B'-\vartheta_{Zu}\right)}{k\cdot A\cdot\left(\vartheta_S-\vartheta_B''\right)-\dot{M}_{zu}\cdot c_{Zu}\cdot\left(\vartheta_B''-\vartheta_{Zu}\right)}\right)$$

Bild 10.20 (Fortsetzung)

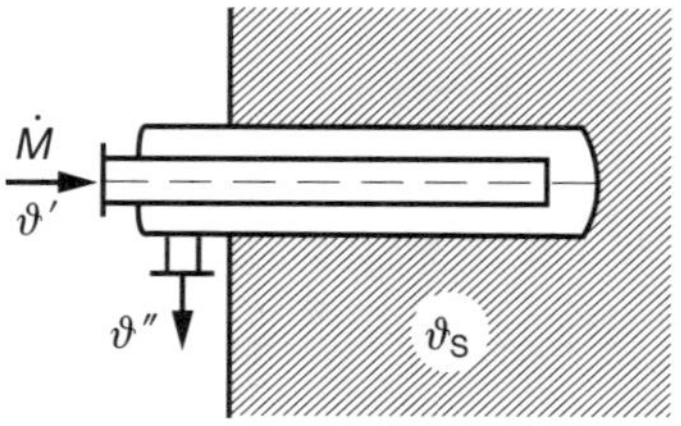

Bild 10.21 Doppelrohrapparat zur Heizung oder Kühlung eines Mediums mit konstanter Temperatur

10.7 Phasenänderung mit Überhitzung und Unterkühlung

Als gekoppeltes System von Einzelapparaten betrachtet man üblicherweise Wärmeaustauscher, in denen überhitzter Dampf abgekühlt, vollständig kondensiert und das Kondensat unterkühlt wird. Das gleiche gilt für den umgekehrten Fall der Verdampfung. Die 3 Vorgänge werden wie in getrennten Apparaten berechnet, und die Einzelflächen werden zur Gesamtfläche addiert (Bild 10.22).

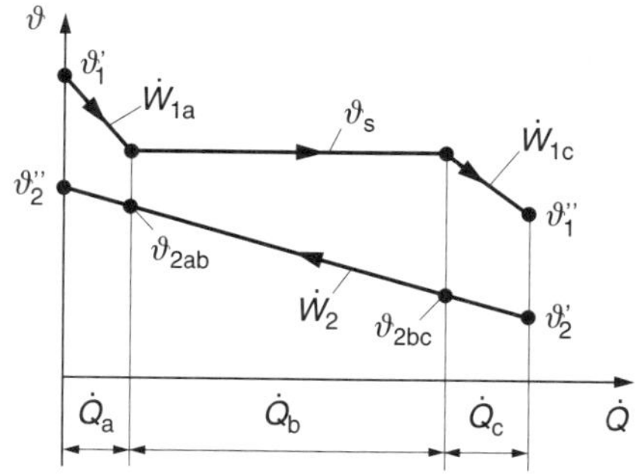

Bild 10.22 Temperaturen in Abhängigkeit vom übertragenen Wärmestrom beim Gegenstromkondensator mit Dampfüberhitzung und Kondesatunterkühlung

Aufgabe 10.1
Es ist die Wärmeaustauschfläche eines Gegenstrom-Wärmeaustauschers zu bestimmen. Das zu kühlende Medium ist Methanol und wird mittels Kühlwasser gekühlt (s. Bild 10.23) zu dieser Aufgabe.

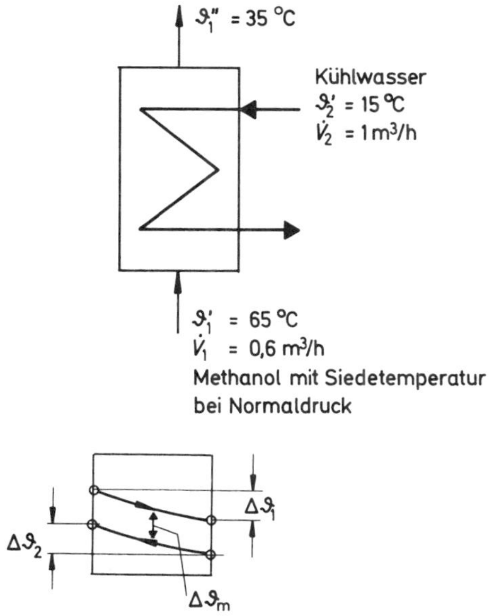

Bild 10.23 zu Aufgabe 10.1

Der Wärmedurchgangskoeffizient, bezogen auf den Außendurchmesser der Rohre, betrage $k_a = 300\ \mathrm{W/(m^2 \cdot K)}$.

Lösung:

Wärmestrom:

$$\dot{Q} = \dot{M}_1 \cdot c_1 \cdot \Delta\vartheta_1 = \dot{V}_1 \cdot \varrho_1 \cdot c_1 \cdot \Delta\vartheta_1$$

$$\dot{V}_1 = \frac{0{,}6}{3600} = 1{,}667 \cdot 10^{-4}\ \mathrm{m^3/s}$$

Stoffdaten von Methanol bei der Mitteltemperatur (gegebenenfalls Iteration erforderlich):

$$\vartheta_{m,1} = \frac{\vartheta_1' + \vartheta_1''}{2}$$

$\vartheta_{m,1} = 50\ °\mathrm{C}$
$\varrho_1 = 765\ \mathrm{kg/m^3}$
$c_1 = 2680\ \mathrm{J/(kg \cdot K)}$
$\dot{Q} = 1{,}667 \cdot 10^{-4} \cdot 765 \cdot 2680 \cdot (65 - 35)$
$\mathbf{\dot{Q} = 10\,253\ W}$

Austrittstemperatur des Kühlwassers

$$\Delta\vartheta_2 = \frac{\dot{Q}}{\dot{M}_2 \cdot c_2} = \frac{\dot{Q}}{\dot{V}_2 \cdot \varrho_2 \cdot c_2}$$

$$\dot{V}_2 = \frac{1}{3600} = 2{,}778 \cdot 10^{-4}\ \mathrm{m^3/s}$$

Stoffdaten von Kühlwasser bei der Mitteltemperatur:

$$\vartheta_{m,2} = \frac{\vartheta_2' + \vartheta_2''}{2} \approx 25\,°C$$

$$\varrho_2 = 998\ kg/m^3$$

$$c_2 = 4180\ J/(kg \cdot K)$$

$$\Delta\vartheta_2 = \frac{10\,253}{2{,}778 \cdot 10^{-4} \cdot 998 \cdot 4180}$$

$$\Delta\vartheta_2 \approx \mathbf{9\ K}$$

$$\vartheta_2'' = \vartheta_2' + \Delta\vartheta_2 = 15 + 9$$

$$\vartheta_2'' = 24\,°C$$

Mittlere Temperaturdifferenz

$$\Delta\vartheta_m = \frac{\Delta\vartheta_{gr} - \Delta\vartheta_{kl}}{\ln \frac{\Delta\vartheta_{gr}}{\Delta\vartheta_{kl}}}$$

$$\Delta\vartheta_{gr} = \vartheta_1' - \vartheta_2'' = 65 - 24 = 41\ K$$

$$\Delta\vartheta_{kl} = \vartheta_1'' - \vartheta_2' = 35 - 15 = 20\ K$$

$$\Delta\vartheta_m = \frac{41 - 20}{\ln \frac{41}{20}} = \frac{21}{0{,}72}$$

$$\Delta\vartheta_m = \mathbf{29\ K}$$

Wärmeaustauschfläche

$$A_a = \frac{\dot{Q}}{k_a \cdot \Delta\vartheta_m}$$

$$A_a = \frac{10\,253}{300 \cdot 29}$$

$$A_a = 1{,}18\ m^2$$

Aufgabe 10.2

Es sollen $\dot{V}_1 = 10\,300\ m^3/h$ Luft von 30 °C abgekühlt werden. Vorhanden ist ein Gegenstromwärmeaustauscher, der mit Wasser (5000 kg/h) von 5 °C beaufschlagt wird (s. Bild 10.24 zu dieser Aufgabe). Wie groß sind die Medium-Austrittstemperaturen ?

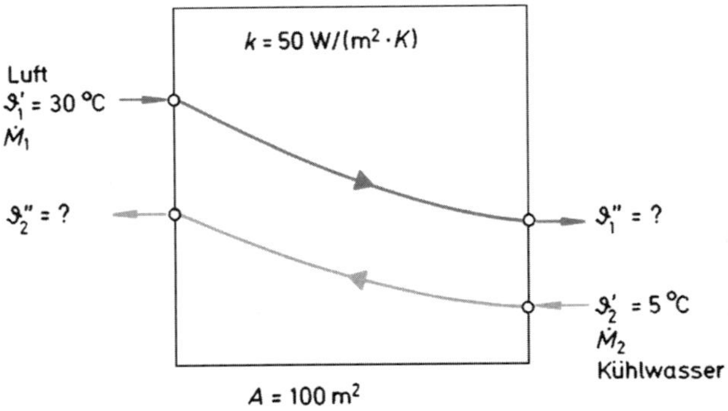

Bild 10.25

Lösung:
Massenströme

$$\dot{M}_1 = \frac{\dot{V}_1 \cdot \varrho_1}{3600} = \frac{10\,300 \cdot 1{,}17}{3600} = 3{,}35\ kg/s$$

$$\dot{M}_2 = \frac{5000}{3600} = 1{,}389\ kg/s$$

Wärmekapazitätsströme

$$\dot{W}_1 = \dot{M}_1 \cdot c_1 = 3{,}35 \cdot 1000 = 3350\ W/K$$

$$\dot{W}_2 = \dot{M}_2 \cdot c_2 = 1{,}389 \cdot 4180 = 5806\ W/K$$

$$\frac{\dot{W}_1}{\dot{W}_2} = \frac{3350}{5806} = 0{,}58$$

Übertragungseinheiten:

$$NTU = \frac{k \cdot A}{\dot{W}_1} = \frac{50 \cdot 100}{3350} = 1{,}5$$

Aus Bild 10.5 erhält man:

$$\varepsilon = 0{,}68$$

Damit ergibt sich die Luftaustrittstemperatur zu Gl. 10.14:

$$\frac{\vartheta_1' - \vartheta_1''}{\vartheta_1' - \vartheta_2'} = \varepsilon$$

$$\frac{30 - \vartheta_1''}{30 - 5} = 0{,}68$$

$$\vartheta_1'' = 30 - 0{,}68 \cdot (30 - 5)$$

$\vartheta_1'' = 13\ °C$

und die Wasseraustrittstemperatur beträgt (Gl. 10.6):

$$\dot{W}_1 \cdot \left(\vartheta_1' - \vartheta_1''\right) = \dot{W}_2 \cdot \left(\vartheta_2'' - \vartheta_2'\right)$$

$$\vartheta_2'' - \vartheta_2' = \frac{\dot{W}_1}{\dot{W}_2} \cdot \left(\vartheta_1' - \vartheta_1''\right)$$

$$\vartheta_2'' = 0{,}58 \cdot \left(30 - 12{,}3\right) + 5$$

$\vartheta_1'' = 15\ °C$

Aufgabe 10.3
Rohrbündel-Wärmeaustauscher ohne Phasenänderung

Zunächst soll ein Wärmeaustauscher für eine Fernwärmeübergabestation berechnet werden. Bei der hier durchgeführten Beispielrechnung wird auf eine Berechnung unter Berücksichtigung von Umlenkblechen im Mantelraum verzichtet.

Es sind folgende Daten vorgegeben:

	Rohrseite	Mantelseite
ϑ, Eintritt, °C	130	60
ϑ, Austritt, °C	80	90
Massenstrom	20 000 kg/h	

Im Bild 10.25 ist die Temperaturverteilung schematisch dargestellt. Zusätzlich sind auch die Bezeichnungen gemäß Vereinbarung (warmer Stoffstrom Index 1, Eintritt: ′, Austritt ″) angegeben.

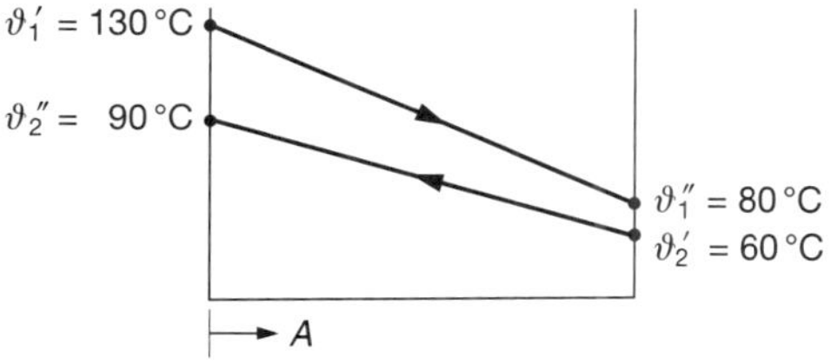

Bild 10.25 Schema zum Beispiel 10.3

	Rohrseite	Mantelseite
Fluid	Wasser	Wasser
Temperatur, °C	105	75
Dichte ϱ, kg/m^3	954,94	975,08
kin. Viskosität ν, m^2/s	0,2804e-6	0,3875e-6
Wärmeleitf. λ, W/(m K)	680,81e-3	666,05e-3
Spez. Wärmekapazität c_p, kJ/(kg · K)	4,222	4,190
Prandtl-Zahl Pr	1,660	2,374

Leistung:

$$\dot{Q} = \dot{M}_1 \cdot c_{p1} \cdot (\vartheta_1' - \vartheta_1'') = 1172{,}78\ \text{kW}$$

Massen auf der Mantelseite:

$$\dot{M}_2 = \frac{\dot{Q}}{c_{p2} \cdot \left(\vartheta_2'' - \vartheta_2'\right)} = 9{,}33\ \text{kg/s}$$
$$= 3{,}3588 \cdot 10^4\ \text{kg/h}$$

Mittl. log Temperaturdifferenz:

$$\Delta\vartheta_m = \frac{(130-90)-(80-60)}{\ln\left\{\frac{(130-90)}{(80-60)}\right\}}\ °C = 28{,}5\ \text{K}$$

Damit:

$$k \cdot A = \frac{\dot{Q}}{\Delta\vartheta_m} = \frac{1172{,}78 \cdot 10^3\ \text{W}}{28{,}85\ \text{K}} = 40{,}65 \cdot 10^3\ \text{W/K}$$

Alternative Berechnung mit ε-*NTU*-Methode:

$$\dot{W}_1 = \dot{M}_1 \cdot c_{p1} = \frac{20000\ \text{kg} \cdot 4{,}222 \cdot 10^3 \cdot \text{J}}{3600\ \text{s} \cdot \text{kg} \cdot \text{K}}$$
$$= 2{,}34555 \cdot 10^4\ \text{W/K}$$

$$\dot{W}_2 = \dot{M}_2 \cdot c_{p2} = \frac{9{,}33\ \text{kg} \cdot 4{,}190 \cdot 10^3 \cdot \text{J}}{\text{s} \cdot \text{kg} \cdot \text{K}}$$
$$= 3{,}90927 \cdot 10^4\ \text{W/K}$$

Somit ist $\dot{W}_1 = \dot{W}_{min}$

Für das Verhältnis $\dot{W}_r$ folgt:

$$\dot{W}_r = \frac{\dot{W}_{min}}{\dot{W}_{max}} = \frac{\dot{W}_1}{\dot{W}_2} = \frac{2,34667}{3,91107} = 0,600$$

Die Größe ε kann mit Hilfe der Temperaturen oder mit Hilfe des maximalen und des aktuellen Wärmestroms berechnet werden.

$$\begin{aligned}\dot{Q}_{max} &= \dot{W}_{min} \cdot (\vartheta_1' - \vartheta_2') \\ &= 2,34555 \cdot 10^4 \text{ W/K} (130 - 60)\text{K} \\ &= 1,64188 \cdot 10^6 \text{ W} \approx 1641,90 \text{ kW}\end{aligned}$$

Dieser Wärmestrom $\dot{Q}_{min}$ kann in einem Wärmeaustauscher bei den gegebenen Temperaturen maximal übertragen werden.

$$\varepsilon = \frac{\dot{Q}}{\dot{Q}_{max}} = \frac{1172,8}{1641,90} = 0,71429$$

oder:

$$\varepsilon = \frac{\dot{W}_1(\vartheta_1' - \vartheta_1'')}{\dot{W}_{min}(\vartheta_1' - \vartheta_2')} = \frac{(\vartheta_1' - \vartheta_1'')}{(\vartheta_1' - \vartheta_2')} = \frac{130 - 80}{130 - 60}$$
$$= 0,71429$$

Gl. 10.22 lautete:

$$NTU = \frac{1}{1 - \dot{W}_r} \ln\left(\frac{1 - \varepsilon}{1 - \varepsilon \cdot \dot{W}_r}\right)$$
$$= -\frac{1}{1 - 0,6} \ln\left(\frac{1 - 0,71429}{1 - 0,71429 \cdot 0,6}\right) = 1,73289$$

Somit folgt ebenfalls:

$$k \cdot A = NTU \cdot \dot{W}_{min} = 40,651 \cdot 10^3 \text{ W/K}$$

> **Hinweis:** Bei Temperaturdifferenzen ist es gleich, ob diese in K oder in °C angegeben werden.

Jetzt muss die Heizfläche des Wärmeaustauschers bestimmt werden:

Geometrien der Rohre:
Rohre aus St, λ_r = 35 W /(mK)
Abmessungen:
12 × 1 mm, Teilung: Dreiecksteilung 16 mm

Es wird zunächst ein Bündel mit den Abmessungen 168,3 × 4,5 mm gewählt.
Gesamtzahl der Rohre: 61
(z. B . Programm B.WTS)

Somit ergeben sich folgende Geometrien:

	Rohrseite	Mantelseite
Freier Strömungsquerschnitt, m^2:	4,7909e-3	1,3032e-2
Heizfläche pro m, m^2/m	2,2996	
Hydr. Durchmesser, m	10e-3	18,61e-3

> **Hinweis:** Der hydraulische oder gleichwertige Durchmesser auf der Mantelseite wurde mit Hilfe der Beziehung:

$$d_h = \frac{4 \cdot A_q}{U} = \frac{4 \cdot \frac{\pi}{4}(D^2 - n \cdot d^2)}{\pi(D + n \cdot d)} = \frac{D^2 - n \cdot d^2}{D + n \cdot d}$$

berechnet.

Mit den gegebenen Querschnitten können die Geschwindigkeiten und die Wärmeübergangskoeffizienten berechnet werden.

Wärmeübergangskoeffizient:

$$Nu = \frac{\zeta/8 \cdot Re_d \cdot Pr}{1 + 12,7 \cdot \sqrt{\zeta/8}\left(Pr^{2/3} - 1\right)} \cdot \left(1 + \left(\frac{d}{L}\right)^{2/3}\right)$$

mit:

$$\zeta = \frac{1}{[1,8 \cdot \log Re_d - 1,5]^2}$$

Es entstehen folgende Ergebnisse:

	Rohrseite	Mantelseite
Geschwindigkeit m/s	1,21	0,73
Reynolds-Zahl	43 307	35 279
Nusselt-Zahl	151,7	151,73
Wärmeübergangskoeff. α, $W/(m^2 \cdot K)$	10 331	5 502

Jetzt kann der Wärmedurchgangskoeffizient berechnet werden. Bei Nichtberücksichtigung von Verschmutzung folgt:

$$\frac{1}{k} = \frac{A_2}{A_1 \cdot \alpha_1} + \frac{s_w \cdot A_2}{\lambda_w \cdot A_m} + \frac{1}{\alpha_2}$$

$$= \frac{d_2}{d_1 \cdot \alpha_1} + \frac{d_2 \cdot \ln\left(\frac{d_2}{d_1}\right)}{2 \cdot \lambda_w} + \frac{1}{\alpha_2}$$

Einsetzen der zuvor berechneten Werte liefert:

$k = 3038{,}0\ W/(m^2 \cdot K)$

Zuvor waren folgende Werte ermittelt worden:

Heizfläche pro m:

$$A_L = \frac{A_{ges}}{L} = 2{,}2996\ m^2/m$$

$$k \cdot A = k \cdot A_{ges} = 40{,}65 \cdot 10^3\ W/K$$

Für die gesuchte Bündellänge folgt dann:

$$L = \frac{k \cdot A_{ges}}{k \cdot A_L} = \frac{40{,}65 \cdot 10^3 \cdot W/K}{3038 \cdot W/m^2 K \cdot 2{,}2996\ m^2/m}$$

$$= 5{,}82\ m$$

Der Apparat ist relativ lang. Aus diesem Grunde muss der Auslegungsprozess wiederholt werden. Als erste Maßnahme bietet sich an, größere Manteldurchmesser zu wählen.

Optimierung:
Die Resultate zeigten, dass prinzipiell ein kleiner Manteldurchmesser ausreichend ist. Bei einem Apparat mit 1 Durchgang wird der Wärmeaustauscher aber zu lang. Es bietet sich daher an, eine Konstruktion mit mehreren Mantel- und Rohrdurchgängen auszuwählen.

Vorteile bei der Berechnung mit Hilfe der *NTU*-Methode:
Bisher sind Vorteile bei der Verwendung der *NTU*-Methode nicht sichtbar geworden. Wir ändern aber jetzt einmal die Fragestellung. Gegeben sei ein Wärmeaustauscher mit vorgegebener Geometrie. Die Massenströme sowie die Eintrittstemperaturen seien ebenfalls bekannt.

Fragen:

- ❑ Welche Leistung hat der Apparat, wenn nur die Baulänge verändert wird?
- ❑ Wie ändern sich Austrittstemperaturen und Leistung bei Änderung der Mengenströme?
- ❑ Wie wirkt sich der Einsatz von Turbulenzpromotoren oder anderen leistungsverbessernden Maßnahmen auf die Austrittstemperaturen und somit auf die Leistung aus?

Bei diesen Fragestellungen ist die Berechnung mit Hilfe der *NTU*-Methode erheblich einfacher.

Beispiel: Wir nehmen den schon behandelten Rohrbündelwärmeaustauscher, aber mit einem anderen Durchmesser. Vorgegeben sind also folgende Werte:

Bündeldurchmesser: 273 x 6,3 mm
Bündellänge: **neu**
Heizfläche: **neu**
Temperaturen Rohrseite:
  Ein: 130 °C Aus: **neu**
Temperaturen Mantelseite:
  Ein: 60 °C Aus: **neu**
Massenströme:
  $\dot{M}_1 = 20\,000$ kg/h $\dot{M}_2 = 9{,}3343$ kg/s

Frage: Welche Leistung hat der Apparat bei einer Bündellänge von 2,5 m?

Die Berechnung einer mittleren log. Temperaturdifferenz ist nicht ohne weiteres möglich, da die Austrittstemperaturen zunächst unbekannt sind. Wir verwenden die *NTU*-Methode.

1. Iterationsschritt:
Die Berechnung der gesuchten Größen ist einfach, aber die bei einer mittleren Temperatur zu berechnenden Stoffwerte sind noch unbekannt. Wir nehmen zunächst die aus dem Beispiel schon bekannten Stoffwerte:

	Rohrseite	Mantelseite
Fluid	Wasser	Wasser
Temperatur, °C	105	75
Spez. Wärmekapazität c_p, kJ/(kg · K)	4,222	4,190
Wärmekapazität Strom $\dot{W}$, W/K	2,3455e-4	3,909e-4

Der Wärmedurchgangskoeffizient ist ebenfalls temperaturabhängig. Auch hier nehmen wir im 1. Iterationsschritt die bereits bekannten Stoffwerte (Berechnung analog zur vorherigen Berechnung) an.

Wärmedurchgangskoeffizient:

$k = 1472\ \text{W}/(\text{m}^2 \cdot \text{K})$

Abkürzung

$$\dot{W}_r = \frac{\dot{W}_{min}}{\dot{W}_{max}} = \frac{\dot{W}_1}{\dot{W}_2} = 0{,}600$$

Der Apparat soll eine Länge von 2,5 m haben. Hieraus folgt A = 17,62 m^2 aus der vorgegebenen Geometrie.

Mit diesen Werten folgt:

$$NTU = \frac{k \cdot A}{\dot{W}_{min}} = 1{,}105$$

Gleichung 10.23 lautete:

$$\varepsilon = \frac{1 - \exp\left[-NTU \cdot \left(1 - \dot{W}_r\right)\right]}{1 - \dot{W}_r \cdot \exp\left[-NTU \cdot \left(1 - \dot{W}_r\right)\right]} = 0{,}5815$$

Die Berechnung der restlichen Werte ist jetzt einfach:

$\dot{Q}_{max} = \dot{W}_{max}\,(\vartheta_1' - \vartheta_2') = 1641{,}90\ \text{kW}$
(ist bereits bekannt)

$\dot{Q} = \varepsilon \cdot \dot{Q}_{max} = 955\ \text{kW}$

Für die neuen Austrittstemperaturen ergibt sich:

$$\vartheta_1'' = \vartheta_1' - \frac{\dot{Q}}{\dot{W}_1} = 89{,}30\ °\text{C}$$

$$\vartheta_2'' = \vartheta_2' + \frac{\dot{Q}}{\dot{W}_2} = 84{,}42\ °\text{C}$$

2. Iterationsschritt:
Bisher sind die Stoffwerte bei den alten Mitteltemperaturen berechnet worden. Mit Hilfe der neuen Austrittstemperaturen können neue Mitteltemperaturen bestimmt werden. Die Rechnung ist ggf. noch einmal zu wiederholen.

Aufgabe 10.4

Rohrbündelkondensator
Die prinzipielle Berechnungsmethodik für die Auslegung und die Nachrechnung von Wärmeaustauschern wurde im letzten Kapitel detailliert untersucht. Bei Apparaten mit anderen Stromführungen oder bei Kondensatoren und Verdampfern ist die Vorgehensweise gleich. Bei den weiteren Betrachtungen soll die ε-*NTU*-Methode bevorzugt werden. Anhand weiterer Beispiele wird der Berechnungsweg skizziert, die detaillierte Ausrechnung erfolgt mit Hilfe eines Rechners.

Es wird zunächst ein Kondensator für Wasserdampf mit folgenden Daten betrachtet:

Leistung:	3,5 MW
Dampf	2,5 bar abs, Abkühlung des Kondensats auf 95 °C

Wasser 65 °C/110 °C
Rohre: 10 × 1 mm, Stahl
Teilung: 13 mm, 60°-Dreiecksteilung

Der schematische Temperaturverlauf ist im Bild 10.26 skizziert.

Wichtig ist zunächst folgendes: Es handelt sich hier um einen Apparat mit Kondensat-Unterkühlung. **Wärmetechnisch** sind es also **2 hintereinander geschaltete Apparate:**

Apparat 1 zur Kondensation, Apparat 2 für die Kondensatunterkühlung.

Die gesamte Berechnung muss also für beide Apparate getrennt durchgeführt werden.

Die Austrittstemperatur $\vartheta_1'^*$ ist gleich der neuen Eintrittstemperatur, die Temperatur $\vartheta_2''^*$ ist die Eintrittstemperatur für den Apparat 1 (Bild 10.26).

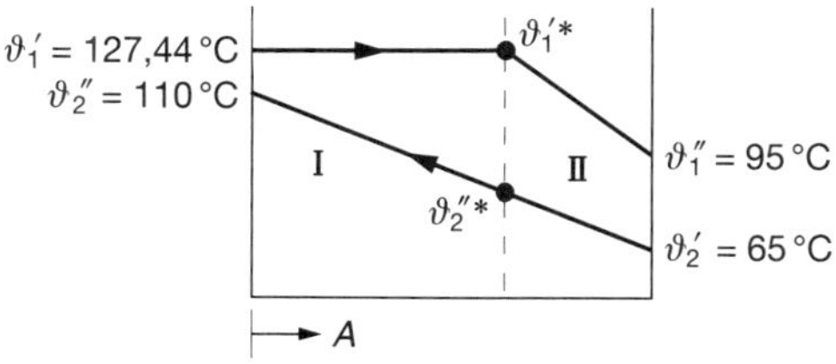

Bild 10.26 Temperaturverlauf Kondensator, schematisch

Diese Temperaturen sollen hier zunächst berechnet werden. Für den Dampf ist der Absolutdruck angegeben. Aus den Wasserdampftafeln folgt:

$p_S = 2{,}5$ bar: $\vartheta_s = 127{,}44\,°C$

Zunächst werden wieder die Stoffwerte zusammengestellt:

Stoffwerte: (Programm; WD. WTS)

		Seite 1	Seite 1	Seite 1	Seite 2
Fluid		Dampf	Kondensat	Wasser	Wasser
Sättigungsdruck, bar abs		2,5			
Temperatur,	°C	127,44	127,44	111,2	87,5
Dichte ϱ,	kg/m³	1,3912	937,04	950,08	966,99
kin. Viskosität ν,	m²/s	9,5082e-6	0,2321e-6	0,2654e-6	0,3354e-6
Wärmeleitfähigkeit λ	W/(m K)	28,42e-3	683,69e-3	681,96e-3	674,09e-3
Spez. Wärmekapazität c_p,	kJ/(kgK)	2,162	4,262	4,234	4,202
Prandtl-Zahl *Pr*		1,006	1,356	1,565	2,022
Verdampfungsenthalpie	kJ/kg	2181,36			

Für die übertragene Leistung gilt:

$$\dot{Q}_1 = \dot{M}_1 \cdot \Delta h_{v1} + \dot{M}_1 \cdot c_{p1}\,(\vartheta_1' - \vartheta_1'')$$

Hieraus folgt für

$$M_1 = \frac{\dot{Q}}{\Delta h_{v1} + c_{p1} \cdot \left(\vartheta_1' - \vartheta_1''\right)} = 1{,}5094 \text{ kg/s}$$

Der Wärmestrom teilt sich also auf in:

$$\dot{Q}_{\text{Kondensation}} = 1{,}5094 \text{ kg/s } 2181{,}36 \cdot 10^3 \text{ J/kg} = 3292{,}5 \text{ kW}$$

$$\dot{Q}_{\text{Unterkühlung}} = 3500 - 3292{,}5 \text{ kW} = 207{,}5 \text{ kW}$$

Der weitere Berechnungsgang ist prinzipiell ebenso wie bereits behandelt, aber mit folgender Besonderheit:

Kondensationsteil:

$\dot{W}_1 = \dot{W}_{max} = \infty$

(weil hier $\Delta\vartheta_1 = 0$ ist, ϑ = (konst. bei Kondensation)

Für die Abkürzung $\dot{W}_r$ folgt dann: $\dot{W}_r = 0$. Die ε-*NTU*-Beziehungen sind hier für Gleich- und Gegenstromwärmeaustauscher identisch. Sie wurden bereits behandelt und lauten Gleichungen 10.26, 10.27:

$$\varepsilon = 1 - \exp(-NTU)$$
$$NTU = -\ln(1-\varepsilon)$$

Auf eine Berechnung «von Hand» wird hier verzichtet. Anhand der zur Verfügung stehenden Programme können Apparate sowohl mit Kondensation in den Rohren als auch auf der Mantelseite untersucht werden.

Aufgabe 10.5

Economizer
(Speisewasservorwärmer, gasbeheizt)
Eine Anfrage bei einem Hersteller von Wärmeaustauschern könnte beispielsweise folgendermaßen lauten:

Wir erbitten ein Angebot und Zeichnung über eine Economizer mit folgenden Daten:

Es handelt sich hier um einen Apparat mit Gas auf einer Seite und Wasser auf der anderen Seite. Bei diesen Apparaten wird meist eine besondere Stromführung gewählt, Bilder 10.27 und 10,28.

Das Fluid (Wasser) wird rohrseitig durch einzelne Rohrreihen geführt. Jede Einzelreihe ist als Querströmer zu behandeln. Für Querströmer sind die ε-*NTU*-Beziehungen bekannt.

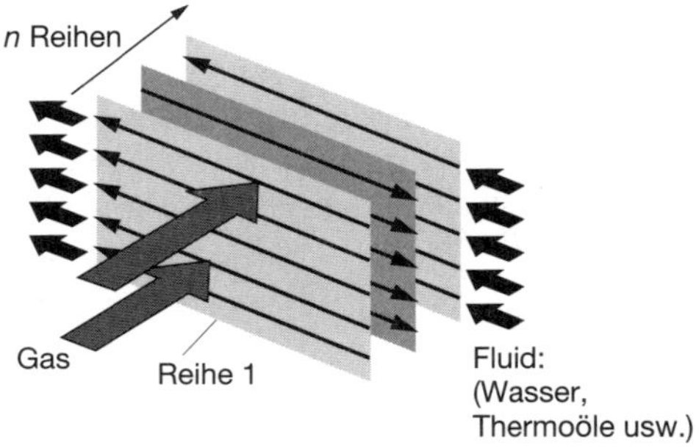

Bild 10.27 Stromführung Ecominizer (a)

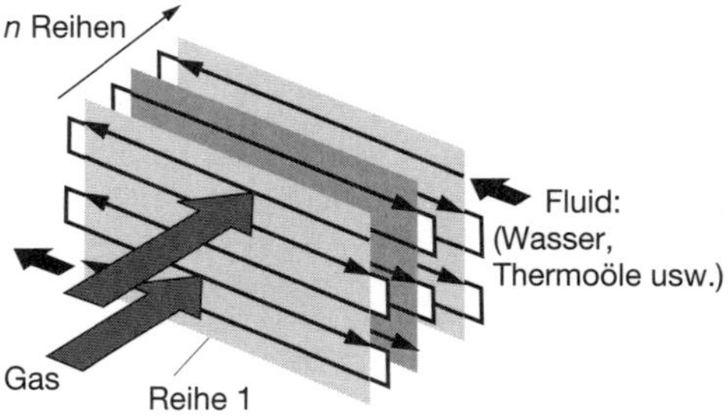

Bild 10.28 Stromführung Ecominizer (b)

Kesseltyp:	...
Brennstoff:	Heizöl EL/Erdgas
Abgasmenge:	1,49 kg/s bei Heizöl EL, 1,41 kg/s bei Erdgas
Abgaseintritt:	220 °C bei Heizöl EL/225 °C bei Erdgas
Abgasaustritt:	160 °C bei Heizöl EL/160 °C bei Erdgas
Wärmeträger:	Speisewasser
Menge:	6,0 t/h
Eintritt:	104 °C
Austritt:	?
Betriebsüberdruck:	8,5 bar
max. zul. Druckverlust:	...
Abgas:	2,5 mbar

Durch die Hintereinanderschaltung der Reihen ergibt sich ein so genannter Kreuz-Gegenstromwärmetauscher. Für diese Anordnung können ebenfalls ε-*NTU*-Beziehungen hergeleitet werden.

Diese Herleitung beruht auf der Annahme, dass die Fluidströme zwischen den einzelnen Durchgängen vermischt sind.

Weitere Besonderheiten ergeben sich daraus, dass häufig Rippenrohre zur Verbesserung des Wärmeübergangs auf der Mantelseite eingesetzt werden.

Die Berechnung erfolgt prinzipiell ebenso, wie bereits detailliert besprochen wurde. Sie wird nur etwas umfangreicher, weil durch die Rippengeometrie und die Anordnungsmöglichkeiten der Rohre (Zusammenschaltung von Einzelrohren oder von Rohrreihen) sehr viele Variationsmögleiten vorhanden sind.

Aufgabe 10.6

Instationäre Abkühlung

In einer Anlage sollen Ersatzwärmeaustauscher für folgenden Einsatz geliefert werden:

Es sind 60 m³ Kondensat innerhalb von 10 h von 80 °C auf 22 °C abzukühlen. Hierzu steht Brunnenwasser mit einer mittleren Temperatur von 18 °C zur Verfügung.

Der umlaufende Mengenstrom des Kondensats beträgt 24 m³/h, der des Brunnenwassers 30 m³/h. Bisher waren in der Anlage Apparate mit folgenden Daten eingesetzt:

1–1 Rohrbündelapparat
(1 Rohrdurchgang, 1 Manteldurchgang),
Manteldurchmesser 700 mm,
300 Rohre 25 × 2 mm in Cu,
Teilung 32 mm, 60°.
Rohrlänge 2500 mm,
3 Umlenkbleche.

Es sollen Ersatzapparate mit Rohren aus CrNiSt und einer veränderten Stromführung mit 2 Rohrdurchgängen geliefert werden.

Frage: Reichen die bisherigen Apparatedimensionen aus?

Lösung:

Die zusätzlich notwendige Nachrechnung des Rohrbündelapparates ist «von Hand» sehr aufwendig (Apparat mit Umlenkblechen).

Hier wird auf die Ergebnisse eines Auslegungs-/Nachrechnungsprogrammes zurückgegriffen.

Mit den Bezeichnungen von Bild 10.29 ergeben sich folgende Daten:

$M_B = \varrho_B \cdot V_B$
$V_B = 60\ \text{m}^3$
$\vartheta_1 = 18\ °\text{C}$

Gl. 10.105 lautete:

$$\ln\left(\frac{\Theta}{\Theta_0}\right) = -\frac{\varepsilon \cdot \dot{W}_{\min}}{M_B \cdot c_{pB}} \cdot t$$

Auflösung nach t ergibt:

$$t = -\frac{M_B \cdot c_{pB}}{\varepsilon \cdot \dot{W}_{\min}} \ln\left(\frac{\Theta}{\Theta_0}\right)$$

Für Übertemperaturen Θ gilt mit $\Theta = \vartheta_B - \vartheta_1$: Eigentlich war bei der Herleitung die Übertemperatur definiert durch $\Theta = \vartheta_1' - \vartheta_B$. Da Θ in der Gleichung als Quotient auftaucht, kann man diese Schreibweise wählen, um positive Werte für die Übertemperatur zu haben.

Anfangstemperatur:

$\Theta_0 = 80\ °\text{C} - 18\ °\text{C} = 62\ \text{K}$

Endtemperatur:

$\Theta = 22\ °\text{C} - 18\ °\text{C} = 4\ \text{K}$

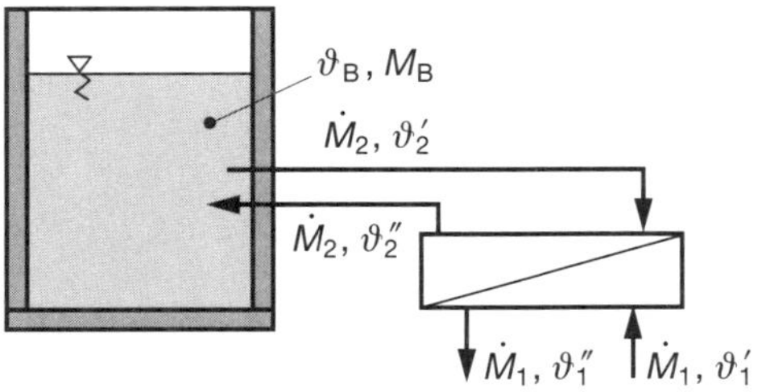

Bild 10.29 Zur instationären Abkühlung

Vor einer weiteren Berechnung sind einige Bemerkungen notwendig: In der Gleichung sind die Stoffwerte enthalten. Diese ändern sich jedoch, da anfangs eine Fluideintrittstemperatur von 80 °C und am Ende eine Temperatur von 22 °C vorhanden ist. Für eine Rechnung «von Hand» reicht es, die Stoffwerte bei einer Mitteltemperatur zu berechnen. Für genauere Berechnungen muss schrittweise für einzelne Zeitintervalle gerechnet werden. Dies ist nur mit einem Rechner ökonomisch.

Weiterhin ist der Wärmetauscherwirkungsgrad über die Stoffwerte (Einfluss auf die Wärmeübergangskoeffizienten) ebenfalls temperaturabhängig.

Hier wird folgende Vorgehensweise gewählt: Die Nachrechnung des Wärmetauschers wird einmal für den Beginn des Abkühlungsprozesses und einmal für das Ende durchgeführt. Es wird der ungünstigste Wert für den Wirkungsgrad ε übernommen. Es ergeben sich folgende Daten:

Wärmekapazitätsströme:
Rohrseite: $\dot{W}_1$ =34,6 kW/K
Mantelseite: $\dot{W}_2$ = 272,1 kW/K

Wirkungsgrad:
$\varepsilon = 0{,}702$ und $\varepsilon = 0{,}721$
(kleinster und größter Wert)

Außerdem werden folgende Stoffwerte von Wasser verwendet:

Dichte, 20 °C: ϱ_B = 998,19 kg/m³
spez. Wärmekapazität: c_{pB} = 4,183 kJ/kgK

Einsetzen der Werte in die Gleichung liefert:

$t = 7{,}9$ h

Der Apparat ist für diesen Einsatzzweck sehr gut dimensioniert.

Eine genauere Nachrechnung mit anderen Rohrbündeldurchmessern ergibt, dass statt der bisher vorgesehenen Bündel mit ca. 300 Rohren auch kleinere Apparate hinreichend gewesen wären.

Aus der Bestimmungs-Gleichung kann natürlich bei anderer Fragestellung auch sofort die Temperatur nach einer vorgegebenen Zeit berechnet werden. Durch Umstellung der Gleichung folgt:

$$\Theta = \Theta_0 \cdot \exp\left[\frac{\varepsilon \cdot \dot{W}_{\min}}{M_B \cdot c_{pB}} \cdot t\right]$$

11 Gewährleistung

11.1 Allgemeines

Der Lieferer hat die Gewährleistung (s. VDI 2076), dass der Wärmeaustauscher bei bestimmten Massenströmen mit festgelegten Eintrittstemperaturen

a) den wärmeren Massenstrom auf bestimmte Temperaturen abkühlt (Abkühlung) oder
b) den kälteren Massenstrom auf bestimmte Temperaturen aufwärmt (Erwärmung), und dass
c) dabei die Druckabfälle der beteiligten Massenströme von bestimmten Werten nicht abweichen.

Die Gewährleistungen gelten unter der Voraussetzung, dass sich folgende Betriebsgrößen innerhalb im Liefervertrag festgelegter Grenzen halten:

a) die Massenströme $\dot{M}_1$ und $\dot{M}_2$,
b) die Massenstrom-Eintrittstemperaturen ϑ_1' und ϑ_2',
c) die Betriebsdrücke p_1 und p_2.

Gegenstand der Gewährleistung kann ferner mit Rücksicht auf die Einbauweise des Wärmeaustauschers auch dessen maximaler **Wärmeverlust** (Wärmeaufnahme) bei bestimmten Umgebungs- oder Wandtemperaturen sein.

Schließlich können **betriebliche Eigenschaften** des Wärmeaustauschers Gegenstand der Gewährleistung sein, z. B. Massenstromverluste durch Undichtigkeiten, Ablagerungen auf den Wärmeaustauschflächen, Temperatur- und Korrosionsbeständigkeit, Geräuschverhalten.

11.2 Gültigkeit

Da die Betriebsbedingungen nicht beliebig geschaffen werden können, soll im allgemeinen die Austrittstemperatur nicht als einzelner Wert, sondern in Kurvenform mit den Massenströmen als Variable und Parameter gewährleistet werden. Dabei sind bestimmte Eintrittstemperaturen der Massenströme für die Gültigkeit der Kurven vorausgesetzt. Der Druckabfall auf jeder Massenstromseite soll ebenfalls als Kurve über dem betreffenden Massenstrom dargestellt werden, wobei die Ein- und Austrittstemperatur (oder eine mittlere repräsentative Temperatur) als Parameter auftreten; ein statischer Druck des Massenstroms sowie die als Druckmessorte gekennzeichneten Strömungsquerschnitte am Eintritt und Austritt sollten in dem Diagramm angegeben sein. Innerhalb bestimmter Grenzen soll jeder Punkt dieser Gewährleistungskurve für sich zur Beurteilung der Erfüllung der Gewährleistung ausreichen. Wenn im Vertrag nicht anders vereinbart, sollen die Abnahmewerte in folgenden Grenzen bleiben:

a) Massenströme im gekennzeichneten Bereich der Betriebskennlinien,
b) der Abstand der Eintrittstemperaturen im Bereich ±10% vom angegebenen Wert.

Es dürfen nur solche Messpunkte beim Abnahmeversuch verwendet werden, die sich bei nachweislich stationärem Betrieb des Wärmeaustauschers ergeben haben, sofern im Liefervertrag nichts anderes vereinbart ist.

11.3 Auslegung und Spezifikation

Damit auch die Auslegungsbedingungen Grundlage der Vertragsspezifikation sind, ist es erforderlich, die Wärmeaustauscherdaten schriftlich festzuhalten. Als Anhaltswert für ein Formblatt können die Tabellen 11.1 bis 11.3 dienen.

Begriffe und allgemeine Festlegungen bei der Prüfung zur Leistungsbestimmung von Wärmeaustauschern s. DIN EN 305. Messungen und Messgenauigkeit s. DIN EN 306.

Tabelle 11.1 Datenblatt für Wärmeaustauscher – Allgemeine Daten –

Allgemeine Daten	
Kurzbezeichnung	
Funktion	☐ Verdampfer ☐ Kondensator ☐ Wärmeaustauscher ohne Phasenänderung
	☐
Verwendung	
Zugehöriges Verfahrensfließbild (Zeichnungs-Nr.)	
Bauart	☐ Rohrbündel-Wärmeaustauscher mit ☐ Festrohrboden ☐ Schwimmkopf ☐ U-Rohren
	☐
	warme Seite ist ☐ Raum in den Rohren Raum um die Rohre
	☐ Plattenwärmeaustauscher
	☐ Spiralwärmeaustauscher
	☐ Grafitwärmeaustauscher
	☐
Aufstellung	☐ stehend ☐ liegend ☐ schräg mit ° zur Horizontalen
Anzahl	Stück ☐ in Serie ☐ parallel
Wärmeaustauschfläche	gesamt m^2 pro Apparat m^2

Prozeßdaten								
Zusammensetzung	☐ Stoffmengengehalt %	☐ Massengehalt %	☐ kg/h	☐ kg/s				
Stoffkomponente	Zustand (zutreff. ankreuzen)			mol. Masse	warme Seite		kalte Seite	
	gasflg.	flüssig	fest	kg/kmol	Eingang	Ausgang	Eingang	Ausgang
Massenstrom	Flüssigkeit			kg/h				
	Gas (= Dampf + Inertgas)			kg/h				
	Dampf			kg/h				
	Inertgas			kg/h				
	gesamt			kg/h				
	gewünschte Belastungsbreite			%				
Volumenstrom	Flüssigkeit			m^3/h				
	Gas (= Dampf + Inertgas)			m^3/h				
	Dampf			m^3/h				
	Inertgas			m^3/h				
zu übertragender Wärmestrom	Gas, fühlbare Wärme			kW				
	Flüssigkeit, fühlbare Wärme			kW				
	Kondensation oder Verdampfung			kW				
	gesamt							
Temperatur	normal			°C				
	maximal			°C				
	minimal			°C				
Druck	normal			bar				
	maximal			bar				
	minimal			bar				
Bemerkungen								

Tabelle 11.2 Datenblatt für Wärmeaustauscher – Stoffwerte, Berechnung und Auslegung

Stoffwerte

	Größe			Einheit	warme Seite Eingang	warme Seite Ausgang	kalte Seite Eingang	kalte Seite Ausgang
bei normalen Betriebsbedingungen	Siedetemperatur			°C				
	Kondensationstemperatur			°C				
	Erstarrungstemperatur			°C				
	Dichte	Flüssigkeit		m^3/h				
		☐ real ☐ ideal	Gas (= Dampf + Inertgas)	m^3/h				
			Dampf	m^3/h				
			Inertgas	m^3/h				
	dyn. Viskosität	Flüssigkeit		mPa · s				
		Gas (= Dampf + Inertgas)		mPa · s				
		Dampf		mPa · s				
		Inertgas		mPa · s				
	Wärmeleitfähigkeit	Flüssigkeit		W/(m · K)				
		Gas (= Dampf + Inertgas)		W/(m · K)				
		Dampf		W/(m · K)				
		Inertgas		W/(m · K)				
	spez. Wärmekapazität	Flüssigkeit		kJ/(kg · K)				
		Gas (= Dampf + Inertgas)		kJ/(kg · K)				
		Dampf		kJ/(kg · K)				
		Inertgas		kJ/(kg · K)				
	Verdampfungswärme			kJ/kg				

Berechnung und Auslegung

Art der Beschichtung	–		
Dicke der Beschichtung	mm		
Wärmeleitfähigkeit der Beschichtung	W/(m · K)		
Foulingwiderstand	m^2 · K/W		
Wärmeleitfähigkeit des Rohrwerkstoffs	W/(m · K)		
mittlere Stoffstrom-Geschwindigkeit	m/s		
Druckverlust zulässig / berechnet	bar		
mittlere Wärmeübergangszahl alpha	W/(m^2 · K)		
Sicherheitszuschlag auf Wärmedurchgangszahl k	%		

mittlere Rohrwandtemperatur	°C	Wärmeaustauschfläche (bezogen auf d_a und l)	berechnet	m^2
mittlere Manteltemperatur	°C		ausgeführt	m^2
mittlere log. Temperaturdifferenz, korrigiert	K	mitt. Wärmedurchgangs-Koeff. k (bezogen auf d_a)	berechnet	W/(m^2 · K)
Wärmestrom normal	kW		ausgeführt	W/(m^2 · K)

Rohrzahl je Apparat	berechnet	ausgeführt		
Gangzahl rohrseitig			Rohrteilung	mm
Rohrabmessungen	Außendurchmesser d_a	mm		Dreieckteilung ☐ 30° (→◁) ☐ 60° (→△)
	Wanddicke s	mm		quadr. Teilung ☐ 45° (→◇) ☐ 90° (→□)
	Länge l	mm		
Umlenksegmente	Anzahl	mm	Umlenksegmentabschnitt	☐ senkrecht
	Abstand	mm		☐ waagrecht
	Durchmesser	mm		%
	Bohrungsdurchmesser	mm		mm
Manteldurchmesser		mm	Anzahl Dichtleisten	
Dämmung	☐ ja	☐ nein		

Grund-Werkstoff	Teil	Werkstoff-Nr.	Bezeichnung	Teil	Werkstoff-Nr.	Bezeichnung
	Mantel			Hauben		
	Rohre			Rohrplatten		

Teil	Bezeichnung, Werkstoff
Dicht. Hauben-Mantelverbindung	
Dicht. Schwimmkopfverbindung	

Bemerkungen

Tabelle 11.3 Datenblatt für Wärmeaustauscher – Stutzen und Maßskizze –

Stutzen und Maßskizze

	Bezeichnung	DN	PN	Anzahl	Verwendung, Bemerkung
warme Seite Eingang					
warme Seite Ausgang					
kalte Seite Eingang					
kalte Seite Ausgang					
Entleerung					
Entlüftung					

Skizze

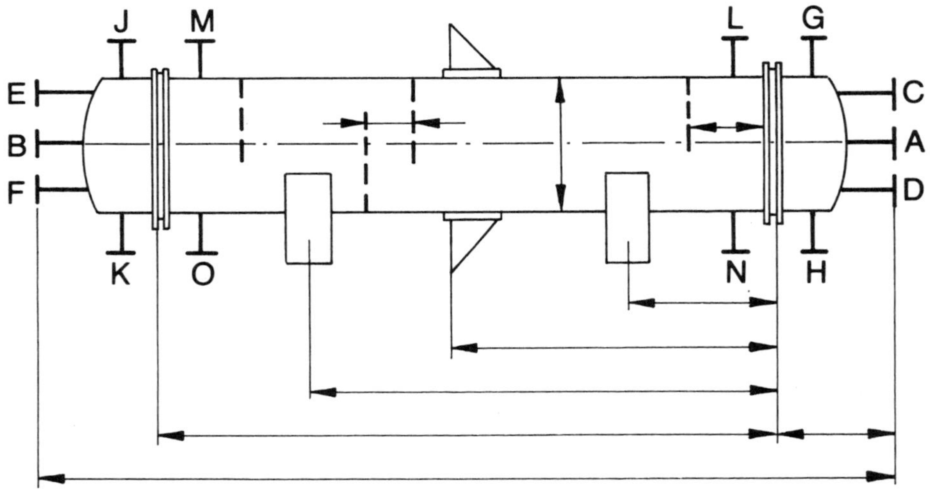

Bemerkungen

12 Kostenschätzung für Rohrbündel-Wärmeaustauscher

Für die Planung einer Anlage ist es oft notwendig, den Preis von Wärmeaustauschern abschätzen zu können. Die Berechnung der erforderlichen Wärmeaustauscherfläche ist die Grundlage für die Preisermittlung:

$$A = \frac{\dot{Q}}{k \cdot \Delta\vartheta_\mathrm{m}}$$

wobei k aus Tabelle 8.1 oder Tabelle 8.3 entnommen werden kann und $\Delta\vartheta_\mathrm{m}$ die mittlere Temperaturdifferenz zwischen den beiden Fluiden ist. Mit dieser Fläche kann zur 1. Abschätzung aus dem spezifischen Preis €/m^2 der Preis ermittelt werden (s. hierzu Diagramm 7.6.2 in «Planung im Anlagenbau» [12.1]).

Um eine etwas genauere Kostenschätzung zu erstellen, können die Wärmeaustauscherkosten aus den konstruktionsbestimmenden Faktoren wie folgt ermittelt werden:

Geometrie

Über die Fläche A kann der Manteldurchmesser bei bekannter Rohrlänge festgelegt werden. Die üblichen Rohrlängen sind 6 m. Mit der spezifischen Fläche pro m Länge, erhält man sofort den erforderlichen Durchmesser aus Tabelle 12.1, indem man die Fläche A durch die Länge teilt. Als Rohr wird zugrundegelegt:

Außendurchmesser: 19 mm
Teilung: 25 mm, 90°

Bis 508 mm verwendet man üblicherweise Rohre, darüber gewalztes Blech für das Gehäuse.

Flächenfaktor F_A in Abhängigkeit des Rohraußendurchmessers und der Teilungsformen:

19 ∅, 25 □ $F_\mathrm{A} = 1{,}0$
25 ∅, 32 □ $F_\mathrm{A} = 0{,}85$
12 ∅, 16 Δ $F_\mathrm{A} = 1{,}7$
16 ∅, 21 Δ $F_\mathrm{A} = 1{,}3$
19 ∅, 25 Δ $F_\mathrm{A} = 1{,}2$
25 ∅, 32 Δ $F_\mathrm{A} = 1{,}14$

Grundkosten

Die Basiskosten für einen Wärmeaustauscher Typ AEL, gemäß Bild 8.9 und Bild 12.4 sind aus Bild 12.1 zu entnehmen. Aus Bild 12.2 können die Extrakosten für je zusätzlich 1 m Wärmeaustauscherverlängerung ermittelt werden.

Der Grundpreis ist der Nettopreis ab Werk, einschließlich Versicherung, Prüfungen und Dokumentation. Die Preise gelten für unlegierte Stähle bei Verwendung von Rohren 19 × 2 aus P235 GH. Der Basiswert für den Überdruck in Bild 12.1 und Bild 12.2 ist 10 bar (PS = 10 bar).

Druckfaktor

Der Einfluss des Drucks auf die Rohrseite und Mantelseite kann aus Bild 12.3 entnommen werden.

$$F_\mathrm{p} = F_\mathrm{R} + F_\mathrm{M}$$

Tabelle 12.1 Wärmeaustauscherfläche pro m Bündellänge $A_\mathrm{spez} = A_\mathrm{spez,o} \cdot F_\mathrm{A}$

Manteldurchmesser DN	spezifische Wärmeaustauscherfläche pro m $A_\mathrm{spez,o}$ (m^2/m)
150	1
200	2
250	3
300	5
350	6
400	8
450	10
500	15
600	20
700	30
800	40
900	50
1000	70
1200	100
1400	125
1600	150

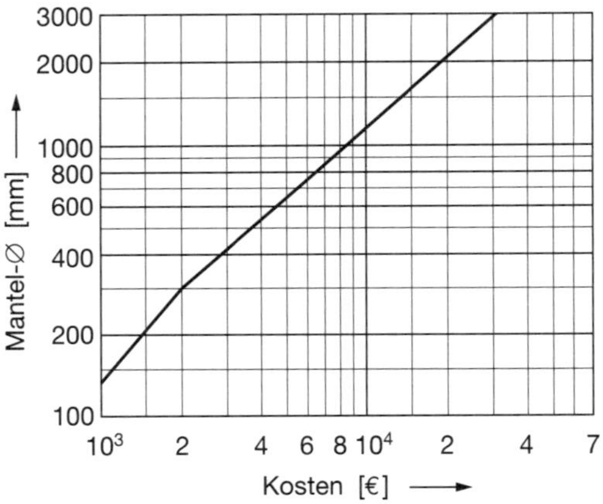

Bild 12.1 Spezifische Kosten für einen AEL-Wärmeaustauscher (Festkopf-Wärmeaustauscher ohne Kompensator) Gehäuselänge (Rohrbündellänge) 1 m

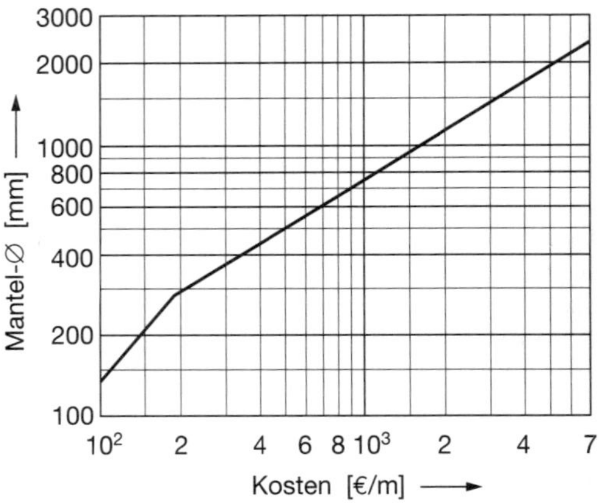

Bild 12.2
Extra-Kosten für jede weitere Baulänge um 1 m

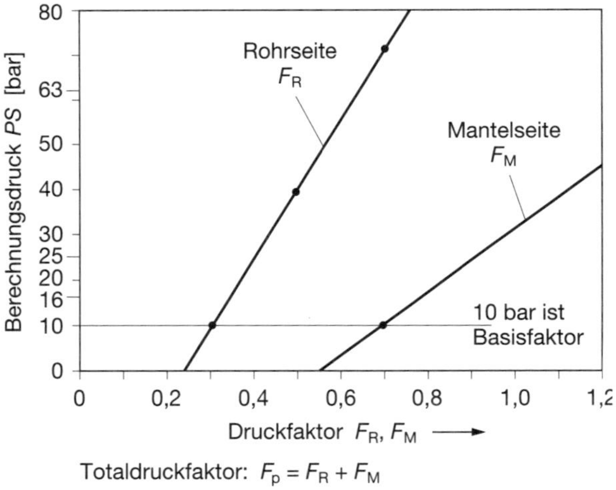

Bild 12.3
Druckfaktor F_p

❑ unlegierter ferritischer Stahl (komplett) ❑ austenitischer Stahl (komplett) (1.4301...1.451)	$F_{Mat} = 1,0$ $F_{Mat} = 3,0$
❑ Rohrbündel Edelstahl/Gehäuse ferritischer Stahl ❑ Rohre aus: Edelstahl, Rest ferritischer Stahl ❑ Rohre aus Cu-Ni (70/30 und 90/10) ❑ Rohre aus Cu	$F_{Mat} = 2,0$ $F_{Mat} = 1,7$ $F_{Mat} = 1,5$ $F_{Mat} = 1,2$

Tabelle 12.2
Materialkostenfaktor F_{Mat}

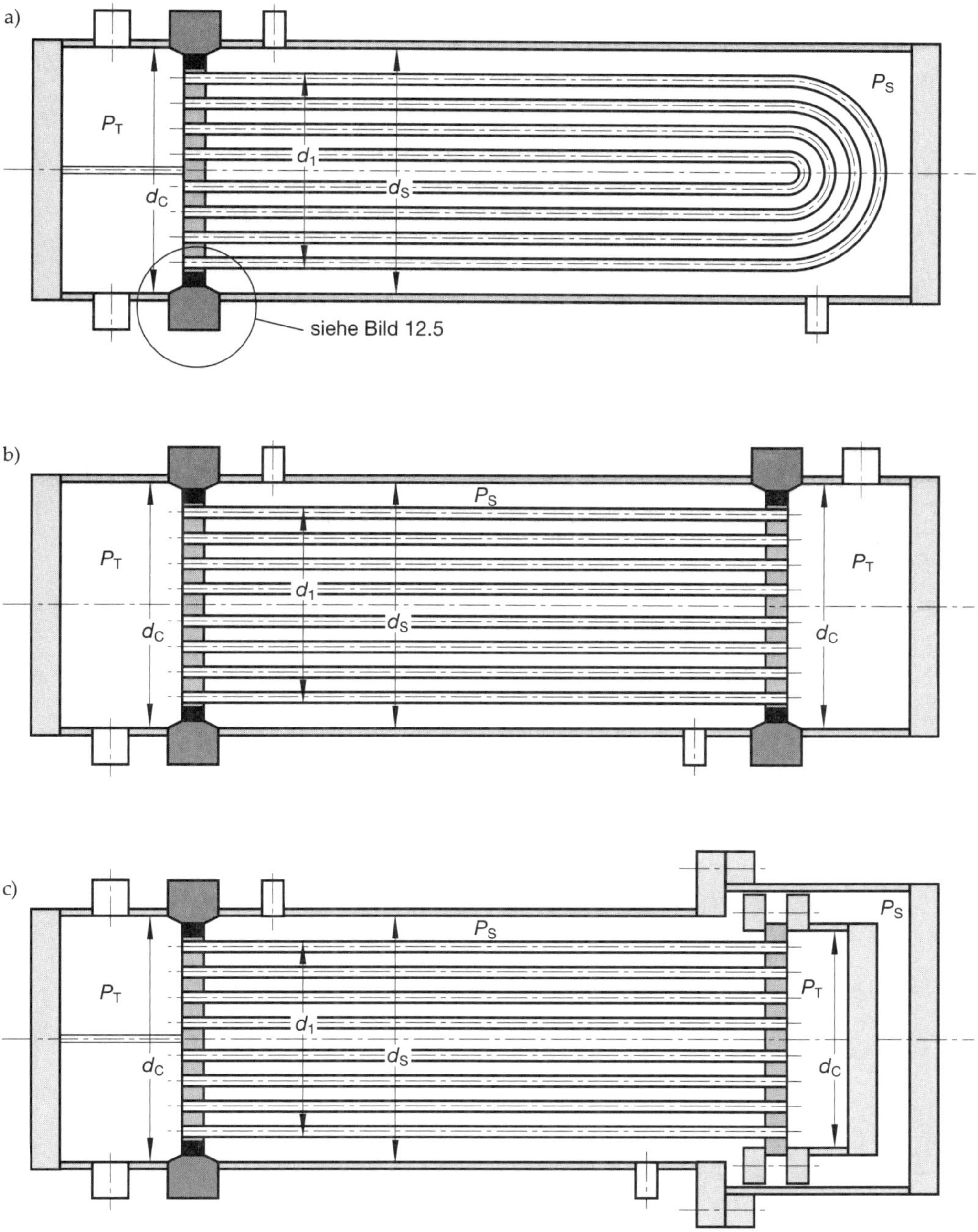

Bild 12.4a–c Bauformen von Rohrbündel-Wärmeaustauschern (s.a. Bild 8.9)

a) U-Rohr-Wärmeaustauscher, Typ: AEU (mit gewölbten Böden: BEU)

b) Festkopf-Wärmeaustauscher ohne Kompensator, Typ: AEL (mit gewölbten Böden BEM)

c) Schwimmkopf-Wärmeaustauscher mit eingetauchtem Schwimmkopf, Typ: AES (mit gewölbten Böden BES)

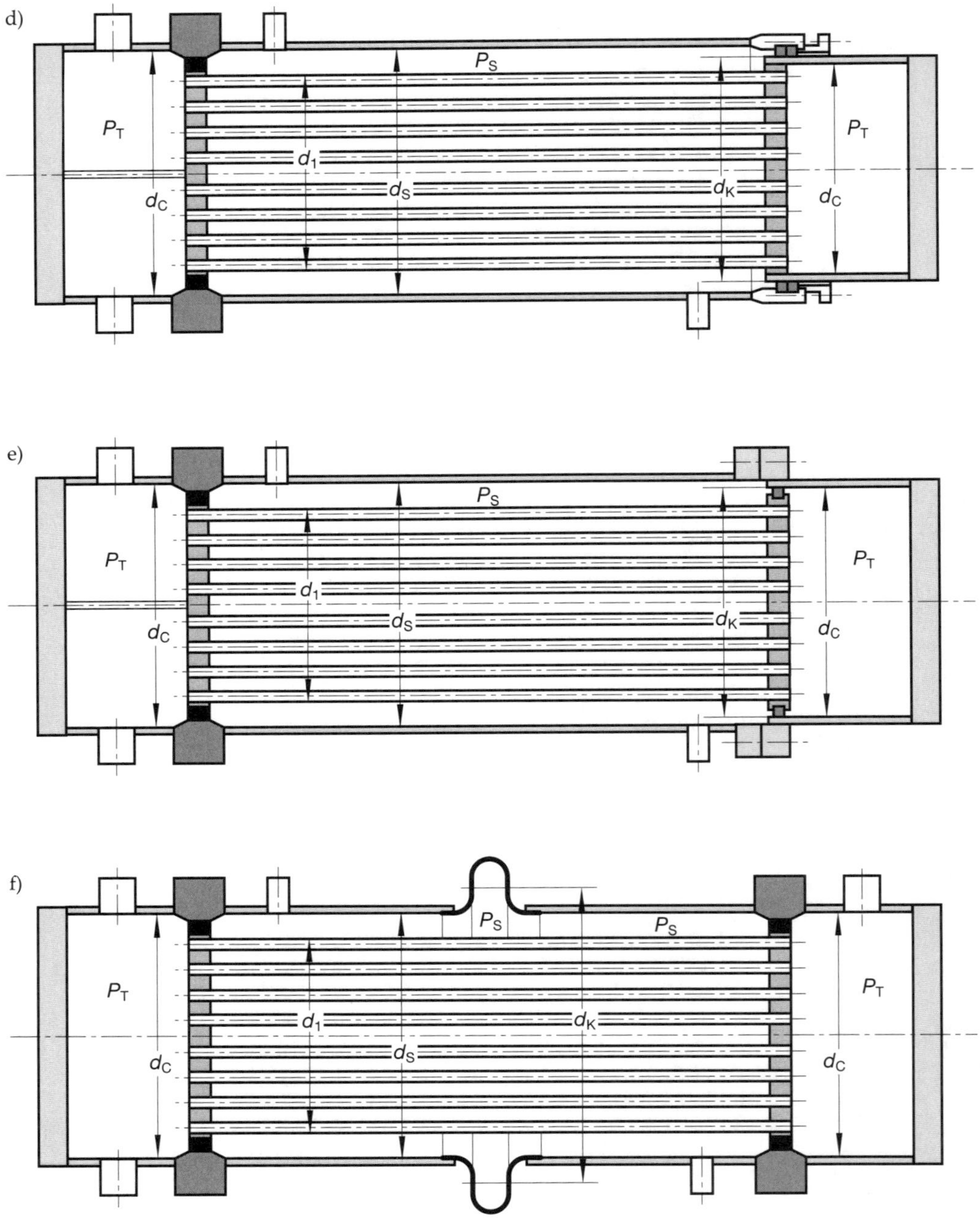

Bild 12.4d–f (Fortsetzung)

d) Schwimmkopf-Wärmeaustauscher mit außen abgedichtetem Schwimmkopf, Typ: AEP (mit gewölbten vorderen Böden BEP)

e) Schwimmkopf-Wärmeaustauscher mit innen abgedichtetem Schwimmkopf, Typ: AEW (mit gewölbten Böden BEW)

f) Festkopf-Wärmeaustauscher mit Kompensator

Bauartfaktor
Bei einer anderen Bauart als Typ AEL gelten folgende Faktoren (s. Bild 8.9 und Bild 12.4):

Typ	F_B
AEL (BEM)	1,0
AEU (BEU)	0,9
AES (BES)	1,5

Anmerkung: Die Bauart AES ist die teuerste Ausführung, da hierbei das Rohrbündel komplett herausziehbar ist und dadurch viele Flanschverbindungen vorhanden sind.

Umlenkblechfaktor
In den Grundkosten sind die Preise für Umlenkbleche vorhanden, solange das Verhältnis vom Abstand der Bleche zum Manteldurchmesser folgenden Wert nicht unterschreitet (s. a. Bild 8.4): $S/D_i \geq 0{,}25$. Für $S/D_i < 0{,}25\ldots0{,}1$ kann ein linearer Faktor von $F_{Um} = 1{,}01\ldots1{,}05$ angenommen werden.

Materialkostenfaktor
Die Bilder 12.1 und 12.2 gelten für unlegierte ferritische Stähle. In Tabelle 12.2 sind Korrekturfaktoren für andere Werkstoffe angegeben.

Gesamtpreis
Der Gesamtpreis entsteht aus dem Grundpreis durch Multiplikation mit den verschiedenen Faktoren zu einem Netto-Herstellungspreis.

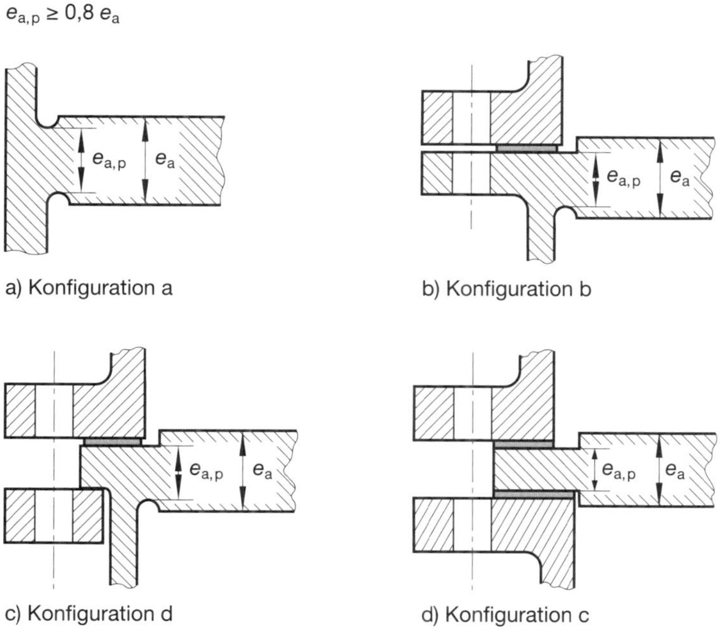

Bild 12.5 Ausführungsformen der Verbindungen von Rohrboden und Gehäusemantel

Beispiel
Ein Wärmeaustauscher zur Verbrennungsluft-Vorwärmung (LUVO) für einen Brenner bei Abkühlung von Rauchgasen (Gas/Gas, Normaldruck) mit folgenden Daten:

Abgastemperatur: 250 °C
Wärmeleistung: $\dot{Q} = 120$ kW
Wärmedurchgangskoeffizient (Tabelle 8.1): $k = 15$ W/(m² K)
mittlere Temperaturdifferenz zwischen den Gasen: $\Delta\vartheta_m = 50$ K

Erforderliche Heizfläche:

$$A = \frac{Q}{k \cdot \Delta\vartheta_m} = \frac{120\,000}{15 \cdot 50} = 160 \text{ m}^2$$

Die Rohrbündellänge wird gewählt:
$L_{\text{Bündel}} = 6$ m

Wärmeaustauscher Typ: AEW

Der Manteldurchmesser wird berechnet:

$A_{\text{spez}} = A/L_{\text{Bündel}} = 160/6 = 27 \text{ m}^2/\text{m}$

Aus Tabelle 12.1 für $F_A = 1{,}0$ (19 ∅, 25 □):
Manteldurchmesser: 700 mm

Kostenermittlung:

aus Bild 12.1: $K_{\text{Basis}} = 5500$ €
aus Bild 12.2: $K_{\text{Länge,spez}} = 900$ €

Der Gesamtpreis des Basiswärmeaustauschers beträgt:

$$K_{\text{Wärmet.}} = K_{\text{Basis}} + K_{\text{Länge,spez}} \cdot (L_{\text{Bündel}} - 1) = 550 \text{ €} + 900 \text{ €} \cdot (6 - 1) = 10\,000 \text{ €}$$

Druckfaktor: aus Bild 12.3 erhält man bei Atmosphärendruck:

$F_R = 0{,}24$; $F_M = 0{,}55$
$F_p = F_R + F_M = 0{,}24 + 0{,}55 = 0{,}79$

Wärmeaustauscher Typ: $F_B = 1{,}0$
Umlenkbleche: $F_{\text{Um}} = 1{,}0$
Werkstoff: ferritischer Baustahl aus Tabelle 12.2: $F_{\text{Mat}} = 1{,}0$

Gesamtkosten:
Nettopreis ab Werk somit: $K_{\text{WT}} = 7900$ €

Die Ausführung des LUVOs in Edelstahl würde kosten:

$$K_{\text{WT.Edelst.}} = K_{\text{WT}} \cdot F_{\text{Mat}} = 7900 \text{ €} \cdot 3 = 23\,700 \text{ €}$$

Anhang Bilder von Wärmeaustauschern

Diese hier veröffentlichten Schwarzweißbilder erscheinen im Onlineservice InfoClick in Farbe.

Bild A1 U-Rohr-Wärmeaustauscher (s. auch Bild 8.8)
Brüdenkondensator aus 1.4571. Kondensation von Brüdendampf mit 5% Inertgasanteil. Brüden um die Rohre, Flüssigkeit in den Rohren. Leistung 4937 kW (Fa. ENCO)

Bild A2 Einbau des U-Rohrbündels in den Brüdenkondensator von Bild 1 (Fa. ENCO)

Bild A3 U-Rohrbündel Einzelteile (Fa ENCO)

a) Aufbau der Umlenkbleche bei einem U-Rohrbündelwärmeaustauscher mit 2 Durchgängen auf der Rohr- und Mantelseite

b) Berohrung eines U-Rohrbündelwärmeaustauscher mit 2 Durchgängen auf der Rohr- und Mantelseite

c) Berohrung eines U-Rohrbündels für einen Hexankühler (s. auch Bild A5)

Bild A4
U-Rohre und Umlenkbleche eines U-Rohrbündelwärmeaustauschers mit 2 Durchgängen auf der Rohr- und Mantelseite (Fa. ENCO)

(Bild A4 Fortsetzung)

Bild A5 Propylen-Verdampfer (Bauart s.a. Bild 8.11)
Hexankühler als Kettle-Verdampfer aus 1.4541. Kühlung von flüssigem Hexan im Rohrraum durch Verdampfung von Flüssigpropylen um die Rohre. Leistung 2876 kW. Einbau des U-Rohrbündels in einen Kettle-Verdampfer (Fa. ENCO)

Bild A6 Sicherheits-Wärmeaustauscher (Bauart s. a. Bild 8.12). Sterilwärmeaustauscher aus 1.4435 (Fa. ENCO)

Bild A7 Doppelrohr-Wärmeaustauscher (Bauart s. a. Bild 8.14b).
Schlammrohr mit Umlenkbogen und Heizmantel (Fa. ENCO)

Bild A8
Rippenrohr-Wärmeaustauscher (Bauart s. a. Bild 8.15) Rippenrohrregister zur Ölkühlung (Fa. ENCO)

Bild A9
Gas-Gas-Wärmeaustauscher
Rohgas-Reingas-Wärmeaustauscher aus 1.4541, 36 000 kg Rohgas/h, 270 °C/40 °C, 1287 m^2, 26,5 t (Fa. ENCO)

Bild A10 Gas-Gas-Wärmeaustauscher
Rauchgas-Luftvorwärmer, 130 000 Nm^3/h, 232 °C/156 °C, 4000 kW (Fa. ENCO)

Bild A11
Gas-Gas-Wärmeaustauscher für Klärschlammtrocknung (Fa. ENCO)

Bild A12 N_2-Erhitzer mit Sattdampf und Hexandampf aus 1.4541 (Fa. ENCO)

Bild A13 Dampfbeheizter Lufterhitzer
Dampflufterhitzer für Müllverbrennung. Erwärmung von 112 500 Nm^3 Luft/h von –10 °C auf 150 °C, 6523 kW (Fa. ENCO)

Bild A15 Spiralband-Wärmeaustauscher (s. a. Bild 8.50) (Fa. HES)

Bild A14 Rauchgas-Kühler in einer Gießerei mit Wärmeträgeröl (Reinigung mit Kugelregelanlage (s. a. Bild 8.43) sowie luftgekühlte Wärmeaustauscher n. Bild 8.16b). Wärmeleistung 7400 kW (Fa. WÜRZ)

Bild A16 Sicherheitswärmeaustauscher mit niedrig berippten Außenrohren
(Beispiel: Ölkühler)
(Fa. GEA Renzmann & Grünwald)

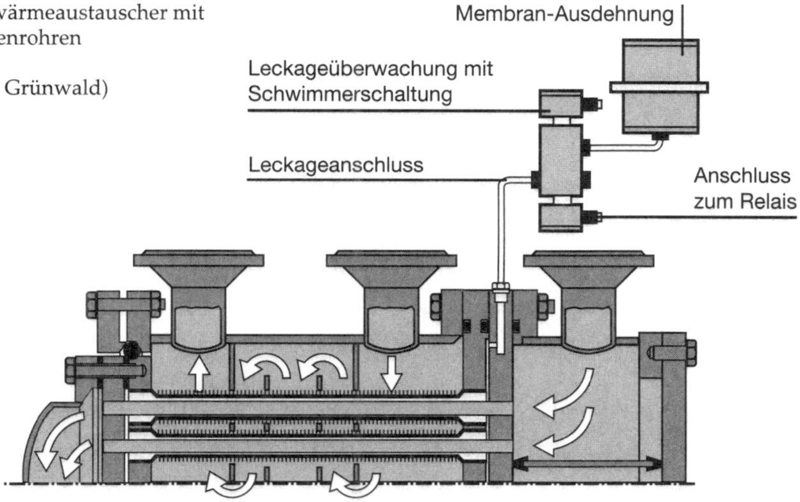

Bei der Auswahl der Doppelrohre können für die Innen- und Außenrohre verschiedene Werkstoffe kombiniert werden.

- **Außenrohr:**
  Rippenrohre in verschiedenen Geometrien oder Glattrohre aus Stahl, Edelstahl sowie Kupfer, Buntmetall
- **Innenrohr:**
  Glattrohre aus Stahl, Edelstahl, Kupfer, Buntmetall, Titan, Hastelloy, Nickel usw.

Schnittbild-Doppelrohr

Darüber hinaus haben technologische Verbesserungen das Einsatzgebiet dieses Sicherheits-Wärmeaustauschers erheblich vergrößert. Durch die Verwendung weiterer Werkstoffe wie z. B. Hastelloy oder Nickel können fast alle Medien gekühlt und erwärmt bzw. kondensiert und verdampft werden. Im werkstofftechnisch und konstruktiv verbesserten Doppelrohr-Sicherheits-Wärmeaustauscher können jetzt auch Betriebsdrücke von Vakuum bis 250 bar und Temperaturen von –150 bis 600 °C sowie instationäre Betriebsbedingungen zum Einsatz kommen.

- **Anwendungen**
  Transformatorenkühlung
  Rückkühlung von Getriebe- und Turbinenöl
  Kühlung von Schraubenverdichtern und Kolbenkompressoren
  Ölvorwärmung
  Erdgasvorwärmung oder -kühlung
  Lebensmittelerhitzung/-kühlung
  Chlorverflüssigung
- **Medien**
  Wasser
  Wasser/Glycol
  Mineral- und synthetische Öle (Clophen, Askarel u.a.)
  Säuren und Laugen
  Kältemittel und Glycol
  Lösungsmittel und Farben
  Technische und giftige Gase
  Getränke und andere Lebensmittel

Bild A17 Beispiele von Rippenrohren (Fa. GEA Renzmann & Grünewald)

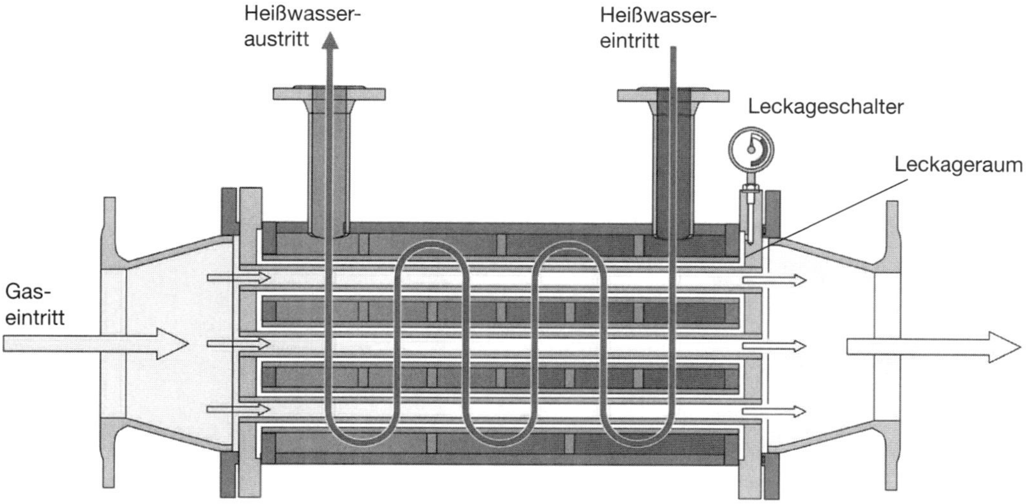

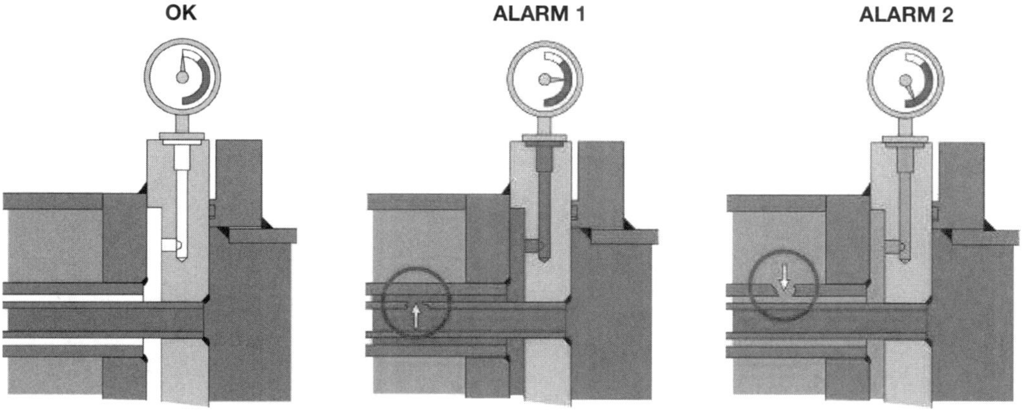

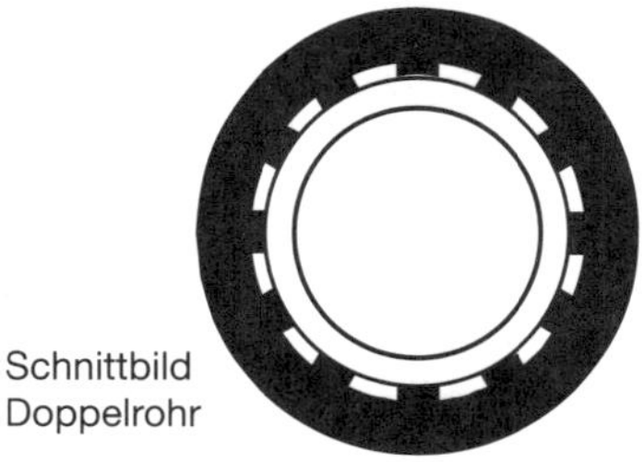

Bild A18 Doppelrohr-Sicherheitswärmeaustauscher in der Energieindustrie – Brenngasvorwärmer (Fa. GEA Renzmann & Grünwald)

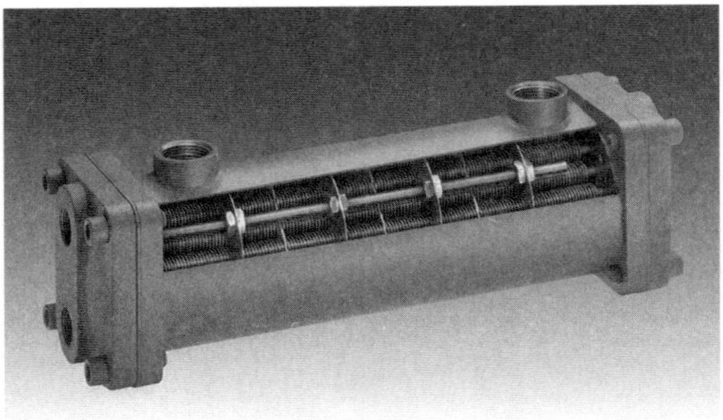

Bild A19
Kompakt-Rippenrohrwärmeaustauscher
(Fa. GEA Renzmann & Grünwald)

Bild A20 Trafoölwasserkühlanlage (Fa. GEA Renzmann & Grünwald)

Bild A21 Erdgasvorwärmestation (Fa. GEA Renzmann & Grünwald)

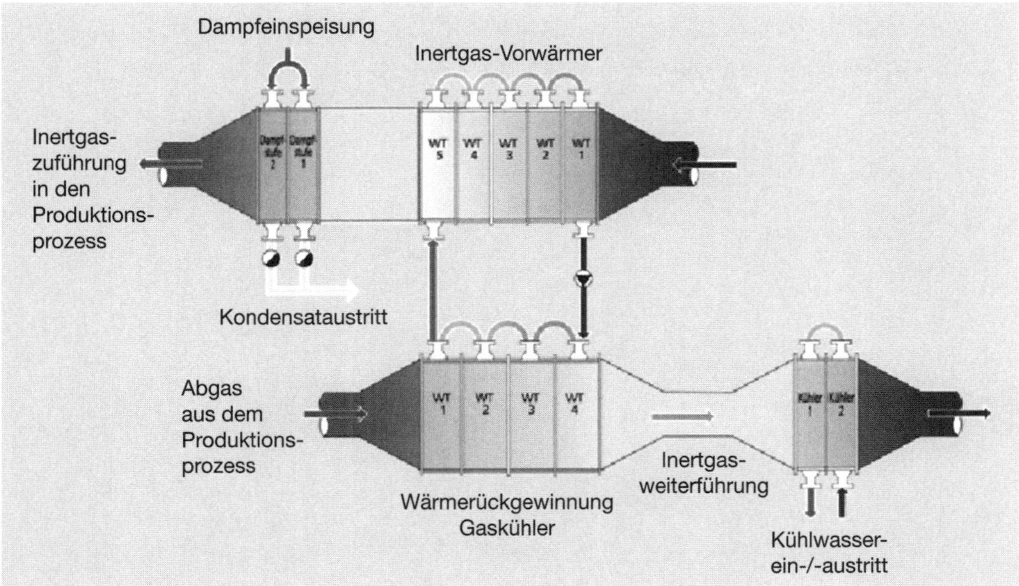

Bild A22 Wärmerückgewinnung mit Wärmeaustauschern bei der Chemiefaserherstellung (Fa. GEA Renzmann & Grünwald)

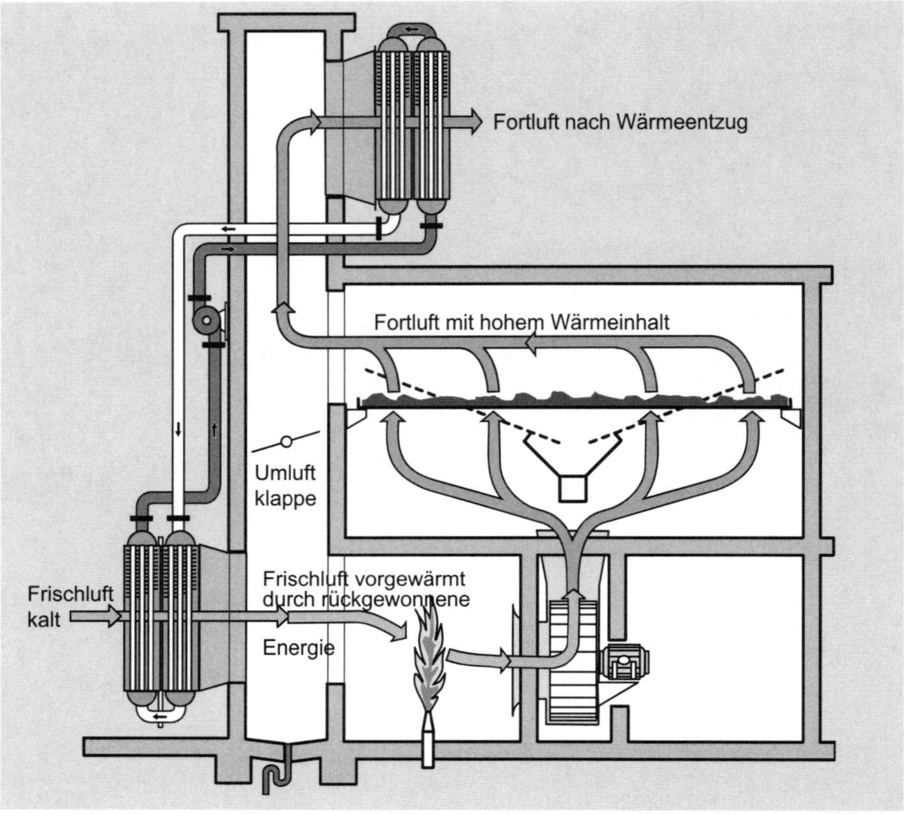

Bild A23 Wärmerückgewinnungssystem in einer Mälzerei (Fa. GEA Renzmann & Grünwald)

Gas-Gas-Wärmeaustauscher im Einsatz bei einer Schlammtrocknung (Fa. ENCO)

Im Rahmen des Auftrages wurden insgesamt 6 Wärmeaustauscher geliefert, wobei jeweils 2 Wärmeaustauscher einer Gasturbine nachgeschaltet sind. Sie haben die Aufgabe, Umluft, die aus einem Wäscher kommt, zu erwärmen. Wie aus dem Wärmeflussschema Bild A24 ersichtlich, treten die Abgase aus der Gasturbine unten seitlich in den Wärmeaustauscher ein, umspülen die Rohre im Kreuzgegenstrom, geben die Wärme an die in den Rohren strömende Umluft ab, und treten abgekühlt am oberen Ende des Wärmeaustauschers wieder seitlich aus. Die feuchte Umluft tritt über ein Übergangsstück von oben kommend in den Wärmeaustauscher ein, durchströmt die Rohre, nimmt die Wärme der Abgase auf, tritt erwärmt unten aus dem Wärmeaustauscher aus und gelangt über ein Umlenkstück in die weiterführende Rohrleitung. Um die Ausdehnungsunterschiede zwischen Rohrbündel und Gehäuse auszugleichen, ist ein Kompensator am oberen Ende des Wärmeaustauschers zwischen Umlufteintrittshaube und dem oberen Abschluss des Wärmeaustauschers eingebaut. Der Kompensator ist als mehrlagiger Stahlwellkompensator ausgeführt.

Da im Bereich des Umlufteintrittes mit einer möglichen Korrosionsbildung gerechnet wurde, sind die obere Eintrittshaube, die Lochplatte und der erste Teil der Rohre aus korrosionsbeständigem Edelstahl ausgeführt worden. Der restliche Teil des Wärmeaustauschers ist aus hitzebeständigen Werkstoffen ausgeführt.

Am unteren Ende des Wärmeaustauschers befindet sich eine massive Trägerkonstruktion, die als Auflager für die darunter befindliche bauseitige Bodenkonstruktion zur Aufnahme des Gewichtes und der Windbelastungen dient. Der Wärmeaustauscher selbst stützt sich auf der Bodenkonstruktion ab.
Jeder Wärmeaustauscher hat ein Gesamtgewicht von 22 t. Die Breite und Tiefe beträgt jeweils 2,2 m. Der Wärmeaustauscher ist inklusive der Umlufthauben 15,5 m hoch. Die Wärmeaustauscherleistung beträgt 1725 kW.

Das Anforderungsprofil an den Wärmeaustauscher war sehr vielfältig. Rauchgasseitig müssen verschiedene Volumenströme über den Wärmeaustauscher – unter Einhaltung der geforderten Leistungen und Druckverluste – gefahren werden können. Durch die sich daraus ergebenden unterschiedlichen Geschwindigkeiten entstehen auch unterschiedliche Rohrschwingungen. Es war daher darauf zu achten, dass der Wärmeaustauscher in keiner Phase in eine kritische Schwingung gerät. Weiters gab es die Forderung, dass der Wärmeaustauscher mit der vollen Rauchgasmenge und gleichzeitig mit der maximal möglichen Turbinengastemperatur betrieben werden kann, ohne dass Umluft durch den Wärmaustauscher strömt und somit keine Wärmeabgabe erfolgt. Um all diese Forderungen, die unterschiedliche Auswirkungen auf die Ausführung des Wärmeaustauschers haben, genau erfassen zu können, wurde der Wärmeaustauscher mit der Finite-Elemente-Methode mechanisch berechnet, d.h., es wurde ein Computermodell des Wärmeaustauschers erstellt, mit dem man alle geforderten Bedingungen darstellen und bewerten konnte.

Weiters war eine Anfahrkurve des Wärmeaustauschers für diesen vorangeführten ungünstigsten Betriebsfall zu erstellen, bei dem die volle Rauchgasmenge den Wärmeaustauscher mit maximaler Temperatur durchströmt, ohne dass eine Wärmeabnahme erfolgt. Die kritischen Stellen sind die Versteifungen im Mantelbereich auf der Außenseite des Wärmeaustauschers, da hier die größten Temperaturunterschiede zum Innenbereich und damit auch entsprechende Spannungen bestehen. Um eine entsprechende zeit- und temperaturabhängige Anfahrkurve erstellen zu können, wurde eine instationäre Wärmeleitungsrechnung ebenfalls mit der Finite-Elemente-Methode durchgeführt.

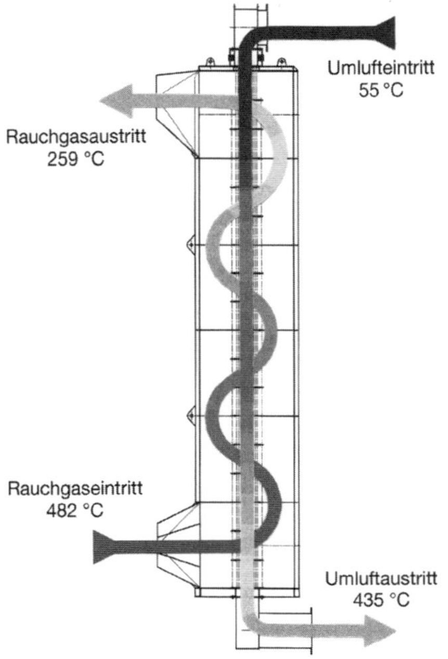

Bild A24 Wärmeflussschema des Wärmeaustauschers. Die heißen Rauchgase treten unten seitlich in den Wärmeaustauscher ein und erwärmen im Kreuzgegenstrom die Umluft, die von oben nach unten durch das Rohrbündel strömt.
(Quelle: ENCO)

Bild A25
Turbinenabgas-Umluft-Wärmeaustauscher 1725 kW

Bild A26 Aufbau und Berohrung des Turbinenabgas-Umluft-Wärmeaustauscher

Bild A27 Obere Umlufteintrittshaube des Turbinenabgas-Umluft-Wärmeaustauschers

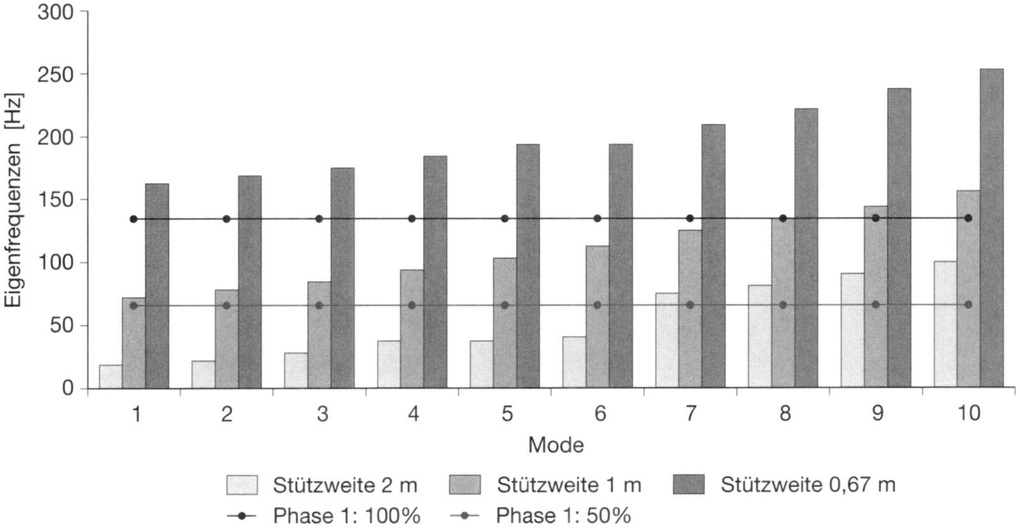

Bild A28 Rohreigenfrequenzen in Abhängigkeit der Stützweite
Gegenüberstellung der Eigenfrequenzen der Rohre mit den Eigenfrequenzen der «Karmanschen Wirbelstraße». Die Erregerfrequenzen sind vom Volumenstrom (100% bzw. 50%) in der jeweiligen Phase abhängig und durch horizontale Linien dargestellt. Die Balken stellen die Eigenfrequenzen in Abhängigkeit der Stützweite der Zwischenbleche für die Modes 1 bis 10 dar. Es wurden die Stützweiten 0,67 m ausgeführt, bei denen in allen Fällen ein unterkritischer Betrieb gewährleistet ist.

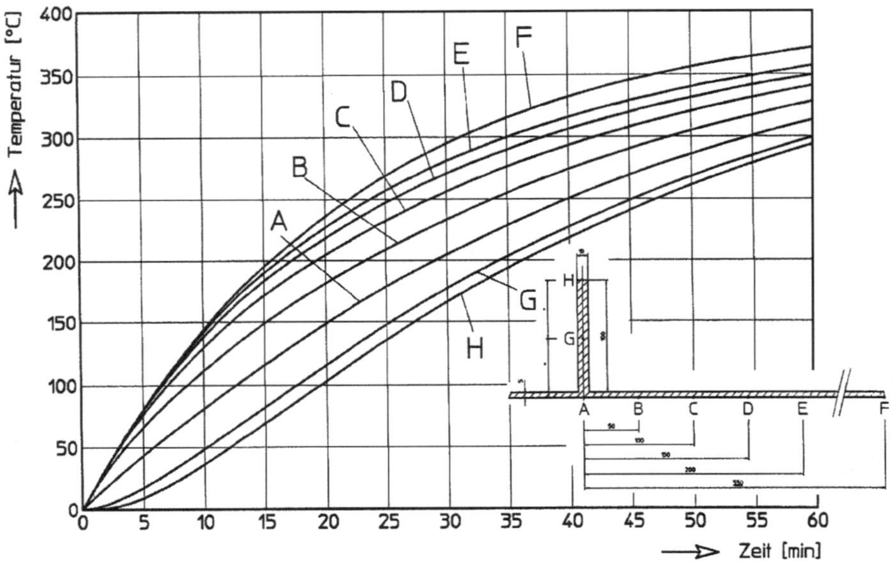

Bild A29 Aufheizvorgang: Temperaturverteilung
Das Diagramm zeigt den Temperaturverlauf über die Zeit an einer charakteristischen Stelle der Wärmeaustauscherwand mit außenliegender Rippe. Die ungünstigste Temperaturverteilung stellt sich nach etwa 20 Minuten ein. Zufolge dieser ungleichmäßigen Temperaturverteilung während des Aufheizvorganges ergeben sich erhebliche zusätzliche Spannungen (Zivilingenieurkanzlei Stanker).

Wärmeaustauscher in der Hochtemperatur-Anwendung (Fa. Hülsenbusch)

Ofenbetrieb und Ofenbilanzen

Bei einem mit fossilem Brennstoff (Gas, Öl) betriebenen Ofen wird der Wirkungsgrad zunächst davon bestimmt, inwieweit das durch die Verbrennung entstehende Temperaturgefälle des Abgases ausgenutzt werden kann. Bestimmend hierfür ist die Temperatur des Abgases, wenn es den Ofen verlässt, denn ab hier kann man nur noch von Verlusten sprechen, da diese Enthalpie zwar in den Ofenprozess investiert werden musste, diesem aber ohne weitere Maßnahmen nicht mehr zugute kommt.

Beispiel

Ein Ofen wird mit Erdgasbrennern betrieben, Gas und Luft haben eine Eintrittstemperatur von 20 °C. Der untere Heizwert des Gases beträgt 10 kWh/Nm^3, der Luftüberschuss der Verbrennung 10%, die Austrittstemperatur der Abgase aus dem Ofen 1200 °C. Eine Berechnung zeigt, dass dieser Ofen einen Wirkungsgrad von 40,5% hat. Würde es gelingen, mit Hilfe des Abgasstroms die Temperatur der Verbrennungsluft vor Eintritt in den Brenner auf ca. 480 °C zu erhöhen, würde der Wirkungsgrad auf 58,5% steigen. Damit ergibt sich eine Brennstoffeinsparung von 30,6%! Bei 650 °C Luftvorwärmung würden 38,1% Brennstoffeinsparung entstehen. Grundsätzlich gilt: Je höher die Vorwärmung der Verbrennungsluft, desto besser der Wirkungsgrad des Ofenprozesses.

Selbstverständlich gibt es auch die Möglichkeit, die Ofenabwärme für andere Prozesse zu verwenden (Thermoöl, Dampf, Warmwasser usw.) Jedoch sollte die Rekuperation bevorzugt werden, da sie die Abwärme aus dem Prozess wieder in denselben Prozess zurückführt und keine Probleme hinsichtlich der Gleichzeitigkeit mit den anderen Prozessen entstehen.

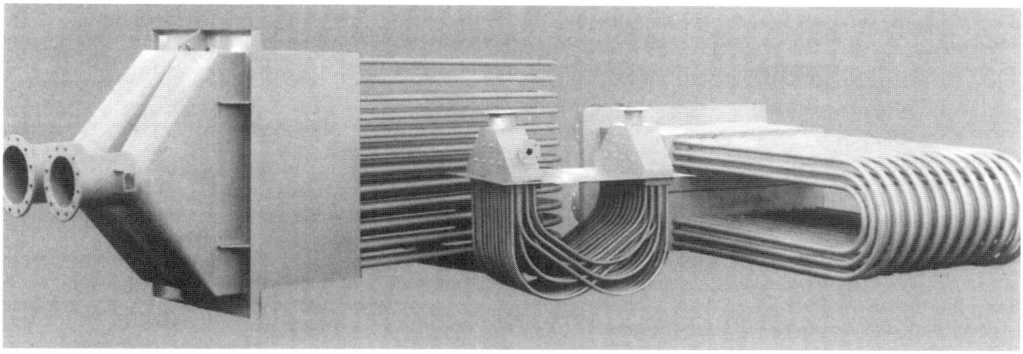

Bild A30 Haarnadel-/U-Rekuperator Gas/Gas (Fa. Hülsenbusch)
maximale Abgastemperatur ca. 1200 °C; maximale Lufttemperatur ca. 600 °C
Der Haarnadel-Rekuperator ist konzipiert zum Einbau in Abgaskanäle. Durch seine haarnadelförmig-gebogenen Rohre wird eine hohe Elastizität des Rohrsystems erreicht. Hierdurch ist ein Einsatz bis zu Abgastemperaturen von 1200 °C möglich.
Der abgasseitige Wärmeübergang erfolgt im hohen Temperaturbereich hauptsächlich durch Strahlung, so dass der abgasseitige Strömungswiderstand niedrig ist.

Rekuperatoren allgemein

Unter Rekuperatoren versteht man i.Allg. Wärmeaustauscher, die Abwärme aus einem thermischen Prozess zu einem möglichst großen Anteil in diesen Prozess wieder zurückführen und so den Prozess wirtschaftlicher machen. Dies geschieht i.d.R. durch Vorwärmung des Brennstoffs (nur bei Gas mit niedrigem Heizwert). Die Folge ist eine wesentlich höhere Verbrennungstemperatur, so dass entweder bei einem gegebenen Ofen dessen Leistung bei gleichem Brennstoffeinsatz steigt oder bei gegebener Ofenleistung weniger Brennstoffeinsatz erforderlich ist. In der Praxis beträgt die max. Vorwärmung der Verbrennungsluft mit Rekuperatoren aus metallischen Werkstoffen ca. 650 °C.

Rekuperatoren an Schmiedeöfen

Eine besondere Problematik entsteht beim Einsatz von Rekuperatoren im Abgasstrom von Schmiedeöfen. Diese haben i.d.R. Abgastemperaturen ab 1000 °C aufwärts, bis ca. 1300 °C. Hier können Rekuperatoren auf Konvektionsbasis (Rohrbündel) nicht mehr verwendet werden, da – außer den hohen Abgastemperaturen – der kaum berechenbare Druck der Festkörper- bzw. Gasstrahlung zu Temperaturbelastungen, insbesondere der dem Abgasstrom zugewandten Rohrreihen, führt. Eine Zuführung von Kühl- bzw. Falschluft in den Abgasstrom sollte möglichst vermieden werden, da hierdurch der Wirkungsgrad der gesamten Anordnung wieder sinkt und außerdem besondere Maßnahmen zur sicheren Durchmischung von Kühlluft und Abgas erforderlich werden (z.B. Mischgitter).

Ein weiteres Problem stellt die mögliche Anwesenheit von Lunkerpulver dar, das zunächst im Schmiedegut und dann im Abgas des Ofens vorhanden ist. Hierbei ist zu beachten, dass besonders bei austenitischen Werkstoffen die sog. Hochtemperatur-Korrosion (Temperaturen über ca. 600 °C) vermieden wird, d.h., dass die Metalltemperaturen im Rekuperator diesen Wert nicht überschreiten können. Besonders das Fahren des Ofens im Teillastbereich kann problematisch werden.

Um dies zu vermeiden, wurden Spezialkonstruktionen entwickelt, die im Folgenden näher erläutert werden.

Bauarten

a) Strahlungsrekuperator

Der Strahlungsrekuperator ist im Prinzip ein «Doppelmantel». Im inneren «Rohrstück» wird das heiße Abgas geführt, da seine Wärme fast ausschließlich durch Gasstrahlung (im wesentlichen durch CO_2-, SO_2- und H_2O-Anteile im Abgas) über den Innenmantel an die Verbrennungsluft, die außerhalb des inneren Mantels, im sog. Mantelspalt, geführt wird. Dieser Mantelspalt ist i.d.R. nur wenige Millimeter (10…40 mm) breit, so dass vom heißen Innenmantel her eine Festkörperstrahlung auf den Außenmantel entsteht, der dann als weitere Heizfläche wirksam wird. Über 1100 °C Abgastemperatur wird der Strahlungsrekuperator im Gleichstrom betrieben, um die Wandtemperaturen, insbesondere des Innenmantels, auf möglichst niedrige und, über die Länge, gleichmäßigen Werten zu halten.

Ein grundsätzliches Problem des Strahlungsrekuperators ist dessen Baugröße und die damit verbundenen hohen Kosten. Insbesondere der Innenmantel, der sehr hohen Temperaturen ausgesetzt ist und außerdem dem statischen Druck der Verbrennungsluft (Stichwort: elastisches und plastisches Einbeulen), ist wegen des erforderlichen, hochlegierten Materials und der Wanddicken sehr teuer. Um dieses Problem zu umgehen, wurde folgender weitere Rekupertortyp entwickelt.

b) Kombinierter Konvektiv- und Strahlungsrekuperator

Dieser ist zusätzlich so ähnlich wie ein Strahlungsrekuperator aufgebaut. Er hat jedoch zu-

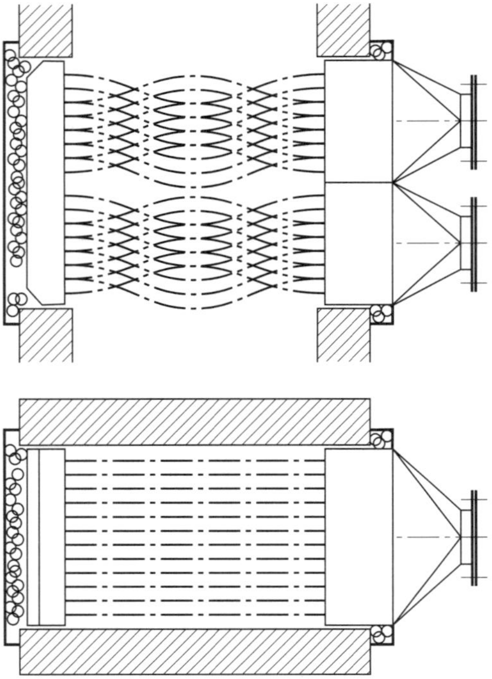

Bild A30a Konvektivrekuperatoren Gas/Gas (Maßzeichnung, Quelle: Fa. Hülsenbusch)

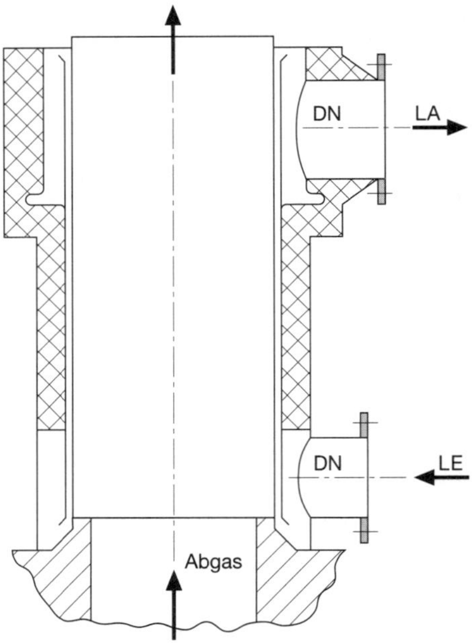

Bild A30b Strahlungsrekuperator Gas/Gas (Quelle: Fa. Hülsenbusch)

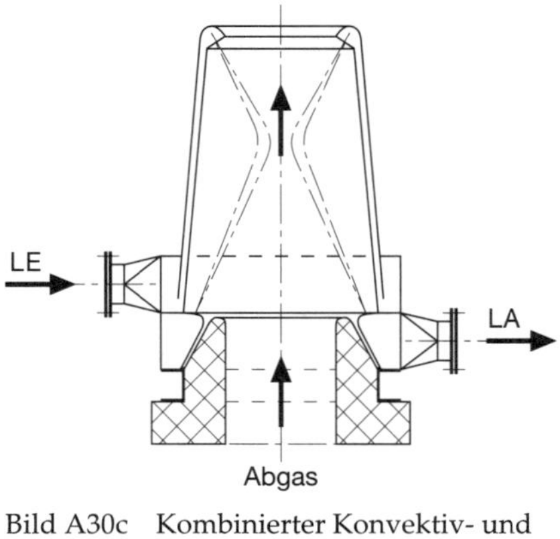

Bild A30c Kombinierter Konvektiv- und Strahlungsrekuperatkor Gas/Gas (Quelle: Fa. Hülsenbusch)

sätzlich einen sog. Rohrkorb, der von der Verbrennungsluft nach dem Mantelspalt durchlaufen wird. Dieser zusätzliche Rohrkorb bringt gegebenüber dem reinen Strahlungsrekuperator folgende zusätzliche Eigenschaften mit sich:

- ❑ Der Strahlungsdruck auf den Innenmantel ist wegen des kleineren sog. hydraulischen Durchmessers wesentlich geringer.
- ❑ Die zusätzliche Heizfläche setzt die erforderlich Bauhöhe um ca. die Hälfte herab.
- ❑ Wegen der kleineren Bauhöhe können Innen- und Außenmäntel leicht konisch ausgeführt werden, was deren Festigkeit gegenüber äußerem Druck (Verbrennungluft) wesentlich erhöht.
- ❑ Die eingesetzten Rohre werden nur mit Längsströmung beaufschlagt, so dass wegen des relativ niedrigeren Wärmeübergangs auf der Abgasseite die Materialtemperaturen niedrig bleiben.

Auch für diese Bauarten gilt eine max. Luftvorwärmung von ca. 650 °C.

Aussichten – Keramikrekuperatoren
Wie gezeigt, hängt die Verbesserung des Wirkungsgrades eines Ofens direkt davon ab, welcher Anteil der Abgasverluste wieder «aufgefangen» und in den Prozess zurückgeführt werden kann. Da Abgas- und Verbrennungsluftmengen in einem stöchiometrischen Verhältnis zueinander stehen, kann eine nochmalige Verbesserung des Wirkungsgrades nur durch weitere Erhöhung der Verbrennungslufttemperaturen erfolgen. Mit den heutzutage erreichten Werten dürften metallische Rekuperatoren «ausgereizt» sein.

Sollen deutlich höhere Verbrennungslufttemperaturen als die schon erwähnten erreicht werden, so ist man zu anderen Materialien gezwungen; z. B. keramischen Werkstoffen. Inwieweit hier eine deutliche Verbesserung des Wirkungsgrades erreicht werden kann, müssen zukünftige Versuche und Erfahrungen auf diesem Gebiet zeigen.

Bild A31 Konvektiv-Rekuperator Gas/Gas (Fa. Hülsenbusch)
maximale Abgastemperatur ca. 1050 °C; maximale Lufttemperatur ca. 700 °C
Das Doppel-Rohrbündel wird entweder in den Abgaskanal gehängt oder seitlich in einen senkrechten Schacht eingeschoben. Entsprechend den Temperaturverhältnissen werden die Rohre gebogen, wodurch die unterschiedlichen Dehnungen der Rohre ausgeglichen werden.

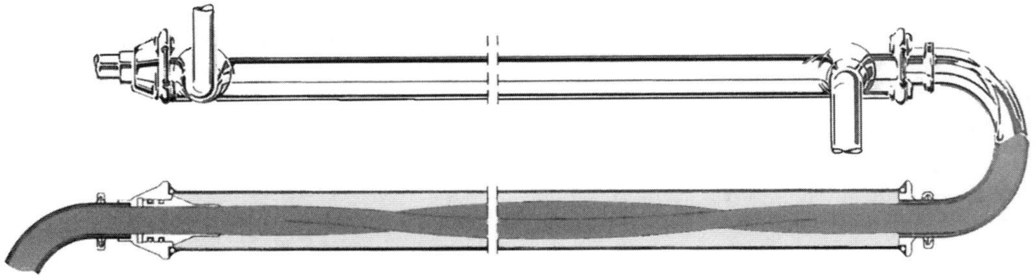

Der Duplex-Wärmeaustauscher besteht aus einem 2-Röhren-System, wobei das innere Rohr als Drallrohr konstruiert ist. Der Einsatz des Duplex-Rohres ist immer dann sinnvoll, wenn eine Wärme-Rückgewinnung ratsam erscheint. In diesem Fall wird das System so genutzt, dass der Produkteingang in das Innere des Drallrohres mündet, wobei im Gegenstrom das erhitzte Produkt zur Wärmeabgabe und gleichzeitigen Rückkühlung im Außenmantel fließt. Natürlich sind je nach Leistung bzw. Durchsatzmengen verschiedene Rohrgrößen miteinander kombinierbar. Wärmerückgewinnung bis zu 80% ist dabei durchaus möglich.

Ein weiterer Einsatz von Duplexrohren ist gegeben, wenn hochviskose und stückige Produkte wegen zu hohem Druckaufbau nicht in einem Ringspalt, sondern im Inneren des Drallrohres gefahren werden müssen. Das Heiz- und Kühlmedium fließt im Ringspalt.

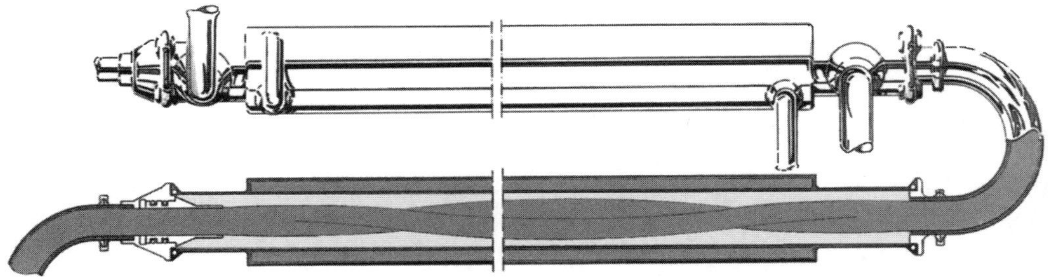

Das Triplexrohr ist ein 3-Rohr-System, bei dem das innere Rohr als Drallrohr ausgebildet ist. Das Produkt fließt im Ringspalt zwischen der Außenseite des Drallrohres und der Innenseite des Mittelrohres. Die Erhitzung oder Kühlung erfolgt sowohl vom Drallrohr innen als auch vom Außenrohr. Der Vorteil liegt in der über das Doppelte vergrößerte Erhitzungs- oder Kühlfläche und der beiderseitigen Erwärmung oder Kühlung des Produktes. Hierbei ermöglicht der durch das Drallrohr entstehende Durchmischungseffekt einen wesentlich besseren Wärmeübergang.

Bild A32 Funktionsbeschreibung von Doppel(Duplex)- und 3-fach-(Triplex-)Rohren (Fa. NEUMO)

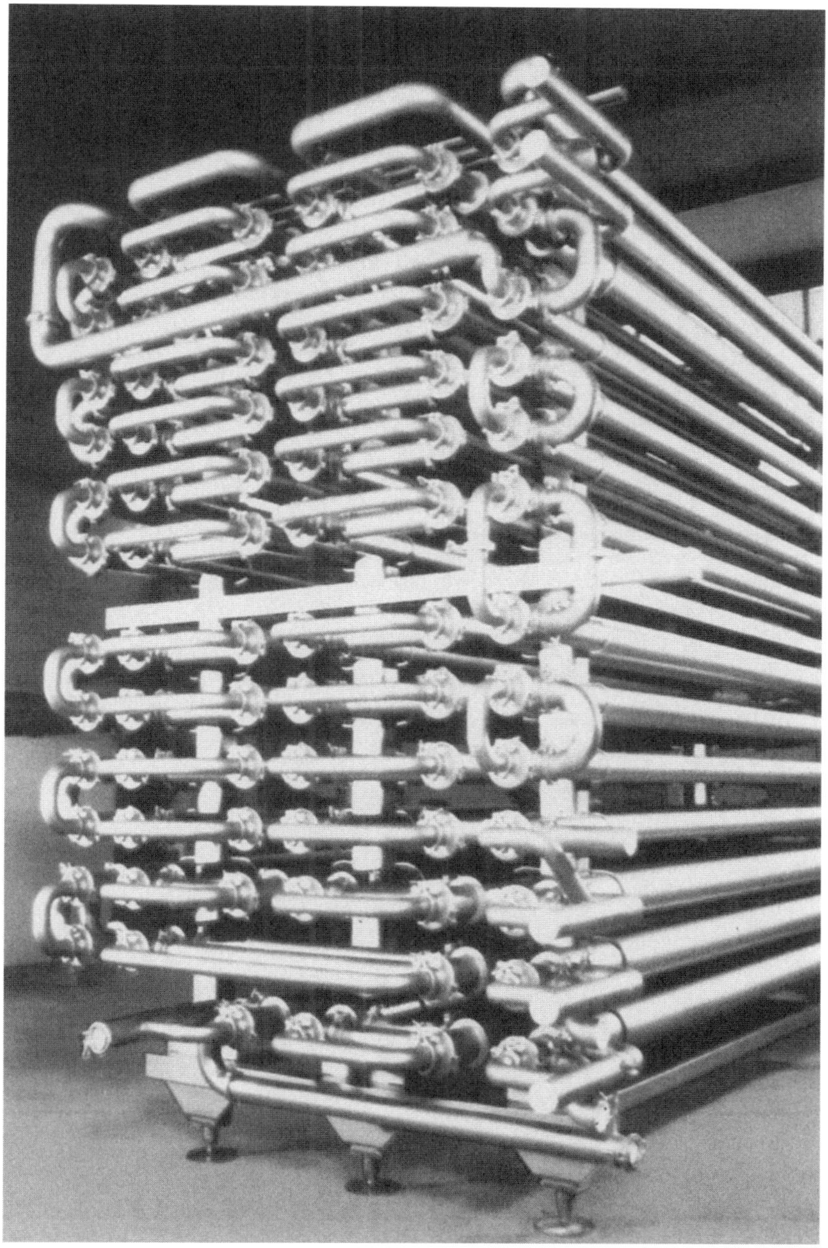

Bild A33 Doppel- und 3-fach-Rohre als Wärmeaustauscher (Fa. NEUMO)

Abhitzekessel, Typ: ER-A/WW

Abhitzekessel, Typ: ER-A/WW

Energierückgewinnungsanlagen der Baureihe ER übertragen die in gasförmigen Medien enthaltene Restwärme auf eine Flüssigkeit, wie z. B. Wasser oder Wärmeträgeröl.
Generell sind die Anlagen mit einem integrierten Abgas-Bypass ausgestattet, der je nach Ausführung eine Bypass-Fähigkeit von bis zu 100% ermöglicht.
Als Heizflächen stehen Glattrohr- oder Rippenrohr-Wärmetauscherelemente zur Verfügung, die nach den Kunden-Zielvorgaben ausgelegt und gefertigt werden. Durch den modularen Aufbau der Anlagen kann ein breites Leistungsspektrum mit Standard-Baugrößen abgedeckt werden.
Die sicherheitstechnische Ausrüstung sowie Armaturen, Pumpen und Steuerungen vervollständigen das Lieferprogramm des Unternehmens.

Bild A34 Energierückgewinnungsanlagen – Gas/Flüssig (Fa. HTA)

Bild A35
Wärme-
rückgewinnung
aus Abgasen mit
hohem Staubgehalt
(Fa. HTA)

Bild A36
Wärme-
rückgewinnung
aus Abgasen
mit wasserseitiger
Ausrüstung
(Fa. HTA)

Bild A37 Rippenplatten-Wärmeaustauscher (Fa. KABLITZ)

Bild A38 Abgaswärmeaustauscher für Rauchgase aus Erdgasverbrennung (Lieferzustand) (Fa. Kühner)

Bild A39 wie Bild A38, jedoch im Fertigungzustand (Fa. Kühner)

Bild A40
Dampfbeheizter Lufterhitzer mit Rippenrohren mit einem gasdichten Gehäuse komplett im Vollbad feuerverzinkt (Fa. Kühner)

Bild A41 Thermoöl beheizter Lufterhitzer mit Stahlrohren und aufgezogenen Aluminiumlamellen. Anwendung bis 300 °C (Fa. Kühner)

Bild A42 Glattrohr-Wärmeaustauscher zum Einsatz in Kohlefaseröfen beheizt mit Thermoöl (Fa. Kühner)

Bild A43 Reboiler als senkrechter Verdampfer aus 1.4571 (Fa. ENCO)

Bedeutung der wichtigsten Formelzeichen

Die nachfolgenden Zeichen werden grundsätzlich angewendet, wobei Abweichungen und Ergänzungen von diesen Formelzeichen jeweils bei den entsprechenden Gleichungen oder Bildern genannt sind. Nach Möglichkeit wurden die in den DIN-Normen bzw. im VDI-Wärmeatlas bereits eingeführten Zeichen verwendet.

Formelzeichen	Bedeutung	Einheiten	Bemerkungen
A	Fläche, Querschnittsfläche, Austauschfläche	m^2	
C	Konstante	–	
D	Durchmesser	m	
E	Energie	J	
F	Kraft	N	
G	Gewichtskraft	N	$G = M \cdot g$
K	Konstante	–	
L	Länge	m	
M	Masse	kg	
$\dot{M}$	Massenstrom	kg/s	
Q	Wärmemenge	J	1 J = 1 Ws
$\dot{Q}$	Wärmestrom	W	1 W = 1 J/s
R	Radius	m	
R	Gaskonstante	J/(kg · K)	
R_f	Wärmewiderstand durch Verschmutzung, spezifisch	$m^2 \cdot K/W$	
S	Sicherheitsfaktor	–	
T	Temperatur, thermodynamisch	K	
n	Rohranzahl	–	
p	Druck	Pa	$1\ Pa = 1\ N/m^2$
$\dot{q}$	Wärmestromdichte	W/m^2	
r	Radius	m	
s	Schichtdicke, Wanddicke, Abstand	m	
t	Zeit	s	
t	Teilung	m	
v	Volumen, spezifisch	m^3/kg	$v = \frac{1}{\varrho}$
w	Geschwindigkeit	m/s	
w_e	Geschwindigkeit im engsten Spalt	m/s	
w_∞	Anströmgeschwindigkeit	m/s	

Formelzeichen	Bedeutung	Einheiten	Bemerkungen
$\dot{x}$	Dampfziffer	–	
x	Koordinate	m	
y	Koordinate	m	
z	Laufende Koordinate	m	
α	Wärmeübergangskoeffizient	$W/(m^2 \cdot K)$	
β	Volumenausdehnungskoeffizient	1/K	
β	Winkel	grd, Bogenmaß	
δ	Grenzschichtdicke	m	
η	dynamische Viskosität	$Pa \cdot s$	$\eta = \nu \cdot \varrho$
ϑ	Temperatur	°C	
χ	Isentropenexponent	–	
λ	Wärmeleitfähigkeit	$W/(m \cdot K)$	
λ	Rohrreibungszahl	–	
ν	kinematische Viskosität	m^2/s	$\nu = \eta/\varrho$
U	Umfang	m	
V	Volumen	m^3	
$\dot{V}$	Volumenstrom	m^3/s	
$\dot{W}$	Wärmekapazitätsstrom	W/K	$\dot{W} = \dot{M} \cdot c$
$\dot{W}$	Rührwerksleistung	W	
a	Temperaturleitfähigkeit	m^2/s	$a = \frac{\lambda}{c \cdot \varrho}$
a	Schallgeschwindigkeit	m/s	
b	Breite	m	
c	Wärmekapazität, spezifisch	$J/(kg \cdot K)$	
c_p	Wärmekapazität bei konstantem Druck	$J/(kg \cdot K)$	
c_v	Wärmekapazität bei konstantem Volumen	$J/(kg \cdot K)$	
d	Durchmesser	m	
d_h	hydraulischer Durchmesser	m	
f	Faktor, Funktion	–	
f	Frequenz	Hz	1 Hz = 1/s
f_{err}	Erregerfrequenz	Hz	
f_{Rohr}	Rohreigenfrequenz	Hz	
f_A	Anordnungsfaktor	–	
f_M	Stoffwertfunktion	–	
g	Fallbeschleunigung	m/s^2	$g = 9{,}81$
h	Höhe	m	
Δh_v	spezifische Verdampfungsenthalpie	J/kg	

Formelzeichen	Bedeutung	Einheiten	Bemerkungen
h_v	Verlusthöhe	m	
k	Wärmedurchgangskoeffizient	$W/(m^2 \cdot K)$	
k	Rohrrauhigkeit	m	
l	Länge	m	
$\dot{m}$	Massenstromdichte	$kg/(m^2 \cdot s)$	$\dot{m} = w \cdot \varrho$
ζ	Widerstandskoeffizient	–	
ϱ	Dichte	kg/m^3	
σ	Spannung	N/m^2	
	Oberflächenspannung	N/m	
τ	Schubspannung	N/m^2	
ψ	Hohlraumanteil	–	
Θ	dimensionslose Temperaturdifferenz	–	
ε	Wärmeaustauscher-Wirkungsgrad	–	

Vorzeichen

Δ	Differenz
d	differentiell
$\sum$	Summe
$\int$	Integral

Diakritische Zeichen

·	auf die Zeit bezogene Größe
′	Eintrittstemperatur, Wirkgröße, Flüssigkeit
″	Austrittstemperatur, Dampf
–	Mittelwert
~	wechselnd, molare Größe

Indizes

A	Austritt
E	Eintritt
Fl	flüssig
Gr	Grenzschicht
Konv	Konvektion
L	Länge, Plattenlänge
Rip	Rippe
W	Wand, Werkstück

Formelzeichen	Bedeutung	Einheiten	Bemerkungen
Indizes			
WT	Wärmeaustauscher		
a	außen, Anlauf		
d	Durchmesser		
e	Einlauf		
fl	fluchtend		
g	gasförmige Phase		
geg	Gegenstrom		
ges	Gesamt		
gl	Gleichstrom, gleichwertig		
gr	große Temperaturdifferenz		
hor	horizontal		
i	innen, Reihenfolge		
kin	kinetisch		
kl	kleine Temperaturdifferenz		
kreuz	Kreuzstrom		
krit	kritisch		
l	flüssige Phase		
lam	laminare Strömung		
log	logarithmisch		
m	Mittelwert		
n	Normzustand, Normalrichtung, Reihenfolge		
o	Bezug auf Oberfläche		
red	reduziert		
s	feste Phase, Siedezustand, Spalt		
senkr	senkrecht		
turb	turbulente Strömung		
u	Umgebung		
vers	versetzt		
waager	waagerecht		
β	Winkel		
ϑ	thermisch		
τ	Widerstand, Reibung		
0	Anfangswert		
1	Anfang, Eingang		
2	Ende, Ausgang		
∞	unendlich, Umgebung		

Kenngrößen Kurzzeichen	Benennung	Formel
Ar	Archimedeszahl	$Ar = \frac{g \cdot L}{w_\infty^2} \cdot \beta \cdot \Delta\vartheta = \frac{g \cdot L}{w_\infty^2} \cdot \frac{\Delta\varrho}{\varrho}$
Bi	Biotzahl	$Bi = \frac{\alpha \cdot s}{\lambda}$
Fr	Froudezahl	$Fr = \frac{w^2}{L \cdot g}$
Ga	Galileizahl	$Ga = \frac{g \cdot L^3}{\nu^2} = \frac{Re^2}{Fr}$
Gr	Grashofzahl	$Gr = \frac{g \cdot L^3 \cdot \beta \cdot \Delta\vartheta}{\nu^2} = Ga \cdot \beta \cdot \Delta\vartheta$
Gz	Graetzzahl	$Gz = Re \cdot Pr \cdot \frac{d}{L}$
NTU	Number of Transfer Units	$NTU = \frac{k \cdot A}{\dot{W}}$
Nu	Nußeltzahl	$Nu = \alpha \cdot \frac{L}{\lambda}$
Pe	Pecletzahl	$Pe = Re \cdot Pr = \frac{w \cdot L}{a}$
Ph	Phasenumwandlungszahl	$Ph = \frac{c_l \cdot (\vartheta_s - \vartheta_W)}{\Delta h_v}$
Pr	Prandtlzahl	$Pr = \frac{\nu}{a} = \frac{\eta \cdot c_p}{\lambda}$
Re	Reynoldszahl	$Re = \frac{w \cdot L}{\nu} = \frac{w \cdot L \cdot \varrho}{\eta} = \frac{\dot{m} \cdot L}{\eta}$
Sr	Strouhalzahl	$Sr = \frac{f \cdot d}{w}$

Zur eindeutigen Bezeichnung einer Kenngröße gehören Angaben darüber, wie die kennzeichnenden Größen definiert und auf welche Temperatur die Stoffwerte bezogen sind.

Literaturverzeichnis

4.1 WAGNER, W.: *Wärmeübertragung*. Würzburg: Vogel Buchverlag, 2004.

4.2 WAGNER, W.: *Wärmeträgertechnik mit organischen Flüssigkeiten*. Vogel Buchverlag. 2005.

4.3 *VDI-Wärmeatlas*. 9. Auflage, Düsseldorf: VDI-Verlag, 2002.

4.4 MCADAMS, H.W.: *Heat Transmission*, New York: McGraw-Hill, 1942.

4.5 *TEMA-Normen der Hersteller von Röhrenwärmeaustauschern*. 7. Auflage (1988), New York.

4.6 BOWMAN, R. A., MUELLER, A. C. und NAGLE, W.M.: Mean temperature in design. *Trans. Amer. Soc. Mech. Engrs*. 62 (1940).

4.7 GARDNER, K. und TABOREK, J.: Mean Temperature Difference: A Reapprisal. *AICHE Journal* 23 (1977), Nr. 6.

4.8 SCHLÜNDER, E.-U.: *Einführung in die Wärmeübertragung*. Braunschweig, Wiesbaden: Friedr.-Vieweg&Sohn, 1981.

4.9 FALLEN, M.: Wärmeübergang bei laminarer Strömung und turbulenter Strömung im starren glatten Rohr mit überlagerter Strömungspulsation. Dissertation TU-Kaiserslautern (1981).

4.10 WAGNER, W.: Strömung und Druckverlust. Würzburg: Vogel Buchverlag. 2008.

4.11 SCHMIDT, E. F.: Wärmeübergang und Druckverlust in Rohrschlangen. *Chemie-Ing.-Technik* 39 (1967) 13.

4.12 EUSTICE, L: Flow of fluids in curved passages. *Engenieering* Bd. 120 (1925).

4.13 METAIS, B.: Wärmeübergang bei strömenden Flüssigkeiten im waagrechten Rohr mit Eigenkonvektion. *Chemie-Ing.-Technik* 32 (1960) 8. Sowie Diss. TH Karlsruhe (1960).

4.14 YOUNG und WARD: Fundamentals of Finned Tube Heat Transfer. *Refining Engineer*, Vol. 29 (1957) 11.

4.15 KRISCHER, O. und KÄST, W.: Wärmeübertragung und Wärmespannungen bei Rippenrohren. *VDI-Forschungsheft* 474, 1959.

4.16 DEVORE, A.: Try Sinyslified Method for Rating Baffled Exchangers. *Petr. Refiner*, 40: 221 (1961).

4.17 BELL, K.J.: Final report of Cooperative Research Program on Shell and Tube Heat Exchangers. Univ. of Delaware Eng. Expt. Sta. Bull. 5, Jan. 1963; also Petro./Chem. Eng., pp. C-26-C-400, Okt. 1960.

4.18 SLIPEVIC, B.: Druckabfall im Mantelraum von Rohrbündel-Wärmeübertragern mit Kreisscheiben und -ringen, *Technische Rundschau Sulzer* 1/1978.

7.1 ESDU 88028

8.1 SCHUMACHER, A. und WALDMANN, H.: *Wärme- und Strömungstechnik im Dampferzeugerbau*. Essen: Vulkan-Verlag, 1972.

8.2 TRD-Richtlinien: *Technische Regeln für Dampfkessel*. Berlin: Beuth-Verlag GmbH.

8.3 MAYINGER, F.: *Strömung und Wärmeübergang in Gas-Flüssigkeits-Gemischen*. Wien, New York: Springer-Verlag, 1982.

8.4 PICH, R.: Die Berechnung der elastischen, instationären Wärmespannungen in Platten, Hohlzylindern und Hohlkugeln mit quasistationären Temperaturfeldern. Mitt. VGB 87 (1963) u. 88 (1964).

8.5 WAGNER, W.: *Festigkeitsberechnungen im Apparate- und Rohrleitungsbau*. Würzburg: Vogel Buchverlag, 2007.

8.6 BUZINA, M.: Entwicklungsprobleme an Zwangsdurchlauf-Dampferzeugern. *Technische Rundschau Sulzer* (1976), Nr. 1.

10.1 TREFNY, F.: Wärmeaustausch bei beliebiger Stromart. *Chemie-Ing.-Tech*. 37 (1965), 2.

10.2 MUELLER, D.C. u.a.: Mean Temperature Differences in Heat Exchanger Design. *Trans. ASME* 62 (1940).

10.3 MARTIN, H.: Wärmeübertrager. Georg Thieme Verlag (1988).

12.1 WAGNER, W.: *Planung im Anlagenbau*. Würzburg: Vogel Buchverlag, 2009.

Stichwortverzeichnis